1
2
3
5
6
8
a
b
108
120
132
144
N.P.

1
2
3
5
6
8
N.P
Aequator
108
120
132
144
a
b

Das große Buch der Experimente

Judith Hann

Das große Buch der Experimente

aus Wissenschaft, Natur und Technik

Herder Freiburg · Basel · Wien

Die englische Originalausgabe erschien unter dem Titel
The Family Scientist

Übersetzt von Peter Emschermann und Ursula Kopf (Kapitel 2 und 3), Thomas Münster (Kapitel 5—12) und Albert TerWolbek (Kapitel 1 und 4) unter Mitarbeit von Georg Telemann

Satz: F. X. Stückle, Ettenheim
Druck und Buchbinderei: Henri Proost & Cie, Turnhout

ISBN 3-451-19 287-X

Inhaltsverzeichnis

Zu diesem Buch

Die Welt, die uns umgibt, ist voll von Rätseln und Geheimnissen: seit es Menschen gibt, sind sie diesen Fragen und Naturgesetzen auf der Spur. So entwickelten sich zuerst allmählich und dann stürmisch die Naturwissenschaften, deren bevorzugte Methode das Experiment ist.
Ist der Weg solcher Fragen und Antworten mit Hilfe von Versuchen nur den Fachwissenschaftlern vorbehalten? Ganz gewiß nicht. Aber sind Experimente nicht zu schwierig, zu teuer, zu gefährlich? Das muß nicht sein, wenigstens am Anfang nicht.
Dieses Buch setzt sich das Ziel, durch einfache Experimente wichtige Naturgesetze verschiedener Art aufzuzeigen, wobei die Versuche sich möglichst auf alltägliches Material stützen und jederzeit und überall leicht auszuführen sind. Oft sind die Ergebnisse verblüffend und wirken wie Zauberei; das schadet nichts, denn auch die Freude am forschenden Tun und Beobachten möchte das Buch vermitteln.
Die zwölf Kapitel berühren unterschiedliche Gebiete aus Wissenschaft, Natur und Technik — ein breites Feld an Interessen; damit verbindet sich die Absicht, recht viele und abwechslungsreiche Anregungen zu vermitteln: und zwar nicht als trockener Schul- und Lehrstoff, sondern als lebendiges Wissen.
Gutes Gelingen und viel Vergnügen!

Judith Hann

Teil 1
Naturwissenschaften daheim

Wer an einen Naturwissenschaftler bei der Arbeit denkt, stellt sich vermutlich ein hochmodernes Labor vor. Geheimnisvolle Geräte umgeben ihn. Versuchsaufbauten, die aus einer Menge kompliziert miteinander verbundener Kolben und Röhren bestehen, in denen farbige Flüssigkeiten oder Dämpfe brodeln. Und Elektronenmikroskope, raffiniert ausgeklügelte Magnete und elektrische Geräte unterschiedlicher Art.
Dieses Bild ist auf jeden Fall einseitig. Naturwissenschaften sind nicht nur auf das Labor beschränkt. Ein Beispiel: Chemische Veränderungen finden ständig statt, in einer wachsenden Blume, in einem rostenden Nagel und auf dem Küchenherd.

1 Das Heimlabor

Kochen ist in der Tat ein chemischer Prozeß, und Stoffe wie Salz, Essig, doppeltkohlensaures Natron und Alkohol, die in Küchenrezepten erwähnt werden, sind ebenso Chemikalien wie die verdächtig aussehenden Substanzen des Labors, aufbewahrt in Kolben und Flaschen.
Wirklich, zuhause ist ein hervorragender Ort, um mehr über Naturwissenschaften zu lernen. Küche, Badezimmer und Garten enthalten alles, was man für seine Versuche braucht. Die Küche ist für die meisten in diesem Buch gezeigten Versuche sehr gut geeignet. Dort können keine Tapeten und Polster verschmutzt werden, wenn einmal aus Versehen Wasser, Salz oder Essig verschüttet werden. Dort gibt es einen Wasseranschluß, und die meisten Küchen sind heute mit einem Kühlschrank ausgestattet, in dem wir Substanzen abkühlen und Eis herstellen können. Wenn man auf dem Küchentisch arbeitet, bedeckt man ihn am besten mit Papier oder alten Zeitungen, um die Tischplatte zu schützen: dieser Labortisch genügt.

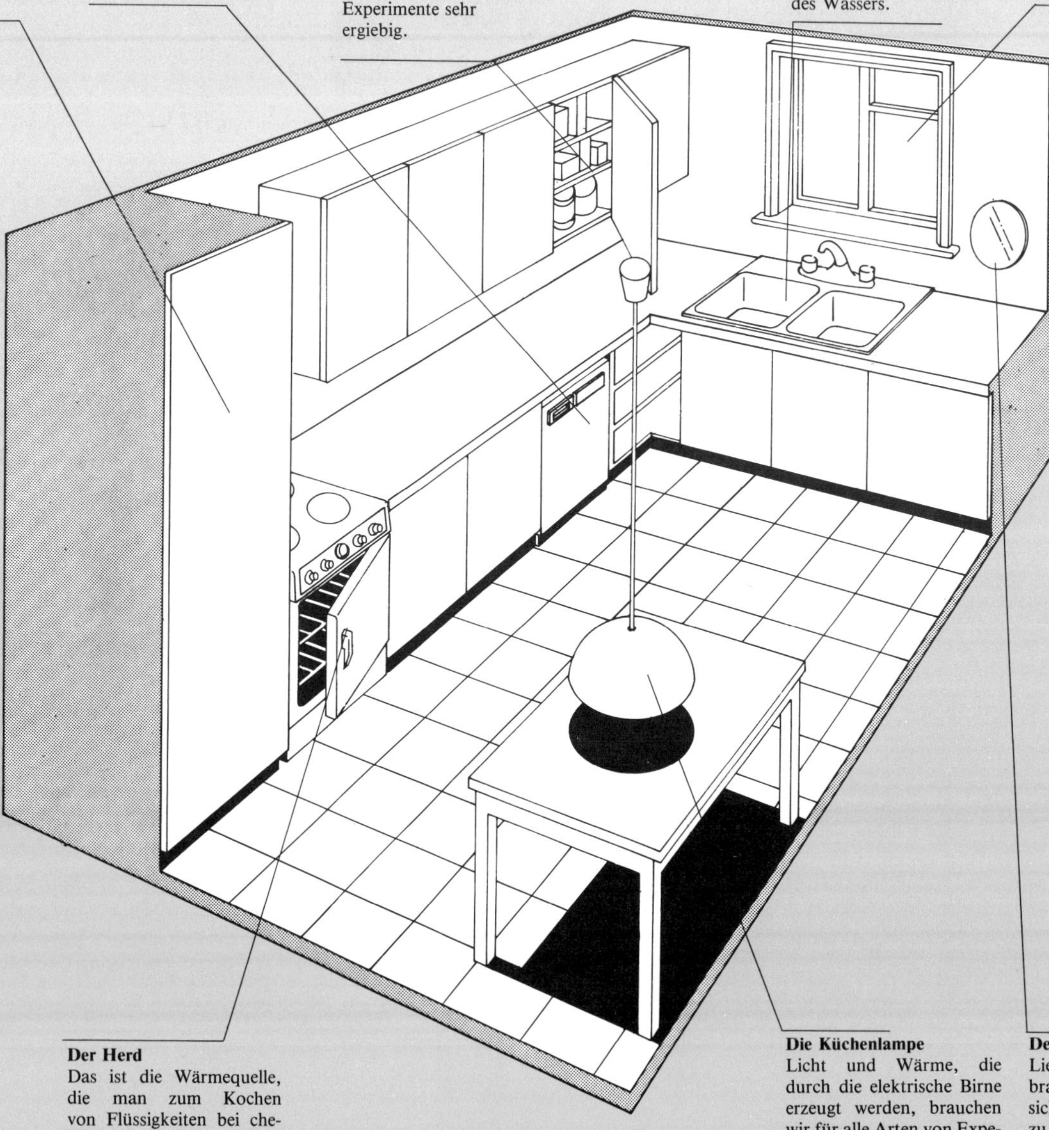

Besenschrank
Hier findet man vermutlich Waschpulver, Mottenkugeln, Bleichmittel und Putzmittel. Damit kann man sehr lehrreiche Versuche machen.

Kühlschrank
Der Kühlschrank dient zum Abkühlen von Geräten und Zutaten. Er stellt Eis für die Experimente her. Hier kann man vorführen, wie das Volumen von Wasser zunimmt, wenn es gefriert.

Vorratsschrank
Der Speiseschrank ist für das Heimlabor ebenfalls sehr nützlich. Eier, Kartoffeln, Essig, Bohnen oder Hefe sind als Material für Experimente sehr ergiebig.

Der Spülstein
Wenn du ihn mit Wasser füllst, ist er der ideale Platz zur Durchführung von Versuchen mit düsenbetriebenen Booten und magnetischen Enten. Fallende Wassertropfen demonstrieren die Oberflächenspannung des Wassers.

Das Fenster
Durch das Fenster kommt das natürliche Licht herein, das man braucht, wenn etwas wachsen soll. Vom Saatkorn bis zum Kartoffelschößling, der seinen Weg durch ein dunkles Labyrinth zum Licht sucht.

Der Herd
Das ist die Wärmequelle, die man zum Kochen von Flüssigkeiten bei chemischen Experimenten braucht, oder um die Wärmeleitung zu zeigen oder um etwas über das Prinzip eines Luftkissenfahrzeuges zu erfahren.

Die Küchenlampe
Licht und Wärme, die durch die elektrische Birne erzeugt werden, brauchen wir für alle Arten von Experimenten, ob es sich dabei um Schatten handelt oder ob es darum geht, die Wärmestrahlung zu zeigen oder den Unterschied zwischen dem harten und weichen Licht.

Der Spiegel
Liebhaberastronomen brauchen einen Spiegel, um sich ein Bild von der Sonne zu machen, während Biologen einen Spiegel brauchen, um sich ein einfaches Mikroskop herzustellen. Zauberer machen daraus ein Spiegelkabinett.

Geräte und Material

Wenn du dich zu Hause einmal umschaust, wirst du viele Geräte und Zutaten vorfinden, die du für die Versuche in diesem Buch brauchst. Von den Küchenvorräten kann man für Versuche immer wieder verwenden:
Essig,
Hefe,
Zucker,
doppeltkohlensaures Natron,
Kartoffeln,
Butter,
getrocknete Erbsen,
Farbstoff,
Salz, Eier.

Von den Haushaltsgeräten benützt man:
Küchenwaage,
elektrische Bohrmaschine,
Wecker,
Thermoskanne,
Thermometer,
einen Fön oder
ein Warmluftgebläse,
einen Spiegel.

Im Gartenhaus oder im Keller findest du vielleicht Blumentöpfe, eine Maurerkelle und einen Gartenschlauch. Das Saatgut von folgenden Pflanzen solltest du dir kaufen, wenn du es brauchst:
dicke Bohnen,
Senf und Kresse,
Kapuzinerkresse,
Kürbis,
Sonnenblumen,
Tomaten und Petersilie.
Kaufe außerdem Zwiebeln und Saatkartoffeln.

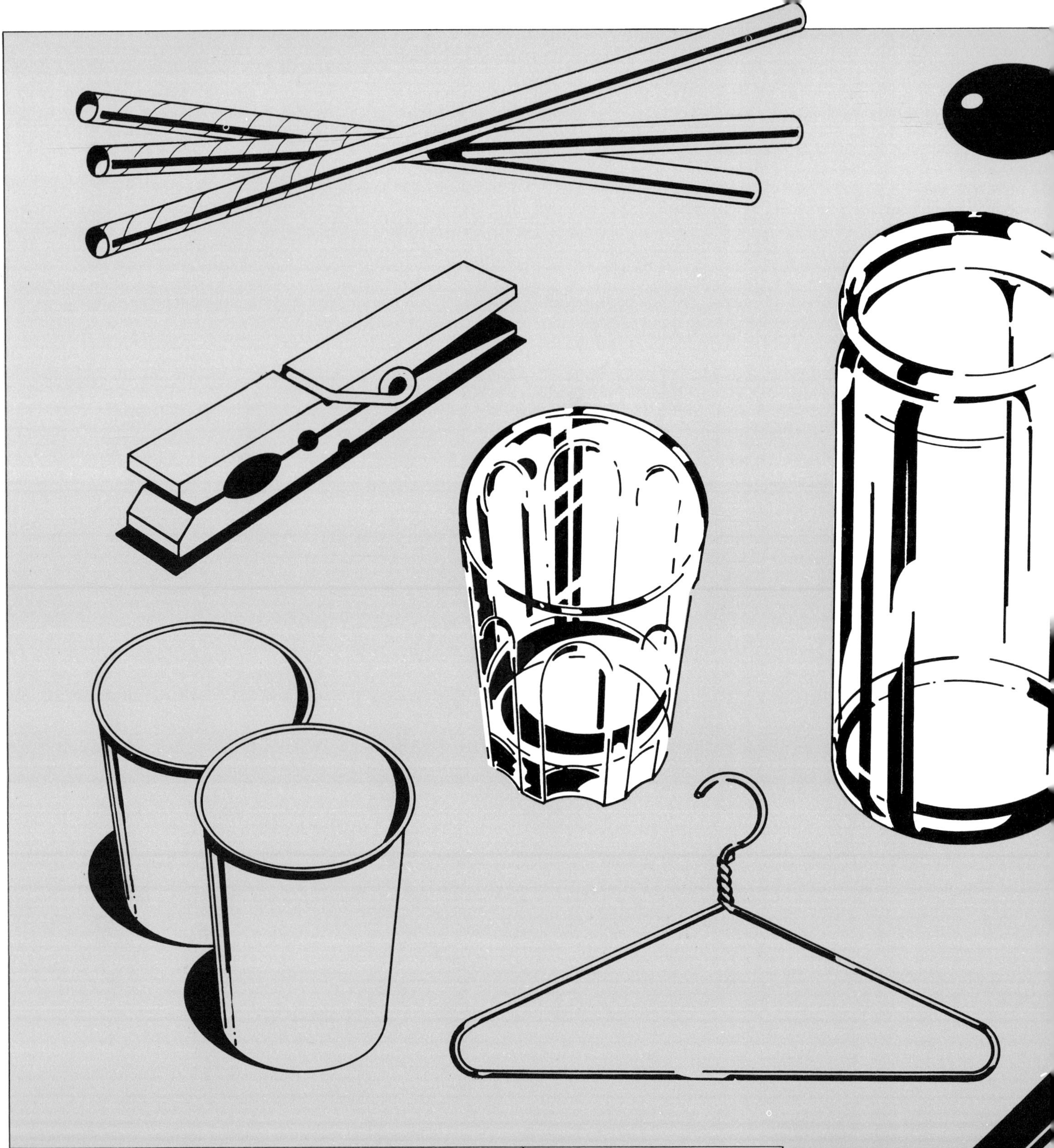

Leihe, kaufe oder erbitte dir die folgenden Sachen:
Eine Lupe, ein Prisma, konvexe und konkave Linsen, Batterien für elektrische Versuche, einige Magnete und Eisenfeilspäne. Außerdem wäre es vorteilhaft, wenn du dir ein Mikroskop besorgen könntest.
Die meisten in diesem Buch enthaltenen Versuche können mit Hilfe von Gegenständen durchgeführt werden, die normalerweise im Haushalt vorhanden sind, wie leere Joghurtbecher, Gläser und alte Korken.

Die nun folgende Materialliste deckt alle beschriebenen Versuche ab. Einiges wirst du dir wohl kaufen müssen.
Heftpflaster,
eine Taschenlampe,
farbiges Seidenpapier,
einige Bogen farbiger PVC-Folie,
Farbmalstifte,
Glasflaschen,
Sand, ein Stück Asbest,
Tischtennisbälle,
eine alte Blechplatte,
Konservendosen,
Trinkgläser,
alte Einmachgläser
aller Sorten und Größen,
Plastiktüten,
einen emaillierten Kochtopf,
Papierservietten,
Modelliermasse,
Papierhandtücher,
alte Löffel,
einige Reagenzgläser,
kleine Flaschen
mit einem Stopfen drauf,
Zwirn, Bindfaden,
Bleistifte,
ein Sieb,
eine Rolle Aluminiumfolie,
Federn,

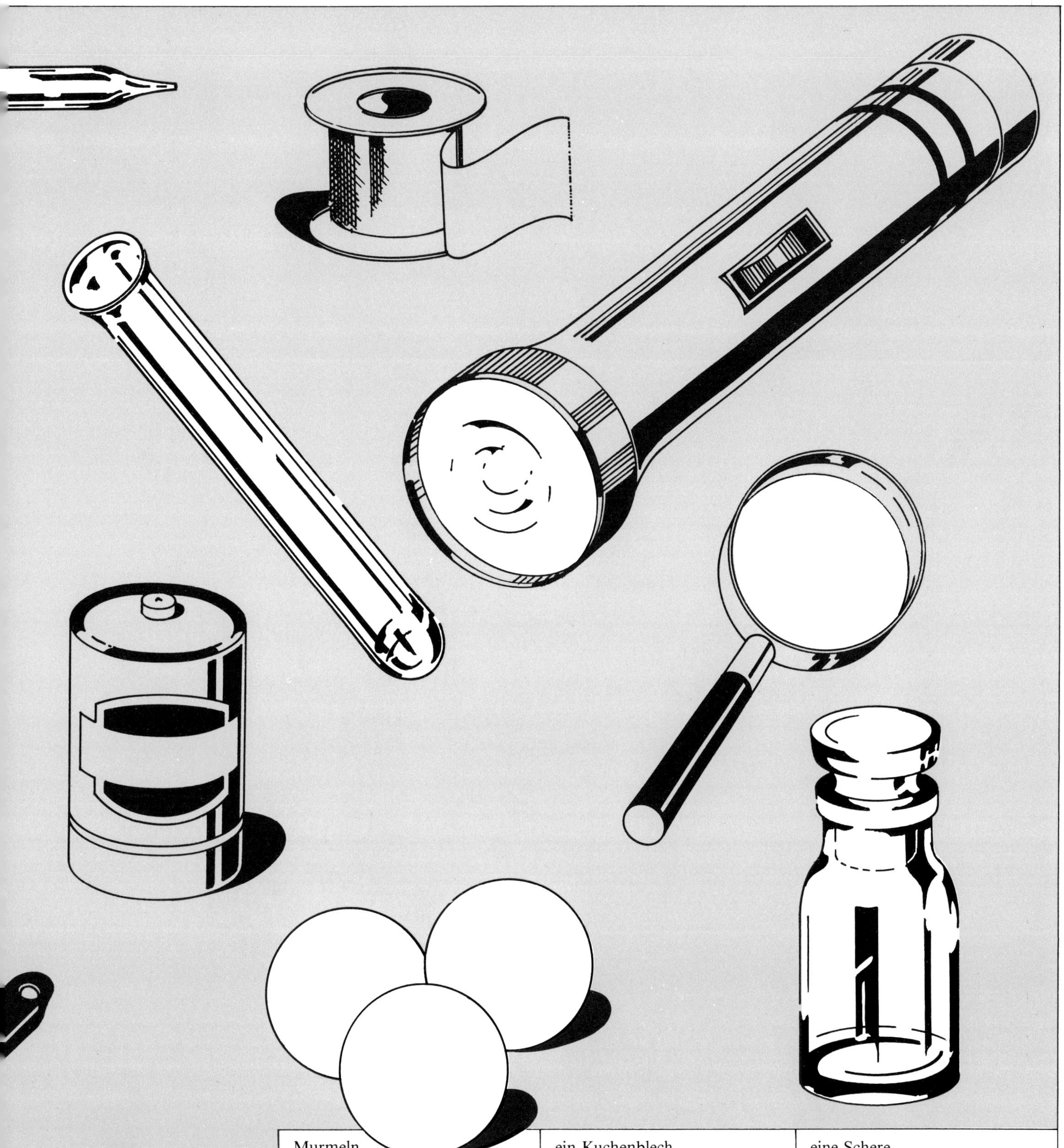

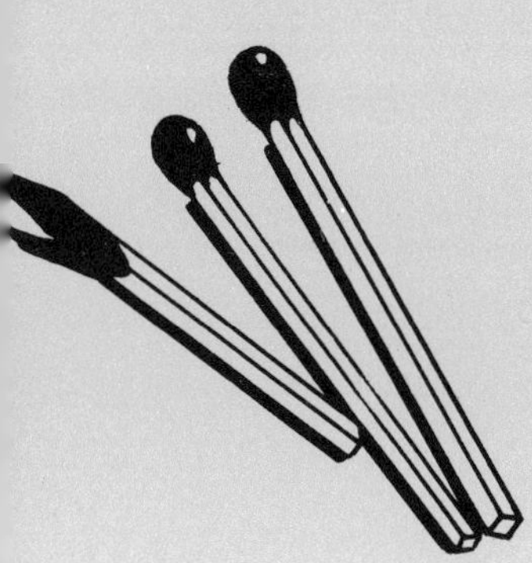

Murmeln,
Stecknadeln, Nähnadeln,
eine Kombizange,
einen Hammer,
alte Becher,
alte Untertassen,
Klingeldraht,
Streichhölzer,
Holzlöffel,
ein Drahtnetz,
Eierbecher,
ein Lineal,
ein Stück Paraffinwachs,
Wäscheklammern,
Büroklammern,
Garnrollen, Kerzen,

ein Kuchenblech,
Pappkarton,
Nägel,
Schrauben,
ein leeres Ölkännchen,
alte Zeitungen,
Schüsseln,
flüssiges Spülmittel,
Lufballons,
Pfeifenreiniger,
Stricknadeln,
Zahnstocher,
Sägespäne,
Milchflaschen oder ähnliches,
einen Krug,
Korken,

eine Schere,
einen Glastrichter,
Gummiringe,
eine Glaspipette,
Gummischlauch,
Joghurtbecher,
ein altes Messer,
ein Stahlwollekissen,
Trinkhalme,
Tinte,
Filzstifte,
Löschpapier,
Baumwoll-Lappen,
Kleiderbügel aus Draht,
Klebeband,
Glasstab.

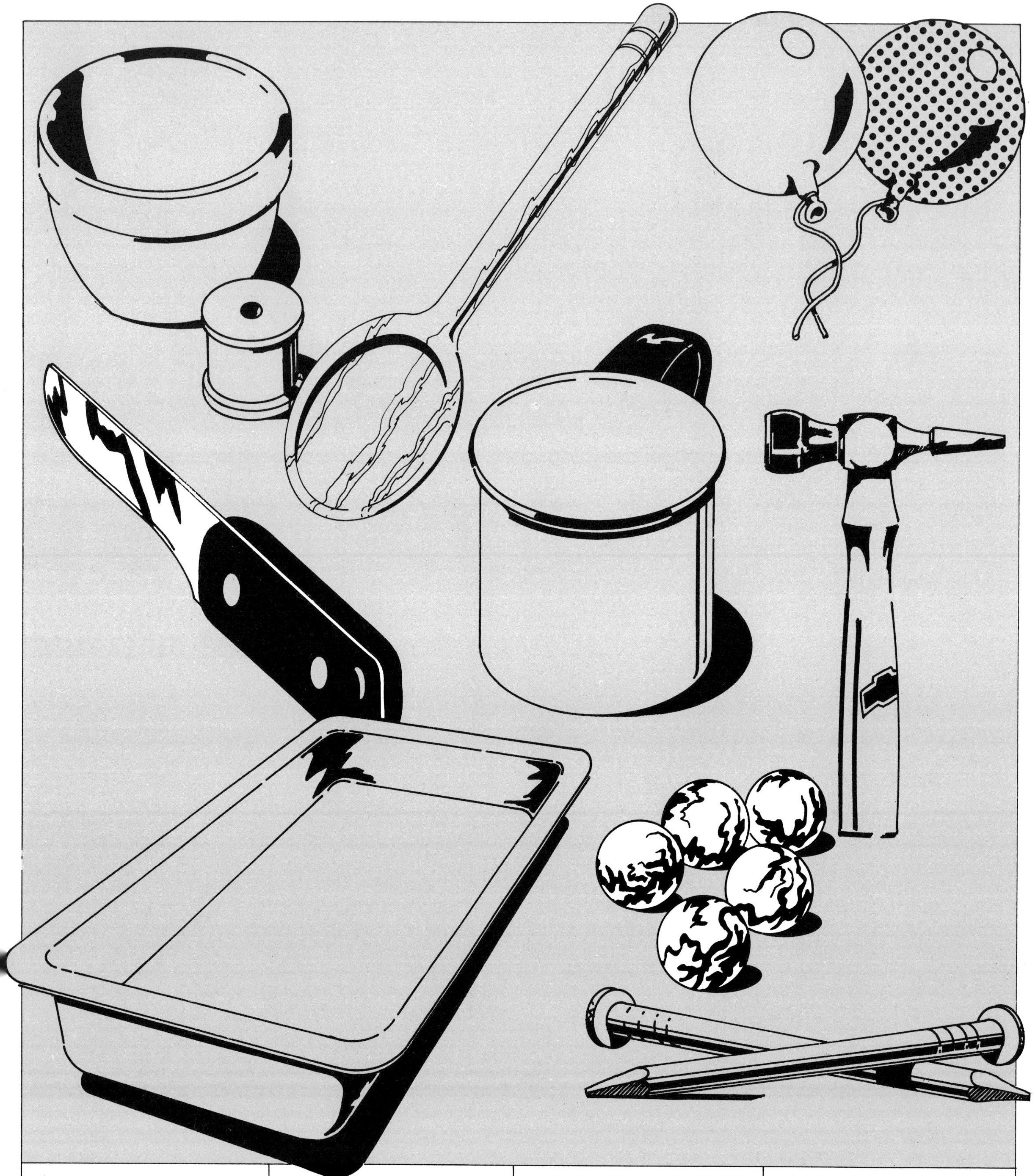

Chemikalien
Die meisten Chemikalien findest du sicher im Badezimmer, dem Gartenhaus oder in der Küche. Einige besondere Chemikalien wirst du dir in der Apotheke oder Drogerie kaufen müssen.
Bewahre die Chemikalien in alten Gläsern mit Schraubverschluß auf und beschrifte sie.
Wenn du mit Chemikalien und Hitze arbeitest, muß ein Erwachsener dabei sein. Wenn du die Versuchsbeschreibungen nicht genau beachtest, kann es passieren, daß du dich mit einer heißen Flüssigkeit verbrühst, oder daß du mit Chemikalien unangenehme Überraschungen erlebst.
Benötigt werden:
Bleichmittel,
medizinischer Spiritus,
Mottenkugeln,
Jod,
Kampfer,
Brennspiritus,
Wasserstoffsuperoxyd,
Kalkwasser,
Universal-Indikator-Papier,
Salzsäure,
Schwefelsäure,
Trockeneis,
Aceton,
Terpentin,
Tetrachlorkohlenstoff,
Eisensylphat,
Kupfersylphat,
Nickelsylphat,
Kalciumnitrat,
Magnesiumsylphat,
Eisen-Alaun,
Pottasche,
Kobaltchlorit,
Eisenchlorit,
Zinksylphat,
Borsäure,
gereinigter Weinstein,
Chlorkalk.

Dinge, die du selbst herstellen kannst

Bei verschiedenen Versuchen mußt du Wärme erzeugen können. In vielen Fällen kannst du dafür eine Heizplatte des Küchenherdes benützen, auf die du einen alten Kochtopf stellst.
Manchmal reicht sogar eine Kerzenflamme dafür aus.

Spiritusbrenner
Es gibt jedoch Fälle, in denen du einen kleinen Brenner brauchst. Am einfachsten wäre, einen solchen Brenner zu kaufen. Du kannst ihn aber auch selbst machen:
Du brauchst dafür:
Eine kleine Dose, z.B. eine Tabaksdose oder ein Tintenglas; ein Stück Holz, einen Hammer, einen Schraubenzieher, einen Docht, oder — wenn du so etwas nicht zur Hand hast — ein Stück Baumwollstoff und Brennspiritus.
Nimm den Deckel von der Dose bzw. von dem Glas. Lege ihn auf das Holzstück und schlage mit Hilfe des Hammers und des Schraubenziehers ein Loch in die Mitte des Deckels. Ziehe den Docht (oder das Stück Baumwolltuch) durch das Loch und stecke den Rest nach unten in die Dose bzw. in das Glas.
Wenn du den Brenner in Betrieb nehmen willst, mußt du ihn soweit mit Brennspiritus auffüllen, daß der Docht bzw. das Stück Baumwolltuch gut darin getränkt ist.
Stelle den Brenner zur Sicherheit auf eine Platte. Durch Kapillarkräfte (vgl. S. 174) steigt der Spiritus in den Docht hinauf. Wenn du ihn anzündest, verbrennen die Spiritusdämpfe.

Elektrisches Heizgerät
Wenn du in Besitz eines Transformators mit Gleichrichter von der elektrischen Eisenbahn bist, kannst du dir mit einem Stück Widerstandsdraht ein elektrisches Heizgerät bauen.
Solch einen Draht kannst du aus einem alten Heizstrahler ausbauen. Der Draht soll so lang sein, daß er, wenn du ihn an die Anschlüsse des Transformators anklemmst, zwar sehr heiß wird, aber nicht bis zur Rotglut. Wickle den Draht um ein Reagenzglas und verwende ihn, um damit Flüssigkeiten zu erhitzen.

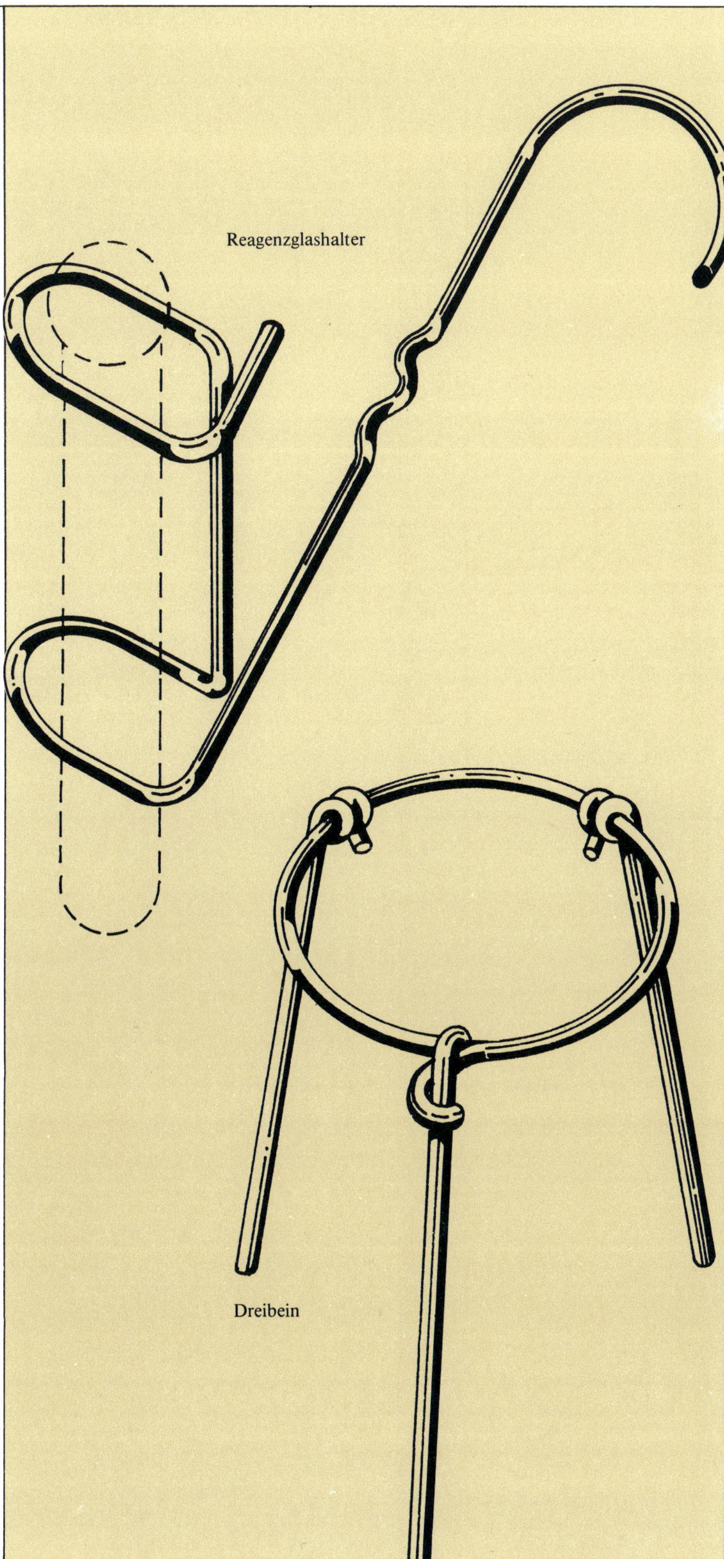

Reagenzglashalter
Du kannst dir selbst ein Reagenzglashalter bauen. Dazu brauchst du einen Drahtkleiderbügel, den du mit Hilfe einer Kombizange in die hier gezeigte Form biegst.

Dreibein
Wenn du einen dicken starken Draht in der hier gezeigten Weise zurechtbiegst, erhältst du ein stabiles Dreibein, das du über deinen Brenner stellen kannst. Lege ein rundes Drahtgitter oben drauf. Lege auf das Gitter noch einen Blechdeckel, um die in den Versuchen verwendeten Gläser damit zu befestigen.
Um heiße Gegenstände vom Dreibein herunterzunehmen, verwendest du am besten eine hölzerne Wäscheklammer.

Filter
Bei chemischen Experimenten braucht man sehr oft einen Filter. Aus einem Joghurtbecher kann man leicht einen Filter herstellen. Stelle den Becher auf ein Löschblatt. Fahre mit einem Bleistift um den Boden des Bechers und schneide das kreisförmige Stück Papier aus. Nun hast du dein Filterpapier.
Mit einem kleinen Nagel stichst du fünf Löcher in den Boden des Joghurtbechers. Hänge den Becher in die Öffnung eines Marmeladenglases, in die er gerade hineinpaßt. Lege das Filterpapier auf den Boden des Joghurtbechers. Gieße nun das gut umgerührte chemische Gemisch in den Becher. Die festen Bestandteile, die auf dem Papier zurückbleiben, nennt man den ,,Rückstand''. Die klare Flüssigkeit hingegen, die durchgelaufen ist, nennt man das ,,Filtrat''.

Wer in oder bei einer größeren Stadt wohnt, kann sich im örtlichen Laborhandel einen Reagenzglashalter und ein Dreibein billig besorgen. Die Adresse solcher Firmen findet man meistens im Branchenverzeichnis des Telefonbuches.

Eine wissenschaftliche Sammlung

Wenn du einige Zeit experimentiert hast, solltest du die Geräte, die du gebaut hast, um damit bestimmte wissenschaftliche Prinzipien zu zeigen, aufheben. Du kannst vielleicht aus zurechtgesägten Brettern ein Regal bauen oder bei einer Haushaltsauflösung billig kaufen. Noch besser wäre ein Bücherschrank mit Glasscheiben, die die Geräte vor Staub schützen. Beschrifte jedes Stück deiner Geräte mit seinem Namen und dem Datum, an dem du es hergestellt hast. Halte außerdem eine kurze Beschreibung des wissenschaftlichen Versuches fest. Diese Beschreibung dient dir dann für später als Gedächtnisstütze, denn man ist oft überrascht, wie schnell man wichtige Einzelheiten eines Versuches, schon von einem Tag auf den anderen, vergessen kann.

Teil 2
Durchführung von Experimenten

2

Biologie — die Wissenschaft von Pflanzen und Tieren

Schon in der Vorzeit verstand der Mensch die Pflanzen zu nutzen, zum Heilen ebenso wie zum Töten, und er verehrte sie als Geschenke der Götter. So wurde zum Beispiel in der Welt des Altertums das züchterische Geschick der Ägypter gerühmt; trotz ihrer kargen Böden, die ständiger Bewässerung bedurften, kultivierten sie mit viel Erfolg Ziergebüsche und Blumen ebenso wie Gemüse und Kräuter; auf alten Papyrusrollen sind von ihnen Berichte über den Gebrauch von Heilkräutern überliefert, die in ihrer Genauigkeit jeden heutigen Pflanzenkenner in Erstaunen versetzen.

Theophrastus, Schüler des Aristoteles im 3. Jahrhundert v. Chr., begann als einer der ersten mit einer systematischen Erforschung der Pflanzen über ihren Nutzen für Küche und Heilkunst hinaus. Er verglich Hunderte von Pflanzenarten miteinander und versuchte als erster, eine — wenngleich noch mit vielen Mängeln behaftete — systematische Ordnung der Pflanzenformen aufzustellen. Sein Lehrer Aristoteles tat das gleiche mit der Tierwelt. Etwa 500 Tierarten, darunter vor allem Fische, untersuchte er eingehend, präparierte sie und studierte ihre Anatomie (ihre Baupläne). Damit war eigentlich die Biologie als Wissenschaft geboren. Unter solchen Bedingungen war es kein Zufall, daß Menschen, die gelernt hatten, aus purer Neugier Biologie zu betreiben, auch in anderen Gebieten zu wissenschaftlicher Tätigkeit angeregt wurden. Ebenso wie die Lebewesen so begann man auch die Erde selbst zu erforschen.

Als die Europäer neue Wege nach Amerika und Asien entdeckten, eröffnete sich den Biologen gleichzeitig eine ganz neue Pflanzen- und Tierwelt. Einer der bedeutendsten Biologen des 18. Jahrhunderts, der schwedische Botaniker Karl von Linné, beschrieb zahlreiche Pflanzen neu und versuchte, sie in einer natürlichen Ordnung, wie er es nannte, zu katalogisieren. Seine Schüler brachten von Expeditionen Tausende bis dahin unbekannter Pflanzen mit, die er beschrieb und in seinem 1735 veröffentlichten berühmten „Systema natural", dem natürlichen System der Pflanzenarten, nach ihren Bauplänen und Blütenformen ordnete.

Die alten Pflanzenjäger hatten als Pioniere und Abenteurer auf ihrer Jagd nach neuen Formen und Arten mit zahllosen natürlichen Schwierigkeiten zu kämpfen: Reisen nach Kanada, in den Himalaja oder nach China dauerten Jahre. Die gesammelten Arten mußten an Ort und Stelle genauestens beschriftet werden, man mußte Beschreibungen ihrer Lebensräume geben, und zuweilen hatte man lange an einem Ort zu verweilen, um Samen der entdeckten Pflanzen heimbringen zu können. Die Sammelausbeute mußte zum Heimtransport sorgfältig verpackt werden; und dennoch war oft die Chance sehr gering, sie unversehrt heimzubringen, nicht zuletzt, weil unzuverlässige Schiffskapitäne nicht zögerten, das in ihren Augen wertlose Gut zuerst über Bord zu werfen, wenn es lästig wurde. Zu jener Zeit richtete der Bologneser Botaniker, Professor Chini, in Bologna das erste große Herbarium eine Sammlung getrockneter Pflanzen ein, und Adrian Spieghel veröffentlichte 1606 in seinem Werk „Isagorges" erstmals genaue Anweisungen zur Präparation und Konservierung von Pflanzen.

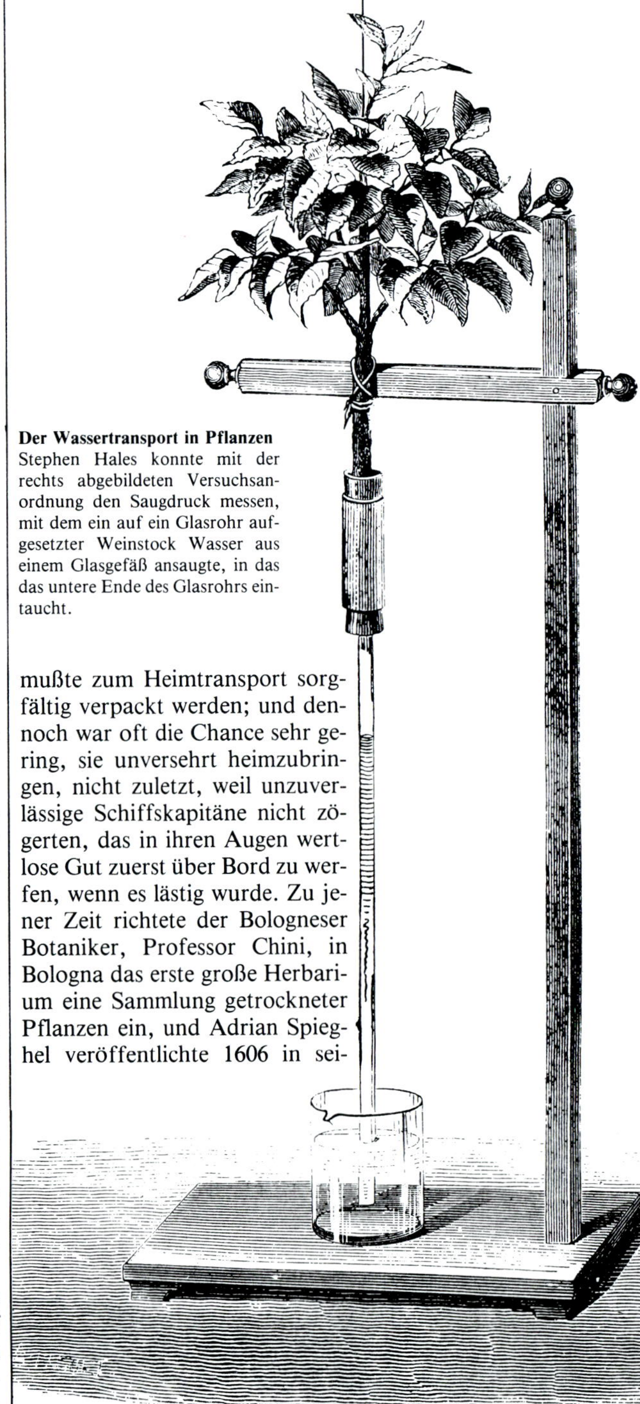

Der Wassertransport in Pflanzen
Stephen Hales konnte mit der rechts abgebildeten Versuchsanordnung den Saugdruck messen, mit dem ein auf ein Glasrohr aufgesetzter Weinstock Wasser aus einem Glasgefäß ansaugte, in das das untere Ende des Glasrohrs eintaucht.

Der englische Landpfarrer Stephen Hales, ein zu seiner Zeit im 17. Jahrhundert angesehener Amateur-Wissenschaftler, experimentierte mit Sonnenblumen, um mehr über die Ernährung von Pflanzen zu erfahren. Er deckte seine Aufzuchttöpfe mit Bleideckeln ab oder überzog die Blätter seiner Versuchspflanzen mit Schweinsblasen und hoffte so, die Wasserabgabe durch die Blätter und die Wasseraufnahme durch die Wurzeln messen zu können. Er legte Baumwurzeln frei und maß deren Saugkraft, mit der sie Wasser aufsaugten und stellte fest, daß eine Kapillarkraft in den Pflanzenzellen mit ihrer Saugwirkung half, gegen die Schwerkraft Wasser vom Erdboden in Stamm und Astwerk zu transportieren. Darüber hinaus erkannte er bereits, daß Pflanzen zum Gedeihen mehr als nur guten Boden brauchten, allerdings verstand er noch nicht den ganzen Mechanismus pflanzlicher Ernährung. Erst gegen Ende des 18. Jahrhunderts brachte die Veröffentlichung der Experimente Jean Senebiers in Genf genauere Erkenntnisse. Er hatte Pflanzen in halb mit Wasser gefüllte evakuierte Gefäße eingeschlossen, um zu erfahren, wie Pflanzen atmen und Sauerstoff verbrauchen. An einem angeschlossenen Manometer konnte er die Druckänderung in den Versuchsgefäßen messen. Füllte er die Versuchsgefäße mit Kohlensäuregas (Kohlendioxid), so gaben die Pflanzen mehr Sauerstoff ab. Das Experiment gelang allerdings nur bei Tageslicht. Daraus folgerte er, daß die grünen Teile der Pflanzen Licht brauchen, um aus Kohlendioxid Sauerstoff freizusetzen. Der hierzu notwendige grüne Farbstoff der Pflanzen erhielt später den Namen „Chlorophyll" — Blattgrün. Auch die Kenntnisse über die Heilwirkung von Pflanzen und von deren Grundlagen nahm rapide zu. 1775 machte William Withering, ein einfacher englischer Arzt, eine aufregende Entdeckung: Er hatte eine alte Kräuterfrau kennengelernt, die erfolgreich Patienten behandelte, welche infolge von Herzschwäche an Wassersucht litten, und zwar mit Fingerhutblättertee. Er wandte mit großem Erfolg das gleiche Mittel bei Patienten mit allerlei anderen Herzkrankheiten an.

Die Erfindung leistungsfähiger Mikroskope im 19. Jahrhundert brachte auch einen erheblichen Fortschritt auf einem ganz anderen Gebiet der biologischen Wissenschaft, nämlich in der Zellenlehre. Mit den besseren optischen Möglichkeiten erkannte man, daß jeder Organismus aus Zellen besteht, und man ergründete deren Aufbau. Es entstand die Zellbiologie. Matthias Schleiden (1804—1881) war einer der

Schrittmacher dieses neuen Fachs. Anfangs Anwalt, gab er seine blühende Anwaltspraxis später auf, um sich ganz der Zellenlehre zuzuwenden. Allen Spott schüttete er über die Botaniker seiner Zeit aus, die ihre ganze Befriedigung darin fänden, nur ihr gesammeltes Heu zu bestimmen.

Er erkannte bereits, daß alle Pflanzen aus Zellen bestehen, deren jede einen Kern besitzt. Er ahnte auch, daß der Zellkern etwas mit der Vermehrung von Zellen zu tun haben müsse, erlag aber dem Fehler, den Nucleolus, einen Binnenkörper im Zellkern, den er erstmalig in Wurzelzellen der Kartoffel beobachtete, als den Ursprung einer neuen Zelle anzusehen, und verbaute sich selbst damit den Weg zu weiteren Erkenntnissen über die Zellteilung und -vermehrung. In gleicher Weise begannen die Zoologen tierische Organismen zu untersuchen. Der Kölner Physiologe Theodor Schwann erkannte, daß auch alle Tiere aus Zellen aufgebaut sind, wie Schleiden es für Pflanzen beschrieben hatte. Man entdeckte unter dem Mikroskop die Welt der einzelligen Tiere und der Bakterien, in denen man die Erreger vieler Krankheiten erkannte. Aber das Interesse der Mehrheit der Zoologen lag noch auf dem Gebiet der Anatomie. Pierre Belon (1517—1564) begründete die vergleichende Anatomie. Im Vergleich des Vogelskeletts mit dem menschlichen Skelett fand er erstaunliche Ähnlichkeiten, z.B. den im Prinzip gleichen Aufbau von Flügel- und Handskelett. So lag die Vermutung nahe, daß die höheren Organismen mit den niederen verwandt sein, ja sich vielleicht aus ihnen entwickelt haben könnten.

Charles Darwin (1809—1882) formulierte nach seinen intensiven Beobachtungen, die er auf der Weltreise des Forschungsschiffes „Beagle" (1831—1836) angestellt hatte, diese im biologischen Gedankengut jener Zeit bereits abzeichnende Abstammungslehre nicht nur genauer, sondern belegte sie auch mit schlagenden Beweisen. Er sammelte und verglich Tiere und Pflanzen aus aller Welt; so fand er z.B. beim Vergleich der Finkenvögel der Galapagosinseln — einer Inselgruppe ca. 1000 km westlich der südamerikanischen Westküste — mit Finkenvögeln des südamerikanischen Festlandes außerordentlich große Ähnlichkeiten zwischen beiden, obwohl sie nicht artgleich waren. Auch die Finkenarten der einzelnen Inseln wiederum gehörten verschiedenen Arten an, wenngleich sie sich zuweilen nur durch ihre Schnabelform unterschieden. Jede dieser Formen schien damit ihren jeweiligen Lebensbedingungen besonders gut angepaßt. Daraus folgerte Darwin, daß Tierarten sich verändern können. 1859 veröffentlichte er sein berühmtes Werk „Über die Entstehung der Arten". Darin zeigt er schlagend, wie die Organismen sich in langen Erdperioden von niederen zu höheren Formen entwickeln können. Sein Zeitgenosse Thomas Huxley wurde zum glühenden Verfechter der Darrwinschen Evolutionslehre. Im Vergleich von Gibbon-, Orang-Utan- und Schimpansenskelett mit dem menschlichen Skelett (vgl. S. 39) entdeckte er, daß beide sich auffällig gleichen und in der Zahl der Zähne, dem Bau der Handknochen und dem Fehlen eines Schwanzes übereinstimmen. Der Mensch hatte im Unterschied zu den Affen lediglich eine aufrechte Körperhaltung und ein weitaus größeres Gehirn und dementsprechend einen größeren Hirnschädel.

Während noch der Streit um die Abstammung des Menschen hohe Wellen schlug, entwickelte sich ein anderes Gebiet der Biologie zu einer neuen biologischen Wissenschaft: die Ökologie, das Studium der Lebewesen in ihren natürlichen Lebensräumen und ihrer wechselseitigen Beeinflussung. In Reiseerzählungen gab es zwar schon reichliches Beschreibungs- und Illustrationsmaterial zu diesem Thema, wie das Bild links zeigt, aber es fehlte doch an genauer Beobachtung. Im 19. Jahrhundert begannen die Biologen die Laborbedingungen zu verlassen und Untersuchungen auch im Freiland durchzuführen. Seit den frühen Anfängen ersten Katalogisierens und den ersten anatomischen Studien an Lebewesen hatte die Biologie bis hierher einen weiten Weg zurückgelegt.

Der schwedische Botaniker Linné in Lappenkleidung auf seiner Forschungs- und Sammelreise, die ihn 1732 bis in den Norden Lapplands führte und auf der er die Pflanzenwelt Nordskandinaviens erforschte.

Ein Jäger wird gejagt
Der Stich von Howitt aus dem Jahre 1819 zeigt eine Riesenschlange (Boa constrictor), wie sie gerade eine ganze Antilope zu verschlingen versucht. Eine ausgewachsene Pythonschlange soll zwar einen ganzen Bären verschlingen können, der Appetit einer Boa ist aber weit geringer als ihr nachgesagt und auf diesem Bild dargestellt wird.

Überall in der Welt wachsen ganz verschiedene Pflanzen, von einzelligen Algen und Pilzen bis zu gewaltigen Bäumen, und nicht nur im wohlgepflegten Kulturland, sie gedeihen ebenso im Wasser der Meere und Flüsse, auf kargen Felsen und morschen Baumstümpfen, in Sümpfen und sogar in solch unwirklichen Lebensräumen wie auf den Schneeflächen der Arktis und auf alten Brotrinden. Die stummen Pflanzen übersieht man zwar leichter als die Tiere in all ihrer Beweglichkeit und Lebendigkeit, aber Pflanzen leben ein genauso lebendiges Leben wie Tiere und haben sich mit den gleichen Problemen herumzuschlagen: Sie brauchen geeigneten Lebensraum und Nahrung, stehen mit anderen Organismen in ständigem Konkurrenzkampf um Raum und Nahrung, und sie pflanzen sich fort, Generation für Generation.

In einem Zeitrafferfilm läßt sich zeigen, wie beweglich und aktiv auch Pflanzen sein können: ihre Stengel winden sich, sie treiben Knospen, Blüten und Samen, drehen sich zur Sonne und schwitzen Wasser aus ihren Blättern. Anders als die meisten Tiere sind sie allerdings fest an einen Ort gebunden, an dem sie ihr Auskommen finden müssen. Zur Nahrung reicht ihnen Wasser, einige Mineralien aus dem Boden und die Kohlensäure der Luft. Das gilt jedoch nur für die grünen Pflanzen. Sie besitzen nämlich in ihren Zellen einen Farbstoff, das Chlorophyll, mit dessen Hilfe sie die Energie des Sonnenlichts nutzen können, um organische chemische Verbindungen, eben ihre Nährstoffe, aufzubauen. Diesen Vorgang bezeichnet man als Photosynthese.

Die Experimente auf dieser Seite sollen dir zeigen, daß selbst Pflanzen, die du zuhause züchtest, sich bewegen können, indem sie sich etwa nach der Erdschwere richten (Geotropismus), oder dem Wasser (Hydrotropismus) oder Sonnenlicht (Phototropismus) entgegenwachsen. Gerade das Wasser- und Lichtbedürfnis kann sonderbare Wuchsformen hervorrufen, wie das Wachstumslabyrinth auf der nächsten Seite zeigt. Versuchen wir also, Wachstumsbewegungen von Pflanzen zu messen.

Geotropismus

Fülle ein Marmeladeglas mit feuchter Watte und stecke einige Bohnen gut sichtbar zwischen Watte und Glaswand. Nach einigen Tagen wächst eine junge Wurzel aus und krümmt sich nach unten. Dreht man das Glas um und wartet wieder einige Tage, so ändert die Wurzel ihre Wuchsrichtung und krümmt sich erneut nach unten. Durch die Erdschwere werden die Wurzeln nach unten „gezogen“. Diese Erscheinung nennt man Geotropismus — wörtlich übersetzt: Erdwendung.

Das Feuchtigkeitsbedürfnis aber kann den Geotropismus beeinflussen, ja geradezu umkehren. Das wollen wir im nächsten Experiment sehen.

Hydrotropismus

Um zu verfolgen, wie eine Pflanzenwurzel sich nach dem Wasser ausrichtet, fülle einen Karton mit Sägemehl und setze da hinein einen porösen Topf mit Wasser, etwa einen Blumentopf, dessen Loch du vorher mit einem Korken verschlossen hast. Pflanze nun die gekeimten Bohnen vom vorigen Versuch in das Sägemehl ein. Wenn du nach einigen Tagen die Keimlinge vorsichtig freilegst, wirst du sehen, daß die Wurzeln nicht mehr gerade nach unten, sondern auf den Wassertopf zuwachsen. Dieses Wachstum dem Wasser entgegen bezeichnet man als Hydrotropismus.

Phototropismus

Anders als die Wurzeln wenden sich die grünen Sprosse der Pflanzen dem Licht zu, das sie zur Photosynthese benötigen. Um das zu untersuchen, nimmst du einen verschließbaren Karton und schneidest ein Loch oben in eine der Seiten. Stelle eine Zimmerpflanze in den Karton und verschließe ihn mit dem Dekkel. Wenn du den Karton nun an einen hellen Ort stellst, so daß das Sonnenlicht in das Loch hineinscheinen kann, wird sich die Pflanze allmählich dem Loch und damit dem Licht zuneigen. Drehst du nach einigen Tagen die Pflanze um 180°, so wird sich der Vorgang wiederholen, wieder wendet sie ihre Sprosse und Blätter dem Licht zu, nun aber zur anderen Seite. Diese Erscheinung bezeichnet man als Phototropismus — Lichtwendung.

Wachstum und Bewegung

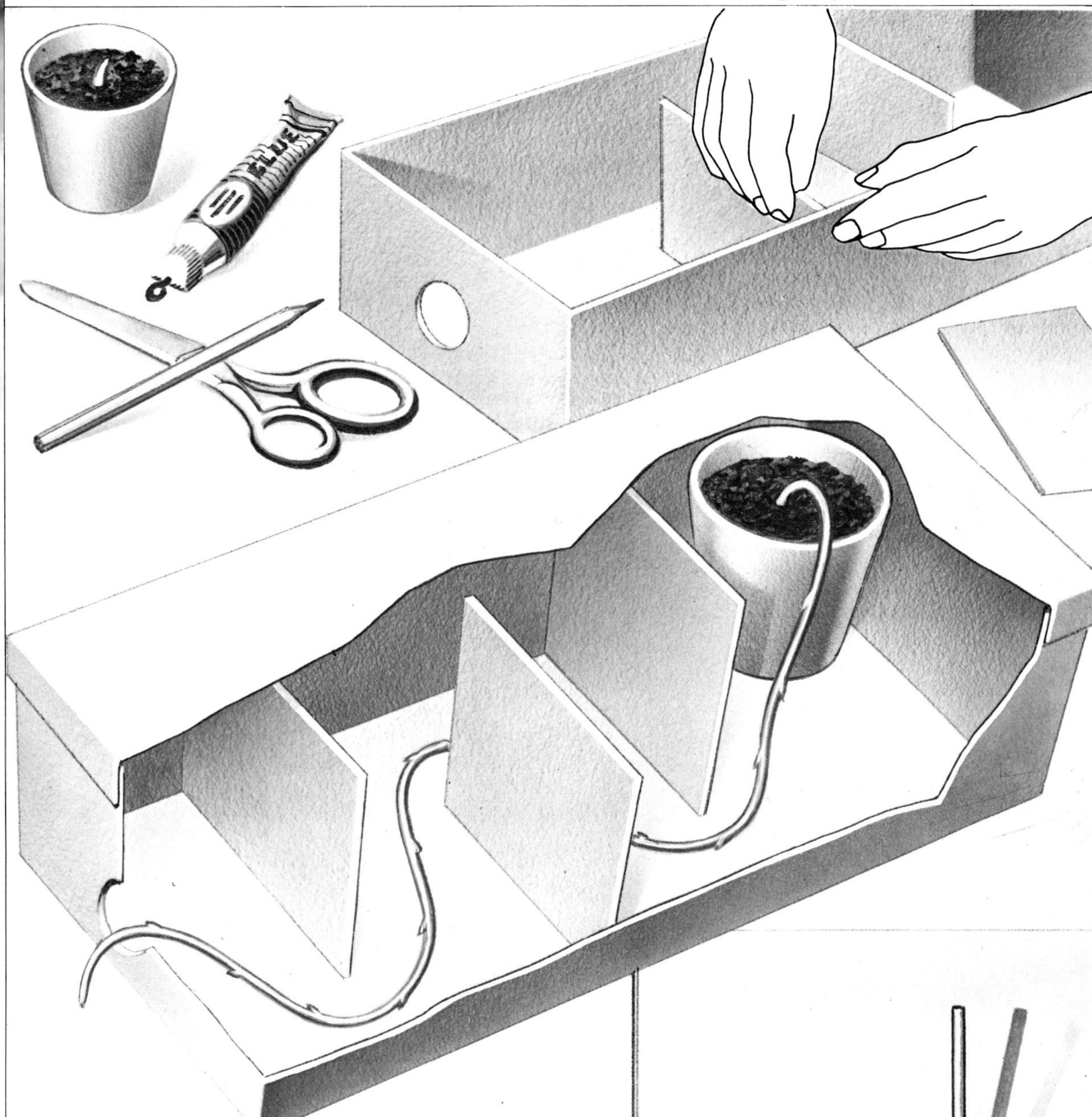

Ein Irrgarten für Pflanzen

Das Vermögen einer ganzen Pflanze oder gar eines einzelnen Sprosses, dem Licht entgegenzuwachsen, demonstriert das folgende Experiment. Pflanze eine keimende Kartoffel in einen Blumentopf mit feuchter Erde und stelle den Topf an ein Ende eines langen Kartons, wie ihn das Bild links zeigt. In die gegenüberliegende Schmalwand des Kartons schneide ein kleines Loch und klebe abwechselnd von der einen und von der anderen Seite Trennwände in den Karton ein, so daß jeweils ein schmaler Spalt zwischen Längswand und Trennwand offenbleibt. Decke den Deckel auf den Karton und stelle ihn mit dem Loch zum Licht. Nach einigen Tagen wirst du sehen, wie der keimende Kartoffelsproß aus dem Loch herauswächst. Lichtempfindliche Zellen an der Spitze des Keims haben ihn durch das Labyrinth sich dem Licht entgegenwinden lassen. Übrigens wirst du bemerken, daß der Sproß weiß bleibt, solange er im Dunkeln wächst, weil sich ohne Licht kein Chlorophyll, kein Blattgrün, in den Zellen bilden kann.

Die Wachstumsgeschwindigkeit

Ebenso spannend wie das vorige Experiment ist es, die Wachstumsgeschwindigkeit einer Pflanze zu messen. Auch das läßt sich leicht mit einem Bohnenkeimling durchführen. Weiche dazu eine Bohne über Nacht in Wasser ein und pflanze sie in einen Topf mit Blumenerde. Wenn der erste Sproß durch die Erde bricht, binde einen Zwirnfaden daran, dessen anderes Ende du an das Ende eines Strohhalms knotest. Klemme einen Pappdeckel senkrecht zwischen zwei dicke Bücher und stell den Blumentopf vor die Kante des Kartonblatts, wie das Bild es zeigt. Hefte den Strohhalm in der Mitte mit einer Nadel auf den Karton, so daß er sich frei drehen läßt, und spanne den Faden durch Verschieben des Blumentopfes so, daß der Strohhalm senkrecht steht. Markiere nun täglich die Stellung des Strohhalms auf dem Karton. So läßt sich fein der tägliche Zuwachs des Bohnenkeimlings verfolgen.

Photosynthese

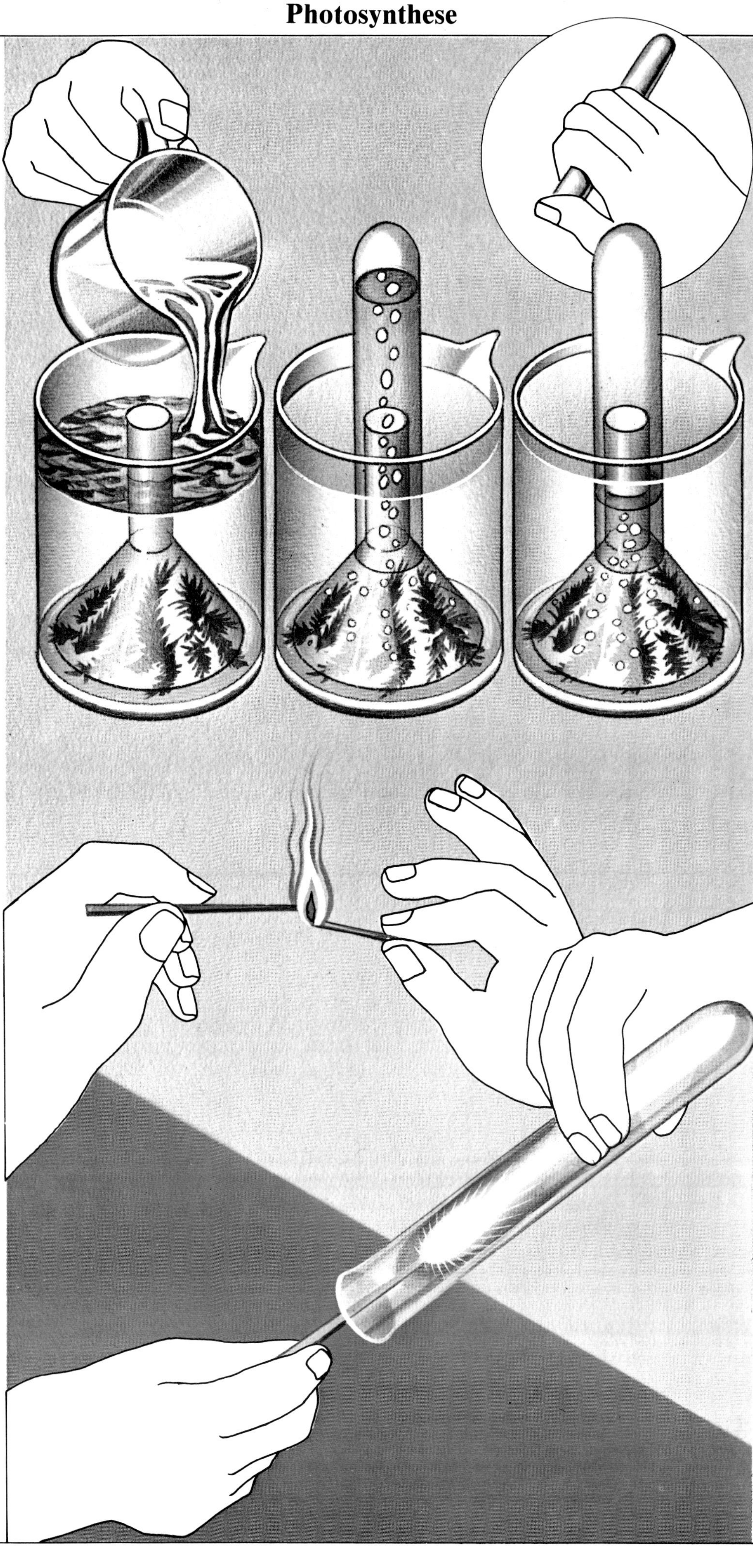

Pflanze und Sauerstoff
Sieh dir bei Gelegenheit einmal ein Aquarium an, das in der prallen Sonne steht. Überall wirst du von den Blättern der Wasserpflanzen kleine Gasblasen zur Wasseroberfläche hochperlen sehen. In einem ganz einfachen Experiment kannst du sehen, was da eigentlich geschieht. Dazu brauchst du ein Einmachglas mit Wasser, einen Glastrichter, ein Reagenzglas, einige Sprosse von Aquarienpflanzen — etwa Wasserpest —, und Streichhölzer. Der Trichter sollte möglichst aus Glas sein oder wenigstens so schwer, daß er im Wasser nicht schwimmt. Ein Kunststofftrichter ist also ungeeignet. Leg die Wasserpflanzen in das Glas mit Wasser und stülpe den Trichter umgekehrt über die Pflanzen, so daß der Trichterhals eben noch aus dem Wasser schaut. Es stört gar nicht, wenn einige Pflanzenstiele unter den Trichterrand geraten, so daß dieser nicht ganz dicht auf dem Glasboden aufsteht. Nun fülle das Reagenzglas bis zum Rand mit Wasser, verschließe es mit dem Daumen und stülpe es möglichst so über den Trichterhals, daß keine Luftblase hineingerät. Jetzt stelle das ganze Versuchsgefäß mindestens für eine Stunde in die Sonne. Nach einer Weile wirst du Gasblasen von den Blättern durch den Trichterhals aufsteigen und in dem Reagenzglas sich sammeln sehen, bis sich das Reagenzglas ganz mit Gas gefüllt hat. Wenn alles Wasser aus dem Reagenzglas verdrängt ist — das dauert sicher mehrere Stunden — nimm es vorsichtig und langsam aus dem Wasser. Dabei solltest du die Öffnung nach unten halten und so rasch wie möglich mit dem Daumen verschließen, damit das Gas nicht entweichen kann. Jetzt brauchst du eigentlich vier Hände, oder ruf einen Freund oder eines deiner Geschwister zu Hilfe, um den Flammentest durchzuführen. Zünde das Streichholz an, laß es kurz anbrennen und blase es dann wieder aus, so daß die Spitze nur noch glüht. Steck das glühende Streichholz in das gasgefüllte Reagenzglas. Der Span wird sofort wieder hell aufflammen. Das ist ein einfacher und gebräuchlicher Test, um Sauerstoff nachzuweisen. Das Gas, das die Pflanzen abgegeben haben, ist Sauerstoff, der die Verbrennung anderer Stoffe unterhalten kann und den auch wir zum Atmen brauchen. Wenn du den gleichen Versuch im Dunkeln wiederholst, kannst du keine Gasentwicklung beobachten. Die Pflanzen brauchen dazu also Licht. Man nennt diesen Vorgang Photosynthese — Stoffaufbau mit Hilfe von Licht. Dabei nehmen die Pflanzen Wasser und Kohlensäuregas (Kohlendioxid) aus der Luft und durch die Wurzeln auf und stellen aus diesen einfachen Grundstoffen mit Hilfe der Energie des Sonnenlichts höhere chemische Verbindungen wie Zucker, Zellulose und Stärke her.

Pflanzen und Kohlensäure
Fast alle Lebewesen brauchen Sauerstoff zur Atmung, wir Menschen, die Fische im Aquarium, selbstverständlich auch die Pflanzen; sie produzieren allerdings im Licht mehr Sauerstoff durch ihre Photosynthese als sie selbst verbrauchen können, während sie im Dunkeln keine Photosynthese treiben und nur Sauerstoff verbrauchen. Ein recht eingerichtetes Aquarium sollte also gut bepflanzt sein, so daß das Wasser immer ausreichend gelösten Sauerstoff für die Atmung der Fische enthält. Die Fische nun atmen als Endprodukt aus ihrem Stoffwechsel, ebenso wie wir, Kohlensäure aus. Diese wieder wird von den Pflanzen aufgenommen. So gibt es einen regelrechten Gaskreislauf, angetrieben durch das Sonnenlicht, den du wieder leicht nachweisen kannst: Gib auf den Boden eines verschließbaren Glasgefäßes einige Löffel Brausepulver. Dann fülle ein wenig Wasser in einen Joghurtbecher, gib eine Handvoll frischer Pflanzenblätter hinein und setze den Joghurtbecher in das erste Glasgefäß. Nun gieße noch etwas Wasser auf das Brausepulver und verschließe das Glas sofort möglichst dicht. Beim Lösen des Brausepulvers entwickelt sich ein Gas. Steckst du ein glühendes Streichholz in das Versuchsgefäß, so erlischt es gleich, weil das entstehende Gas Kohlendioxyd ist. Stelle das nun wieder dicht verschlossene Versuchsgefäß jetzt für mindestens 4 Stunden in die Sonne und führe dann wieder den Test mit dem glühenden Span durch. Nun erlischt der Span nicht mehr gleich. Die Pflanzenblätter haben die Kohlensäure aufgenommen und verbraucht und statt dessen etwas Sauerstoff abgegeben. Aus dem CO_2 (Kohlendioxyd) und Wasser haben die Zellen der Blätter mit Hilfe des Blattgrüns im Sonnenlicht Zucker und vor allem Stärke aufgebaut, die ihnen dann als Nahrung dient.

Der Stärketest
Auch die Stärkeproduktion kannst du ganz einfach in den Blättern nachweisen. Dazu mußt du allerdings zuerst das Chlorophyll aus den Blättern herauslösen. Nimm ein frisches großes Blatt z. B. von einer Geranie aus dem Blumenkasten, töte die Zellen durch kurzes Eintauchen in kochendes Wasser ab. Leg das Blatt nun in eine flache Glasschale oder einen Suppenteller und übergieße es mit etwas Brennspiritus. Dadurch löst du alles Chlorophyll aus dem Blatt, und dieses wird nahezu farblos. Spüle das Blatt kurz in kaltem Wasser ab und lege es wieder in die inzwischen gereinigte Glasschale. Wenn du jetzt etwas Jodtinktur auf das Blatt tropfst, färben sich solche Stellen, die mit Jod in Berührung kommen, blau-violett. Der Jodtest ist ein Stärkenachweis, der positiv ausfällt, wenn die Blattzellen Stärke als Nahrungsspeicherstoff produziert haben.

Farbmuster auf Blättern
Du nimmst eine Topfpflanze und umhüllst ein Blatt ganz mit Silberpapier. Dann schneide aus Silberpapier verschiedene Muster aus: Streifen, Kreise oder Buchstaben und klebe sie auf ein, zwei andere Blätter, jeweils auf Vorder- und Rückseite des Blattes und stelle die Pflanze an einen hellen Ort. Nach etwa drei Tagen schneide die Versuchsblätter ab und bereite sie für den Stärketest vor. Nach Jodzugabe kannst du auf den Blättern überall dort, wo Silberpapiermuster die Blattfläche verdeckten, deren Umrisse als helle Flecken auf blauem Grund entdecken. Das ganz in Silberfolie eingehüllte Blatt bleibt dagegen völlig ungefärbt. Die einzelnen Blätter haben nur an solchen Stellen Stärke produziert, die dem Sonnenlicht ausgesetzt waren; dort aber, wo Silberpapier das Sonnenlicht abschirmte, blieben die Zellen stärkefrei.

Osmose — Wassertransport in Pflanzen
Schäle eine Kartoffel zur Hälfte und schneide an dieser Seite die Spitze der Kartoffel ab, so daß du sie hinstellen kannst. Dann bohre von der anderen Seite mit einem Küchenmesser ein etwa daumendickes Loch in die Kartoffel und gib einen Löffel voll Salz oder Zucker hinein. Jetzt stell die Kartoffel mit dem Loch nach oben und der geschälten Seite nach unten in eine Glasschale mit Wasser, so daß die Kartoffel etwa bis zur Hälfte im Wasser steht, und warte eine Weile. Du wirst sehen, allmählich füllt sich das Loch mit Wasser, unter Umständen bis zum Rand, weit über die Höhe des äußeren Wasserspiegels. Genauso steigt der Saft in Stielen und Stämmen von Pflanzen. Man nennt diese Erscheinung „Osmose“ (s. S. 120). Solch ein osmotischer Wassertransport geschieht an halb durchlässigen (semipermeablen) Membranen, die zwar Wasser, aber keine gelösten Stoffe durchlassen. Unter diesen Bedingungen ziehen die gelösten Salze das Wasser an. Die Schale der Kartoffel hätte den Wasserdurchtritt verzögert. Darum haben wir sie vorher zum Teil entfernt. Das lockere Gewebe der Kartoffel wirkt als semipermeable Wand, das Wasser wird von der Außenseite in das salzgefüllte Loch hineingesogen.

Transpiration
Färbe zwei Gläser Wasser mit einigen Tropfen Tinte, eines mit roter, das andere mit grüner Tinte. Dann spalte den Stiel einer — möglichst weißen — Nelke oder Dahlie der Länge nach auf und stecke einen Teil in das rote, den anderen in das grüne Glas. Nach einigen Stunden hat sich die Blüte zur Hälfte rot, zur anderen Hälfte intensiv grün angefärbt. Das gefärbte Wasser ist nämlich durch die feinen Saftröhren des Pflanzenstengels, die Stengelkapillaren, in die Blütenblätter gesogen worden. Dort ist der Farbstoff in den Zellen verblieben, während das Wasser durch feine Öffnungen in den Blütenblättern verdunstet und an die umgebende Luft abgegeben worden ist.
Wenn du einen Plastikbeutel über eine Topfpflanze stülpst und ihn rund um den Topf zubindest und die Pflanze dann in die Sonne stellst, wirst du nach kurzer Zeit sehen, wie der Beutel von innen mit feinen Wassertropfen beschlägt. Dieses Wasser hat die Pflanze durch die Wurzeln aufgesogen und durch das Blattwerk an die Umgebung abgegeben. Auf gleiche Weise steigt auch das Wasser aus dem Erdboden in Stengeln und Stämmen von Pflanzen, von Kräutern und Bäumen bis in die Blätter und wird dort durch die feinen Blattporen verdunstet.

Dein Garten

Wenn du einmal einen eigenen Garten bestellst, so wirst du erleben, daß all deine Arbeit nur dann Erfolg hat, wenn der Boden auch geeignet ist. Pflanzen nehmen nicht nur Wasser aus dem Boden auf sondern auch Nährstoffe. Zugleich, das weißt du bereits, brauchen sie auch viel Sonnenlicht um recht zu gedeihen. Wenn du also wählen kannst, wo du Blumen oder Gemüse pflanzen willst, dann wähle einen Platz, an dem die Pflanzen wenigstens den halben Tag lang Sonnenschein haben. Entsprechendes gilt natürlich auch für den Standort von Blumentöpfen und Blumenkästen. Es gibt zwar auch schattenliebende Pflanzen, aber die meisten unserer Pflanzen haben doch gerne viel Sonne. Auch ohne einen eigenen Garten kann man mit viel Freude auf dem Fensterbrett Pflanzen züchten, allerdings brauchen sie besonders gute, nährstoffreiche Erde, da sie diese Nährstoffe aus den engen Töpfen und Kästen sehr rasch verbrauchen. Gute Blumenerde soll leicht und locker sein, damit das Gießwasser gut eindringt und die feinen Würzelchen leicht zwischen die Bodenkrumen einwachsen können. Am besten kaufst du dir Blumenerde in einer Gärtnerei.

Vielleicht findest du auch in deiner Nachbarschaft ältere Leute, die einen Garten haben und ihn nicht mehr selbst bestellen können, und die darum froh sind, wenn du ihnen einen Teil der Gartenpflege abnimmst, besonders, wenn ihr den Ertrag dann teilt. Oder du kannst ein Stück Garten in einer Schrebergarten-Kolonie bekommen. Wo immer du dich als Kleingärtner versuchst, das wichtigste ist zuerst immer der Boden. Willst du z.B. bisher unbebautes Land bepflanzen, so mußt du den Boden zuerst sehr gut bearbeiten. Grabe ihn mit dem Spaten zur Durchlüftung der oberen Bodenschicht tief um, lese die Steine heraus und jäte alle Graswurzeln und Wildpflanzen heraus. Dann mußt du die umgegrabenen Schollen mit der Harke gut zerkleinern. Eine Harke kannst du dir notfalls selbst basteln, indem du eine Reihe langer (12 Zoll) Nägel durch eine Holzleiste schlägst und diese an einem Stiel befestigst.

Dann mußt du aus dem Rohboden guten Mutterboden machen. Alle natürlichen Böden bestehen aus unterschiedlichen Gemischen weniger Grundanteile: Sand, Kalk, Ton und Humus. Nur wenn diese Anteile in richtigem Verhältnis vorliegen, hat man brauchbare, lockere und wasserdurchlässige Gartenerde. Solchen Boden findet man bei der Erstbepflanzung selten vor, und so muß man erst die rechten Verhältnisse herstellen. Dazu mußt du natürlich zuerst einmal wissen, wie die Erde deines Gartens beschaffen ist. In der Tabelle unten kannst du nachsehen, was für einen Bodentyp du vorgefunden hast, und wie du ihn für deine Zwecke verbessern kannst.

Die verschiedenen Bodentypen

Du kannst schon eine ganze Menge an Aussagen über die Bodenqualität in deinem Garten machen, wenn du die Erde aufschwemmst und ihre Bestandteile voneinander trennst, und wenn du einige Aussaatversuche mit verschiedenen Samen in Bodenproben aus verschiedenen Tiefen im Garten machst.

Nimm dazu zuerst einmal ein Marmeladenglas, fülle es halb mit Gartenerde, halb mit Wasser, dann schließe den Deckel fest und schüttle das Glas ordentlich. Laß es nun 1—2 Stunden ruhig stehen. Wenn sich nach dieser Zeit all die aufgeschwemmten Erdteilchen abgesetzt haben, erkennst du deutlich verschiedene Schichten: am Boden die schweren groben Teilchen. Kies und Sandkörner, darüber eine feine graue Tonschicht, evtl. mit hellem Kalk vermischt. Das überstehende Wasser ist gewöhnlich trübe von feinsten Tonpartikelchen, und auf der Oberfläche der abgesetzten Bodenschichten erkennst du leichtere grobe Flocken und Teilchen, den Humusanteil. Dieser besteht aus verrotteten Resten von Pflanzen und Tieren, die durch die Arbeit der Bodenbakterien und kleinerer Bodentiere zersetzt werden. Gerade dieser Humus versorgt den Boden mit wertvollen Nährstoffen für den Pflanzenwuchs.

Namen und Eigenschaften der verschiedenen Bodentypen

Steinige Böden
Mehr als 20 dicke Steine pro Quadratmeter Bodenfläche.
Torf und Humusböden
Dunkelbraune oder schwarze, sehr lockerschwammige Böden mit viel Pflanzenresten
Kreideböden
Böden mit dunkler Oberfläche, unter der weißgraue Schichten folgen.
Sandböden
Helle, locker und körnige, sandige Böden.
Lehmböden
Hellbraune lockere, aber nicht zähklebrige Böden.
Tonböden
Hellbraune, aber sehr schwere, zähklebrige Böden.

Wie man die Böden verbessern kann

Steinböden
Größere Steine ablesen, reichlich düngen und flach umgraben.
Humusböden
Gut umgraben und reichlich Kalk zugeben; evtl. Lehm darunterschaufeln.
Kreideböden
Flach umgraben, reichlich Kunstdünger und Komposterde, evtl. auch Kalk zugeben.
Sandböden
Reichlich Komposterde und Torf untergraben, evtl. auch Kunstdünger.
Lehmböden
Lehmböden sind ideale Gartenböden. Um sie zu erhalten, mäßig mit Kunstdünger und Komposterde düngen und wenig Kalk zugeben.
Tonböden
Ton hält Wasser sehr fest. Gute Abflüsse schaffen, Erde immer wieder auflockern und tief umgraben, reichlich Komposterde und Torf untergraben.

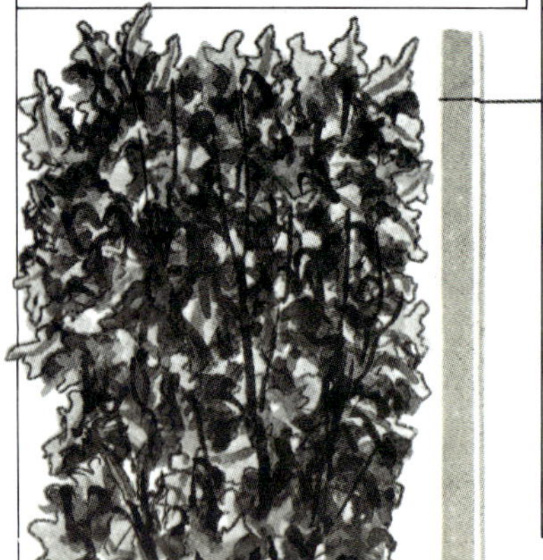

Der Boden

Mutterboden

Zu dem nächsten Experiment brauchen wir ein paar händevoll Erde aus den oberen Bodenschichten. Fülle sie in eine Konservendose, deren Boden du vorher mit einem Nagel durchlöchert hast. Eine zweite solche Dose wollen wir mit etwas Erde füllen, die du an der gleichen Stelle wie vorher, aber aus etwa 50 cm Tiefe gegraben hast. Nun weiche einige Bohnensamen über Nacht in Wasser ein und säe sie am nächsten Tag in beiden Gefäßen aus. In der Dose mit Oberflächenboden wird die Bohnenpflanze rascher und üppiger wachsen als in der Dose mit dem Unterboden. Dieser ist nämlich gewöhnlich weniger fruchtbar, da er weniger Humus enthält.

Regenwürmer

Eine wichtige Rolle für einen guten Gartenboden spielen Regenwürmer. Normalerweise leben sie sehr nah an der Bodenoberfläche; bei feuchtem oder sehr heißem trockenem Wetter verschließen sie aber ihre Wohnröhren und bohren sich in die tieferen Bodenschichten ein. Regenwürmer fressen Erde, nicht so sehr um sich ihre Wohngänge zu bohren, sondern vor allem, weil sie die verrottenden Pflanzen und Tiere im Boden als Nahrung verwerten. Das organische Material darin verdauen sie, während die gefressene Erde den Darm passiert und wieder aufgelockert und krümelig ausgeschieden wird. Regenwürmer können auch von der Bodenoberfläche Pflanzenreste in ihre Gänge einziehen und tragen so zur Bodendüngung bei. Dort, wo die Böden nicht laubbedeckt sind, fressen sie um so mehr Erde, die sie dann in den wohlbekannten Häufchen an der Oberfläche absetzen. Dadurch werden die Böden aufgelockert, durchlüftet, und die Bodenkrume wird besser umgewälzt. Auch der Kot und die anderen Ausscheidungen der Regenwürmer düngen natürlich den Boden. Bei einem guten Regenwürmerbesatz — so hat man ausgerechnet — werden etwa 36 t Erde pro Jahr und Hektar durch die Tiere an die Oberfläche befördert. Regenwürmer sind also für einen guten Gartenboden und Kulturboden so wichtig, daß man sie in manche Länder einführt und in Mengen aussetzt, um die Ackerbodenstruktur zu verbessern. Wie sehr diese Tiere auch in deinem Garten zur Fruchtbarkeit des Bodens beitragen, kannst du dir leicht vor Augen führen. Grabe entlang einer Querschnittslinie durch deinen Garten an verschiedenen Stellen Löcher und zähle jedesmal die Regenwürmer die du findest. Dort, wo die meisten Regenwürmer leben, wird auch der Pflanzenwuchs am üppigsten sein. An dem gleichen Gartenquerschnitt kannst du auch noch eine andere Messung und einige andere Experimente anstellen: Stelle einmal eine Liste all der Pflanzenarten auf, die du entlang dieser Linie findest. Dann kannst du messen, welche Höhe die Pflanzen an den verschiedenen Orten erreichen. Du kannst dir ein Bodenprofil entlang dieser Strecke aufzeichnen, wenn du entlang dieser Linie eine Leine spannst und in kurzen Abständen deren Abstand zum Boden mißt. Stelle eine maßstabgerechte Profilzeichnung her, allerdings mußt du dabei die Meßleine genau waagerecht spannen; das kannst du aber leicht mit einer Wasserwaage kontrollieren.

Etwas einfacher kannst du solch ein Wachstumsprofil deines Gartens auch mit einer selbstgemachten Meßlatte aufstellen. Nimm eine Holzlatte, schlage in 5 cm Abständen lange Nägel hindurch und stecke damit nach und nach eine Strecke in deinem Garten ab. Zähle wieder entlang dieser Linie an verschiedenen Stellen wie viele Pflanzen jeweils pro Fläche (z.B. pro dm^2) wachsen. Achte darauf, welche Pflanzen z.B. am besten auf Rasenflächen, welche am besten in der Nähe des Komposthaufens und welche im Schatten einer Hecke am üppigsten gedeihen.

Das Gartenjahr

Im Frühling:
sät man Kürbis,
Sonnenblumen,
Kapuzinerkresse.

Im Sommer:
erntet man die Blätter
der Kapuzinerkresse
als vorzüglichen Salat;
entfernt man frische
Kürbistriebe und befruchtet
die weiblichen Kürbisblüten
mit Pollen
der männlichen Blüten;
bindet man die
Sonnenblumen an Stützen;
gießt man die Gurken
jeden Abend;
sät man Bohnen aus;
pflanzt man Bäume.

Im Herbst:
erntet man
die Kapuzinerkressesamen
für das nächste Jahr,
sobald die Pflanze
verblüht ist;
erntet man Kürbisse,
um daraus Martinslaternen
zu basteln oder
das Fruchtfleisch
als Gemüse zu essen;
erntet man Sonnenblumenkerne;
pflanzt man Blumenzwiebeln;
erntet man Kartoffeln.

Im Winter:
zieht man
aus Samen Setzlinge
für das nächste Jahr
im Blumentopf;
gräbt man den Garten um
und düngt ihn;
pflanzt man Bäume;
und füttert Vögel
mit Sonnenblumenkernen.

(Zuchtanleitungen für Pflanzen siehe Seiten 26—29)

Der pH-Wert des Bodens

Sehr wichtig für das Wachstum aller Pflanzen ist es, wie sauer oder basisch (alkalisch) ein Boden ist. Um das festzustellen, gib eine kleine Bodenprobe in ein Glas und tropfe etwas Salzsäure darauf. Entsteht Schaum, so ist der Boden kalkreich und alkalisch; beobachtest du keine sichtbare Reaktion, so ist der Boden neutral oder gar sauer. Humusböden z.B. sind saure Böden. In den meisten Garten- oder Samenhandlungen kann man Testsätze für einfache Bodentests fertig kaufen, mit denen man recht genau den Säure- oder Alkalinitätsgrad, den sogenannten pH-Wert eines Bodens feststellen kann. Saure Böden haben einen pH unter 7, alkalische Böden einen pH über 7, während der pH neutraler Böden um 7 herum liegt. Die meisten Böden haben einen pH-Wert zwischen 4 und 8,5. Unbearbeitete Böden übersauern häufig allmählich, weil der Regen ständig den Kalk aus dem Boden auswäscht. Im allgemeinen kann man rechnen, daß dem Boden so pro Jahr etwa 16 g Kalk pro Quadratmeter verlorengehen. Eine entsprechende Menge Kalk sollte man also jährlich zuführen. Ob dein Gartenboden Kalk braucht, kannst du aus einem der beschriebenen Tests entnehmen (vgl. rechts).

Bodentests
Nimm einen Löffel Erde aus etwa 5 cm Tiefe und schwemme sie in etwa gleich viel Wasser auf. Dann tauche einen Streifen Universal-Indikatorpapier in die Aufschwemmung ein und beobachte, wie sich der Papierstreifen verfärbt. Anhand der beigegebenen Farbskala kannst du den pH-Wert des Bodens nun ablesen. Universal-Indikatorpapier ist in den meisten Laborbedarfsgeschäften oder Chemikalienhandlungen erhältlich. Ist der Boden sehr sauer, mußt du Kalk zufügen, wenn du nicht gerade sehr säureliebende Pflanzen setzen willst wie Kartoffeln. Neutrale Böden brauchen keinerlei Zusatz zur pH-Regulation. In sehr alkalischen, kalkreichen Böden sollte man nur kalkliebende Pflanzen setzen.

Samen

Samen sind im Grunde nur Nahrungspakete mit einem winzig kleinen Pflanzenkeimling darin. Bei passenden Außenbedingungen beginnt der Keimling zu wachsen, normalerweise nur im Erdboden. Manche Samen brauchen allerdings nur Wasser zur Keimung, weil sie selbst genügend Nährstoffe für ein längeres Wachstum mit sich führen. Es ist fesselnd, die Keimung von Samen zu verfolgen. Am besten kann man das bei großen Samen, bei Sonnenblumenkernen, Bohnen, Kapuzinerkresse. Dazu weicht man die Samen am besten über Nacht in Wasser ein und legt sie dann auf feuchte Watte oder feuchten Zellstoff. Wenn du die Samen dann gut feucht hältst, kannst du sehen, wie nach einigen Tagen zuerst eine kleine Wurzel und erst nachher ein grüner Sproß aus der Samenschale hervorbricht und wie sich dann die beiden Keimblättchen entfalten. Spätestens dann solltest du die jungen Pflänzchen an einen sehr hellen Ort stellen. Die im Samengewebe gespeicherten Nährstoffe genügen gewöhnlich dem Keim für die ersten Tage zur Ernährung, bis die Wurzeln und Blättchen soweit herangewachsen sind, daß sie die Ernährung der kleinen Pflanze übernehmen können.

Senf und Kresse
Für den Anfang sind Senf und Kresse ganz gute Pflanzen, um Zuchterfahrungen zu sammeln. Lege ein feuchtes Löschpapier in einen Suppenteller und streue die Kresse- oder Senfsamen darauf. Nach 10—14 Tagen kannst du dir dann selbst frischen Kresse- oder Senfsalat anrichten. Dazu mußt du natürlich das Löschpapier ständig gut feuchthalten. Dasselbe kannst du mit Sojabohnen machen. Sojabohnen, die aus China kommen, kannst du in jeder Samenhandlung kaufen. Frische Sojasprosse schmecken als Salat roh angerichtet oder gekocht sehr gut; sie sind zugleich eine protein- und Vitamin-E-reiche Kost.

Aussaat
Große Samen wie Bohnen kann man gut in Joghurtbechern mit Erde heranziehen. Oder du versuchst es mit Kühlschrankschalen, leeren Eierbehältern, leeren Eierschalen; auf jeden Fall mußt du immer ein Loch in den Boden des Gefäßes stechen, damit überschüssiges Wasser abfließen kann. Jedes Zuchtgefäß sollte bis zum Rand mit Erde gefüllt und die Erde gut im Gefäß angedrückt sein. Einzelne Samen steckst du mit dem Finger ein wenig in die Erde hinein. Kleinere Samen streut man am besten einfach auf die feuchte Erde und bedeckt sie dann mit

Die Bodentemperatur
Von einer gewissen Bedeutung ist auch die Wärmeleitfähigkeit des Bodens. Tagsüber heizt sich der Boden durch die Sonne auf. Ist er ein schlechter Wärmeleiter, so werden sich die tieferen Bodenschichten nur geringfügig erwärmen und unter Umständen für manche Pflanzen zu kühl bleiben. Umgekehrt wird dann auch nachts wenig Wärme aus der Bodentiefe nach oben steigen. Es wird also nur in den oberen Bodenschichten tags und nachts starke Temperaturschwankungen geben. Böden mit schlechter Wärmeleitung sind generell kühler als andere Böden. Die unterschiedliche Wärmeleitfähigkeit verschiedener Böden läßt sich leicht messen. Fülle zwei verschiedene Bodenproben in möglichst völlig gleiche Pappkartons und stelle beide auf eine gleichmäßig warme Herd- oder Heizplatte oder etwa auf ein elektrisches Wärmekissen. Pappe leitet die Wärme sehr schlecht. So werden sich die Bodenproben von unten her sehr langsam erwärmen, und du kannst mit zwei Thermometern den Verlauf der Erwärmung an der Oberfläche verfolgen. Der Boden, der eher eine hohe konstante Temperatur erreicht, hat die bessere Wärmeleitfähigkeit.

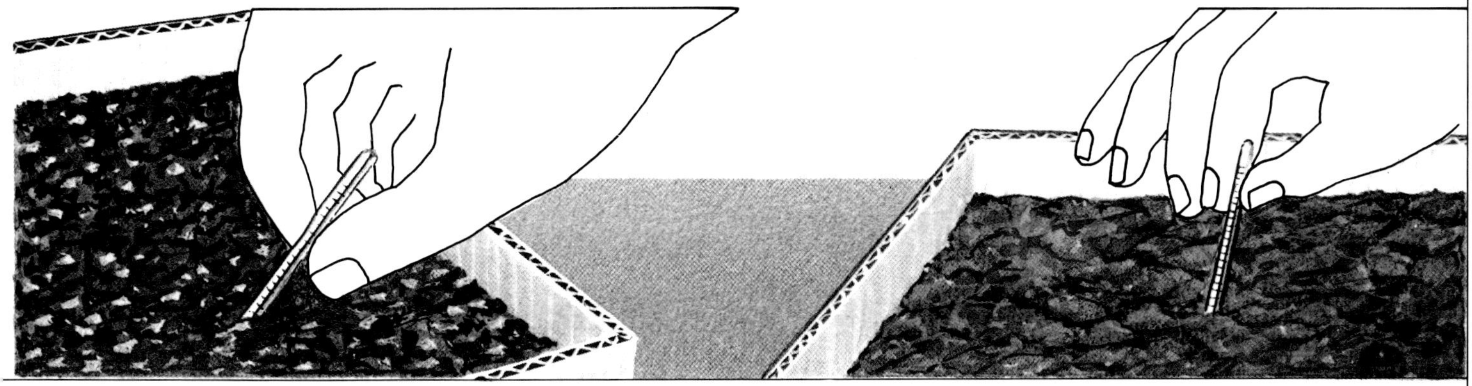

einer ganz dünnen Lage Komposterde, die du noch einmal ordentlich festdrükken mußt. Feuchte alles gut an und ziehe einen durchlöcherten Plastikbeutel über das Anzuchtgefäß, um eine feuchte Atmosphäre zu erhalten. Hüte dich allerdings davor, zuviel zu gießen. Junge Sämlinge sollten nicht im Schlamm stecken. Denke daran, daß Keimlinge immer viel Licht brauchen. Stelle sie also an einen hellen Ort, etwa auf ein sonniges Fensterbrett. Sobald die Pflanzen groß genug sind, etwa 5 cm erreicht haben, mußt du sie umsetzen in einzelne Töpfe. Zum Umpflanzen oder ,,Pikieren" dreh das Anzuchtgefäß um und stoße es leicht mit dem Rand auf die Tischkante. Halte dabei die Hand vor die Öffnung des Gefäßes, so daß der Keimling zwischen den Fingern hindurchschaut. So kannst du den Keimling mit seinem Wurzelballen gut aus dem Anzuchtgefäß nehmen und in einen größeren Topf mit frischer Erde umsetzen. Aus einem größeren, dichter bepflanzten Aussaatgefäß entnimmt man die einzelnen Keimlinge mit etwas Erde um die Wurzeln, am besten mit Hilfe eines Löffelstiels. Dann stich mit dem Finger oder einem spitzen Holzstab ein Loch in die gut vorgedüngte Erde deines Zuchtgefäßes oder des Gartenbeetes, setze den Keimling mit seinen Wurzeln hinein und drücke die Erde rundum gut an. Je nach Größe der erwachsenen Pflanze sollten die pikierten Jungpflanzen einen genügenden Abstand voneinander haben. Nach dem Pflanzen sollte man etwas angießen, bis die Erde gut feucht, aber nicht naß und schlammig ist.

Kapuzinerkresse
Wie Kresse, so ist auch Kapuzinerkresse ein gutes Objekt für den Anfänger. Die Pflanze ist anspruchslos, sie liebt zwar Sonne, aber ihre Samen keimen überall. Man sollte sie sehr früh im Frühjahr in Töpfen aussäen und später auspflanzen. Mit Kapuzinerkresse kann man gut experimentieren. Sie ist ein ausgezeichneter Anzeiger für die Bodenqualität: In schlechten nährstoffarmen Böden blüht sie reichlich, während sie in guten Böden rasch zu einem Dschungel üppiger Ranken heranwächst, aber nur wenig Blüten bildet. Blüten und Blätter schmecken vorzüglich als Salat und auf dem Butterbrot. Im August, wenn die Blütezeit endet, sammle die Samen, trockne sie in der Wohnung und bewahre sie zur Aussaat im nächsten Jahr auf, aber vergiß nicht, die Tüte oder das Gefäß gut zu beschriften, damit du hinterher noch weißt, was darin ist.

Künstliche Bestäubung von Kürbisblüten

Kürbisse pflanzt man im Frühjahr oder Frühsommer. Kürbiskerne bekommst du in jedem Samengeschäft. Ein Paket reicht für dich und alle deine Freunde.

Du kannst Kürbisse natürlich nicht im Haus pflanzen. Sie brauchen viel Raum und sehr nährstoffreiche, fette Erde. Um schöne dicke Kürbisse zu züchten, solltest du auf dem Beet erst einmal reichlich Komposterde untergraben, oder du säst die Kürbisse einfach auf dem Komposthaufen aus. Häufele dazu etwas Erde zu einem flachen Hügel an und drücke rundherum vier bis fünf Kürbiskerne in den Boden. Nach etwa zwei Wochen keimen die Samen. Sie möchten dann täglich begossen werden. Die ersten Ranken wachsen sehr rasch. Sobald sich Blütenknospen zeigen, knipse alle weiteren neuen Triebe ab; dann wird die Pflanze kräftiger und blütereicher. Die meisten Blüten sind männliche Blüten mit Staubgefäßen. Die weiblichen Blüten kannst du an dem Griffel und dem unter den Blütenblättern sitzenden Fruchtknoten erkennen. Damit sich eine Frucht entwickelt, muß die Narbe der weiblichen Blüte zuerst mit dem Pollen der männlichen Blüte bestäubt werden. Diese Aufgabe erfüllen im allgemeinen Bienen und andere pollensammelnde Insekten. Aber um ganz sicher zu gehen, kannst du selbst die Blüten bestäuben, indem du eine männliche Blüte abbrichst und den Pollen der Staubgefäße auf die Narben einer oder zweier weiblicher Blüten abstreifst. Nach der Bestäubung welkt die Blüte, und der Fruchtknoten entwickelt sich zur Frucht. Alle übrigen Blüten kannst du nun abbrechen, dann wachsen wenige aber sehr dicke Kürbisse heran. Vorbedingung ist allerdings, daß du die Pflanze immer sehr gut gießt. Sobald die Stengel zu verdorren beginnen, ist die Zeit der Kürbisernte da. Aus den Samen kannst du im nächsten Jahr neue Kürbisse ziehen. Wie die Kürbisse vermehren sich die meisten Blütenpflanzen. Männlicher Pollen aus den Staubgefäßen muß auf die Narbe des weiblichen Stempels gelangen. Der Kürbis besitzt getrennte männliche und weibliche Blüten, während die meisten anderen Blütenpflanzen Staubgefäße und Stempel in einer Blüte vereinigt haben. Die meist farbigen Blütenblätter locken Insekten an, die in der Blüte Honig und Pollen finden und so nebenbei die Blüten bestäuben. Am Grunde des Stempels sitzt immer der Fruchtknoten mit den Samenanlagen. Nach der Befruchtung entwickeln sich im Fruchtknoten die Samen, die jeweils einen kleinen Pflanzenkeimling in sich bergen. Das Hüllgewebe des Fruchtknotens rund um die Samenanlagen wächst nach der Befruchtung zur Frucht heran, also in unserem Falle zum Kürbis. Den größten deiner Kürbisse kannst du aushöhlen und eine hübsche Martinslaterne daraus schneiden. Solch ein Kürbisgeist hält sich lange ohne zu faulen. Aus dem Fruchtfleisch kann man gut Kürbisgemüse kochen oder einen Kürbiskuchen backen.

Sonnenblumenkerne — Futter für die Vögel im Winter

Sonnenblumen lieben einen sonnigen Standort, das sagt schon der Name. Schon im Frühling sollte man sie aussäen. Dann werden sie meist größer als du selbst. Wenn deine Freunde auch Sonnenblumen im Garten ziehen, kannst du ja einmal vergleichen, in welchem Garten, an welchem Standort und auf welchem Boden sie am größten werden und am reichsten Frucht tragen. Sonnenblumen kann man gut im Topf auf dem Fensterbrett keimen lassen und später nach draußen pflanzen oder aber auch gleich im Garten aussäen. Wenn die Pflanzen 20—30 cm groß sind, solltest du sie auf etwa 50 cm Abstand voneinander umpflanzen. Später muß man sie dann an Stangen, etwa an Bohnenstangen, anbinden. Am Ende der Blütezeit, wenn die Blätter zu verdorren beginnen, kannst du die Blütenköpfe ernten und die Kerne herausklauben. Bewahre dir ein Tütchen mit Samen zur Aussaat für das nächste Jahr auf, den größten Teil der Kerne kannst du trocknen und selbst essen — sie schmecken gut — oder als Vogelfutter für den Winter verwenden. Viele Vögel, besonders Meisen und Finken, lieben Sonnenblumenkerne sehr.

Zwiebeln und Knollen

Nicht alle Pflanzen sät man im Frühjahr aus. Bei vielen Gartenpflanzen ist es bequemer, von Zwiebeln und Wurzelknollen auszugehen. All diese Knollen, seien sie von den Wurzeln gebildet wie bei Dahlien oder von umgewandelten Blättern und Trieben wie bei der Zwiebel und Kartoffel, sind im Grunde nur Nährstoffspeicher voller Zucker und Stärke, die im Sommer angelegt werden, und die der Pflanze im Frühjahr das Auskeimen erleichtern.

Wenn du eine Küchenzwiebel durchschneidest, kannst du gut in der Mitte die Sproßanlage sehen, die schalenförmig von vielen dicken Schuppenblättern umhüllt ist. Wenn die Zwiebel ausschlägt, werden die Nährstoffe aus den fleischigen Schuppenblättern nach und nach verbraucht, und diese werden schlaff und vertrocknen allmählich. Andere Zwiebeln wie z. B. die des Krokus haben nicht solche Speicherblätter wie die Küchenzwiebel, sondern bestehen ganz und gar aus einem kurzen angeschwollenen Sproß, in dessen Zellen die Speicherstoffe eingelagert sind. Das gleiche gilt für Narzissen, Schneeglöckchen, Tulpen, Gladiolen, Fresien und viele andere solcher lilienartigen Gartenblumen. Das schöne an all

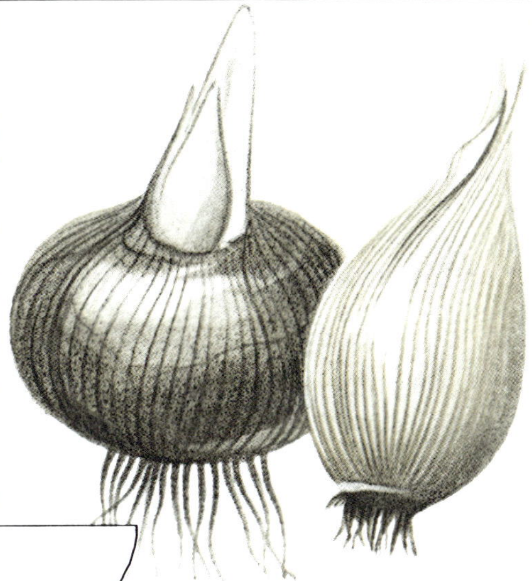

diesen Zwiebelgewächsen ist, daß sie im Vorfrühling bereits wachsen und blühen, wenn der Garten noch winterlich kahl und das Wetter für die meisten anderen Pflanzen noch zu kalt ist. Im Sommer füllen sie dann ihre Nahrungsspeicher und keimen in jedem Frühjahr wieder. Dabei bilden die Zwiebeln Jahr für Jahr neue Ableger, und jedes Jahr vermehrt sich die Blütenpracht, die daraus wächst. Allerdings darfst du am Ende der Blütezeit nicht die Blätter abschneiden, denn sie treiben in der Sonne Photosynthese und füllen ihre Nahrungsspeicher wieder auf. Solche Zwiebelpflanzen kann man auch sehr gut in Töpfen in der Wohnung halten. Dazu sollte man am besten faserigen Torf als Erde benutzen. Diese saugfähige Blumenerde kann man über Nacht in Wasser sich ganz voll saugen lassen. Dann drücke die Erde leicht aus und fülle damit einen Blumentopf bis zur Hälfte. Setze die Blumenzwiebel hinein, natürlich mit der Knospenspitze nach oben, und decke das ganze wieder mit etwas Erde ab, so daß nur noch die Spitze herausschaut. Du solltest die Töpfe etwa zwei Monate lang kühl und dunkel halten. Man kann auch ein Gemisch aus feuchtem Kies, Holzkohle und Wasser als Erde für Zwiebelpflanzen benutzen.

Kartoffelzucht in einem Eimer

Du kannst eine Kartoffel in einen Eimer pflanzen und nach vier Monaten einen ganzen Eimer Kartoffeln ernten. Dazu solltest du in den Boden des Eimers als Abfluß für überschüssiges Wasser einige Löcher stechen. Suche dir nun eine Kartoffel mit vielen ,,Augen" aus; die Augen sind ruhende Sproßknospen. Am besten läßt du diese Kartoffel an einem hellen, nicht zu warmen, aber trockenen Ort 1—2 Wochen liegen, bevor du sie pflanzt. Beginnen die Knospen auszutreiben, entferne alle diese Triebe bis auf die beiden kräftigsten. Fülle den Eimer zur Hälfte mit Erde und etwas Kompostdünger, drücke die Kartoffel hinein und decke sie mit einer Handvoll Erde zu. Nach etwa einem Monat wachsen frische grüne Triebe aus. Decke sie wieder mit etwas Erde ab. Dann wird der unterirdische Sproß länger, und mehr Wurzeln und Sproßknollen, eben kleine junge Kartoffeln, entwickeln sich rundherum. Dieses Spiel kannst du wiederholen, bis der Eimer bis zum Rand mit Erde gefüllt ist. Natürlich mußt du deine Kartoffelkultur immer gut feuchthalten. Sobald die Pflanze blüht, kannst du das Gießen einstellen. Bald sterben die grünen Teile der Pflanze ab. Kippe den Eimer aus und zähle deine Kartoffelernte. Wenn du mehr Platz hast, kannst du aus einer einzigen Kartoffel auch vier oder noch mehr Pflanzen züchten. Dazu mußt du die Kartoffel erst in Wasser keimen lassen. Stecke zwei Stricknadeln oder Holzspießchen kreuzweise durch ein Ende deiner Kartoffel und hänge sie mit ihrem anderen Ende in ein wassergefülltes Gefäß. Nach einigen Tagen sind zahlreiche frische Triebe ausgewachsen. Sobald sie einige Zentimeter lang sind, kannst du die Kartoffel vorsichtig in mehrere Teile zerschneiden, ohne die Triebe zu verletzen, so daß jedes Stück mindestens einen Trieb besitzt. Die Stücke kannst du nun in mehrere Eimer pflanzen, wie oben beschrieben, und du wirst unter diesen Umständen eine reiche Kartoffelernte haben. Natürlich lassen sich die Kartoffeln noch besser draußen im Garten züchten. Sehr gut wachsen Kartoffeln in schwerer Erde, die eine Weile nicht bearbeitet worden ist, oder noch besser, in reichlich gedüngtem Boden. Im Freiland pflanzt man Kartoffeln am besten 10—12 cm tief und jeweils in 60—100 cm Abstand. Von Zeit zu Zeit mußt du mit der Harke die Erde und die Pflanze anhäufeln, wie du es im Eimer auch getan hast. Jäte sorgfältig alles Unkraut im Kartoffelbeet ab, da es sonst den Kartoffelpflanzen zuviel an Nährstoffen wegnimmt.

Samen

Die Anzucht von Setzlingen in Tapetenkleister
Zwei Dinge sind der Stolz eines jeden Gärtners: Seine Pflanzen so rasch und so früh wie möglich zu Blüte und Ernte zu bekommen und Setzlinge aus solchen Samen heranzuziehen, die nicht leicht keimen. Erstaunlicherweise gelingt beides besonders gut, wenn man die angekeimten Samen in Tapetenkleister aussät. Du kannst das daheim versuchen und unter Umständen auf diese Weise sehr rasch Pflanzen wie Petersilie oder Sellerie züchten, die im Garten meist nicht so gut keimen. Zudem kannst du die Samenkeimung auf diese Art sehr gut verfolgen.
Nimm eine einfache Kühlschrankschale und kleide sie mit mehreren Lagen weichen Papiers aus: Löschpapier, Filterpapier, Servietten oder Toilettenpapier. Lege darüber ein Papierhandtuch und gieße Wasser in die Schale, bis sich alles Papier vollgesogen hat. Das überschüssige Wasser kannst du abgießen. Streue die Samen auf das feuchte Papier, sprühe noch etwas Wasser darüber, verschließe die Dose mit einem Deckel und stelle sie warm, etwa 22° sind ideal. In den nächsten vier Tagen kannst du beobachten, wie feine Würzelchen aus der Samenhülle hervorwachsen. Wenn die Wurzeln lang genug sind — bei kleinen Samen, etwa Salatsamen, genügen 5 mm, bei größeren sollte man warten, bis die Wurzeln etwa 1 cm lang sind — sind die Keimlinge zur endgültigen Aussaat bereit. Falls die Aussaatbedingungen draußen noch nicht gut genug sind, kann man die vorgekeimten Sämlinge im Kühlschrank einige Tage aufheben. Vor der Aussaat wäschst du die Keimlinge in einem Sieb kurz aus und rührst etwas dünnen Tapetenkleister an; dabei sollte man keinen Kleister nehmen, der Fungizide (Pilzschutzmittel) enthält, da diese die Samenkeimlinge schädigen. Rühre die Keimlinge gleichmäßig in den Kleister ein und fülle diese Mischung in einen Plastikbeutel. Schneide eine Ecke des Beutels ab und spritze die Mischung wie Sahne aus dem Sahnebeutel auf feuchte Erde, auf ein Beet oder in einen Blumenkasten. Man rechnet etwa 150 ml Samenmischung auf eine Aussaatreihe von ca. 10 m. Statt des Plastikbeutels kannst du auch eine Sahnespritze nehmen, wie du sie zum Kuchenverzieren brauchst. Streue am Schluß etwas Erde über die Samen und gieße ein wenig. Aus den so vorgekeimten Samen wachsen sehr rasch kräftige Pflanzen heran. Zum Vergleich kannst du ja einen Teil der Samen auch ungekeimt aussäen. Gib dann einmal acht, wie groß der Keimerfolg bei beiden Methoden ist und wie unterschiedlich rasch die beiden Versuchsgruppen von Setzlingen heranwachsen. Solche Vergleiche zwischen Versuchsgruppen und einer Kontrollgruppe unter Normalbedingungen sind allgemein üblich bei naturwissenschaftlichen Experimenten.

Typisch für das Erscheinungsbild eines Baumes sind die Blätterkrone, ein kräftiger Stamm und die Wurzeln, die neben ihrer Ernährungsfunktion wesentlich auch dazu dienen, den Baum in der Erde zu verankern. Die Ausbildung des Wurzelwerks ist je nach Baumart sehr verschieden. So wurzeln die meisten Nadelbäume sehr flach unter der Erdoberfläche. Deshalb werden sie im Sturm auch leichter entwurzelt als z.B. eine Buche oder eine Eiche. Der Stamm enthält die Leitungsbahnen, die Nährstoffe und Wasser aus dem Erdreich in die Blätter leiten, und er trägt die Blätterkrone, von deren Ausbildung auch die Stammform weitgehend abhängt. Die reich verästelte Blätterkrone trägt die eigentlichen Photosyntheseorgane des Baumes — die einzelnen Blätter.

Wie Bäume wachsen
Wie jede Pflanze, so entziehen auch Bäume einen Teil ihrer Nährstoffe, im wesentlichen Mineralsalze, dem Erdreich. Das Dickenwachstum eines Baumes erfolgt derart, daß immer neue Zellschichten zwischen Holz und Rinde aufgebaut werden. Die dünne Wachstumszone unter der Rinde, Cambium genannt, enthält die Saftröhren, in denen sowohl Säfte aufsteigen als auch von der Krone produzierte Kohlehydrate abwärts geliefert werden. Nach außen hin erfolgt aus dem Cambium ein ständiger Zuwachs an Zellen, die sich zur Rinde entwickeln, während die inneren Cambiumschichten nach und nach verholzen und den Stamm verdicken. Dieses Dickenwachstum führt dazu, daß die Rinde immer wieder unter der wachsenden Spannung reißt und von innen her nachgebildet wird. Auf diese Weise kommen die unterschiedlichen Borkenmuster zustande, wie sie für alle Bäume typisch sind und an denen du — gerade im Winter, wenn die Blätter fehlen — die Baumarten erkennen kannst.
Am Querschnitt gefällter Bäume kannst du gut das Alter des Baumes abschätzen. Du erkennst abwechselnd helle und dunkle Ringe, die jährlichen Zuwachszonen der Stämme, die du nur abzuzählen brauchst, um das Alter des Stammes herauszufinden. Sie kommen durch das unterschiedlich starke Wachstum im Frühjahr, Sommer und Winter zustande: Die hellen Zonen sind Frühjahrsringe. Das Holz ist lockerer, da die frühjährliche bessere Wasserversorgung auch zur Ausbildung weiterer Saftröhren führt. Umgekehrt sind das Sommer- und Winterholz fester, feinzelliger, ihr Holz ist härter.

Die Samen der Bäume
Fast alle heutigen Bäume sind Blütenpflanzen, die auch Samen produzieren. Sammle einmal die Samen verschiedener Bäume und laß sie keimen: Eicheln, Haselnüsse, Walnüsse, Kastanien. All dies sind sehr große schwere Samen, die im Extremfall bis zu 20 g wiegen können. Andererseits sind die Samen einer Birke z. B. oder eines Ahorns viel kleiner und leichter. Sie können durch den Wind davongetragen werden und die Art so verbreiten, während die schweren Samen mit ihrem reichlichen Fruchtfleisch und Speichergewebe von Eichhörnchen, Vögeln, Mäusen und anderen Tieren als Nahrung geschätzt und auf diese Weise verbreitet werden. Manche Samen haben regelrechte Flügel ausgebildet, wie die der verschiedenen Ahornarten, Tannen, Ulmen, Eschen, Pappeln und Platanen, und werden so vom Wind besonders weit fort getragen. Weiden und Erlen wiederum bevorzugen feuchte Standorte an Teichen und Wasserläufen. Ihre Samen werden oft mit dem Wasser weit mitgeschwemmt. Sammle so viele Samen wie möglich und bringe sie zu Hause zum Keimen, indem du sie über Nacht in Wasser legst. Samen von Nadelbäumen bekommst du leicht, wenn du Tannenzapfen sammelst, sie trocknest und die Samen dann ausschüttelst. Sammle die Samen zu folgenden Jahreszeiten: im Januar: Kiefer, Pinie; im August: Birke; im September: Japanlärche, Douglasie, Sitkafichte, Weißtanne und Ahorn; im Oktober: Fichte, Eiche, Rotbuche, Kastanie, Roßkastanie; und im November Lärchensamen. Sämlinge, die gut angegangen sind, kannst du nach einigen Monaten nach draußen pflanzen. Vor allem einheimische Bäume ziehen später Nistvögel an, die in unseren Städten immer mehr abnehmen, weil so sehr viele Bäume gefällt werden. Junge Bäume sollten reichlich begossen und gut gedüngt werden. Auch aus frischen Früchten aus der Obstschale kannst du Samen gewinnen und Setzlinge aufziehen. Weichschalige Samen wie die der Citrusfrüchte keimen gewöhnlich leichter als hartschalige Samen wie etwa Kirschkerne. Bei jedem Keimungsversuch solltest du die Samen eine Nacht vorher in Wasser legen und immer mehrere Samen in einem Topf aussäen, da nicht alle Samen keimen.

Bäume

Eiche
Birke
Ahorn
otbuche
Esche
Roßkastanie
Kiefer
Lärche
Fichte

Tiere in deinem Garten

Wenn dein Garten auch noch so klein ist, es leben Millionen Lebewesen darin, die du beobachten kannst. Auch wenn du in einem Mietshaus in der Stadt wohnst, ohne Garten oder Rasen, ohne Bäume rundum, dann kannst du in den nächsten Park oder auf den nächsten Friedhof gehen, und dort wirst du eine bunte Tierwelt vorfinden, wenn du nur genau hinschaust.
Wälze dort nur einmal einen Stein um, sieh in die Risse der Borke einiger Bäume oder untersuche ein paar Pflanzen ganz genau, dann findest du Dutzende von Tierarten. Schau dir diese Vielfalt ruhig genau an. Solche Neugier von Naturliebhabern hat uns immer genauere Kenntnisse über das Leben der Tierwelt um uns gebracht, und Neugier ist der Anfang aller Forschung. Beginnst du die Natur zu beobachten, versuche alle deine Beobachtungen über deine Umwelt in einem Notizbuch festzuhalten. Skizziere die Tiere, die du siehst. Das hilft dir später, sie in Bestimmungsbüchern wiederzuerkennen. Bei den Beobachtungen merkst du sicher sehr rasch, daß ein ständiger Kampf zwischen den verschiedenen Tierarten tobt, ein Kampf um Nahrungsquellen, um Lebensraum, um einen Partner und zum Schutz der Jungen. Ebenso führt Übervölkerung eines Lebensraumes zum Krieg. Manche Tiere, Feldmäuse z.B., vermehren sich in ernteteichen Jahren leicht mehr als der Lebensraum beherbergen kann. Dort, wo kein Raubwild einer solchen Bevölkerungsexplosion steuert, beginnen die Tiere einander anzufallen und ihre Jungen aufzufressen. Angesichts all dieses Kleinkriegs um uns sollte man meinen, daß so kleine Tiere wie die Insekten hoffnungslos unterlegen seien. Aber ganz im Gegenteil, ihre hohe Vermehrungsgeschwindigkeit wirkt dem entgegen. So produzieren z.B. Blattläuse in rascher Folge Tausende von Jungtieren; mögen auch die meisten von ihnen durch Vögel oder andere Insekten gefressen werden, einige bleiben immer übrig, die Art zu erhalten und zu verbreiten.

Fliegen
Fliegen haben eine wichtige Aufgabe als Bestäuber von Pflanzen oder als Vernichter mancher Schädlinge. Sie gehören wie auch die Mücken der viertgrößten Insektengruppe an, den Zweiflüglern oder Dipteren, deren allein in Deutschland über 5 000 Arten leben, viel, viel mehr noch in anderen Teilen der Welt. Man erkennt sie daran, daß sie nur ein Flügelpaar besitzen, während alle anderen Insekten vier Flügel haben. Die Hinterflügel der Dipteren sind zu Schwingkölbchen umgewandelt, sogenannten Halteren, trommelschlegelartigen Organen, die dem Tier helfen, im Flug die Balance zu halten.
Aus Fliegeneiern schlüpfen nicht wieder junge Fliegen, sondern zuerst Larven oder Maden. Sie sind beinlos und können nur wurmartig kriechen. Diese Maden verpuppen sich nach einer Weile, d. h. sie umgeben sich mit einer starren Chitinhülle. Innerhalb der Puppe entwickelt sich dann erst die Fliege, sprengt die harte Chitinhülle und schlüpft aus.

Schwebfliegen
Auffällige und zugleich für uns außerordentlich nützliche Tiere sind die Schwebfliegen. Die erwachsenen Fliegen trinken Blütennektar und fressen Pollen und machen sich so nebenbei nützlich als Blütenbestäuber. Die Larven der meisten Arten leben in Dung, Mist und Schmutzgewässern, auffällig durch ihr langes Atemrohr am Hinterleib, an dem du sie leicht erkennen kannst. Man bezeichnet sie deshalb auch als Rattenschwanzlarven. Manche Schwebfliegenarten haben aber auch räuberische Larven. Solche Arten legen ihre kleinen gelben Eier an Pflanzenstengeln in der Nähe von Blattlauskolonien ab, und die Larven ernähren sich später von den Läusen, die sie zu Tausenden in ihrem kurzen Leben verzehren können. Mit ihrem gelb-schwarz gestreiften Hinterleib gleichen die erwachsenen Tiere Wespen. An sonnigen Tagen kannst du sie scheinbar bewegungslos mit raschem schwirrendem Flügelschlag an einer Stelle in der Luft stehen und nach Nahrung spähen sehen. Ihre Flügel schlagen so schnell, daß sie dem Auge unsichtbar erscheinen. Allein diese Fliegenfamilie, die Schwebfliegen — wissenschaftlich genannt: Syrphiden — umfaßt bei uns über 250 verschiedene Arten. Die Wespenähnlichkeit der meisten Arten ist eine Schutzfärbung, die sie vor manchen Feinden bewahrt.

Stechmücken
Zu den unangenehmsten Zweiflüglern gehören neben den Bremsen sicher die blutsaugenden Stechmücken. Allerdings sind es nur die weiblichen Tiere, die sich davon ernähren, daß sie Blut von Säugetieren saugen. Ihre Eier legen sie an der Oberfläche von Gewässern ab, und die bald schlüpfenden Larven kannst du oft zu Tausenden mit ihrem Atemrohr kopfabwärts an der Oberfläche von Tümpeln und Teichen hängen sehen. Sie leben von den kleinen Schwebeteilchen, die im Wasser aufgeschwemmt sind. Durch Schatten oder Wasserbewegung erschreckt, lassen sie sich absinken, um dann mit ruckartigen Schlängelbewegungen ihres ganzen Körpers wieder zur Wasseroberfläche zurückzukehren. Neben ihrem juckenden Stich, der uns die Mücken so als Quälgeister erscheinen läßt, spielen die Stechmücken vor allem der warmen Länder als Krankheitsüberträger eine verhängnisvolle Rolle, z.B. als Überträger der Malaria. Es fehlt nicht an Versuchen, die Stechmücken oder Moskitos auszurotten, etwa indem man Ölfilme auf ihre Brutgewässer sprühte, um die Larven ersticken zu lassen. Aber sie widerstanden bisher erfolgreich ihrer Ausrottung. In Deutschland gibt es etwa 30 Arten, deren bekannteste die normale Stechmücke ist.

Schneider oder Schnaken
Im Gegensatz zu der irrigen Meinung vieler Menschen sind die langbeinigen Schneider, diese großen, ungelenk aussehenden Gesellen, harmlosere Tiere. Mit ihren extrem langen Beinen vermögen sie kaum zu laufen, sondern nur sich an irgendwelchen Gegenständen anzuklammern, wenn sie vom Flug ausruhen wollen. Am häufigsten ist bei uns die Kohlschnake, Tipula paludosa. Ihre Larve lebt an Pflanzenwurzeln, z. B. an Kartoffeln, roten Rüben oder auch an Hafer. Sie besitzt einen harten Chitinpanzer, geeignet zum Bohren im Boden, und kräftige Freßwerkzeuge. Diese Tiere können bei Massenauftreten durchaus zu Schädlingen im Garten und Feld werden.

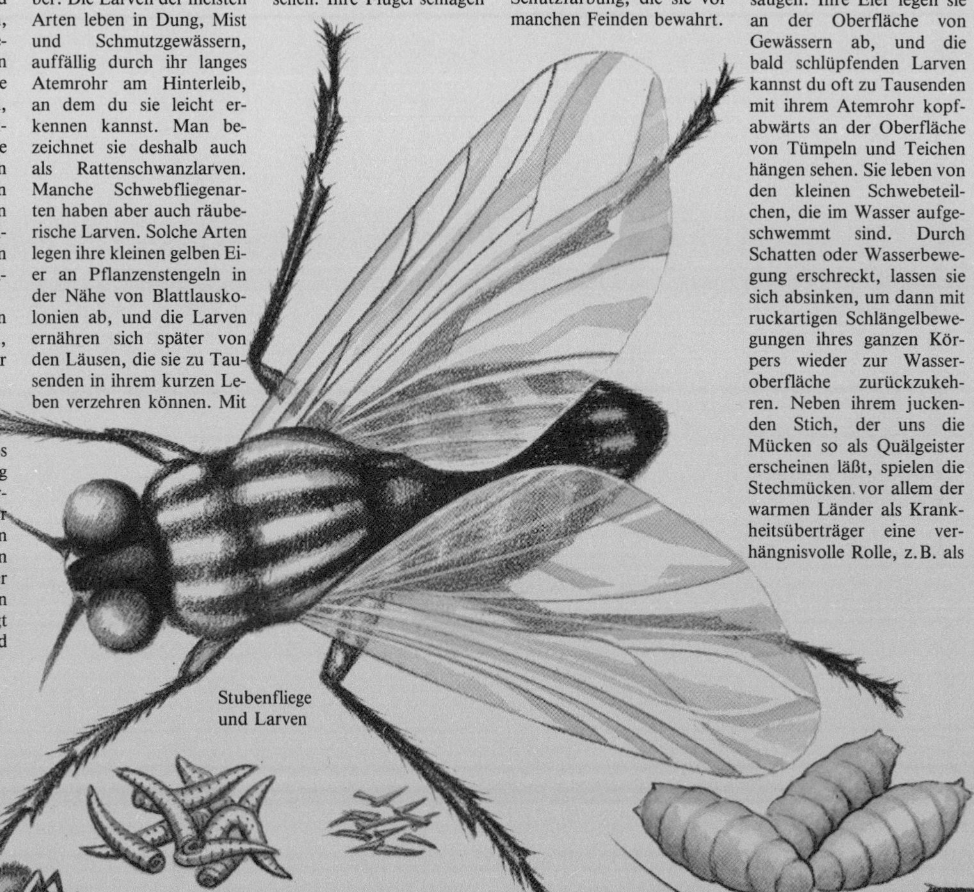

Stubenfliege und Larven

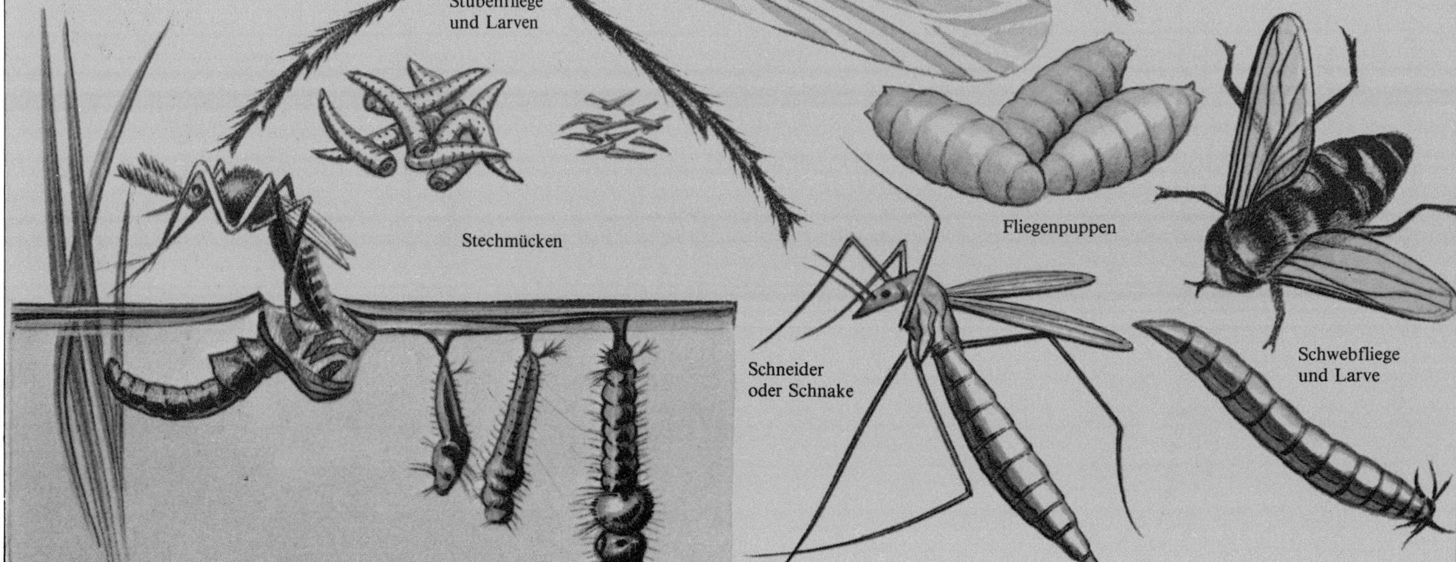

Fliegenpuppen

Stechmücken

Schneider oder Schnake

Schwebfliege und Larve

Die Hummeln
sind den meisten Menschen fast noch vertrauter als Bienen wegen ihrer auffälligen Färbung und ihres liebenswürdig wolligen Aussehens. Wie die Bienen spielen sie — ohne es zu wollen — eine ganz wichtige Rolle als Bestäuber von Blüten. Leider nimmt der Anteil der Hummeln an unserer Insektenwelt immer mehr ab, weil immer mehr Grasland kultiviert wird und die Nistmöglichkeiten, Erdhöhlen in Wiesen, immer rarer werden. Wenn du also je ein Hummelnest findest, beobachte die Tiere, aber laß sie unbehelligt. Im Frühling sucht eine Hummelkönigin nach ihrer Überwinterung eine sichere trockene Nisthöhle, etwa ein leeres Mauseloch oder Vogelnest. Dann sammelt sie Moosblättchen, Blattreste und Grashalme und baut daraus ihr kugeliges Nest für ihr zukünftiges Volk. Wie die Bienen scheidet sie Wachs aus und formt daraus eine glockenförmige kleine Zelle, die sie mit Pollen und Nektar füllt und in der sie dann bis zu zwölf Eier legt. Am Ende verschließt sie die Brutzelle wieder mit einem Wachsdeckel, nachdem sie sie noch mit Nahrung — Pollen und Nektar — für die ausschlüpfenden Larven gefüllt hat. In einer weiteren Zelle speichert sie Honig als Nahrungsvorrat für sich selbst und zur Aufzucht weiterer Larven. Nach einiger Zeit schlüpfen aus der ersten Brutzelle Arbeiterinnen, die der Königin beim weiteren Nestbau und Sammeln helfen, so daß sie sich mehr und mehr dem Brutgeschäft, dem Eierlegen, widmen kann. In einem ausgewachsenen Hummelstaat leben etwa 400 Arbeiterinnen. Gegen Ende des Sommers entstehen aus den letzten Eiern junge Königinnen und Männchen, die ausschwärmen, sich paaren und dann überwintern, während die übrigen Nestinsassen absterben. In der Sommerhitze, wenn es zu heiß im Nest wird, können die Arbeiterinnen durch gemeinsames Flügelschwirren Durchzug im Nest machen und so die Nesttemperatur regulieren. Im Gegensatz zu den Bienen sammeln die Hummeln auch bei schlechtem Wetter Honig und Pollen. Es gibt ganz bestimmte Pflanzen, die geradezu darauf spezialisiert sind, von Hummeln bestäubt zu werden.

Das Reich der Käfer
Wie Fliegen, so gibt es auch eine Unzahl von Käferarten in deinem Garten; aber du wirst gewöhnlich nicht so rasch auf sie aufmerksam, da sie meist ein verstecktes Leben führen, häufig auch Nachttiere sind. Bei uns sind etwa 3 600 Käferarten heimisch. Sie sind in nahezu allen Lebensräumen zu finden, unter Steinen, in frischem und morschem Holz, im Wasser, auf Bäumen, an Blättern. Typisch für sie alle ist der Besitz harter Deckflügel, die schützend über den dünnen häutigen Hinterflügeln liegen. Im Flug werden diese Deckflügel oder — wie sie mit wissenschaftlichem Namen heißen — Elytren steil aufgestellt und helfen dem Tier, im Flug die Balance zu halten. Im Garten wirst du am ehesten die großen schwarzen Laufkäfer entdecken, räuberische Tiere, die kleinere Insekten, darunter auch viele Schädlinge, fressen. Sie sind, wie die meisten Käfer, keine guten Flieger, laufen aber sehr rasch und geschickt. Der größte, aber heute sehr seltene Käfer unserer Umwelt ist der männliche Hirschkäfer mit seinen gezähnten Zangen, die etwas an ein Hirschgeweih erinnern. Damit kann er kräftig zwicken, ja, sie dienen ihm auch wesentlich zur Verteidigung und beim Paarungskampf, nicht zum Nahrungsfang, denn er leckt Pflanzensäfte. Selten, an warmen Sommerabenden, sieht man diese großen plumpen Tiere fliegen oder mit einem vernehmlichen Plumps landen. Sie sind dann auf der Suche nach Nahrung und nach Weibchen, die viel seltener sind als die Männchen. Im Bild oben erkennt man links ein Hirschkäferpaar.
Viel mehr verbreitet und dir sicher wohlvertraut ist der Marienkäfer mit seinen schwarzen Punkten auf roten oder gelben Flügeldecken oder roten Punkten auf schwarzen Flügeldekken. Zuweilen im Winter kannst du diese Tiere in großer Zahl in trockenen Winkeln, in Schuppen oder unter dem Dach finden. Dort überwintern sie. Gewöhnlich kehren die Nachkommen dieser Tiere im nächsten Winter wieder an den gleichen Ort zur Überwinterung zurück. Achte einmal darauf. Diese friedlich ausschauenden Käfer selbst ebenso wie ihre kleinen grauen stacheligen Larven sind arge Räuber und verzehren vor allem Blattläuse.

Weitere Kleintiere deines Gartens

Ganz häufig findest du im Garten die wohlbekannten und ganz zu Unrecht verschrieenen Ohrwürmer. Der verbreitetste unter ihnen ist der Gartenohrwurm, Forficula auricularia. Die Ohrwürmer oder Ohrenkneifer sind Insekten und gehören zur Gruppe der Orthopteren oder Gradflügler. Sie leben gewöhnlich versteckt in Spalten unter Steinen, und ihr Körper ist dementsprechend flachgedrückt und wurmförmig lang, ihr Panzer dunkelbraun. Die Flügeldecken sind kleine Schuppen am Vorderrücken, und ihre Flügel, von denen sie nur selten Gebrauch machen, liegen klein zusammengefaltet darunter. Der Hinterleib ist mit zwei großen Greifzangen bewehrt, die zwar der Feindabschreckung dienen, aber viel zu schwach sind, um zu verletzen. In der Dämmerung triffst du die Tiere häufiger an als tagsüber. Sie gehen nämlich überwiegend nachts auf Nahrung aus, die aus Pflanzenresten, auch frischen Pflanzen, besteht. Sie lieben vor allem Dahlien und Zinnien. An sich harmlose Tiere, können sie doch zuweilen im Garten Schaden anrichten, da sie Blütenblätter und vor allem Jungpflanzen annagen. Sie werden gewöhnlich älter als ein Jahr und überwintern gern an trockenen geschützten Orten, in Schuppenwinkeln oder an ähnlichen Stellen. Im späten Januar oder Februar, wenn es nicht gar zu kalt ist, gräbt das Weibchen an einer geschützten Stelle eine kleine Höhle, in der sie ihre 20—30 weißlichen Eier ablegt.

Die Asseln,
dir sicher auch geläufig als verborgen lebende Dämmerungstiere, sind Krebse. Die meisten ihrer Verwandten wie Hummer, Garnelen und Krabben, sind Meerestiere oder leben zum mindesten im Wasser wie der Flußkrebs, Wasserflöhe und Flohkrebse. Die Asseln gehören zu den wenigen Krebsarten, die das Land als Lebensraum erobert haben. Sie sind Allesfresser und halten sich am liebsten an feuchten dämmerigen Orten auf, in Mauerspalten oder unter Steinen. Ihr ganzer Körper ist wie von einem Schild überdeckt von einem vielgliedrigen ovalen Panzer, unter dem nur die Fühler und die sieben Beinpaare hervorschauen. Der starre Panzer verhindert ein stetiges Wachstum dieser Tiere. So wachsen sie in einzelnen Schüben, vor denen jeweils der alte Panzer aufreißt, abgestreift und durch einen neuen ersetzt wird. Etwa zehn solcher Häutungen macht eine Assel im Laufe ihres Lebens durch. Ein Krebs ist nach der Häutung eine Weile völlig wehrlos. Die Weibchen tragen die frisch abgelegten Eier, etwa 30 an der Zahl, in einem Brutbeutel zwischen den vorderen Beinen mit sich. Wenn die kleinen weißen Jungasseln schlüpfen, werden sie aus dem Brutbeutel entlassen und beginnen ihr eigenes Leben.

Spinnen
Die Spinnen sind eine stammesgeschichtlich sehr alte Tiergruppe. Schon lange vor der Entstehung der Vögel oder gar der Säugetiere, vor etwa 400 Millionen Jahren, gab es schon Spinnen, wie man aus Fossilien schließen kann. Schon damals ernährten sie sich von den bereits existierenden Insekten, später dann vornehmlich von Fliegen, die aber erst etwa 100 Millionen Jahre später entstanden.

Spinnengewebe, so lästig sie in der Wohnung sind, können wunderschön anzuschauen sein, z. B. wenn sie mit Tautropfen behangen oder an einem Wintermorgen reifbedeckt sind. Sieh dir auch einmal an, wie z. B. eine Kreuzspinne im Garten ihr kompliziertes Netz spinnt, und zeichne die Netzform auf. Achte darauf, welch verschiedene Formen von Spinnennetzen es gibt, darunter z.B. Trichternetze mancher Spinnen in Mauern und Erdspalten, in denen die Erbauer auf ihre Beute lauern.

Andere Spinnen wie die gelben und grünen blütenfarbenen Krabbenspinnen, zoologisch Thomisiden, und die häufigste unter ihnen, die auf den schönen Namen Misumena hört, hocken in Blüten getarnt und erwarten dort ihre Beute. Der Name dieser Krabbenspinnen stammt daher, daß sie wie Krabben seitwärts und rückwärts laufen können. In der Wohnung findest du oft die kleinen zebraartig schwarz und weiß gestreiften Springspinnen, die Salticiden, die ihre Beute im Sprung erjagen und durch ihren Giftbiß töten.

Spinnen sind gewaltige Räuber, und man schätzt, daß eine Kreuzspinne etwa 500 Insekten am Tag erbeuten kann. Sie frißt, wie auch alle anderen Spinnen, ihre Beute nicht auf, sondern löst ihre Beute mit ihrem Speichel, den sie in das Beutetier einspritzt, von innen her auf, saugt sie dann aus und läßt die leere Hülle übrig. Im Mai bis Juni kann man im Garten Spinnennester finden. Das Spinnenweibchen webt zuerst einen Seidenkokon, legt Hunderte von Eiern hinein und verschließt ihn dann mit einer zweiten und einer dritten Seidenhülle. Solche Kokons hängen an Pflanzen oder sind geschützt in Borken und Mauerritzen geklebt. Die Eier entwickeln sich rasch, und nach kurzer Zeit schlüpft eine Unzahl winziger Jungspinnen aus. Diese Spinnlein verlassen nun auf höchst ungewöhnliche Weise ihren Nistbereich: Sie klettern an einem langen Pflanzenstengel, etwa einem Grashalm oder einem Zweig, hoch, spinnen einen langen Faden und lassen sich an ihm vom Wind forttragen, irgendwohin in ein eigenes neues Jagdrevier, wo sie ihr erstes Netz bauen können. Man nennt darum diese Spätsommerzeit, da so viele Spinnweben wie Haare in der Luft fliegen, Altweibersommer. Im Bild unten siehst du eine Kreuzspinne in ihrem Netz und eine Springspinne mit einem Eikokon.

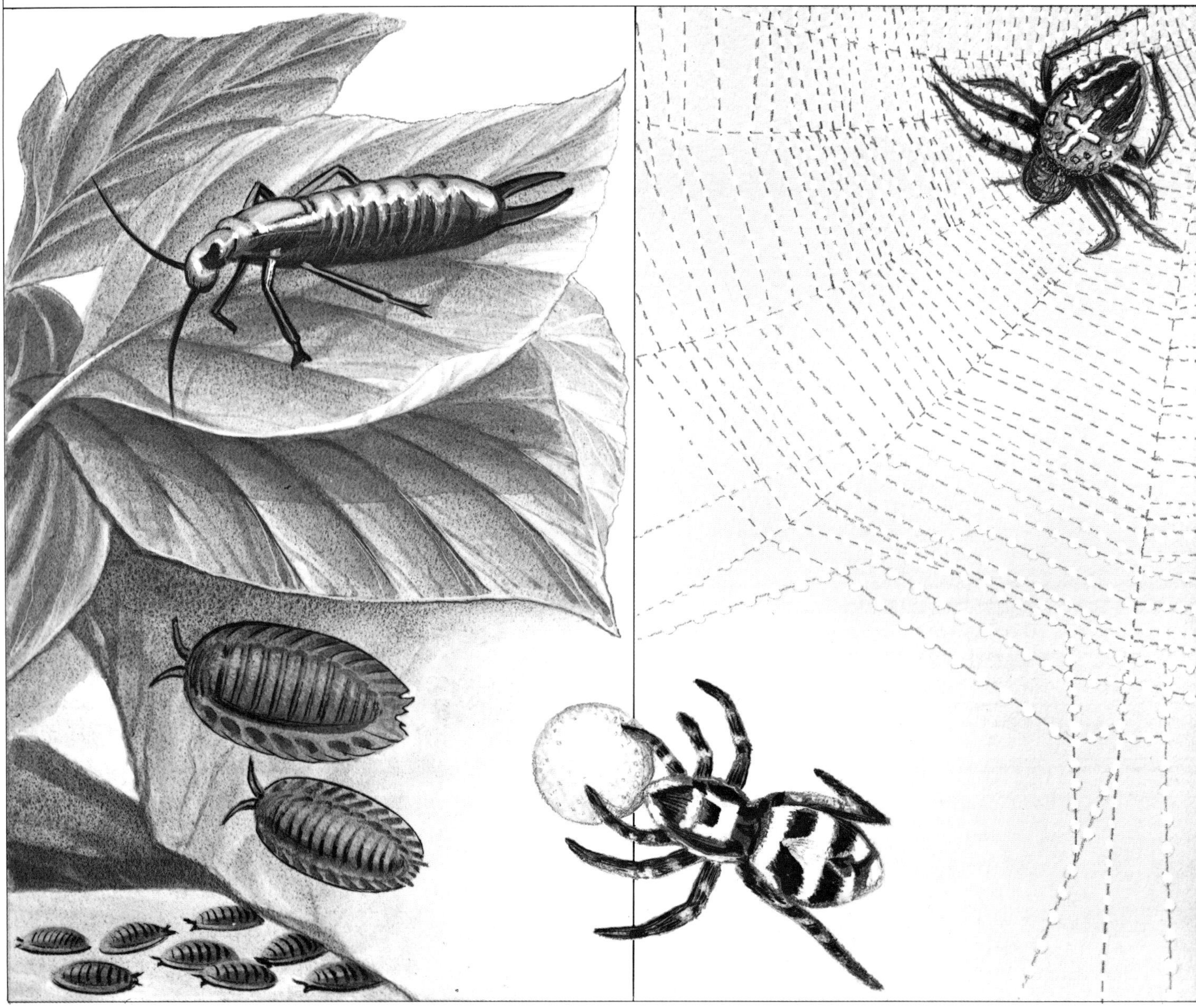

Größere Tiere

Vielleicht kannst du, besonders bei einem abendlichen Rundgang im Garten, einer Kröte begegnen. Versuche, sie in deinem Garten zu halten; sie stiftet viel Nutzen. Wie alle Amphibien braucht eine Kröte eine feuchte Umgebung, um ihre Haut feuchtzuhalten. Grab ihr also irgendwo eine flache Schale mit Wasser in die Erde ein. Gerade bei warmem und trockenem Wetter setzt sie sich gern in solch eine Wasserpfütze, um Feuchtigkeit durch die Haut aufzunehmen; Kröten trinken nämlich nicht. Sie sind Dämmerungs- und Nachttiere und verbergen sich tagsüber gern unter feuchtem Laub oder in feuchter, lockerer Erde, um nicht zuviel Wasser zu verlieren. Wie Frösche, so kann auch eine Kröte ihre Farbe wechseln und sich der Färbung der Umgebung anpassen; sie nimmt eine mehr grüne Färbung an, wenn sie im Gras sitzt, oder färbt sich schmutzig braun, wenn sie auf Lehmboden und feuchtem Laub sitzt. Wenn so eine Kröte in deinem Garten heimisch geworden ist, wird sie sich irgendwo in einem ruhigen Winkel ein Loch in einer Mauer, zwischen aufgehäuften Steinen oder unter einem Laubhaufen suchen und nur abends daraus hervorkommen, um auf Nahrungssuche zu gehen. Sie fängt kleine Käfer, Asseln, verzehrt Raupen, Erdspinnen und Ameisen, kurz alles, was ihr an Kleingetier vors Maul kommt — außer Schnecken. Du kannst sie ja auch einmal füttern. Sie verschmäht sicher keine Mehlwürmer. Im Frühjahr wandern die Kröten oft in mehrtägigen Märschen zu irgendwelchen nahen Gewässern, paaren sich dort und legen ihre Eier im Wasser ab, ehe sie wieder in ihr Wohngebiet zurückkehren. Wenn du im März / April einmal an einen Teich kommst, dann wirst du sicher die langen Schnüre von Krötenlaich überall im Wasser um Wasserpflanzen gewickelt finden; anders als Frösche lassen sie ihre Eier nicht einfach an der Wasseroberfläche schwimmen. Sammle einige Eier und beobachte, wie sich die kleinen Kaulquappen darin entwickeln. Nach etwa zwei Wochen schlüpfen sie, durch ihre hellere, bräunliche Färbung gut von den schwarzen Froschkaulquappen zu unterscheiden. Nach etwa vier Wochen wachsen den Kaulquappen bei guter Fütterung mit Salatblättern oder Brennesselpulver feine Vorder- und später auch Hinterbeine. Zahlreiche Feinde stellen ihnen nach, aber einige von ihnen werden immer erwachsen, und diese kehren ihr Leben lang jedes Jahr zur Paarungszeit zu dem Teich zurück, in dem sie aufgewachsen sind. Man hat beobachtet, daß Kröten 6—7 Kilometer weit wandern, um einen Teich zu finden. Dabei werden sie von einem wunderbaren Orientierungssinn geleitet. So eine Wanderung ist eine enorme Leistung, wenn du dir überlegst, daß so eine Kröte nicht mehr als etwa 200 m pro Stunde zurücklegt. Kröten sind also keine flinken Tiere, aber sie vermögen sich dennoch gut vor Feinden zu schützen, denn sie besitzen zahlreiche Giftdrüsen an der ganzen Körperhaut. Die meisten Räuber speien eine Kröte gleich wieder aus, wenn sie einmal aus Versehen eine erwischt haben. In Abständen von etwa 10 Tagen häuten sich die Kröten, dabei reißt die alte verhornte Oberhaut an vielen Stellen auf und wird mit den Füßen in großen Fetzen vom Körper gewischt und sogleich wieder verzehrt. Kröten sind die Freunde jedes Gartenbesitzers, denn in ihrem bis zu 30jährigen Leben verzehren sie eine Unmenge an Schädlingen.

Mäuse

Selbstverständlich gibt es in jedem Garten auch Mäuse. Sie sind zwar recht scheue Nachttiere, aber hin und wieder wirst du doch einmal eine zu Gesicht bekommen, eine graubraune Feldmaus oder aber die dunklere langschwänzige Waldmaus. Die Feldmaus ist eine Wühlmaus. Sie gräbt lange Gangsysteme flach unter dem Boden oder in der verfilzten Grasnarbe. Du erkennst sie an ihrer gedrungenen Gestalt, stumpfen runden Schnauze und den kleinen im Fell verschwindenden Ohren. Sie wird etwa 12 cm lang. Ihr Schwanz ist viel kürzer als der Körper, nur etwa 3 cm lang. Als Wohnung gräbt sie sich meist kurze Wohnhöhlen, in denen sie ihr heugepolstertes Nest anlegt. Seltener kann sie auch oberirdische Nester bauen, meist zwischen Wurzeln oder im hohen verfilzten Gras. Mehrmals im Jahr bringt sie bis zu sechs noch blinde Junge zur Welt. Einen richtigen Winterschlaf hält sie nicht und bleibt, wenn das Wetter es eben erlaubt, das ganze Jahr über aktiv. Nur bei allzu schlechtem Wetter kann sie über mehrere Tage in ihrem Nest verschlafen. Wesentlich seltener als die Feldmaus ertappt man die Waldmaus, ein viel ausgeprägteres Nachttier. Doch von ihrer Anwesenheit zeugen immer Fraßspuren und Vorräte, die sie sich in alten Vogelnestern und Erdlöchern anlegt; vor allem Nüsse und allerlei Sämereien sammelt sie darin. Sie ist kleiner und schlanker als die Feldmaus, selten mehr als 9 cm lang, aber mit einem ebensolangen Schwanz, auf dem Rücken dunkelbraun und unterseits fast weiß gefärbt. Eine spitze Schnauze, lange Ohren und wie Nadelköpfe vorquellende schwarze Augen sind typisch für sie. Wenn du recht vorsichtig und leise bist, kannst du sie zuweilen lange beobachten, ja zuweilen sie sogar mit der Hand greifen, wenn sie abends auf Futtersuche ausgeht. Sie baut sich unterirdische Gänge, die die geselligen Tiere in ganzen Großfamilien bewohnen. Anders als die Feldmaus klettert sie recht geschickt und legt sich sogar in Astlöchern hoch auf Bäumen ihre Vorratslager an. Zudem sind Waldmäuse auch gewandte Schwimmer.

Unsere Igel

Ein zwar nicht übermäßig häufiger, aber doch regelmäßiger Gast in Vorstadtgärten ist der Igel, namentlich dann, wenn es etwas verwildertes Land oder gar dichtes Gebüsch in der Nähe gibt. Igel sind nicht wie die Mäuse Nagetiere, sondern Insektenfresser oder, wissenschaftlich gesprochen, Insectivoren, was das gleiche bedeutet. Gerade die Familie der igelartigen Insektenfresser oder Erinaceidae, dazu gehören auch die Maulwürfe und Spitzmäuse, sind eine stammesgeschichtlich sehr alte Gruppe. Igel sind für den Menschen außerordentlich nützliche Tiere. Sie ernähren sich von allerlei Insekten und Kleingetier; auch Schnecken gehören auf ihre Speisekarte. Als Zusatznahrung verachten sie allerdings auch nicht das Fallobst, das sie im Garten finden. Über Tag schlafen sie und werden erst in der Dämmerung und nachts richtig lebendig; dabei spüren sie ihre Beute im wesentlichen mit Hilfe ihres guten Gehörs, weniger mit der Nase auf. Bereits das leise Rascheln eines laufenden Käfers erregt die Aufmerksamkeit eines Igels. Wenn Igel in deinem Garten sind, solltest du ruhig zuweilen eine Schale mit Wasser oder Milch in den Garten stellen, die Igel werden sie gerne annehmen. Ebenso ausgestreutes Futter, z. B. Brot, Rosinen, Katzenfutter und anderes mehr. Aber man sollte Wildtiere nicht allzusehr füttern. Sie können ihren Nahrungsbedarf gewöhnlich selbst am besten dekken. Aufgeschreckt kann der Igel sich blitzschnell zu einer unangreifbaren Stachelkugel zusammenrollen. Deshalb haben Igel wenige Feinde, außer natürlich dem Menschen. Namentlich dem Straßenverkehr fallen viele Igel zum Opfer. Ein Igel erreicht ein Lebensalter von etwa 6 Jahren. Igelpaare bleiben das ganze Leben lang zusammen. Sie bauen sich gewöhnlich im Gebüsch und Laubhaufen ein Nest aus Heu und Gras, in dem das Weibchen im Sommer bis zu vier etwa 1—2cm lange Junge zur Welt bringt. So eine Igelfamilie bleibt längere Zeit, etwa ein halbes Jahr zusammen, und zusammen überwintern sie auch — je nach Wetterlage etwa ab Ende Oktober/Anfang November bis April/Mai. Man sagt den Igeln nach, sie könnten das Wetter voraussagen: Wacht ein Igel z. B. im Februar bereits aus dem Winterschlaf auf, um ihn dann noch einmal erneut zu beginnen, so sagt man, es werde nun sechs weitere Wochen Frost geben; wenn er aber aktiv bleibt, werde der Rest des Winters milde und der Frühling nahe sein.

Die Vogelwelt

Im Winter kannst du viele verschiedene Vögel in deinen Garten oder auch auf deinen Balkon locken, wenn du regelmäßig allerlei Sämereien als Futter ausstreust. Du solltest das aber auf jeden Fall so tun, daß das Futter nicht feucht wird und nicht im Schnee liegt und einfriert. Außer unseren einheimischen Vögeln wirst du dann auch die hübsch orange-schwarzen Bergfinken, Wintergäste aus dem hohen Norden, kennenlernen. Vor allen Dingen Meisen, deren es recht viele bei uns gibt, kannst du anlocken, wenn du Sonnenblumenkerne und andere Sämereien in Fett und Wachs eingießt und in einer Kokosschale nach draußen hängst. Im Sommer lieben es viele Vögel, wenn du ihnen einen Wassertrog als Badegelegenheit und zum Trinken im Garten bereitstellst. Das Beerenobst im Garten ist eine Verlockung für eine große Anzahl unserer Vögel. Mit ihrem Kot verbreiten sie dann die unverdauten Samen von Johannisbeeren, Kirschen und was sie sonst noch an kleinen Früchten finden. Achte einmal darauf und notiere dir, welche Früchte in den verschiedenen Jahreszeiten von den einzelnen Vogelarten bevorzugt gefressen werden. Sammle Vogelkot und untersuche ihn auf die darin enthaltenen Samen. Du kannst ganz einfach nachschauen, von welchen Pflanzen sie stammen, indem du den Kot aussäst. Dazu solltest du ihn vorher mit etwas Wasser aufschwemmen. Folgende Beeren und Früchte sind bei den meisten Vögeln besonders begehrt: Weiß- und Rotdorn, Eibe, Zwergmispel oder Kotoneaster, Eberesche, Feuerdorn und Stechpalme. Die ausgeprägtesten Beerenfresser unter den Vögeln sind die Zeisige, Amseln, Grünfinken, Singdrosseln, selten einmal eine Wacholderdrossel oder im Spätherbst ein Seidenschwanz als Durchzugsgast. Meisen und Stare dagegen bevorzugen Insekten und weichen nur auf Beeren aus, wenn es an anderer Nahrung mangelt. Die Misteldrossel, vornehmlich in waldreicheren Gebieten verbreitet, frißt auch gern die klebrigen weißen Früchte der Misteln, die als Parasiten auf anderen Bäumen wachsen und deren Zweige um die Weihnachtszeit auf dem Markt verkauft werden. Die hübsch roten Dompfaffen lieben besonders die Früchte von Bäumen wie Esche und Eberesche.

Die häufigsten Vögel deines Gartens

Führe Buch darüber, welche Vögel welche Beeren fressen. Oben sind eine Reihe von Vögeln abgebildet, denen du im Garten begegnen wirst, wenn auch zum Teil sehr selten. Oben rechts erkennst du die Wacholderdrossel auf einem Stechpalmenzweig und einen Zeisig auf einer Zwergmispel.

3

Der Mensch — sein Körper und seine Sinne

Die Medizin entstand, als man nicht mehr mit Beschwörung, sondern mit mechanischen Mitteln und aus Pflanzen gebrauten Medikamenten daranging, Krankheiten zu behandeln. Schon früh versuchte man sich auch an Eingriffen in den Körper, an Operationen. So kennt man aus zahlreichen älteren Gräberfunden Hinweise auf Schädeloperationen (Trepanationen), die angewandt wurden, um ,,böse Dünste'' aus der Schädelkapsel entweichen zu lassen. Man

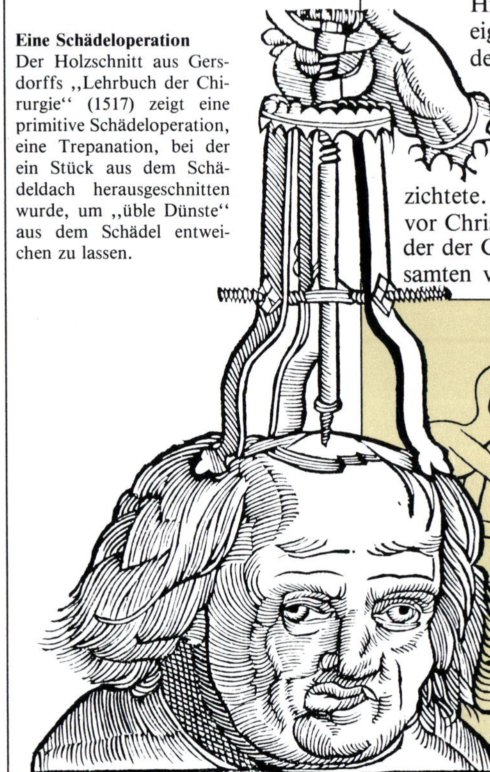

Eine Schädeloperation
Der Holzschnitt aus Gersdorffs ,,Lehrbuch der Chirurgie'' (1517) zeigt eine primitive Schädeloperation, eine Trepanation, bei der ein Stück aus dem Schädeldach herausgeschnitten wurde, um ,,üble Dünste'' aus dem Schädel entweichen zu lassen.

durchbohrte dazu den Schädelknochen. So erstaunlich das klingt, kann man aus den Verheilungsspuren sehen, daß es offensichtlich gar nicht so selten gelang, manche Hirnerkrankungen mit solchen primitiven Operationsmethoden wirkungsvoll zu behandeln. Spuren solcher Operationen hat man bei Skelettfunden ebenso im frühen Südamerika wie in Persien und Europa entdeckt. In unserem Kulturbereich, der alten Welt, waren es wiederum die Ägypter, die erste zuverlässige Zusammenhänge zwischen dem Gehirn und einzelnen Körperfunktionen erkannten. Sie entwickelten die Kunst, Tote einzubalsamieren und so ihre Körper als Mumien zu erhalten, die wir heute nach 3000 Jahren noch bewundern können. Dabei beschäftigte man sich naturgemäß eingehend mit dem Bau unseres Körpers. Das Denken der Ägypter beeinflußte sehr stark die Griechen in ihrer zu jener Zeit aufblühenden Hochkultur. Die griechischen Philosophen und Ärzte, unter ihnen der wohl berühmteste Hippokrates, sammelten allmählich reiches Wissen über Bau und Funktionen des menschlichen Körpers; ja Hippokrates wurde eigentlich zum Begründer einer mit naturwissenschaftlichen Methoden arbeitenden Medizin, die ganz auf Magie verzichtete. Im 4. Jahrhundert vor Christus eroberte Alexander der Große nahezu den gesamten vorderen Orient, und

in seinem Großreich wurde Alexandria zum Zentrum der damaligen Medizin. Einer der bedeutendsten Vertreter der dort aufblühenden alexandrinischen Medizinschule war Herophilos. Als erster Arzt, ja, man kann sagen, als erster Anatom sezierte er systematisch Leichen, beschrieb den Aufbau des Gehirns, des Auges, erkannte Gehirn und Nerven als Kontrollorgane der Körperfunktionen, fand den Unterschied zwischen Arterien und Venen, beschrieb die Arbeitsweise der Lungen und den Aufbau des Darmes. Der Name für den ersten Abschnitt des Dünndarms Duodenum, Zwölffingerdarm, den wir heute noch benutzen, geht auf ihn zurück.
Der Grieche Galenos (130—200 v. Chr.) und der Perser Avicenna (980—1037 n. Chr.) waren weitere große Gestalten aus der Frühzeit der Medizin. Galens Schrift über die Anatomie, den Aufbau des menschlichen Körpers und Avicennas ,,Canon medicinae'' (Leitfaden und Heilkunde) verloren bis ins späte Mittelalter hinein nicht ihre Bedeutung als die großen und allgemein anerkannten Lehrbücher der Medizin. Allerdings hatte die Medizin im Mittelalter einen gewaltigen Rückschritt erfahren. Es galt als sündhaft, den toten menschlichen Körper zu sezieren, und die christliche Kirche verbot ein solches Studium an Leichen — namentlich für Priester — mit allem Nachdruck. Erst im 13. Jahrhundert nach Christus trat in Italien eine Lockerung dieser starren Ablehnung ein. So wurden italienische Medizinschulen, z.B. das ,,Anatomische Theater'' in Padua, geradezu zum Wallfahrtsort für europäische Mediziner. Allerdings brachte die immer tiefergehende Kenntnis des Aufbaus unseres Körpers vorerst noch wenig an tieferem Verständnis seiner Funktionen mit sich. In Padua hatte u.a. der englische Arzt William Harvey (1578—1657) wesentliche Anregungen erhalten; und nach England heimgekehrt, setzte er seine in Padua begonnenen anatomischen Untersuchungen fort. Er entdeckte, daß das Blutgefäßsystem in unserem Körper einen geschlossenen Kreislauf bildet, in dem das Herz als Pumpe das Blut umtreibt — wohl eine der wichtigsten Entdeckungen seines Jahrhunderts. Ungefähr zur gleichen Zeit entwickelte der holländische Korbmacher und

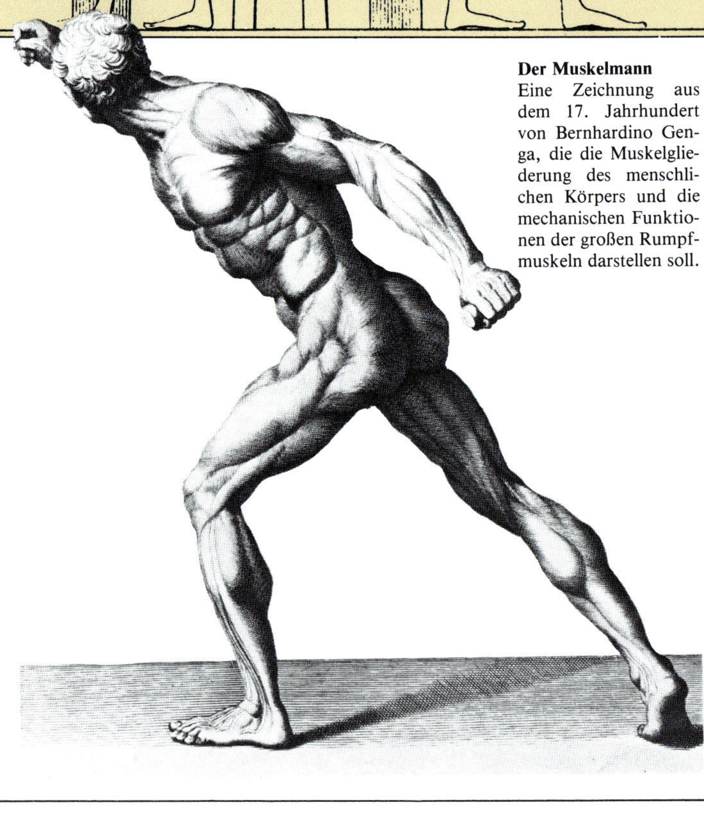

Der Muskelmann
Eine Zeichnung aus dem 17. Jahrhundert von Bernhardino Genga, die die Muskelgliederung des menschlichen Körpers und die mechanischen Funktionen der großen Rumpfmuskeln darstellen soll.

Linsenschleifer aus Liebhaberei, Antonie van Leeuwenhoek (1632—1723), mit großer Genauigkeit geschliffene Linsen und baute daraus einfache, bis zu 200fach vergrößernde Mikroskope, die allen bis dahin geschliffenen Vergrößerungslinsen weit überlegen waren. Mit ihrer Hilfe entdeckte er Zellen, die roten Blutkörperchen und gar so kleine Lebewesen wie Bakterien, deren medizinische Bedeutung man aber noch nicht erfaßte. Erst etwa 150 Jahre später fand der französische Chemiker Louis Pasteur (1822—1895) die Zusammenhänge zwischen Krankheiten und Mikroorganismen. Im Auftrage der französischen Brauerei- und Weinindustrie ging er der Frage nach, warum Bier und Wein bei falscher Gährung sauer werden können, warum also in diesem Fall statt des Alkohols Säure entsteht. Er entdeckte bei diesen Untersuchungen, daß Mikroorganismen, nämlich Hefepilze, für die Gährung verantwortlich sind, und daß manche Hefen Alkohol, andere aber aus dem Alkohol später Milch und Essigsäure produzieren. Er fand weiter, daß solche Mikroorganismen allenthalben in der Luft vorhanden sind und daß auch Krankheiten durch solche kleine Lebewesen hervorgerufen und von Mensch zu Mensch übertragen werden können. Damit wurde er zum Begründer der Bakteriologie. Er entwickelte Verfahren, die unerwünschten Mikroorganismen durch Hitze abzutöten. Aus solchen Erkenntnissen heraus drang er darauf, die Wundversorgung bei Patienten so sauber oder steril wie möglich durchzuführen, um bakterielle Infektionen zu verhindern. Der zu seiner Zeit angesehene Chirurg Josef Lister verfolgte diese Idee der Wunddesinfektion weiter und verhalf der antiseptischen Wundbehandlung zu allgemeiner Anerkennung. Angeregt durch die Erfolge des englischen Arztes Edward Jenner, der durch Zufall die Pockenschutzimpfung mit Hilfe harmloser Kuhpockenkeime entdeckt hatte, verfolgte Pasteur diese Impfideen weiter und fand, daß manche Bakterien, Erreger schwerer Infektionskrankheiten, nach mehrfacher Kultur außerhalb des Körpers an Gefährlichkeit verloren und sich zur Gewinnung von Impfstoff gegen die normalerweise von ihnen verursachten Krankheiten eigneten.

Ein Seziersaal,
der erste dieser Art, der an der Universität Padua 1590 benutzt wurde. Eine Leiche liegt inmitten des runden Demonstrationssaales auf dem Seziertisch, und die Zuschauer bzw. Studenten sitzen in den ansteigenden Rängen rundum.

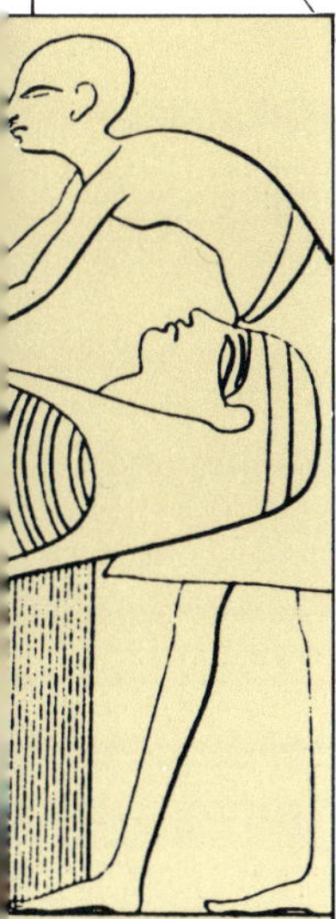

Mumifizieren eines Toten
Die Ägypter pflegten die Leichen der Priester und Könige und Angehörigen des Hofstaats zu mumifizieren. Dazu mußten die Eingeweide und das Gehirn aus dem Körper entfernt werden, bevor der Körper mit Konservierungslösungen getränkt und mit Leinenbinden umwickelt wurde. Hierbei erwarben die Ägypter sehr genaue Kenntnisse von der menschlichen Anatomie.

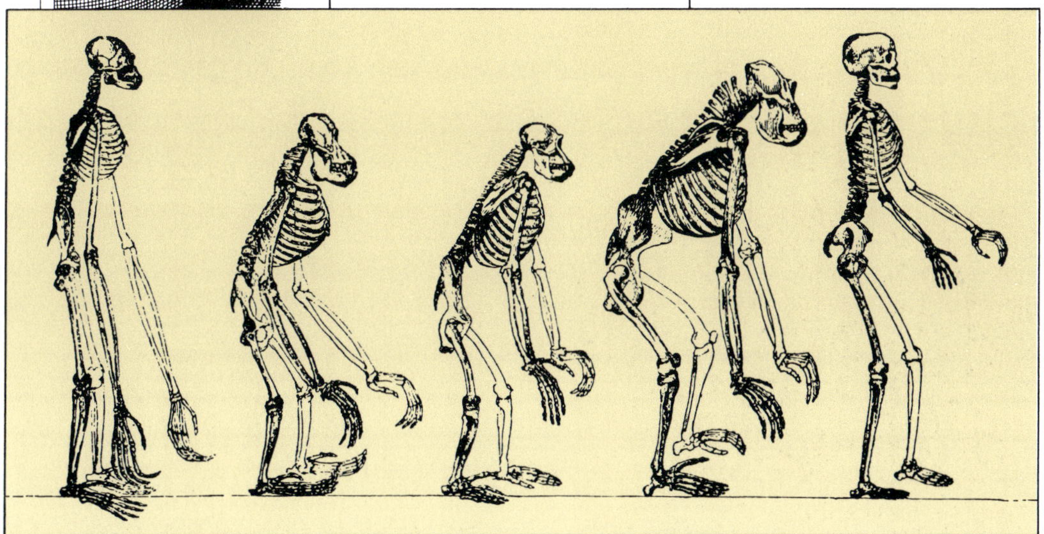

Vom Affen zum Menschen
Die Skelette von Gibbon, Orang-Utan, Schimpanse, Gorilla und Mensch von dem englischen Biologen T. H. Huxley (1825—1895) zur Verdeutlichung ihrer großen Ähnlichkeit nebeneinander dargestellt. Das Gibbonskelett ist gegenüber den übrigen Skeletten in doppelter Größe gezeichnet.

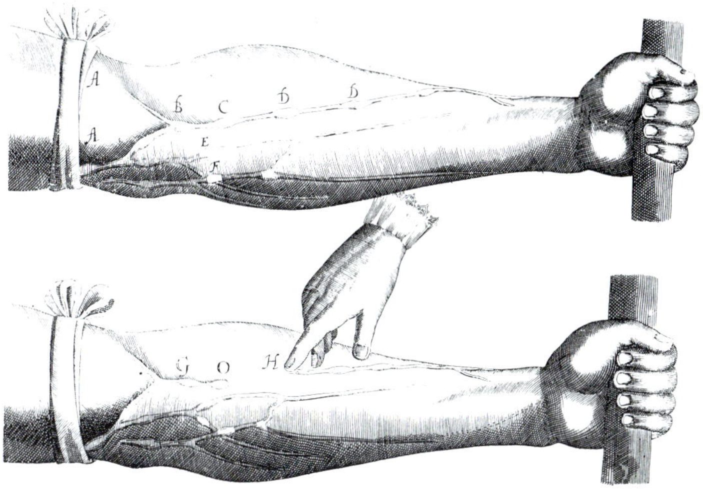

Der Blutkreislauf
Illustration aus dem Werk von William Harvey: „Über den Herzschlag und die Strömung des Blutes". Man erkennt bei a, b, c, d Klappenventile in den Armvenen, die sichtbar werden, wenn man den Arm über dem Ellenbogen abbindet und der Arzt den Rückfluß des Blutes in den Venen hemmt (oben). Drückt man weiter unterhalb (bei h) eine Vene ab, so verschwinden die Stauungserscheinungen. Aus solchen Experimenten schloß Harvey, daß das Blut ständig in einem geschlossenen Kreislauf fließt. Seine aufsehenerregenden Untersuchungen wurden 1628 veröffentlicht.

Bakterien in der Luft
Ein solches Gefäß, eine Retorte, benutzte Pasteur, um zu zeigen, daß sich in einer sterilen Lösung keine Bakterien entwickeln können, wenn man sterilisierte Luft von außen zuführt, während sich in einer gleichen Lösung Bakterien entwickeln, wenn man mit unsteriler Luft Keime in die Lösung hineinbringt.

Unser Skelett

Dein Körper gleicht in mancher Hinsicht einer — in all ihren Funktionen allerdings kaum vorstellbar komplizierten — Maschine. Das Knochenskelett bildet das Traggerüst des Körpers. Hervorragend all seinen Funktionen angepaßt, bestimmt es im Groben die Körperform und schützt die wichtigsten Organe. Hauptanteile des Skeletts sind die Schädelkapsel, die Wirbelsäule, der Rippenkorb und die Gliedmaßen. All diese Anteile sind gelenkig miteinander verbunden und in sich gelenkig gegliedert und erlauben so eine Vielfalt von Bewegungen. Du solltest dir einmal ein Skelett genau ansehen. In der Schule wirst du sicher eines vorfinden oder aber im nächsten Naturkundemuseum.

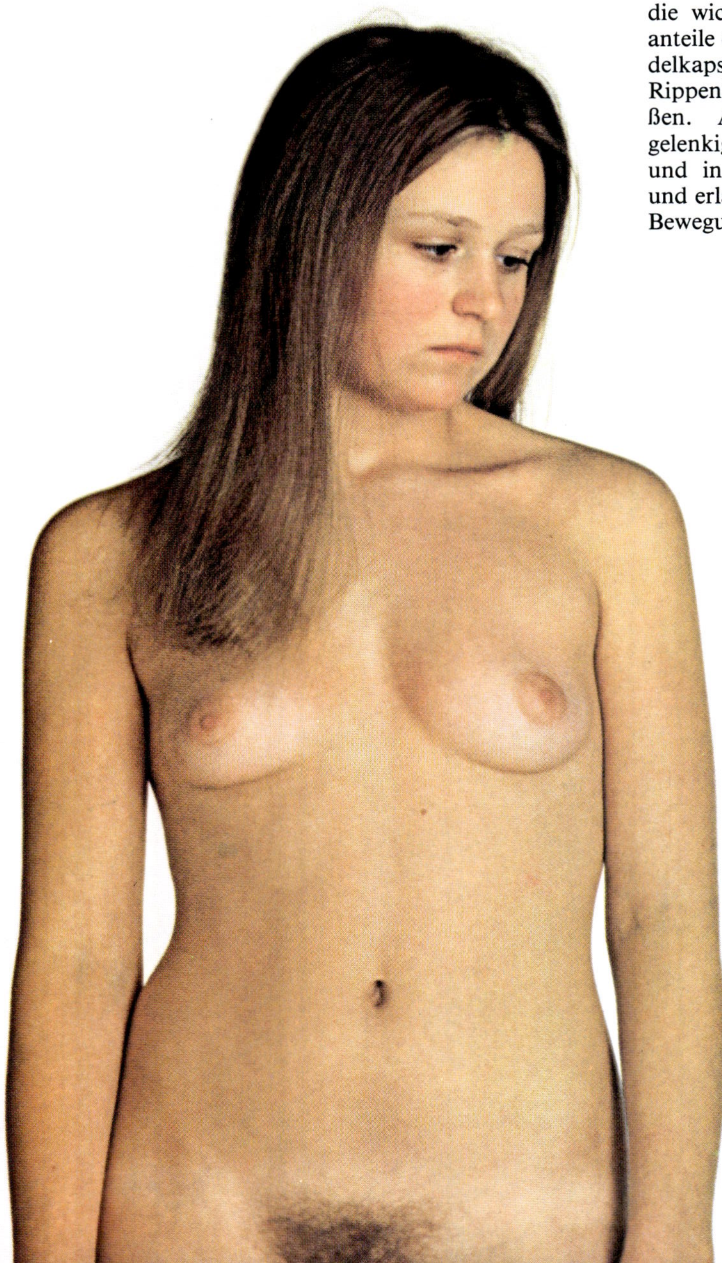

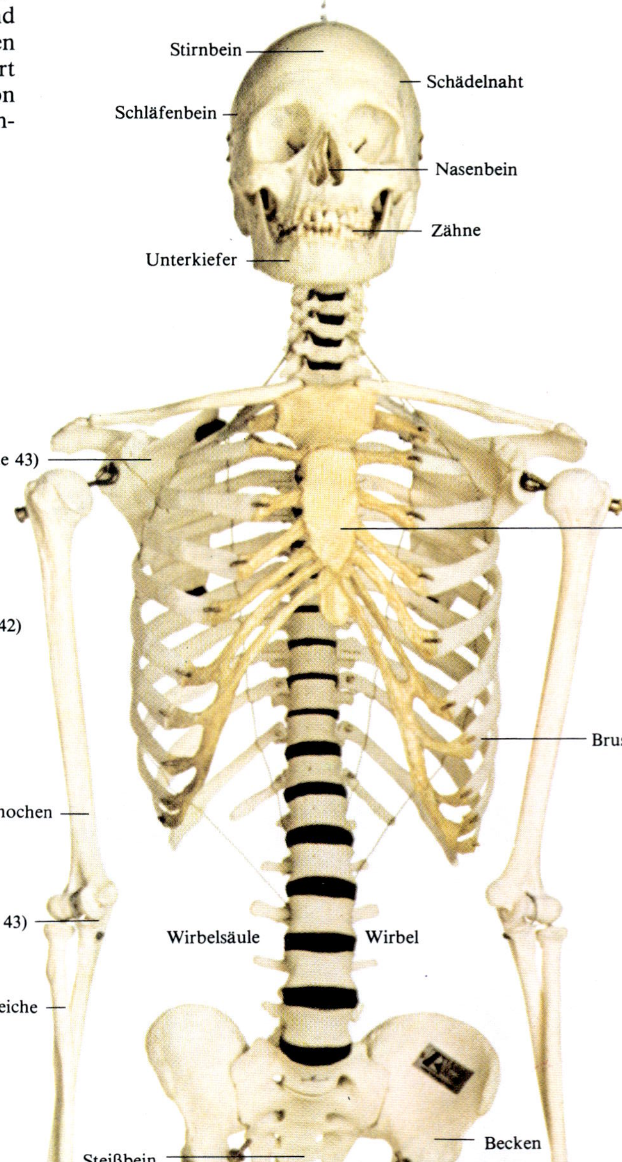

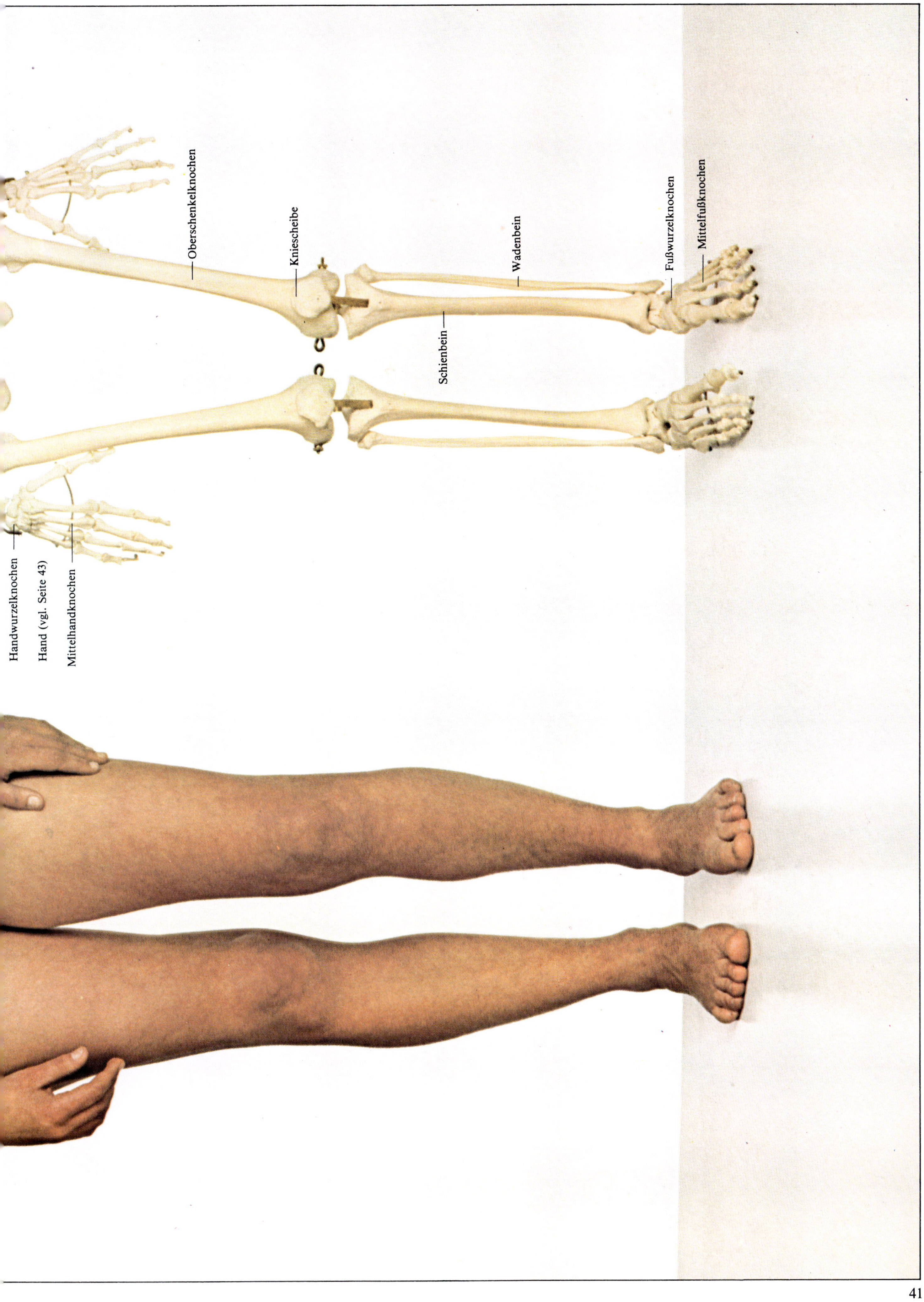

Handwurzelknochen
Hand (vgl. Seite 43)
Mittelhandknochen
Oberschenkelknochen
Kniescheibe
Schienbein
Wadenbein
Fußwurzelknochen
Mittelfußknochen

Der Schädel
22 Knochen bilden zusammen die Schädelkapsel, die Hirn, Augen, Nasenhöhle und Mundraum umschließt. Am Skelett prägen die tiefen Augenhöhlen den Ausdruck des Gesichtsschädels. Das Nasenbein erscheint am Schädel sehr kurz, die Nasenspitze fehlt. Fasse einmal deine Nasenspitze an, dann wirst du merken, daß auf der knöchernen Nasenwurzel noch ein weicher biegsamer Nasenknorpel sitzt, der der Nase im lebenden Gesicht ihre eigene Form gibt. Sieh dir am Skelett das Gebiß an und zähle die Zähne. Das Gebiß eines Erwachsenen hat 32 Zähne, ein junger Mensch erst 28. Ein Kinderschädel hat noch ein ganz anderes Gebiß; die Milchzähne sind schmaler und insgesamt kleiner als das endgültige Gebiß. Vergleiche einmal die vorderen Zähne, die Schneidezähne, mit den Backenzähnen. Die Schneidezähne haben scharfe Beißkanten, zum Abbeißen von Nahrungsbrocken geeignet, während die Backenzähne breite höckerige Kauflächen besitzen, um die Nahrung zu zermahlen. Sieh dir auch die eng verzahnten Nähte zwischen den einzelnen Schädelknochen an. Beim Säugling sind diese Nähte noch nicht ausgebildet. Breite Spalte klaffen zwischen den einzelnen Schädelknochen, die du als weiche Linien unter der Haut tasten kannst. Das Gehirn und der Schädel des Säuglings müssen noch wachsen, und Knochen wachsen immer nur an den Kanten. Erst wenn der Schädel seine endgültige Größe erreicht hat, dürfen sich die endgültigen festen Nähte zwischen den Schädelknochen ausbilden. Dann ist der Schädel nicht mehr verformbar.

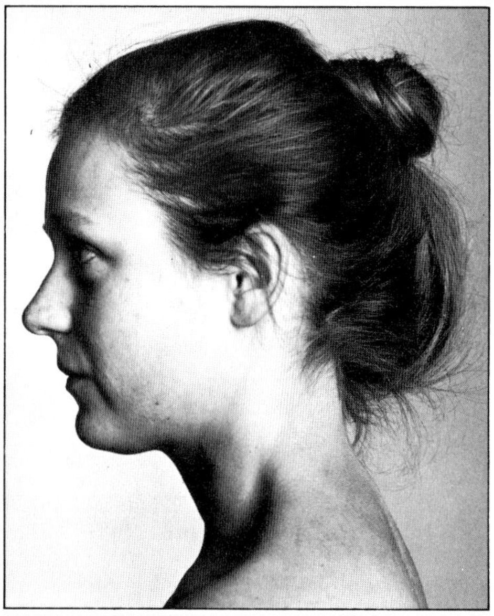

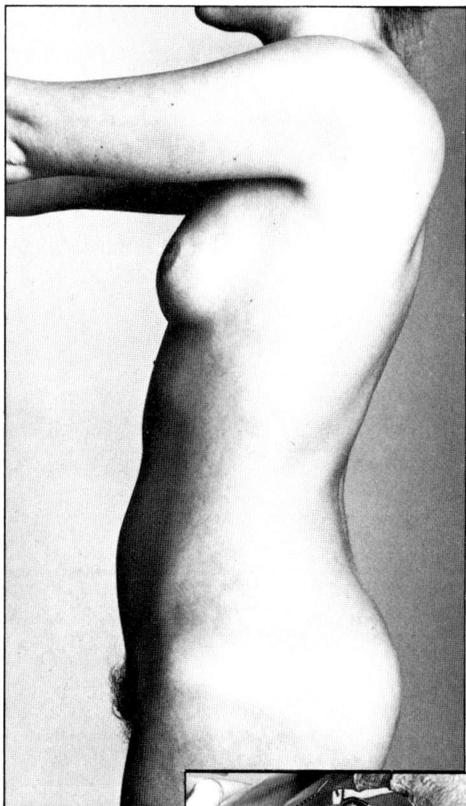

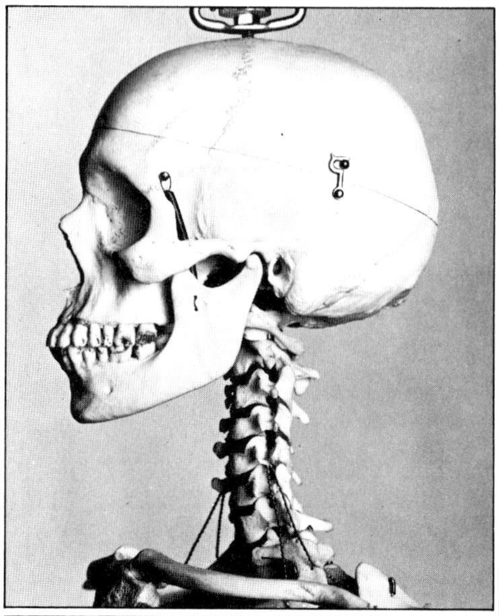

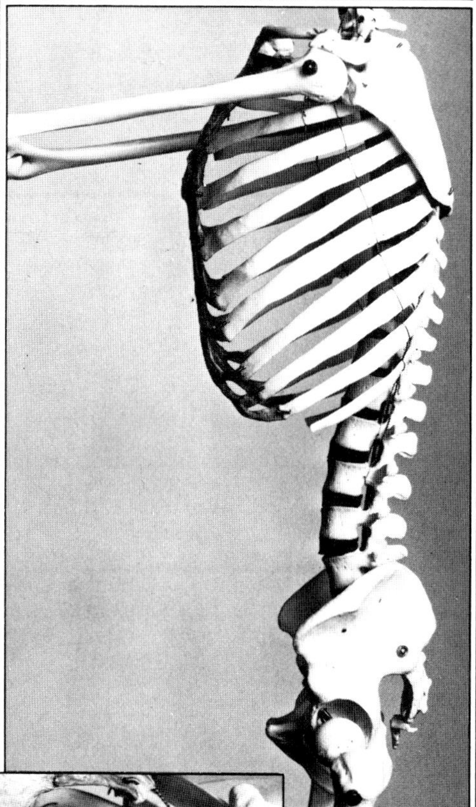

Der Rumpf
wird von der Wirbelsäule, dem Rippenkorb und dem Becken gestützt. Von der Seite gesehen, ist das Rückgrat im unteren Teil leicht einwärts gekrümmt. Diese Krümmung ist bei Neugeborenen noch nicht ausgebildet; sie entwickelt sich erst, wenn der Säugling zu sitzen und zu stehen beginnt. Sie ist sehr wichtig, um den aufrechten Körper ohne zu starke Muskelbelastung im Gleichgewicht zu halten. Moderne Stühle besitzen oft in gleicher Form gekrümmte Lehnen. Sie sind gesünder und bequemer als eine gerade Lehne. Die Wirbelsäule besteht aus 32 Wirbelknochen, zwischen denen jeweils Knorpelscheiben, die Bandscheiben, eingefügt sind. Die einzelnen Wirbelknochen und die Bandscheiben kannst du auf deinem Rükken selbst fühlen. Die untersten, beim Menschen verkümmerten Wirbel, das Steißbein, sind der Rest eines Schwanzes, den wir von unseren tierischen Vorfahren geerbt haben. Vergleiche einmal im Museum die Steißbeinwirbel mit den Schwanzwirbeln anderer Säugetierskelette.

Der Brustkorb,
gebildet aus den Rippen, die hinten gelenkig an der Wirbelsäule ansetzen und vorn durch das Brustbein miteinander verbunden sind, schützt die Organe des Brustraums, das Herz und die Lungen. Zähle einmal

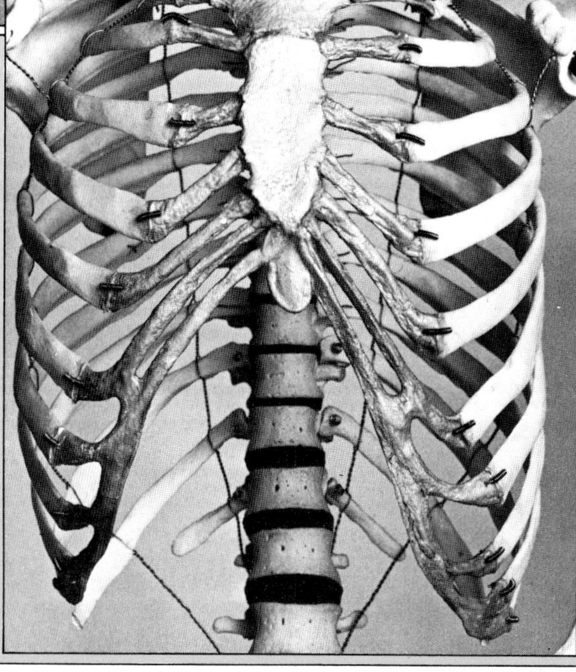

die Rippen und sieh zu, wie viele du bei dir selbst fühlen kannst. 12 Rippenansätze kannst du am Rückgrat tasten, von denen nur 10 vorn das Brustbein erreichen, während die zwei untersten kürzer sind und frei an den Körperflanken enden.

Die Schulterblätter
sind etwa dreieckige Knochenplatten, die rückenseitig den Schultergelenken und oberen Rippen aufliegen. Sie bieten eine breite Ansatzfläche für zahlreiche Muskeln, die vor allem der Armbewegung dienen. Du kannst bei dir die vorstehenden Schulterblätter gut tasten. Bewege einmal Arme und Hände und versuche herauszufinden, welche der Muskeln am Schulterblatt ansetzen.

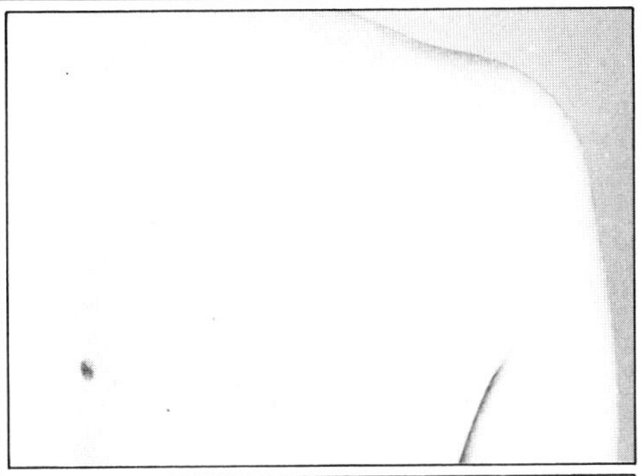

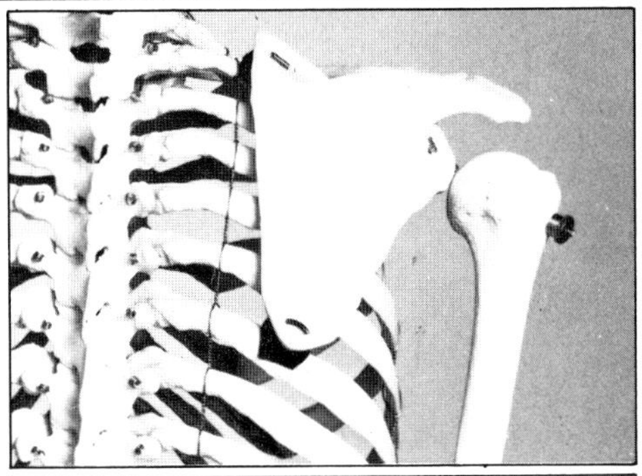

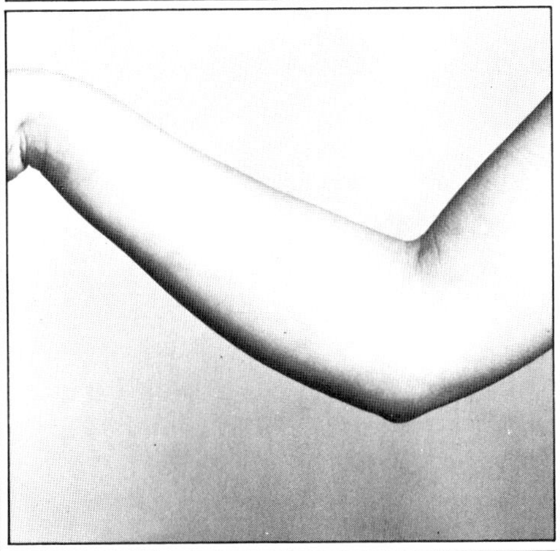

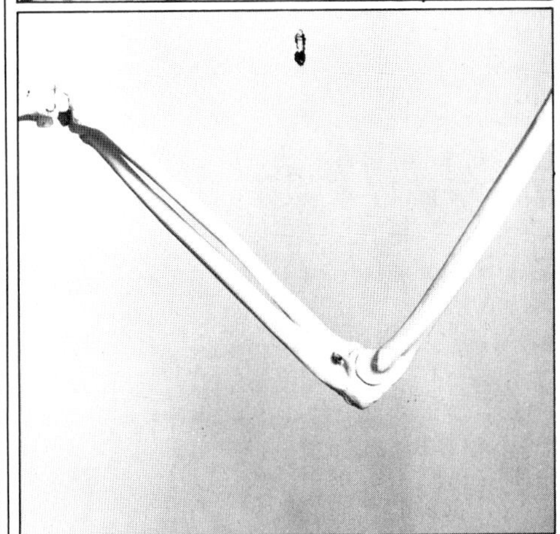

Das Ellenbogengelenk
Im Ellenbogen bilden drei Knochen ein Scharniergelenk. Beuge deinen Ellenbogen und versuche zu fühlen, wie sich die Knochen gegeneinander bewegen. Du solltest alle drei Knochen durch die Muskulatur hindurch fühlen können, den Oberarmknochen (Humerus) und die beiden Unterarmknochen Elle (Ullna) und Speiche (Radius). Elle und Speiche können sich in ihrer Längsachse ein wenig umeinander drehen. Diese Bewegungsfreiheit ermöglicht das Hin- und Herwenden der Handfläche.

Die Hand
Erst am Skelett wird dir recht deutlich, wie kompliziert unsere Hand gebaut ist. Unsere Hände sind ja sehr bewegliche Greiforgane, mit denen wir eine Unzahl verschiedener Bewegungen ausführen können. Überlege dir einmal, welche Gelenkigkeit der Hand erforderlich ist für solche einfachen Handlungen wie winken, fest zugreifen, mit dem Finger nach etwas stochern, mit den Fingerspitzen fein zugreifen. Entsprechend verwickelt gebaut ist das Knochenskelett der Hand. 29 Knochen der Handwurzel, der Mittelhand und der Finger sind daran beteiligt.
Unter allen Säugetieren können nur der Mensch, Menschenaffen und andere Affen ihre Daumen gegen die vier übrigen Finger bewegen und besitzen so eine zum Greifen geeignete Hand, eine ganz wichtige Erfindung auf dem Entwicklungsweg zum Menschen.

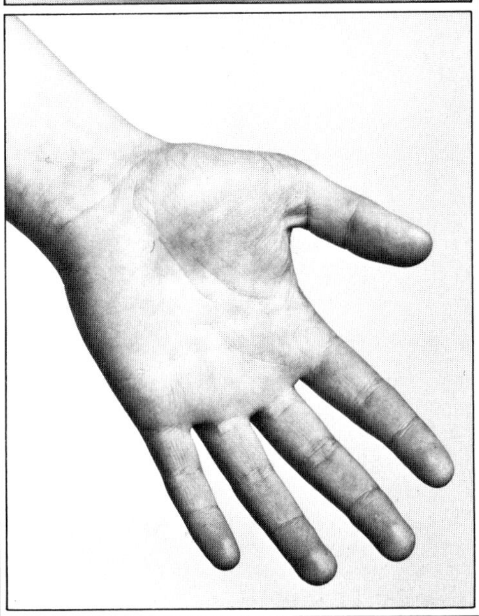

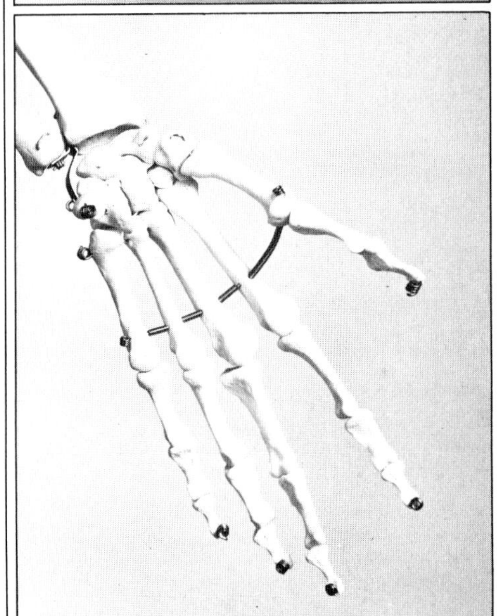

Kugelgelenke
Wenn du an einem Skelett das Ellenbogengelenk mit dem Hüftgelenk zwischen Oberschenkel und Becken vergleichst, wird dir auffallen, daß beide ganz verschiedene Gelenktypen darstellen. Gelenke wie Ellenbogen oder Fingergelenke sind Scharniergelenke, die eine Bewegung nur in einer Ebene erlauben, während das Schulter- und Hüftgelenk Kugelgelenke sind, die eine freie Beweglichkeit zu allen Seiten erlauben. Du kannst den Oberarm z.B. im Kreise bewegen, was du mit dem Ellenbogen nicht kannst. Ein halbkugelförmiger Kopf am Ende des Humerus sitzt in einer Grube am Schulterblatt. So kannst du den Oberarm in alle Richtungen drehen. Gleiches gilt

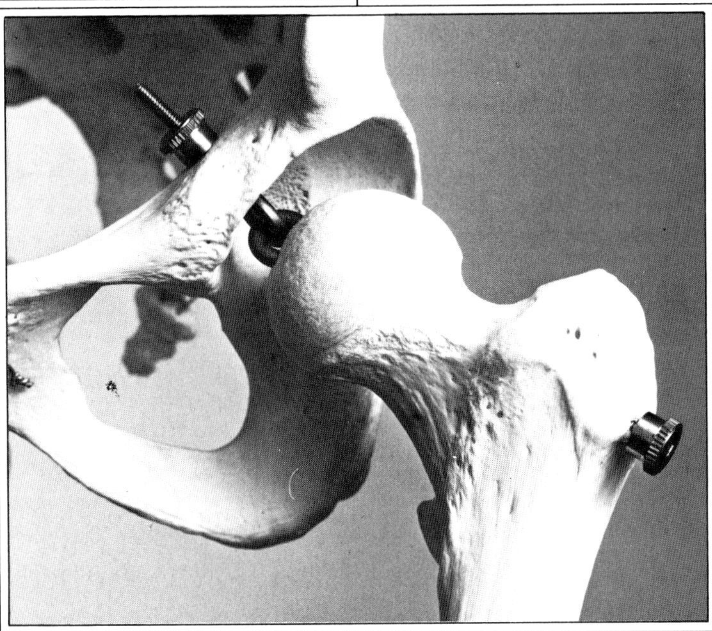

für das Hüftgelenk. Im Zusammenwirken all der vielen Gelenke verschiedener Typen in den Armen und Beinen kommt die ausgeprägte Beweglichkeit unserer Extremitäten zustande. Die Gleitflächen unserer Gelenkknochen sind mit einer elastischen Knorpelschicht überzogen, und die Gelenkspalten sind von Gelenkflüssigkeit erfüllt. Beides vermindert die Reibung im Gelenk. Aus der Erforschung der Bau- und Funktionsgrundlagen unseres Skeletts kann man wertvolle Anregungen für den Bau technischer Geräte, den Bau von Maschinen und die Statik von Gebäuden entnehmen. Eine ganze Forschungsrichtung beschäftigt sich damit, man bezeichnet sie als „Bioengineering“.

Die Muskulatur

Alle Gelenke unseres Skeletts werden von Muskeln bewegt. Die Muskulatur, oder einfacher gesagt: das Fleisch, besteht aus Bündeln faserförmiger langer Zellen. Diese Bündel sind von Bindegewebsfasern umhüllt, die an beiden Enden des Muskels in Sehnen und Bänder übergehen. Diese verankern den Muskel an seinen Ansatzstellen im Knochengewebe. Die Muskulatur kann sich zusammenziehen oder erschlaffen, und mit Hilfe dieses Wechselspiels gegeneinander arbeitender Muskeln bewegen wir uns. Wenn du z.B. den Ellenbogen kräftig gegen einen Widerstand beugst, kannst du am Oberarm fühlen und sehen, wie sich der Oberarmmuskel, der Muskulus biceps, zusammenzieht und hart wird. Gerade bei Gewichthebern oder Ringern kann man die einzelnen Muskeln gut durch die Haut sich abzeichnen sehen (Bild unten). Neben den großen Rumpf- und Extremitätenmuskeln dient das Spiel einer Fülle kleiner und kleinster Muskeln dazu, unsere Haut zu spannen, unsere Haare zu sträuben, unser Mienenspiel zu bestimmen, zu lächeln oder zu blinzeln. Insgesamt sind es weit über 600 einzelne Muskeln. Manche von ihnen, so die Darmmuskeln, der Herzmuskel, die Augenmuskeln oder die Atemmuskulatur, ruhen nie.

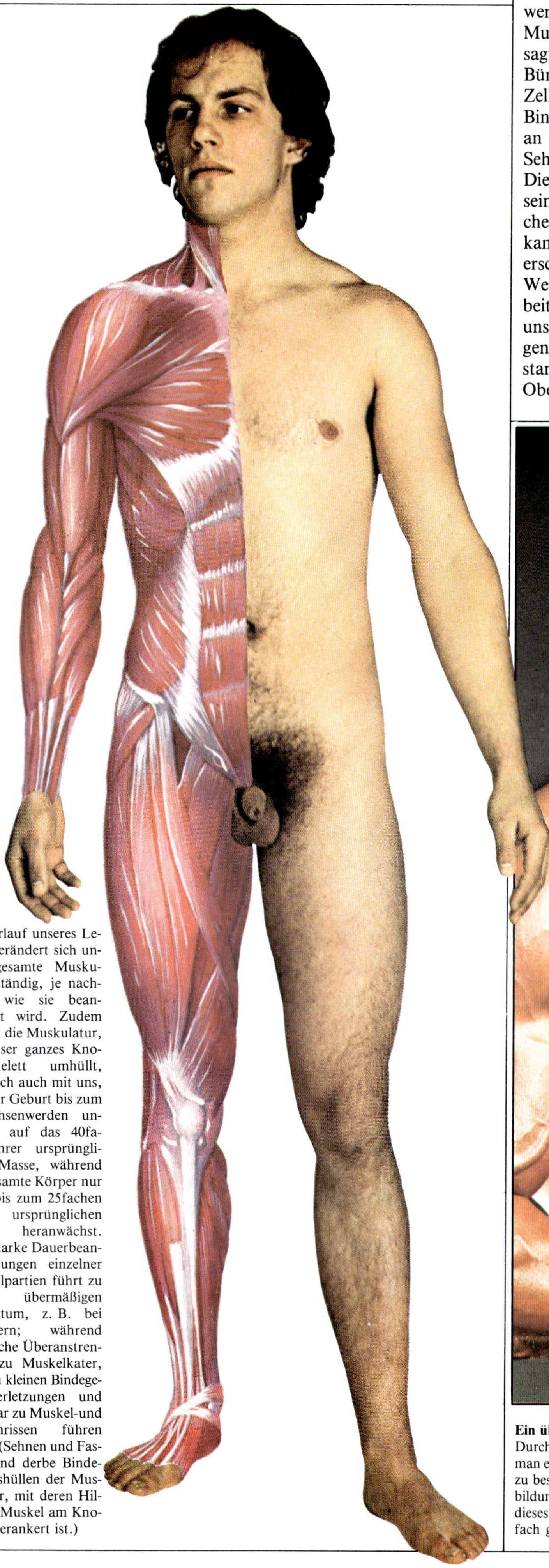

Im Verlauf unseres Lebens verändert sich unsere gesamte Muskulatur ständig, je nachdem, wie sie beansprucht wird. Zudem wächst die Muskulatur, die unser ganzes Knochenskelett umhüllt, natürlich auch mit uns, von der Geburt bis zum Erwachsenwerden ungefähr auf das 40fache ihrer ursprünglichen Masse, während der gesamte Körper nur etwa bis zum 25fachen seiner ursprünglichen Masse heranwächst. Sehr starke Dauerbeanspruchungen einzelner Muskelpartien führt zu einem übermäßigen Wachstum, z. B. bei Sportlern; während plötzliche Überanstrengung zu Muskelkater, d.h. zu kleinen Bindegewebsverletzungen und evtl. gar zu Muskel-und Sehnenrissen führen kann. (Sehnen und Faszien sind derbe Bindegewebshüllen der Muskulatur, mit deren Hilfe der Muskel am Knochen verankert ist.)

Ein übertrainierter Körper
Durch langes Training kann man einzelne Muskelpartien zu besonders kräftiger Ausbildung anregen. Heute ist dieses „Bodybuilding“ vielfach geradezu ein irregeleiteter männlicher Schönheitskult geworden. Manche Menschen sind stolz darauf, ihre Arm-, Brust- und Nackenmuskulatur derart zu trainieren. Es ist aber die Frage, ob ein so unausgewogen übertrainierter Körper wirklich sinnvoll und schön ist.

Der Weg des Blutes durch den Körper

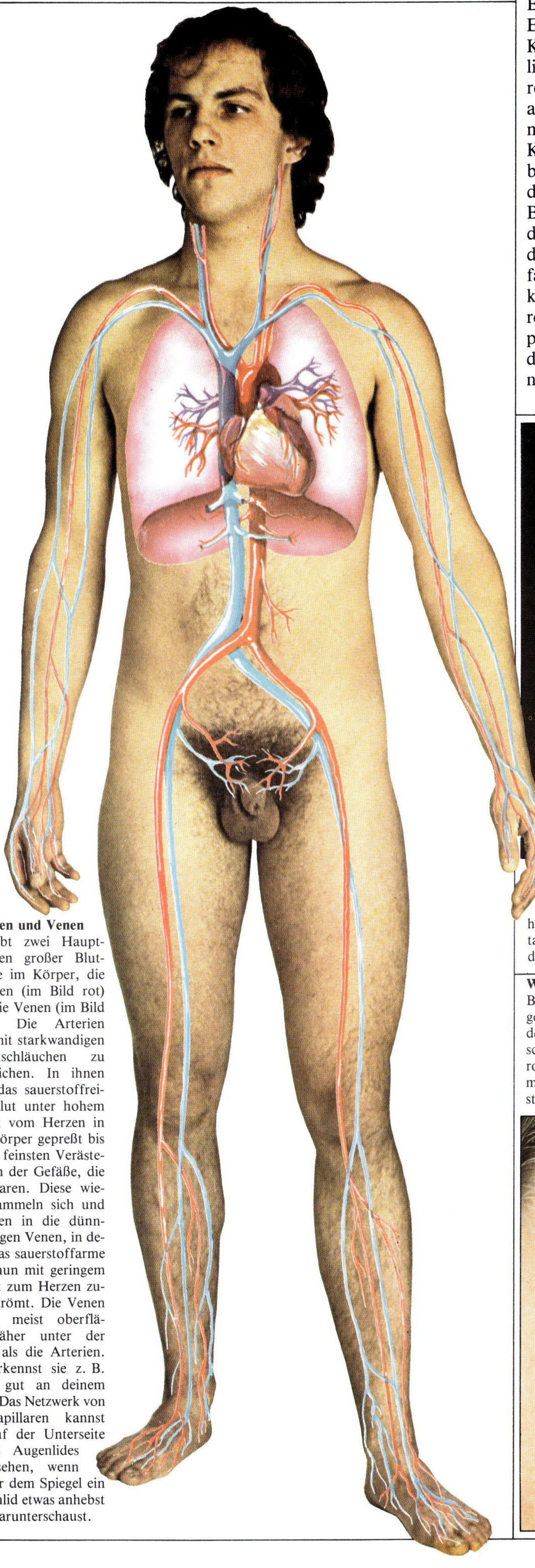

Arterien und Venen
Es gibt zwei Hauptgruppen großer Blutgefäße im Körper, die Arterien (im Bild rot) und die Venen (im Bild blau). Die Arterien sind mit starkwandigen Druckschläuchen zu vergleichen. In ihnen wird das sauerstoffreiche Blut unter hohem Druck vom Herzen in den Körper gepreßt bis in die feinsten Verästelungen der Gefäße, die Kapillaren. Diese wieder sammeln sich und münden in die dünnwandigen Venen, in denen das sauerstoffarme Blut nun mit geringem Druck zum Herzen zurückströmt. Die Venen liegen meist oberflächennäher unter der Haut als die Arterien. Du erkennst sie z. B. recht gut an deinem Arm. Das Netzwerk von Blutkapillaren kannst du auf der Unterseite deines Augenlides gut sehen, wenn du vor dem Spiegel ein Augenlid etwas anhebst und darunterschaust.

Das Herz treibt als Pumpe das Blut durch den ganzen Körper. Es besteht aus vier muskulösen Kammern, je einer rechten und linken Vorkammer und einer rechten und linken Kammer, auch Ventrikel genannt. Die derb muskulösen und dickwandigen Kammern leisten die Hauptarbeit. Die linke Kammer pumpt das sauerstoffreiche, arterielle Blut durch die Hauptschlagader, die Aorta, in den Körper und dort über immer kleinere Blutgefäße (Arterien) in das Netzwerk kleinster Gefäßchen, der Kapillaren, die alle Zellen unseres Körpers umspinnen. Dort werden dem Blut sein Sauerstoff und seine Nährstoffe durch die Gewebe entzogen und zur Energiegewinnung und für den Baustoffwechsel ausgenutzt. Das verbrauchte Blut sammelt sich wieder in den Venen, die es schließlich zum Herzen zurückleiten, und zwar in die rechte Vorkammer. Von dort gelangt es in die rechte Kammer. Diese preßt das Blut in die Lungen, von wo es wieder mit Sauerstoff geladen in die linke Vorkammer und Kammer zurückfließt, um den Kreislauf erneut zu beginnen.

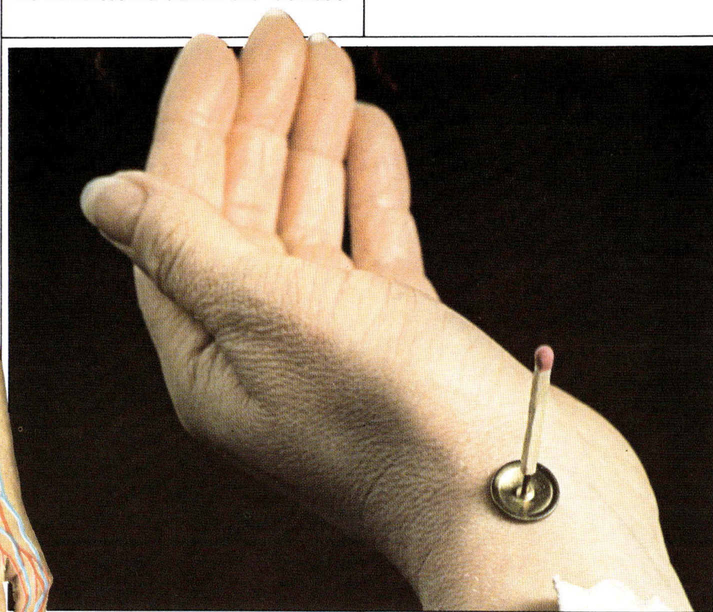

Der Pulsschlag
Bei einer Untersuchung fühlt dir dein Hausarzt häufig zuerst den Puls, er tastet eine Unterarmarterie, die am Handgelenk oberflächlich verläuft. So kann er den Herzschlag fühlen. Du kannst den Herzschlag sichtbar machen: Stecke ein Streichholz auf eine Heftzwecke (Bild oben), halte deine Hand ruhig und setze die Heftzwecke mit dem Streichholz auf die Pulsstelle am Handgelenk. Bei jedem Schlag zittert das Streichholz.

Woraus besteht unser Blut?
Blut besteht aus einer leicht gelblich klaren Flüssigkeit, dem Plasma, und darin schwimmenden weißen und roten Blutzellen. Das Plasma enthält gelöste Nährstoffe wie Zucker, Eiweiße und deren Bausteine, Salze und Fette; die roten Blutzellen, etwa sieben Tausendstel Millimeter im Durchmesser, transportieren den Sauerstoff, während die weißen Blutzellen Abwehrzellen sind, die in den Körper eingedrungene Krankheitskeime und Fremdstoffe auffressen oder abtöten können. Zusätzlich gibt es im Blut noch Blutplättchen, Teile von Zellen aus dem Knochenmark, die Gerinnungsstoffe enthalten.

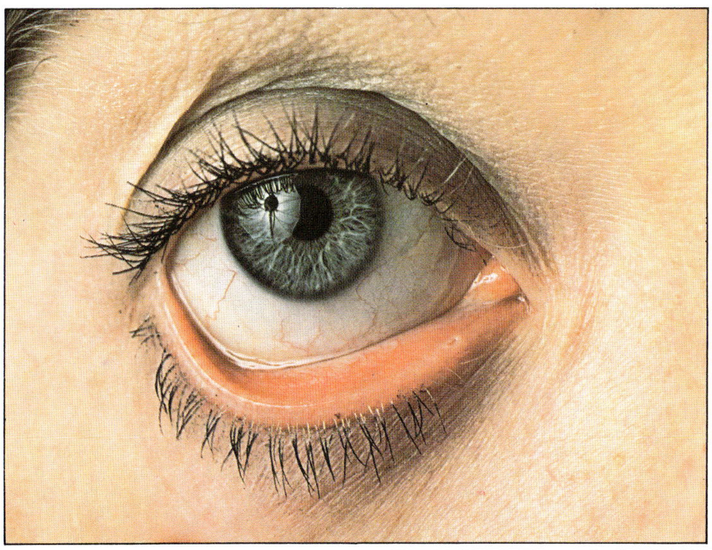

Atmen und sprechen — die Aufgabe unserer Lungen

Deine Lungen (Bild rechts) dienen in erster Linie der Atmung. Aber sie haben auch eine wichtige Funktion bei der Lauterzeugung, beim Sprechen. Sie liegen im Brustkorb geschützt durch die Rippen. Nach unten hin ist der Lungenraum durch das Zwerchfell, eine nach oben stark gewölbte muskulöse Trennwand, gegen die Bauchhöhle, abgeschlossen. Das Einatmen geschieht nicht durch aktive Bewegung der Lungen, sondern dadurch, daß du entweder die Rippen hebst oder das Zwerchfell anspannst und seine Wölbung verringerst. In beiden Fällen wird der Brustraum vergrößert. Da im Brustraum ein Unterdruck herrscht, dehnen sich dann die Lungen passiv aus und Luft wird eingesogen. Erschlafft die Rippen- oder Zwerchfellmuskulatur, so kehren die Lungen aufgrund ihrer Elastizität in ihre Ausgangslage zurück und die Atemluft wird wieder ausgepreßt. Besonders tief ausatmen können wir, wenn wir unsere Rippen noch durch die Wirkung der Rippenmuskulatur aktiv senken und damit den Brustraum verkleinern. In der Ruhe atmest du etwa 16mal in der Minute, aber bei körperlicher Anstrengung beschleunigt sich deine Atmung erheblich, weil du mehr Sauerstoff brauchst. Du erinnerst dich sicher daran, wie du nach einem Wettrennen hecheln mußt und dann auch besonders tief einatmest, tiefer als sonst, um möglichst alle verbrauchte Luft in den Lungen gegen sauerstoffreiche Luft auszutauschen.

Die Luftröhre, die sich am Kehlkopf von der Speiseröhre trennt, gabelt sich wenig tiefer in die beiden Zuleitungen zu den beiden Lungenflügeln, die Bronchien. Diese wiederum verzweigen sich innerhalb der Lungen zu immer feineren Röhren, bis sie schließlich in sehr feinen und dünnwandigen Luftsäckchen, den Lungenalveolen, enden. Der mit der Atemluft aufgenommene Sauerstoff dringt durch die dünnen Alveolarwände in die Blutkapillaren ein, die die Alveolen dicht umspinnen. Von dort transportiert das Blut, oder besser, die roten Blutkörperchen den Sauerstoff zu allen Körperzellen. Die Zellen wiederum geben als Abfallstoffe Kohlensäure (Kohlendioxid) ab, und dieses wird im Blut zurück zu den Lungen transportiert und dort durch die Alveolen nach außen abgegeben und ausgeatmet. Das ganze Lungengewebe sieht wie ein ganz feinporiger elastischer Schwamm

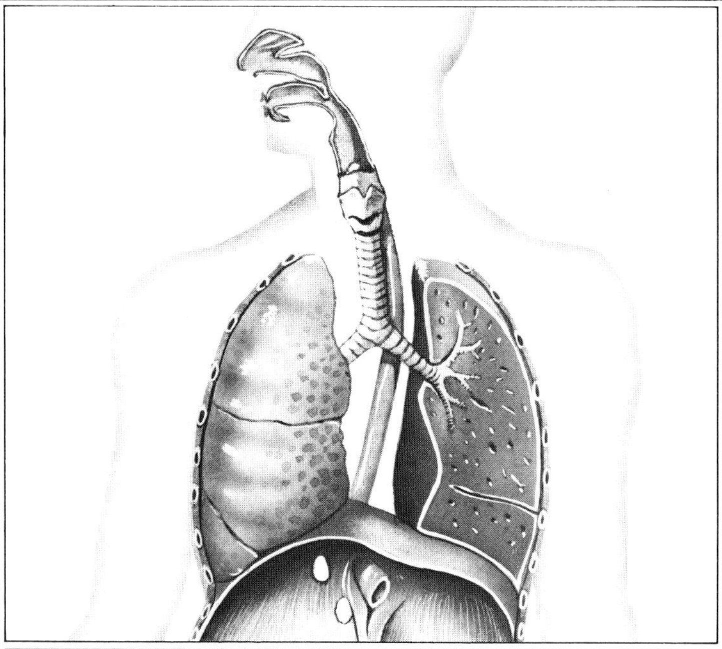

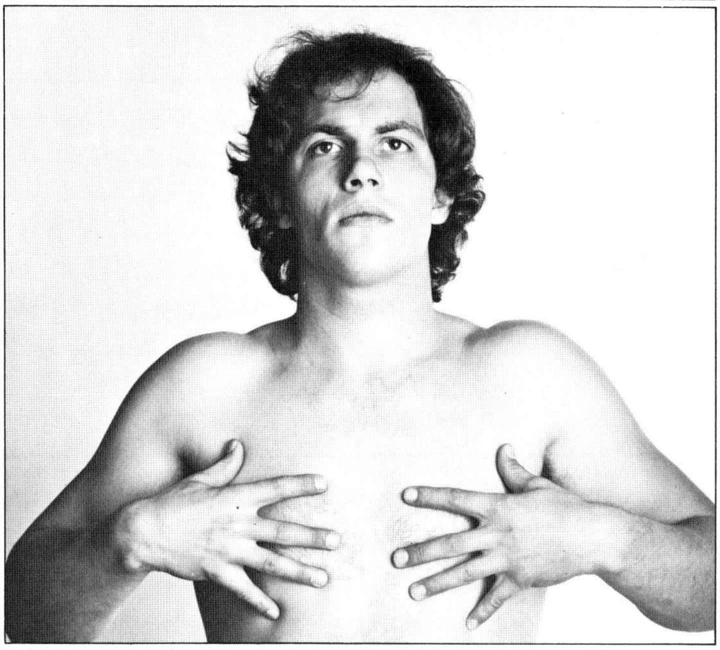

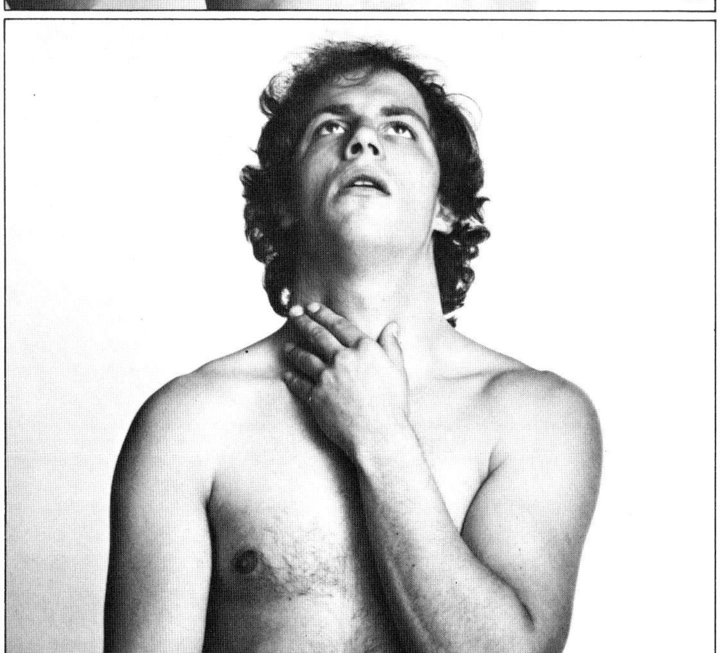

aus. Wie zwei Blasebälge liefern die Lungen auch den Luftvorrat, den wir zum Sprechen brauchen. Der Strom der Atemluft streicht im Kehlkopf durch einen engen Schlitz, „die Stimmritze oder Glottis", zwischen zwei Hautfalten, den Stimmbändern hindurch und kann diese, wenn wir sie entsprechend spannen, in unterschiedliche Schwingungen versetzen, so daß Laute entstehen, die wir mit dem Mund im Zusammenspiel von Zunge, Zähnen und Lippen und Gaumen zur Sprache formen können. Atme einmal tief ein und taste dabei mit beiden Händen deine Rippen (Bild Mitte), du fühlst, wie sie durch die Muskulatur gehoben werden, und wie dabei die Luft durch Mund, Nase und Luftröhre in die Lungen strömt. Dann öffne deinen Mund weit, lege die Zunge an den Mundboden, spanne die Stimmbänder und atme aus: es ertönt ein „Ah", solange der Luftstrom der Lunge reicht. Faßt du dabei an deinen Kehlkopf, so spürst du, wie er bei dem „Ah" vibriert (unteres Bild). Wie deine Stimmbänder funktionieren, kannst du gut im Modell verstehen. Dazu blase einen Luftballon auf, ziehe mit beiden Händen den Einfüllschlauch zu einem schmalen Spalt stramm und laß die Luft ausströmen. Es entsteht ein Ton, der um so höher ist, je straffer du die schlitzförmige Öffnung des Ballonschlauches spannst. Gleiches gilt für Kehlkopf und Stimmbänder. Schließe dann beim tönenden Ausatmen den Mund, als wolltest du flöten: aus dem „Ah" wird ein „Oh". Der Mund wandelt also den vom Kehlkopf erzeugten Ton in verständliche Laute um.

Die menschliche Stimme überstreicht einen weiten Tonbereich von etwa 60 Schwingungen pro Sekunde bis hinauf zu 1200 Schwingungen pro Sekunde, wie es etwa einem hohen Sopran entspricht. Wenn man die Stimmbänderspannung rasch verändert, so kommt es zu einem Vibrieren der Stimmhöhe, wie du es von einem Koloratursopran kennst. Die Ausdrucksfähigkeit und der Klangfarbenreichtum der menschlichen Stimme ist, verglichen mit den meisten Tieren, ungewöhnlich breit und eignet sich besser als die besten Musikinstrumente, um bestimmte Stimmungen auszudrücken. Verglichen mit Instrumenten, bilden Mund und Nasenhöhle den Resonanzraum für die erzeugten Laute (vgl. S. 160—161).

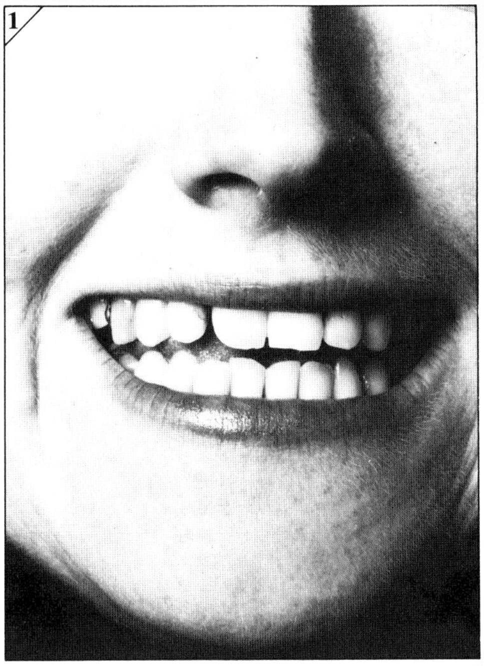

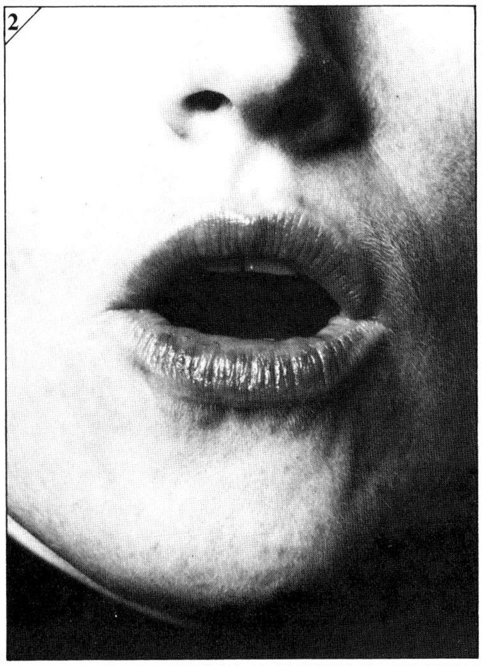

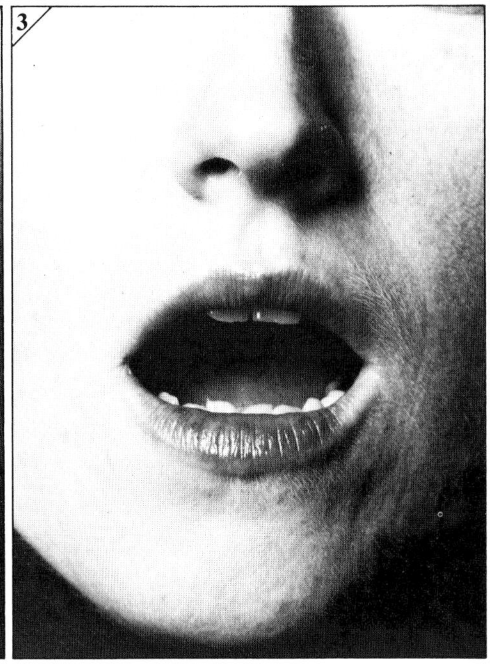

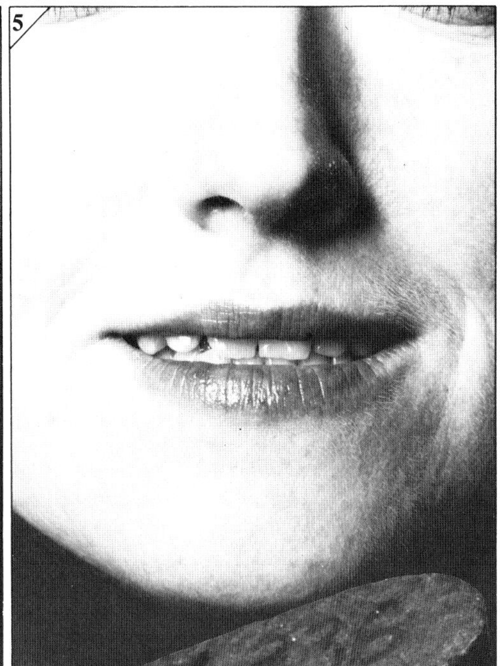

Geformte Laute
Unsere Stimmbänder erzeugen Töne; der Mund, Zunge, Lippen, Zähne und Gaumen formen daraus Laute, Vokale und Konsonanten, aus denen sich unsere Sprachen zusammensetzen. Je nachdem, wie du die Mundhöhle erweiterst oder verengerst, die Lippen öffnest, die Zunge bewegst, entstehen unterschiedliche Laute. Sieh dich selbst einmal im Spiegel an, wenn du folgende Laute sprichst, und vergleiche das mit den Bildern 1—5. Schließest du den Mund und ziehst die Lippen breit, während die Zungenspitze gleich hinter den unteren Schneidezähnen liegt, so ertönt ein helles ,,Eh''. Ziehst du die Zunge zurück und rundest die Lippen mehr, wird der Laut zu einem ,,Oh'', oder bei weiter geöffneten Lippen zum ,,Ah''. Alle Vokale werden mit mehr oder weniger geöffneten Lippen gebildet, während man bei den Konsonanten gewöhnlich die Lippen fast oder ganz geschlossen hat. Beim ,,M'' z. B. sind die Lippen fast ganz geschlossen und der Laut kommt durch die Nase. Laute wie S oder Z können zwar mit Stimme gesprochen werden, aber sie bedürfen im Grunde nicht des Kehlkopfs, sondern werden von Zunge, Zähnen und Lippe allein gebildet. Der Wortklang einer Sprache wird aber wesentlich durch die Vokale bestimmt. Unsere und alle menschlichen Sprachen sind im wesentlichen durch die Vokale, die Selbstlaute, geprägt, und sie machen in der Aussprache auch den Hauptteil der Sprechzeit aus, während man für die Konsonanten in den Worten nur etwa ein Zwanzigstel der Sprechzeit der Vokale benötigt, da sie in der Mehrheit nicht lang angehalten, sondern nur kurz, stoßartig zwischen die Vokale eingefügt sind. Insgesamt nehmen beim Sprechen die Laute und die Pausen zwischen den Worten je etwa die Hälfte der Sprechzeit in Anspruch.
Wenn du deine eigene Stimme etwa vom Tonband hörst, klingt sie dir gewöhnlich ganz fremd, während andere sie als deine normale Stimme erkennen. Das kommt daher, daß du selbst deine Stimme weniger von außen durch die Ohren als vielmehr durch direkte Schalleitungen über die Knochen deines Schädels wahrnimmst, und weil so für dich selbst deine Stimme durch das Mitschwingen der Knochen und Schädelhöhlen verändert wird und eine andere Klangfarbe erhält. Das kannst du leicht selbst erfahren, wenn du laut summst und dir dabei abwechselnd die Nase zuhältst oder mit den Fingern die Ohren verstopfst. Obwohl sich dann das Summen nicht verändert, hörst du den Summton anders.

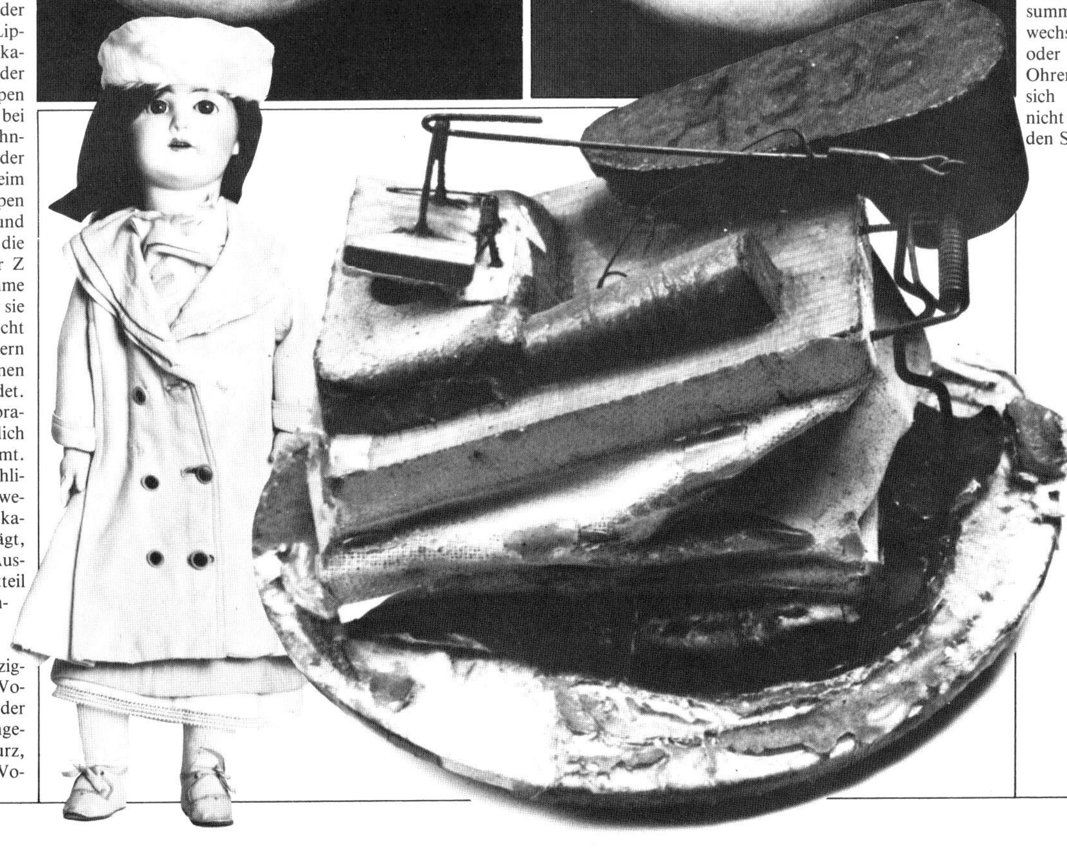

Sprechpuppen
Normale Sprache ist ein sehr komplizierter Vorgang. Man hat immer wieder versucht, menschliche Sprache durch Maschinen, durch Computer nachahmen zu lassen, aber diese Maschinensprache klingt nie wie eine echte menschliche Sprache. Lange bevor es Tonspeicherung auf Tonband gab, hat man schon Puppen konstruiert, die ,,Mama'' oder ,,Papa'' sagen konnten. Solche Sprechmaschinen, wie man sie in den ,,Mama-Puppen'' einbaute, werden gewöhnlich von einem Blasebalg angetrieben.

Unser Gesichtssinn

Unser Sehvermögen ist im täglichen Leben eines unserer wichtigsten Sinnesorgane. Die Augen sind als hochkompliziert gebaute und leicht verletzliche Sinnesorgane in den knöchernen und mit Fettgewebe weich ausgepolsterten Augenhöhlen im Schädel wohlverwahrt (vgl. S. 42). Die Augenlider dienen sowohl dazu, die Augäpfel vor Verletzungen zu schützen wie auch die Hornhaut der Augäpfel stets feucht und gleitfähig zu halten. Die Augenwimpern und in geringerem Maße auch die Augenbrauen halten Staubpartikel, von der Stirne rinnenden Schweiß und Regentropfen vom Auge fern, und die Tränendrüsen liefern ständig Flüssigkeit, die von den Lidern über das Auge gewischt wird und feine auf die Hornhaut gelangende Fremdkörper wegspült. Sieh dir deine Augen genau im Spiegel an. Du erkennst die gefärbte Iris, die sich erweitern und verengen und damit das einfallende Licht dosieren kann. In der Mitte der Iris erscheint dunkel die Pupille, die Lichtdurchtrittsöffnung zum Augeninnern hin. Sie erscheint so dunkel, weil das an dieser Stelle in das Auge einfallende Licht nicht zurückgeworfen, nicht reflektiert wird. Vor Pupille und Iris sitzt die Augenlinse. Der Augapfel ist einer Fotokamera vergleichbar, wobei die Iris einer automatischen, selbstregulierenden Blende entspricht. Je heller das einfallende Licht, desto enger die Pupillenöffnung, je enger die Pupillenöffnung, desto deutlicher und schärfer das Bild, das wir sehen. Gleiches gilt, wie du sicher weißt, auch für einen Fotoapparat.

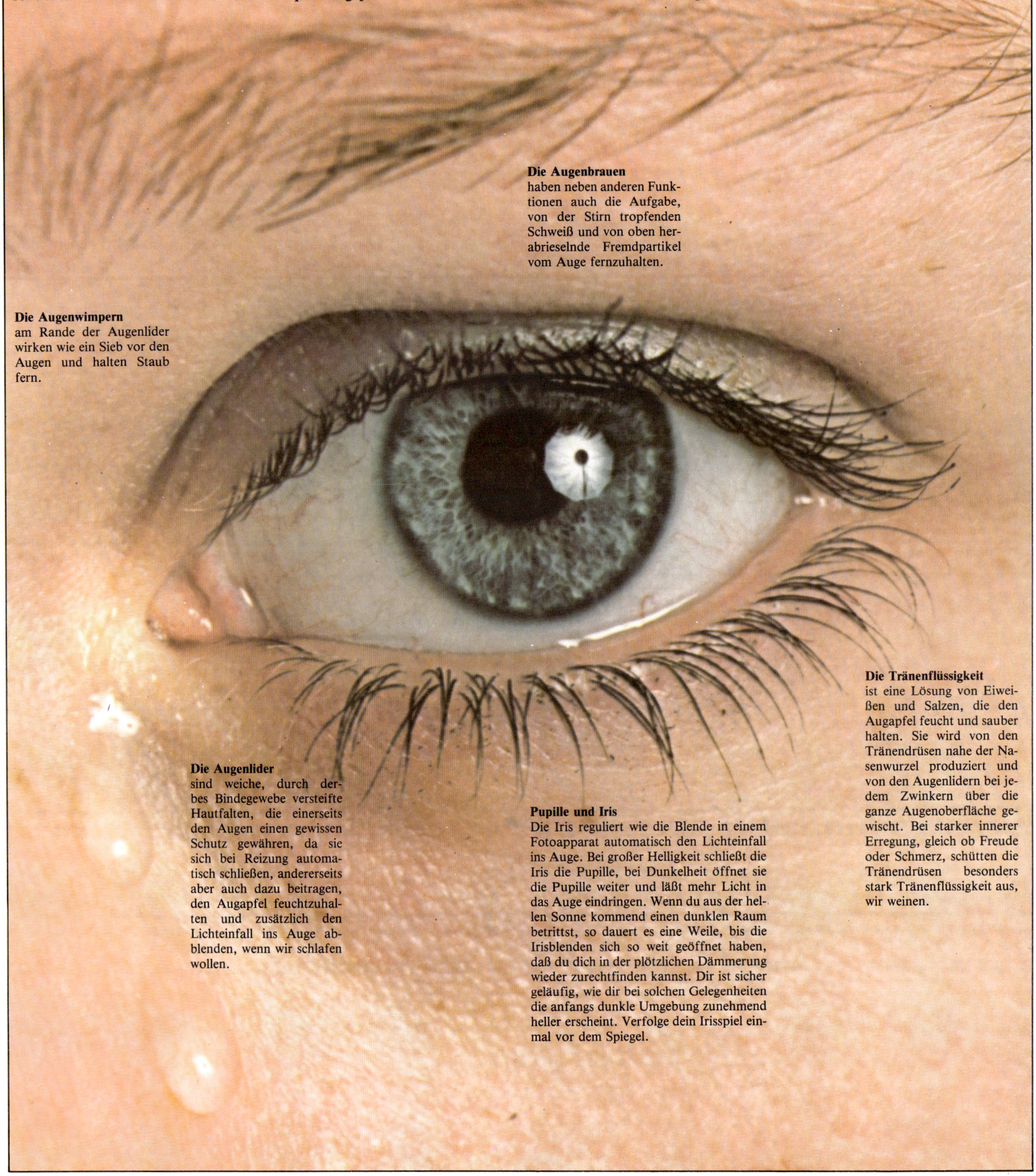

Die Augenbrauen
haben neben anderen Funktionen auch die Aufgabe, von der Stirn tropfenden Schweiß und von oben herabrieselnde Fremdpartikel vom Auge fernzuhalten.

Die Augenwimpern
am Rande der Augenlider wirken wie ein Sieb vor den Augen und halten Staub fern.

Die Tränenflüssigkeit
ist eine Lösung von Eiweißen und Salzen, die den Augapfel feucht und sauber halten. Sie wird von den Tränendrüsen nahe der Nasenwurzel produziert und von den Augenlidern bei jedem Zwinkern über die ganze Augenoberfläche gewischt. Bei starker innerer Erregung, gleich ob Freude oder Schmerz, schütten die Tränendrüsen besonders stark Tränenflüssigkeit aus, wir weinen.

Die Augenlider
sind weiche, durch derbes Bindegewebe versteifte Hautfalten, die einerseits den Augen einen gewissen Schutz gewähren, da sie sich bei Reizung automatisch schließen, andererseits aber auch dazu beitragen, den Augapfel feuchtzuhalten und zusätzlich den Lichteinfall ins Auge abblenden, wenn wir schlafen wollen.

Pupille und Iris
Die Iris reguliert wie die Blende in einem Fotoapparat automatisch den Lichteinfall ins Auge. Bei großer Helligkeit schließt die Iris die Pupille, bei Dunkelheit öffnet sie die Pupille weiter und läßt mehr Licht in das Auge eindringen. Wenn du aus der hellen Sonne kommend einen dunklen Raum betrittst, so dauert es eine Weile, bis die Irisblenden sich so weit geöffnet haben, daß du dich in der plötzlichen Dämmerung wieder zurechtfinden kannst. Dir ist sicher geläufig, wie dir bei solchen Gelegenheiten die anfangs dunkle Umgebung zunehmend heller erscheint. Verfolge dein Irisspiel einmal vor dem Spiegel.

Ein umgekehrtes Bild
Von all dem, was unser Auge sieht, entsteht auf der Netzhaut wie in einem Fotoapparat (vgl. S. 139) ein umgekehrtes Bild. Erst im Gehirn wird dieses Bild so weiterverarbeitet, daß es in unserer Empfindung als seitenrichtig und aufrecht erscheint. Die Bildentstehung im Auge kannst du dir leicht an einem Modell verdeutlichen: Dazu brauchst du ein bauchiges mit Wasser gefülltes Cognacglas, ein Blatt weißes Papier, ein Stück schwarze Pappe und eine brennende Kerze. Stich durch die schwarze Pappe ein etwa stricknadeldickes Loch; dies soll der Pupille unseres Auges entsprechen. Stelle nun in einem abgedunkelten Raum die brennende Kerze und in einiger Entfernung von ihr den einmal geknickten Bogen weißen Papiers auf einen Tisch. Das Papier sei die Retina deines Auges. Zwischen beiden schiebst du nun das wassergefüllte Cognacglas solange hin und her, bis du auf dem Papier ein Abbild deiner Kerze siehst. Das Cognacglas entspricht deiner Augenlinse. Nun halte unmittelbar vor das Cognacglas die Irisblende deines Augenmodells, nämlich die durchlöcherte schwarze Pappe, und zwar so, daß die Bohrung im Strahlengang liegt. Sie dunkelt das Kerzenlicht ein wenig ab. Du wirst erkennen, die Abbildung der Kerze auf dem Papier erscheint umgekehrt, die Flamme brennt von oben nach unten.

Der blinde Fleck
Ein anderer Punkt auf der Netzhaut wird als „blinder Fleck" bezeichnet. Es ist der Punkt jeder Netzhaut, wo der Sehnerv in das Auge eintritt und wo deshalb die Sehzellen fehlen. An diesen Stellen können die Netzhäute kein Bild empfangen. Die Existenz eines blinden Flecks in jedem deiner beiden Augen kannst du dir selbst leicht deutlich machen. Fixiere den rechten der beiden rechts abgebildeten Punkte mit dem linken Auge, während du das rechte Auge schließt. Nähere dich nun ganz langsam dem Bild. In etwa 15 cm Entfernung verschwindet der linke Punkt plötzlich, du siehst nur noch einen der beiden Punkte. Das ist dann der Fall, wenn die Abbildung des linken Punktes gerade auf den blinden Fleck deines linken Auges fällt. Näherst du dich mehr oder entfernst dich wieder von der Abbildung, so erscheint der zweite Punkt wieder, weil dann sein Bild auf anderen, sehfähigen Stellen deiner Netzhaut abgebildet wird. Den gleichen Versuch kannst du natürlich mit dem rechten Auge wiederholen, wenn du den linken der beiden Punkte fixierst.

Der gelbe Fleck
Auf der Netzhaut unserer Augen gibt es einen Bereich, den man als „gelben Fleck" bezeichnet. An dieser Stelle stehen die Lichtsinneszellen, namentlich die Zellen für das Farbensehen, besonders dicht; Bildpartien, die auf den gelben Fleck fallen, erkennen wir besonders schwarf. Wenn wir mit unserem Auge irgend etwas fixieren, z. B. die nebeneinandergehaltenen Zeigefingerspitzen beider Hände, so stellen wir die Augen so ein, daß die fixierten Bildpunkte gerade in den gelben Flecken beider Augen abgebildet sind. Wenn du nun einen der beiden Finger ein wenig zur Seite bewegst, siehst du nur noch den in seiner Lage unveränderten vorher fixierten Finger scharf, während der zweite Finger, dessen Abbild nicht mehr in den gelben Fleck fällt, unscharf wird.

Das Gehör

Geräusche, die du hörst, werden als Luftschwingungen von deinen Ohrmuscheln wie von Trichtern aufgefangen und durch den äußeren Gehörgang zum Trommelfell und über dieses zum Innenohr hin weitergeleitet (vgl. S. 152). Aber nicht nur Geräusche, die aus der Luft an dein Ohr dringen, sondern auch Erschütterungen, die deinen Körper unmittelbar treffen, oder Schallschwingungen, die innerhalb deines Körpers entstehen, werden an dein Ohr geleitet, und zwar über dein Knochenskelett. In einem einfachen Experiment kannst du die Schalleitung in deinem Schädelknochen selbst erfahren: Schlage eine Gabel mit ihren Zinken an einer Tischkante an, so daß sie klingt, und lege den Gabelstiel dann rasch gerade hinter deinem Ohr an den Schädelknochen, wie du es auf dem Bild links siehst. Du wirst die Schwingungen der Gabel deutlicher und viel länger hören, als wenn du die Gabel vor deine Ohrmuschel hältst. Wiederhole den gleichen Versuch, indem du die Gabel an andere Teile deines Kopfes hältst. Dort, wo Haut oder gar Muskulatur die Knochen überdeckt, ist die Schwingungsübertragung zum Ohr viel schlechter, als dort, wo keine weichen Gewebsschichten den Schall dämpfen.

Wozu unsere Nahrung dient

Ebenso wie ein Heizer Kohlen als Brennmaterial zur Freisetzung von Wärmeenergie in den Ofen schaufelt, so nimmst du Nahrung auf, um daraus die chemische Energie freizusetzen, die dein Körper zu allen Lebensvorgängen braucht. Nahrung ist sozusagen der Treibstoff des Körpers. Sie wird in den Zellen verbrannt oder oxidiert, und als Abfallprodukt entsteht unter anderem Kohlensäure (Kohlendioxid), das du ausatmest. Bevor die Nahrung jedoch von deinem Körper überhaupt aufgenommen werden und in den Zellen verwertet werden kann, muß sie zuerst zerkleinert und aufgeschlossen werden, grob zerkleinert mit Hilfe der Schneidezähne und dann durch die Backenzähne zu einem Nahrungsbrei zermahlen. — In den buckeligen Mahlflächen deiner Backenzähne bleiben leicht Speisereste hängen, die dann von Bakterien zersetzt werden. Die dabei entstehende Säure schädigt die Zähne selbst, deshalb solltest du sie stets nach dem Essen sorgfältig reinigen. Durch die Speiseröhre gelangt der Nahrungsbrei in den muskulösen Magen. Dort wird die Nahrung noch einmal durchgewalkt und mit saurem Magensaft durchsetzt, der u.a. auch dazu dient, Krankheitskeime in der Nahrung abzutöten. Wenn du einmal erbrechen mußtest, hast du gemerkt, wie sauer dein Mageninhalt ist. Nach etwa sechs Stunden gelangt die Nahrung vom Magen in den etwa sechs Meter langen und in vielen Schleifen gewundenen Dünndarm. Dort setzt die endgültige Verdauung ein, die chemische Zersetzung der Nahrung durch

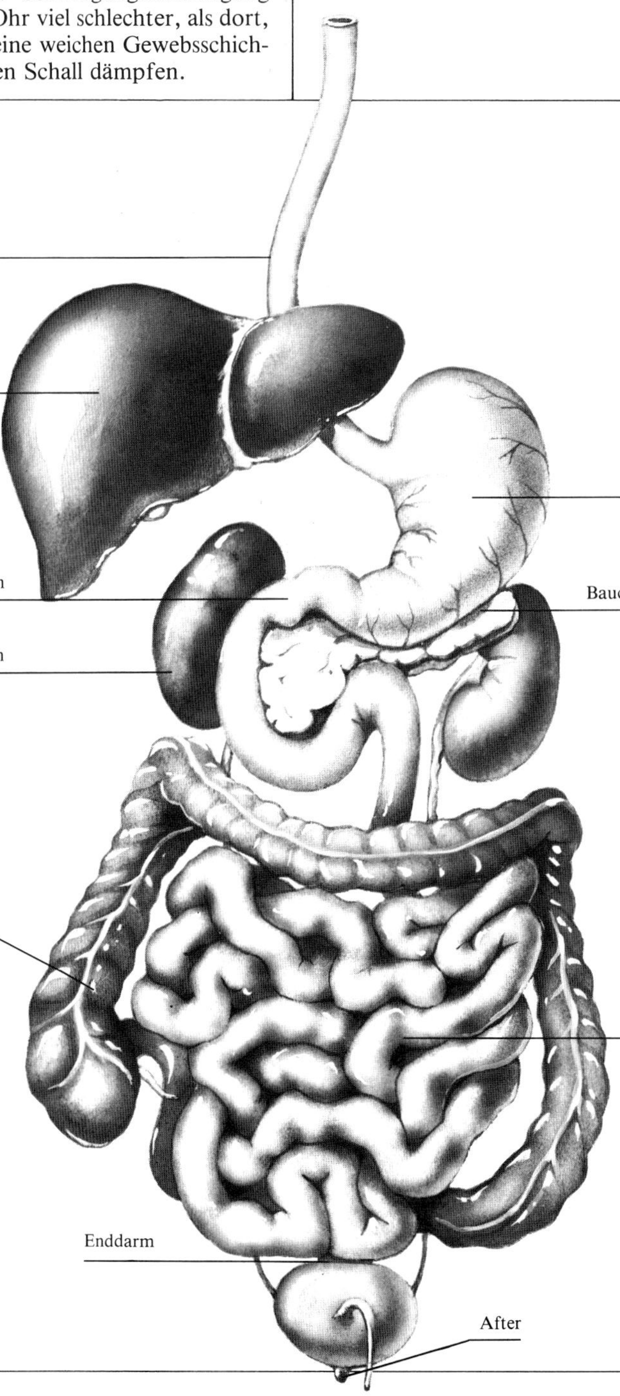

Dünndarm
In den ersten ca. 30 cm des Dünndarms geschieht die hauptsächliche Verdauungsarbeit unseres Darms. Dieser Darmteil wird auch als Zwölffingerdarm bezeichnet, weil er etwa eine Länge von 12mal einer Fingerbreite hat.

die Verdauungssäfte von Bauchspeicheldrüse (Pankreas) und Leber. Die in ihre chemischen Bausteine zerlegten Nährstoffe werden durch die Darmzellen in den Körper und schließlich in das Blut aufgenommen, während die unverdaulichen Reste im Mastdarm entwässert und dann durch den Enddarm ausgeschieden werden. Die Energie, die die Zellen aus der Verbrennung der Nahrung mit Hilfe von Sauerstoff gewinnen, dient nicht nur unserer Körperbewegung und den sichtbaren Aktivitäten; allein die Lebensprozesse in den Zellen, die Arbeit unseres Gehirns, unserer Nieren, unseres Herzens verschlingt große Energiemengen, selbst dann, wenn wir schlafen. Die Nahrungsmenge, die wir täglich benötigen, hängt sehr vom Alter und von unserer Tätigkeit ab; ein junger Mensch braucht mehr Nahrung als ein alter, ein Sportler mehr als ein Büroangestellter. Neben der Energie liefert die Nahrung uns natürlich auch Stoffe, die wir zum Aufbau von Körpersubstanz brauchen. Auch dieser Bedarf ist bei einem wachsenden jungen Menschen größer als bei einem Erwachsenen. Ein Übermaß an Nahrungsaufnahme ist allerdings von Übel. Eine der verbreitetsten Krankheiten in unserem reichen Europa ist die Überernährung, die zudem das Leben stark verkürzt, weil sie den Körper überlastet.

Unser Geschmackssinn

Auf unserer Zunge besitzen wir Geschmackssinnesorgane, sogenannte Geschmacksknospen. Über diese erfahren wir zwar in gewissen Grenzen einiges über den Geschmack unserer Nahrung, aber sie vermitteln uns nicht die gesamte Breite von Geschmacksempfindungen, wie wir sie von unseren Speisen kennen und schätzen. Mit der Zunge vermögen wir nur die Geschmacksqualitäten süß, salzig, sauer und bitter zu schmecken. Du kannst das leicht ausprobieren, wenn du ein Wattestäbchen in Zuckerwasser oder Salzwasser oder Zitronen- oder Grapefruitsaft tauchst und damit die einzelnen Stellen der Zunge abtastest. Du wirst erkennen, daß die Geschmacksknospen für diese vier Geschmacksqualitäten unterschiedlich auf der Zungenoberfläche verteilt sind, wie das Bild es unten zeigt. Die Vielfalt der Aromastoffe nehmen wir nicht mit dem Geschmackssinn auf, sondern mit den Riechzellen der Nase. Über den Rachen gelangen die Aromastoffe auf die Riechschleimhaut und erregen hier die Riechsinneszellen. Du kannst das leicht nachprüfen, indem du dir bei geschlossenen Augen und zugehaltener Nase z.B. ein Stück Apfel oder ein Stück Zwiebel in den Mund stecken läßt: ohne den Gebrauch deiner Nase kannst du beide nicht unterscheiden. Anders als die reinen Geschmacksqualitäten süß, sauer, salzig und bitter kann man das ganze Spektrum der Geruchsqualitäten wegen ihrer ungeheuren Vielfalt nicht genau beschreiben, nur vergleichen mit bekannten Gerüchen, also etwa von blumigem, fruchtigem, moderigem oder würzigem, harzigem, rauchigem oder ranzigem Geschmack sprechen.

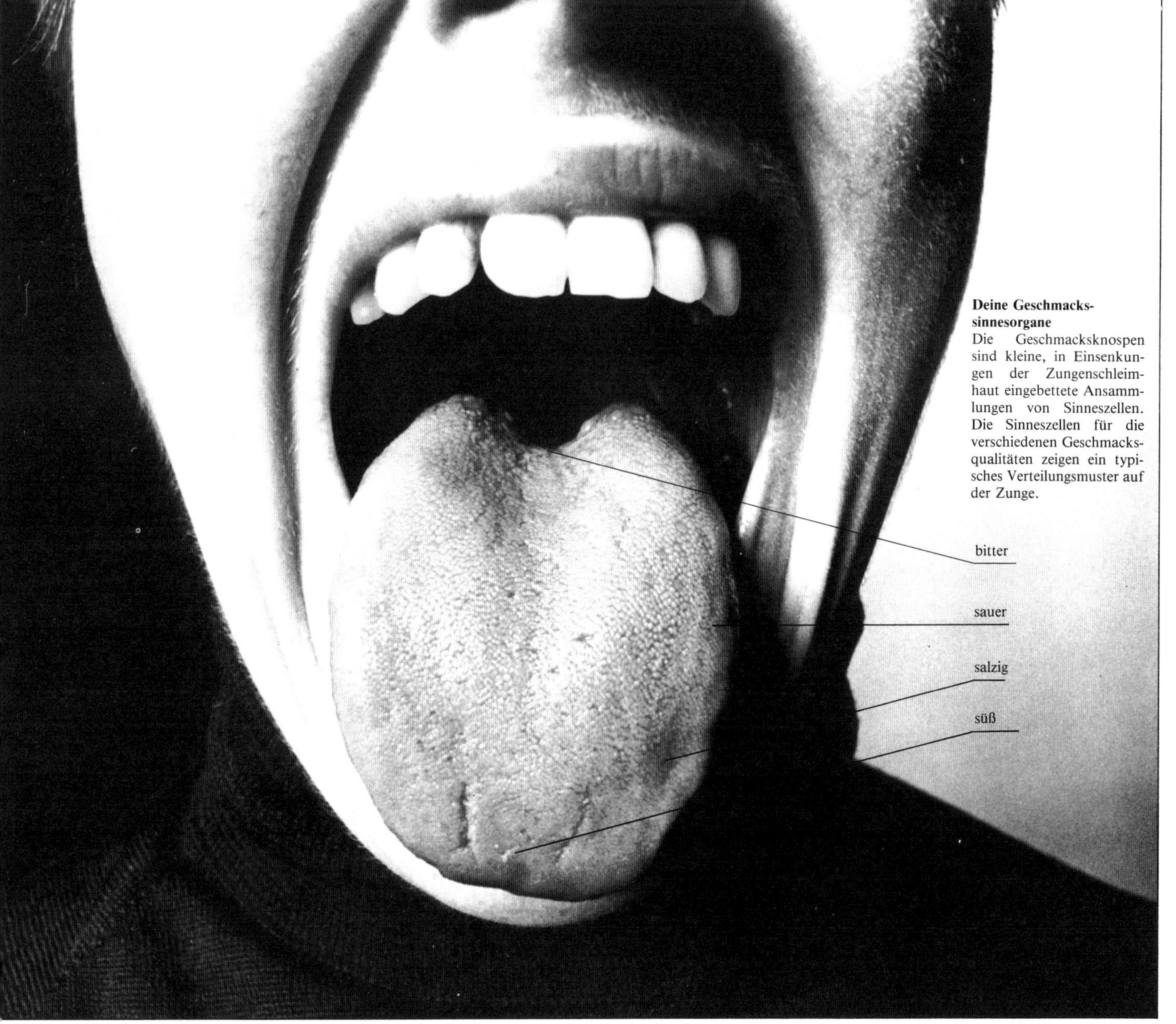

Deine Geschmackssinnesorgane
Die Geschmacksknospen sind kleine, in Einsenkungen der Zungenschleimhaut eingebettete Ansammlungen von Sinneszellen. Die Sinneszellen für die verschiedenen Geschmacksqualitäten zeigen ein typisches Verteilungsmuster auf der Zunge.

Wie dein Körper seine Temperatur reguliert

Wie die Vögel und alle Säugetiere ist der Mensch ein Warmblütler, d. h. er hält seine Körpertemperatur unabhängig von der Außentemperatur bis auf geringe Schwankungen konstant. Der dazu notwendige Wärmefühler oder Thermostat sitzt im Gehirn, und zwar in der Hirnbasis, in einem Hirnteil, den man als Hypothalamus bezeichnet. Je nach Bedarf kann der Körper sowohl seine Wärmeabgabe nach außen als auch die Wärmeaufnahme von außen und die eigene Wärmeproduktion regulieren. Wenn du z. B. lange in der Kälte stehst, etwa unter der kalten Dusche, dann bekommst du eine Gänsehaut und beginnst zu zittern vor Kälte. Die Lippen färben sich bläulich, alles Reaktionen, mit denen der Körper den Wärmeverlust verringert und die eigene Wärmeproduktion steigert: die Lippen färben sich blau, weil die oberflächennahen Blutgefäße verschlossen werden, um nach außen hin möglichst wenig Wärme zu verlieren. Der Blutfluß stockt dann in den oberflächlichen Gefäßen, diesem Blut wird rasch aller Sauerstoff entzogen, und das sauerstoffarme Blut erscheint mehr bläulich als das sauerstoffreiche hellrote Blut, das sonst die oberflächliche gefäßreiche Haut des Lippenrots durchströmt. Die Gänsehaut kommt dadurch zustande, daß alle Schweißdrüsenausgänge sich zusammenziehen und die kleinen Muskeln an den Körperhaaren unsere Haare sträuben. Bei Tieren mit dichtem Fell hat das eine Vergrößerung des ru-

Körpertraining

Der Motor eines Autos, das nur zu gelegentlichen kurzen Fahrten benutzt wird, wird nie recht ausgefahren und so nie volle Leistung erbringen. Ähnlich gehts mit deinem Körper: Ein ungeübter Körper ist nicht zur Leistung fähig, erschöpft sich rasch, weil die Muskulatur unterentwickelt, das Herz und die Blutgefäße nicht belastungsfähig und unser Atemvolumen zu gering ist. Nur ständiges ausgeglichenes Training erhält uns unsere Leistungs- und Belastungsfähigkeit und verhindert gleichzeitig allzu starke und unnütze Ausbildung von übermäßigem Fettgewebe, das dem Körper keinen Vorteil bringt. Deshalb solltest du regelmäßig verschiedene Sportarten betreiben, die den ganzen Körper gleichmäßig und ausgewogen belasten, ihn aber nicht überlasten. Geeignete Übungen sind Schwimmen, Dauerlauf, Hürdenlauf und Radfahren. Strengst du dich dabei so recht an, so geht der Herzschlag und der Atem rascher, du schwitzest und fühlst dich zuerst recht schnell erschöpft, aber allmählich bereiten dir solche Übungen immer weniger Schwierigkeiten, und du erholst dich nach der Anstrengung rascher und fühlst dich frischer und beweglicher.

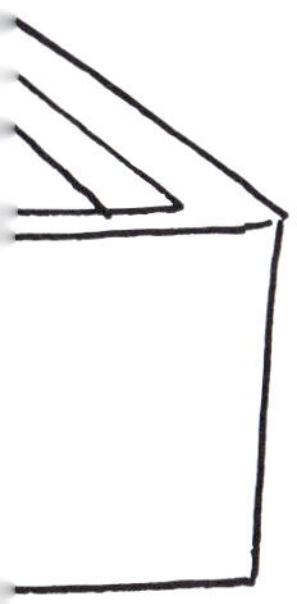

henden wärmeisolierenden Luftraums im Fell zur Folge, verhindert also die Wärmeabgabe. Bei uns ist dieser Effekt nicht mehr vorhanden, und die Gänsehaut ist nur ein Überbleibsel aus frühen Zeiten der Stammesgeschichte. Das Kältezittern rührt von raschen Kontraktionen der großen Körpermuskeln her. Dabei entsteht Wärme, die den Körper aufheizen soll. Wenn du dagegen großer Hitze ausgesetzt bist, geschieht das Umgekehrte. Die Körperoberfläche wird stark durchblutet und so Wärme nach außen abgegeben; deine Haut färbt sich in der Hitze, etwa in der heißen Badewanne, krebsrot. Erst wenn die Außentemperatur die normale Körpertemperatur von 37° erheblich übersteigt, werden die Oberflächengefäße wieder verschlossen, weil dann keine Wärmeabgabe nach außen mehr möglich ist. Die Schweißdrüsen schütten in der Wärme Flüssigkeit aus, die auf der Körperoberfläche verdampft. Dadurch wird dem Körper Verdampfungswärme entzogen, er kühlt sich ab. Auch durch die Verdampfung von Wasser in der Atemluft verliert der Körper Wärme. An dem Atemhauch in kühler Luft kannst du die Wasserabgabe mit dem Atem gut beobachten (vgl. S. 91). All diese Wärmeregulationsmechanismen sind nicht unserem Willen unterworfen, sondern vom Hirn gesteuerte Automatismen.

Treppensteigen
Die Fortschritte in deinem Körpertraining kannst du gut mit folgendem Test verfolgen: Stell dir eine etwa 50 cm hohe feste Holzkiste bereit. Miß deinen normalen Pulsschlag, wie du es auf Seite 45 gelesen hast, steige dann zuerst mit dem rechten Fuß, dann mit dem linken Fuß beginnend je etwa 30mal auf die Kiste und wieder herab, nicht zu rasch und ganz gelöst. Danach solltest du in etwa 30-Sekunden-Abständen deinen Puls messen und abwarten, bis sich wieder die normale Pulsschlagzahl eingestellt hat. Du wirst sehen, daß das immer schneller geht, wenn du diese Übung zu einem täglichen Programm machst. Selbstverständlich kannst du genausogut Treppensteigen.

Hast du zuviel Fett angesetzt?
Auch das kannst du leicht prüfen. Nimm eine Falte deiner Bauchhaut zwischen die Finger, dann fühlst du die Dicke der Fettschicht darunter. Sie wird immer geringer, wenn du kräftig trainierst. Das heißt allerdings nicht, daß Fettgewebe schlechthin von Übel sei. Wir brauchen eine Fettschicht im Unterhautgewebe ebenso als Wärmeisolation wie als Nahrungs- und Flüssigkeitsreserve.

Bau und Leistung

Seit der Mensch über sich selbst nachzudenken begonnen hat, hat er nach dem Sitz seiner Empfindungen, seines Denkens und seiner Seele gesucht. Schon die frühgriechischen Denker begannen diese Frage mit naturwissenschaftlicher Nüchternheit anzugehen, und Hippokrates erkannte ja bereits, wie wir früher schon gelesen haben, die Bedeutung unseres Gehirns für die Steuerung aller unserer Lebensvorgänge. Als Arzt konnte er immer wieder beobachten, daß Hirnverletzungen die geistigen Fähigkeiten und das gesamte Verhalten eines Patienten schwer beeinträchtigten. In diesen Beobachtungen sah er, wie vor ihm schon Aristoteles, die gängige Meinung endgültig widerlegt, der Sitz unseres Denkvermögens sei das Herz. Während der Blütezeit der alexandrinischen Medizinschulen in hellenistischer Zeit gewann man durch die Präparation von Leichen weit genauere Kenntnisse vom Bau des Gehirns und des gesamten Nervensystems. Großhirn, Kleinhirn und Rückenmark wurden als Anteile des zentralen Nervensystems beschrieben und als lebenswichtige Organsysteme erkannt. Erstmals suchte man zu jener Zeit den menschlichen Verstand in den Windungen der Hirnrinde. Aber es währte doch noch bis zum 19. Jahrhundert, ehe man die Funktionen des Gehirns und die Rolle der einzelnen Teile des zentralen Nervensystems etwas lebendiger zu verstehen begann. Man erkannte, daß z.B. das Kleinhirn das wesentliche Steuerorgan vieler automatischer Körperfunktionen ist, z.B. selbständig und ohne Einschaltung unseres Bewußtseins unsere Gleichgewichtshaltung kontrolliert. Man fand, daß bei Verletzung ganz begrenzter Bereiche unseres Großhirns unser Sprech-, Hör-, Seh- oder Erinnerungsvermögen ausfallen können. Der deutsche Anatom und Freund Goethes, Samuel Thomas von Sömmerring (1755—1830), beschrieb Nervenbahnen, die Druck-, Tast-, Wärme- und Kälteempfindungen unserer Körperoberfläche zum Hirn leiten. Einige solcher Sinnesnervenbahnen sind in der Abbildung aus einem Lehrbuch des italienischen Anatoms Domeniko Santorini unten (1775) dargestellt, die unser Hirn von unten gesehen zeigt. Man erkennt weiß die Verbindung des Rückenmarks mit dem Stammhirn über die sogenannte Medulla oblongata oder das Nachhirn, ebenso, seitlich, die beiden gefalteten Kleinhirnhälften, die durch die sogenannte Faserbrücke oder Pons miteinander in Kontakt stehen. In der Tiefe liegen die beiden Großhirnhälften, in deren Mitte als weißes X die Sehnerven und ein Stück darüber die Riechnerven in den Hirnstamm einmünden. Auch aus dem Nachhirn sieht man zahlreiche Nerven entspringen. Wichtige Erkenntnisse über den Aufbau und die Funktion des Rückenmarks verdanken wir Untersuchungen des englischen Nervenphysiologen und Hirnanatomen Sir Charles Bell (1774—1842) an Tieren. Er entdeckte, daß am Rückenmark entlang in kurzen Abständen beidseits und jeweils vorn und hinten dicke Nerven in das Rückenmark eintreten bzw. das Rückenmark verlassen, die sogenannten Vorder- und Hinterwurzeln. Sie vereinigen sich beidseits jeweils zu einem sogenannten Spinalnerven und verlassen durch seitliche Öffnungen zwischen den einzelnen Wirbelkörpern den Rückenmarkskanal und zweigen sich im Körper auf (vgl. Bild links unten). Durch die Hinterwurzeln ziehen Nerven in das Rückenmark und schließlich zum Gehirn, die Botschaften der Sinnesorgane von der Körperoberfläche zum Hirn melden, während die Vorderwurzeln aus Nervenfasern bestehen, durch die die Befehle des Gehirns, Antworten auf die Außenreize, an die Muskulatur gesandt werden. Bell entdeckte ebenfalls, daß es unwillkürliche Bewegungen, Reflexbewegungen, etwa als Schreck- und Abwehrbewegungen gibt, die gar nicht vom Gehirn aus befohlen werden, sondern gleich auf einen Außenreiz hin von Nervenzellen des Rückenmarks ausgelöst werden. Das ist z.B. der Fall, wenn wir unwillkürlich zusammenzucken, sobald wir gekitzelt werden oder, wenn wir mit den Augen zwinkern, sobald sich irgendein Gegenstand unerwartet unserem Auge nähert. In solchen Fällen wird der Sinneseindruck ohne unser Bewußtsein im Rückenmark gleich von einem Sinnesnerven auf einen Befehlsnerven oder motorischen Nerven umgeschaltet. Bell schloß daraus, daß unser Rückenmark sozusagen als zusätzliches Untergehirn für rasch zu erledigende Routineaufgaben dient. Seine Zeichnung (links), die er als ,,Reflexbaum" bezeichnet, zeigt Rückenmark und Nachhirn mit ihren zahlreichen abgehenden und einmündenden motorischen und sensiblen Nerven und deren reichen Verästelungen. Die obersten zwei Nervenwurzeln (1 und 2) innervieren die Nackenregion, die weiter unten folgenden (3 und 4) den Brustraum und noch weiter unten (5 und 6) die Lendenregion. Am oberen Bildrand sieht man die Großhirn- und darunter die Kleinhirnhälften. Erregungswellen werden in den Nerven mit Geschwindigkeiten bis zu 110 m pro Sekunde weitergeleitet. Die Arbeit unseres Gehirns als des obersten Steuerzentrums unseres Körpers, kann man mit der eines Computers vergleichen.

Es ist eingebettet in die knöcherne Schädelkapsel und hat durch-

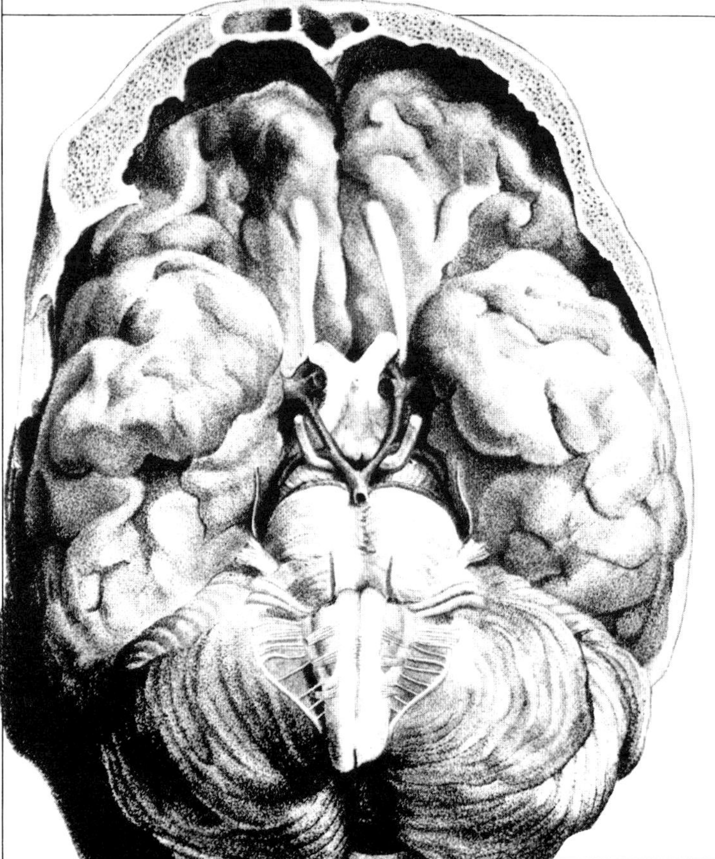

Das Gehirn von unten gesehen
Die Zeichnung stammt aus dem Lehrbuch des italienischen Anatomen Domenico Santorini, das 1775 erschien. Man erkennt die beiden Großhirnhälften, darunter das Kleinhirn und das Nachhirn in der Mitte. Am Grunde des Großhirns, x-förmig, die beiden Sehnerven und darüber die Riechnerven.

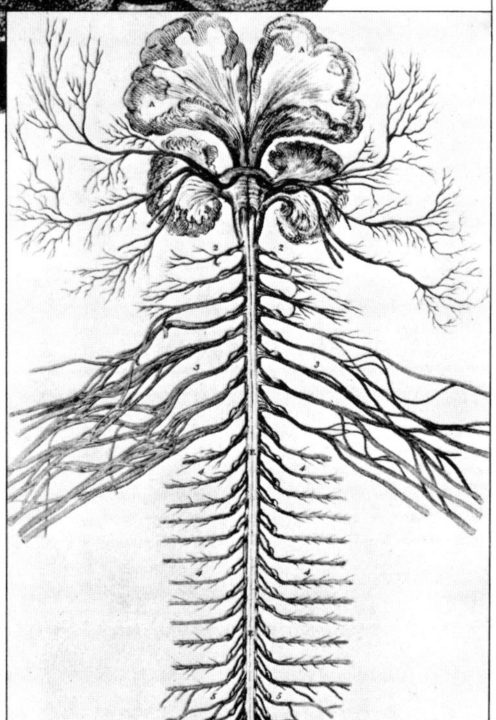

Der ,,Reflexbaum"
Die Abbildungen von Charles Bell zeigt unser ganzes Zentral-Nervensystem, oben das Gehirn und darunter das Rückenmark. Seitlich gehen zahlreiche motorische und sensible Nerven ab. Am unteren Ende läuft das Rückenmark in einen dünnen Faden aus.

unseres zentralen Nervensystems

Das Gehirn eines Menschen, darunter zum Vergleich die Gehirne anderer Wirbeltiere.

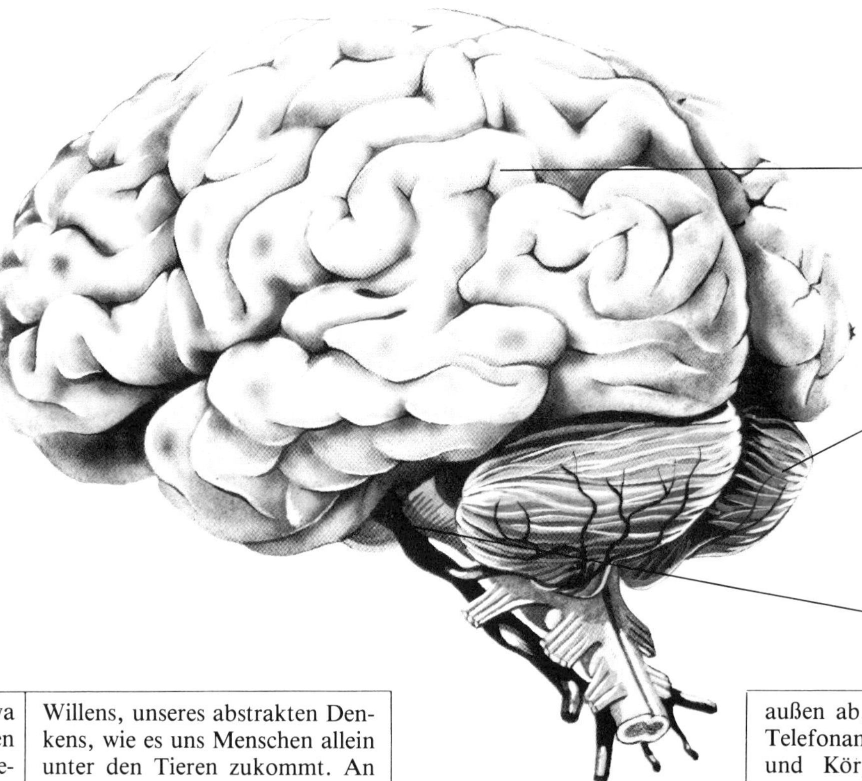

Das Großhirn ist der Sitz unseres Denkvermögens, unseres Bewußtseins und unseres Willens. Die Großhirnhemisphären des Menschen sind größer und stärker gefaltet als bei jedem anderen Wirbeltier.

Dem Kleinhirn oder Cerebellum obliegt die Gleichgewichtsüberwachung und Bewegungskoordination unseres Körpers.

Das Nachhirn oder Medulla ist die Hauptschaltzentrale für einkommende nervöse Meldungen und ausgehende Befehle. Zugleich birgt es das Atem- und Kreislaufzentrum.

schnittlich ein Gewicht von etwa 1300 g. Mit dem Gehirn denken und fühlen wir; es birgt unser Gedächtnis und kontrolliert jede Regung und Bewegung des Körpers und all diese Arbeiten werden von Millionen kleiner Nervenzellen ausgeführt. Drei Hauptbereiche lassen sich im Hirn sowohl seinen Aufgaben wie seinem Bau nach abgrenzen. Das Nachhirn oder die ,,Medulla oblongata“ am Übergang vom Hirn zum Rückenmark, stellt ein wesentliches Schaltzentrum dar. Alle Nachrichten von und zum Hirn gehen durch die Medulla und werden dort umgeschaltet bzw. an den rechten Adressaten verteilt, wie Telefongespräche in einer Telefonzentrale. Gleichzeitig ist die Medulla die Steuerzentrale für eine Reihe automatischer Körperfunktionen, so birgt sie z.B. das Atemzentrum, das alle Atembewegungen koordiniert, und das Kreislaufzentrum, das Blutgefäß- und Herzmuskulatur überwacht. Das Kleinhirn als oberstes Aufsichtsorgan über unsere Körperbewegungen stimmt die Muskelspannungen ab und wacht über die Einhaltung unseres Körpergleichgewichts. Es hat die Größe eines Apfels und sitzt wie ein Haarknoten unterhalb des Großhirns in der Hinterkopfregion. Im Großhirn schließlich werden alle von außen kommenden Meldungen verarbeitet und entstehen alle inneren Antriebe. Es ist der Sitz all unserer geistigen Fähigkeiten, unseres Gefühls, unseres Bewußtseins, unseres Willens, unseres abstrakten Denkens, wie es uns Menschen allein unter den Tieren zukommt. An Größe und Ausbildung im Verhältnis zu anderen Hirnteilen übertrifft es weit alle Tiergehirne. Sieh dir solche Gehirne einmal im Naturkundemuseum an. Die Abbildungen rechts zeigen ein Frosch-, ein Hunde-, ein Affen- und ein Menschengehirn. Bei all diesen ist das Großhirn kleiner, weniger stark gefaltet. Das Verhalten dieser Tiere ist mehr von Automatismen, von Instinkt und Reflexhandlungen bestimmt, nicht von bewußter Überlegung wie unser Verhalten. Du kannst eine rechte und linke Großhirnhälfte oder -Hemisphäre erkennen, die von Furchen durchzogen und stark gefaltet, wie eine Mütze die anderen Hirnteile überdecken. In der gefurchten Hirnrinde gibt es bei jedem Menschen an entsprechender Stelle klar abgrenzbare Felder für alle denkbaren Aktivitäten unseres Körpers, das Riech-, Tast-, Hör- und Sehzentrum, ebenso aber auch motorische Zentren für all unsere motorischen Funktionen, z.B. die Bewegung der Hände, Finger, Arme, Beine, Zehen usw. Meldungen von außen gehen ein, werden in den entsprechenden Zentren zu sinnvollen Antworten verarbeitet und als Befehle wieder ausgesandt, zum Teil über die langen Leitungsbahnen des Rückenmarks. Dieses verläuft geschützt in einem Kanal innerhalb der Wirbelsäule und gibt in kurzen Abständen Nervenleitungen nach außen ab, die wie ein Netz von Telefonanschlüssen alle Organe und Körperregionen mit dem Hirn verbinden. Das Gehirn reagiert rasch auf einkommende Nachrichten. Wenn du z.B. den Befehl hörst: Nimm dein Buch zur Hand, so trifft diese Nachricht in deinem Ohr ein, durchläuft zuerst die für die eingehenden Sinneswahrnehmungen zuständigen Hirnzentren und wird von dort an die richtigen motorischen Befehlszentren weitergeleitet, die nun in der richtigen Reihenfolge über das Rückenmark die notwendigen Aufforderungen an alle beteiligten Muskeln in Armen, Händen und Fingern aussenden, und du nimmst das Buch auf. Die vollbrachte Ausführung des Befehls wird wiederum durch unsere Augen und durch die verschiedenen Sinnesnerven der Hand an das Gehirn als ausgeführt zurückgemeldet. Unser Gehirn arbeitet unser Leben lang, Tag und Nacht, im Schlafen und Wachen. Dabei verbraucht es etwa ein Fünftel und mehr des gesamten Energie- und Sauerstoffbedarfs des Körpers. Wie unsere anderen Organe, so unterliegen auch die Zellen unseres Gehirns einem ständigen Verschleiß: Täglich sterben Zellen ab. Anders aber als im übrigen Körper, können Nervenzellen nie mehr ersetzt werden. Ein etwa einjähriges Kind hat gewöhnlich noch seine volle Zahl arbeitender Nervenzellen. Mit fortschreitendem Alter nimmt die Zahl tätiger Hirnzellen stetig ab.

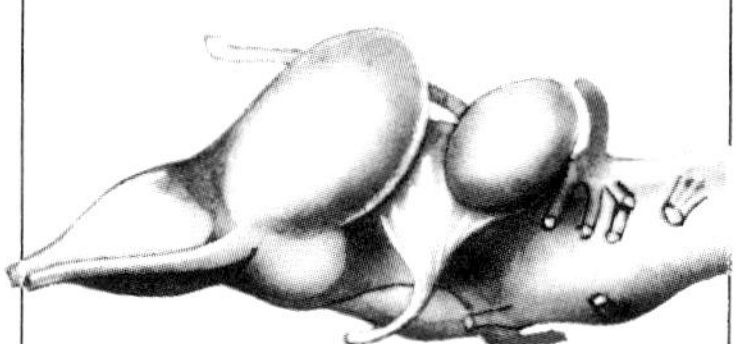

Ein Froschhirn besteht aus den gleichen Abschnitten wie das Menschenhirn; aber das Großhirn ist weit geringer entwickelt. Der Frosch hat kein Bewußtsein und kein abstraktes Denken.

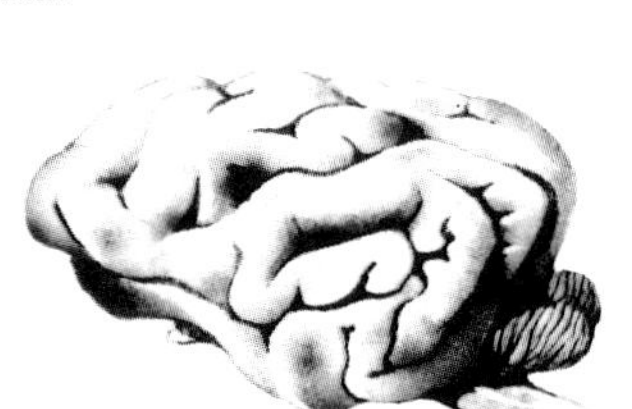

Ein Hundehirn besitzt ein besser ausgebildetes Großhirn als der Frosch, aber im Vergleich zum Menschen bleibt es auch klein.

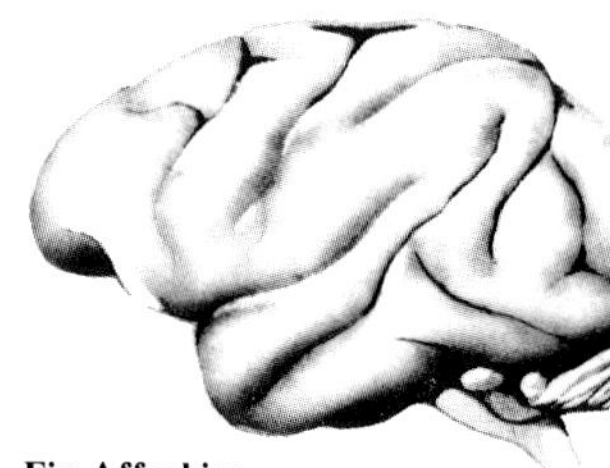

Ein Affenhirn kommt dem menschlichen Hirn an Größe und Ausformung schon näher, aber die Großhirnfalten sind doch noch geringer als beim Menschen.

Reflexe

Es gibt zahlreiche Bewegungsabläufe, die, nicht von unserem Bewußtsein kontrolliert, automatisch ablaufen. Wenn du dir mit einer Nadel in den Finger stichst, wenn du unerwartet ein lautes Geräusch hörst, wenn deine Augen plötzlich von einem hellen Lichtstrahl getroffen werden, all solche unerwarteten Ereignisse erkennt der Körper als Gefahrensituationen. Du reagierst darauf, indem du unwillkürlich den Finger zurückziehst, die Hände vor die Ohren hältst oder die Augen schließt, ehe du dir dessen überhaupt bewußt wirst. Versuche das einmal: Schließe die Augen und stich dir mit einer Nadel in den Finger. Du wirst die Hand schon zurückgezogen haben, ehe du den Schmerz recht fühlst. Solche Wahrnehmungen werden von den Sinnesnerven gleich auf motorische Nerven umgeschaltet ohne erst im Großhirn bewußt verarbeitet zu werden. Gleichzeitig geht allerdings, sozusagen der Ordnung halber, ein Duplikat der Meldung auch an unser Bewußtsein. Ein solches Verfahren ist sinnvoll zur raschen Abwehr möglicher Gefahrenmomente. Diese Reflexe bedienen sich der normalen Nervenleitungsbahnen. Daneben existiert aber noch ein Nervensystem, das man als selbständiges oder autonomes Nervensystem bezeichnet. Dieses autonome System hält all die Körperbewegungen in Gang, die als Automatismen unabhängig von unserem Willen, unabhängig davon, ob du schläfst oder wachst, immer ablaufen müssen: die Atmung, die Darmbewegungen, der Herzschlag, die Temperatur- und Feuchtigkeitsregulation des Körpers.

Wenn jemand dich bittet, irgend etwas zu tun, so nimmst du das mit deinen Ohren auf. Von dort gelangt das Gehörte als nervöse Erregung zum Gehirn. Das Gehirn übersetzt das Gehörte in Nachrichten an die Muskulatur — diese führt die Handlung aus, und die Erfolgsmeldung geht wieder zurück ans Gehirn. Dieser Erregungsfluß in deinen Nerven benötigt naturgemäß eine gewisse Zeit, und diese Zeit zwischen Befehlseingang und Ausführung der Handlung nennt man Reaktionszeit. Der Austausch von Nachrichten und Anweisungen von einer Nervenzelle zur anderen und schließlich zur Muskulatur verläuft zwar sehr rasch, aber er braucht doch eine gewisse Zeit. Führe dir das mit folgendem Versuch vor Augen: Halte einen Bleistift in die zum Zugreifen bereite und gekrümmte Hand deines Freundes und bitte ihn, den Bleistift aufzufangen. Dann lasse ihn plötzlich fallen. In den seltensten Fällen wird der andere den Stift noch zu fassen bekommen. Die Reaktionszeit vom Erblicken des fallenden Stifts bis zum Zugreifen ist zu lang. Versuchst du das gleiche mit dir selbst, so wirst du den Blei-

Das Gehirn ist sehr vielseitig

Es ist oft erstaunlich, wieviel verschiedenen Dingen man sich gleichzeitig zuwenden kann. Du kannst lesen und dabei Musik hören und vielleicht noch während dessen deine Katze streicheln und zufrieden ihr Schnurren vernehmen. Dabei sind eine Reihe verschiedener Zentren des Gehirns gleichzeitig beansprucht und erlauben dir, die Welt um dich sehr intensiv zu erfahren. Allerdings wird diese Vielseitigkeit deutlich eingeengt, je mehr Konzentration die einzelne Beschäftigung dir abverlangt. So fühlen sich manche Menschen beim Lesen oder Schreiben durch Musik gestört, die sie sonst vielleicht gern hören. Versuche einmal, deinen Namen zu schreiben und während dessen mit dem Fuß eine Kreisbewegung auszuführen. Du wirst es nicht schaffen, weil du dich auf beides zu sehr konzentrieren mußt. Du wirst unwillkürlich mit dem Bleistift Kreisbewegungen machen, oder den Fuß zumindest in der gleichen Richtung bewegen wie den Bleistift.

Deine Reaktionszeit

stift fangen, weil der Befehl zum Fallenlassen und der Befehl zum Zugreifen zu gleicher Zeit vom Gehirn ausgehen können. Die Reaktionszeit ist von Mensch zu Mensch verschieden. Sie steigt zudem bei Ermüdung und unter Einfluß von Alkohol oder Beruhigungs- und Schmerzmedikamenten an. Das ist für Autofahrer von geradezu lebenswichtiger Bedeutung.

Farbeindrücke auf unsere Netzhaut
Manche Farbeindrücke halten in unseren Augen länger an als andere. Das kann sehr verwirrend sein. Male dir einmal ein rotes Haus vor einem blauen Hintergrund und mit einer grünen Wiese davor. Bewege dieses Bild dann bei Dämmerlicht in normalem Sehabstand, also etwa 30 cm vor deinen Augen, rasch hin und her. Du wirst das Haus vor dem blaugrünen Hintergrund hin und her springen sehen, obwohl es sich natürlich genauso rasch bewegt, wie der Hintergrund. Dieser Eindruck kommt dadurch zustande, daß rote und braune Farbtöne auf deiner Netzhaut länger erhalten bleiben als blaue und grüne. Darum erscheinen die Hin- und Herbewegungen des roten Hauses gegenüber dem blaugrünen Hintergrund verzögert.

Der Münzentrick
Die Reaktionszeit unserer Lichtsinneszellen ist für manche optischen Täuschungen verantwortlich, die wir z. B. beim Film mit laufenden Bildern ausnutzen (vgl. S. 142). Auch der folgende Münzentrick ist so zu erklären. Nimm zwei 5-Mark-Stücke zwischen Daumen und Zeigefinger und reibe sie so schnell wie du kannst gegeneinander. Wenn du sie fixierst, wirst du eine dritte Münze sehen, die sich zwischen den beiden hin und her bewegt. Du kannst mit den Augen die rasche Bewegung der Münzen nicht verfolgen. Das Bild der Münzen bleibt immer ein wenig länger auf der Netzhaut erhalten, als diese Münze wirklich gerade an dem betreffenden Ort ist. Du siehst nur unscharfe Bilder der bewegten Münzen und in der Mitte, wo beide einander kurze Zeit überlappen, eine dritte Münze.

Weitere Leistungen unseres Gesichtssinnes

Nur mit beiden Augen können wir Entfernungen abschätzen. Um das ganz lebendig zu erfahren, nimm zwei Bleistifte und halte sie in nicht ganz Armeslänge vor dich, wie das Bild links es zeigt, schließe ein Auge und versuche nun, die Bleistifte mit den Spitzen zusammenzustoßen. Du wirst es nicht schaffen. Zwischen zwei Versuchen senke jeweils kurz die Arme oder verändere den Hintergrund. Um räumlich zu sehen brauchen wir beide Augen, die die beobachteten Gegenstände unter verschiedenem Winkel, sozusagen von zwei Seiten, fixieren können. Mit einem Auge können wir nicht räumlich sehen.

Wie unsere Erinnerung trügt
All unsere täglichen Sinneswahrnehmungen vergleichen wir unbewußt immer mit unserer Erinnerung an früher Wahrgenommenes. Das hilft uns, Situationen im voraus zu beurteilen, z.B. den notwendigen Kraftaufwand für irgendeine Aufgabe vorher abzuschätzen und sich darauf einzustellen. Will ich z. B. einen Stein aufheben, dann erwarte ich, daß der Stein im Gewicht einem früher gehobenen ähnlichen Stein gleicht, und ich kann im voraus meine Muskelspannung danach einrichten. Habe ich mich nun verschätzt, so kommt es zu einer überschießenden Bewegung, da ich eine Weile brauche (eben meine Reaktionszeit), um mein Verhalten der unerwarteten Situation anzupassen. Wenn du einen vermutlich schweren Koffer heben willst, der unerwartet leer ist, verlierst du das Gleichgewicht, weil du den Kraftaufwand falsch bemißt.
Ein ähnliches Experiment ist folgendes: Stelle zwei verschlossene gleiche Blechbüchsen, etwa Kaffeebüchsen, auf den Tisch, eine leer und die andere mit feuchtem Sand gefüllt und bitte einen Freund, sie mit gestreckten Armen aufzuheben. Die leere Büchse wird ihm fast aus der Hand fliegen, während er die andere langsam hebt. Er nahm nach ihrem Aussehen an, beide seien gleich schwer und hatte aufgrund seines optischen Eindrucks und seiner Erinnerung die Kraft falsch vorausberechnet.

Wieviel Finger hast du?
Halte die beiden ausgestreckten Zeigefinger in etwa 10 cm Abstand voneinander etwa 20 cm vor deine Augen, wie das Bild unten es zeigt, fixiere zwischen den Fingern hindurch mit beiden Augen irgendeinen Gegenstand, der weit hinter den Fingern liegt. Nach einer Weile siehst du drei oder vier Finger. Wenn du nun die Finger selbst fixierst, werden es wieder zwei. Das kommt daher, daß unsere Augen die Bilder, die sie fixieren, zur Deckung bringen. Alle Gegenstände außerhalb dieser Schärfeebene, die ohnehin unscharf erscheinen, sieht jedes Auge für sich. Sie können nicht zur Deckung gebracht werden und du siehst sie doppelt. Ähnlich ist folgende Täuschung zu erklären: Halte beide Zeigefinger in einiger Entfernung von deinen Augen mit den Spitzen zueinander gewandt (Bild unten) und schiele zwischen den Fingerspitzen hindurch. Dann siehst du aus dem gleichen Grund wie eben, in der Mitte zwischen beiden Fingerspitzen noch einen kurzen Finger, der an jeder Seite einen Nagel hat.

Ein Loch in der Hand
Drehe dir aus einem Bogen Schreibpapier eine Rolle und sieh mit dem rechten Auge hindurch. Halte die linke Hand dann quer neben diese Röhre, so daß du damit das Gesichtsfeld deines linken Auges versperrst und halte das linke Auge offen. Mit dem linken Auge siehst du nun deine linke Handfläche und in ihr ein Loch, durch das du den Hintergrund erkennen kannst. Unser Gehirn bringt die von beiden Augen gesehenen Bilder zur Deckung und projiziert das mit dem rechten Auge gesehene Röhrenloch auf das linke Gesichtsfeld.

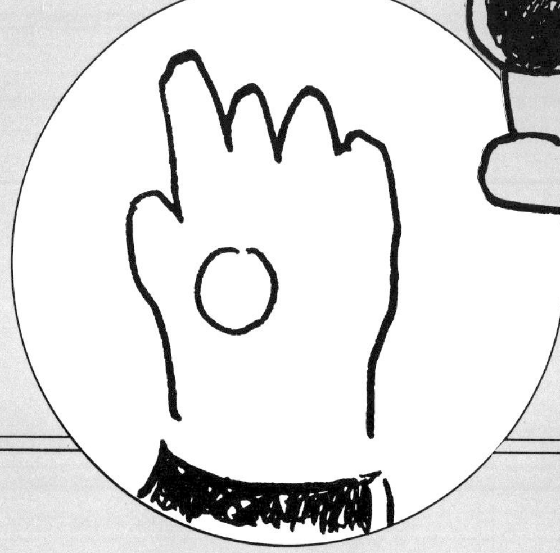

Der Geruchssinn
Was wir an unserer Nahrung zu schmecken meinen, nehmen wir in Wirklichkeit größtenteils mit der Nase wahr. Wir schmecken mit unseren Geschmacksknospen auf der Zunge nur die Qualitäten süß, sauer, salzig und bitter. Der ,,Geschmack" von Ananas, eines saftigen Bratens oder Weißkohl ist in Wirklichkeit das Aroma, das wir riechen. Deshalb schmekken die Speisen bei einem kräftigen Schnupfen auch fade. Iß ein Stück Apfel und halte dir dabei eine wohlriechende Birne oder eine Zwiebel vor die Nase, und du wirst den Eindruck haben, Birne oder Zwiebel zu essen.

Gehör und Gleichgewicht
Deine Ohren können dich gewaltig täuschen, wenn du die Herkunft eines Geräusches zu ergründen suchst. Unsere Augen spielen unbewußt eine wichtige Rolle bei Ortung einer Schallquelle, und ohne die Augen ist es ein verwirrendes Spiel, z. B. die Richtung zu finden, aus der ein Vogelgesang kommt. Bauchredner nützen das aus. Sie lenken die Aufmerksamkeit des Zuhörers dorthin, von wo er die Stimme erwartet. Siehst du nun bei dem Redner selbst keine Mundbewegungen, erkennst aber z. B. wie eine Spielpuppe in seiner Hand den Mund bewegt, dann meinst du, die Stimme komme von dort. Nur ganz nah bei einer Schallquelle kannst du je nach Kopfhaltung einen Lautstärkeunterschied und evtl. eine Verzögerung des ankommenden Schalls zwischen beiden Ohren wahrnehmen und damit eine Schallrichtung genauer orten, aber aus weitem Abstand, wenn der Schall beide Ohren gleich stark und etwa zur gleichen Zeit erreicht, ist jede Schallortung unmöglich. Verbinde dir die Augen und bitte einen anderen, in einem genügenden Abstand über deinem Kopf, vor dir oder hinter dir mit den Fingern zu schnippen. Du kannst nicht feststellen, woher der Laut kommt. Neben dem Gehörorgan enthält unser Innenohr auch die Organe unseres Gleichgewichtssinnes, der uns ebenfalls manchen Streich spielen kann. Dreh dich mit verschlossenen Augen einige Male um deine eigene Achse und versuche dann plötzlich geradeaus zu gehen. Die ersten Schritte sind schwankend und unsicher, weil dein Gleichgewichts- und Drehsinn durcheinandergebracht ist und ohne Kontrolle durch die Augen dir nicht die Ruhelage melden kann, sondern dich am Ende der Drehbewegung glauben macht, du drehtest dich nun andersherum. Das rührt daher, daß das Drehsinnesorgan aus einem bogenförmigen und flüssigkeitsgefüllten Kanal besteht, in den feine Sinneshaare hineinragen. Beginnst du dich zu drehen, bleibt die Flüssigkeit zuerst stehen und die Sinneshaare werden dadurch abgebogen und melden so die Drehung an das Gehirn. Hältst du still, so zirkuliert die Flüssigkeit noch eine Weile weiter, biegt die Sinneshaare zur anderen Seite ab, und ruft in deinem Gehirn eine entsprechende Empfindung hervor. Bei geöffneten Augen kannst du diesen Fehleindruck optisch korrigieren.

Gefühl und Tastsinn

Was du siehst, fühlst du auch
Nicht selten glauben wir, Dinge unmittelbar zu fühlen, die wir in Wirklichkeit nur sehen oder erwarten. Auch hier wieder hat die über unsere Augen oder unsere Erwartung vermittelte Vorstellung ein größeres Gewicht als die echte Sinneswahrnehmung. Das wird in folgendem harmlosen Streich ganz deutlich, den du deinen Eltern einmal spielen kannst: Wenn du dich mit ihnen in einem Raum befindest, in dem mehrere Leute Zigaretten rauchen, dann hole dir heimlich aus dem Kühlschrank einen Eiswürfel und tippe einem der Anwesenden mit einer Ecke des Eiswürfels nicht zu fest in den Nacken. Er wird auffahren und glauben, jemand habe ihn mit der Zigarette verbrannt, ohne sich dessen bewußt zu sein, daß er ja gar nicht Hitze sondern Kälte gefühlt hat. Er erwartet eben gerade kein Eis, sondern eine brennende Zigarette.

Unsere Hautsinnesorgane
Über unsere ganze Körperhaut sind in unregelmäßiger Dichte freie Nervenendigungen verteilt, die die Oberflächensinneswahrnehmungen vermitteln, also Berührung, Kälte, Hitze, Schmerz. Du kannst die unterschiedliche Dichte solcher Nervenendigungen an verschiedenen Körperpartien leicht sichtbarmachen. Steck zwei Stecknadeln in etwa 1 cm Abstand durch ein dickes Stück Pappe oder nimm einfach einen Stechzirkel, verbinde einer anderen Person die Augen und steche sie leicht an verschiedenen Körperstellen mit den beiden Nadelspitzen. An manchen Stellen wird der Betreffende nur einen Stich, an anderen, wo die Nervenendigungen dichter beieinander sind, zwei getrennte Stiche fühlen. So liegen z. B. auf der Rückenhaut die freien Nervenendigungen weit gestreut, während sie in der Fingerspitze und in den Lippen zahlreicher sind und sehr dicht beieinander liegen.

Zwei Nasen
Obwohl der Tastsinn in den Fingerspitzen so gut ausgebildet ist, kannst du ihn leicht betrügen. Der nächste Versuch zeigt dir, daß du nicht alles glauben kannst, was du deutlich fühlst. Überkreuze Mittelfinger und Ringfinger einer Hand und rolle eine Murmel mit beiden Fingern hin und her, so daß sie beide Fingerspitzen berührt. Wenn du die Augen schließt, bist du dir ganz sicher, zwei Murmeln zu fühlen. Noch einfacher kannst du mit den gekreuzten Fingerspitzen über deinen Nasenrücken streichen. Dann fühlst du deutlich zwei Nasen. Schon Aristoteles (384-322 v.Chr.) kannte dieses lustige Spiel. Wie kommt diese merkwürdige Empfindung zustande? Die Außenseiten der beiden gekreuzten Finger, die nun einander zugewandt sind, werden von verschiedenen Sinnesnerven versorgt. Wenn du also einen Gegenstand gleichzeitig mit beiden berührst, kommen im Gehirn zwei verschiedene Nachrichten an, die zwei getrennte Gegenstände melden. Normalerweise könntest du ja auch nicht mit den einander abgewandten Seiten der Finger ein und denselben Gegenstand berühren. Versuchst du das gleiche mit Zeige- und Mittelfinger, so klappt der Versuch nicht, da diese beiden Finger total von einem Nerven versorgt werden.

Kalte Füße
Die Sinneswahrnehmungen, namentlich der Kälte- und Wärmesinn, vermitteln dir normalerweise keine absoluten Angaben, wie warm oder wie kalt ein Gegenstand ist, sondern sie melden dir gewöhnlich nur Unterschiede, also ob es hier wärmer ist als dort. Wenn du drei große Schalen mit Wasser bereitstellst, eine mit kaltem, eine mit sehr warmem und in der Mitte eine mit lauwarmem Wasser und zuerst den einen Fuß in das kalte und den anderen in das heiße Wasser hältst, und nach einer Weile beide in das lauwarme Wasser steckst, so wird sich der vorher kalte Fuß warm und der vorher heiße Fuß kalt anfühlen. Unser Wärmesinn vergleicht nur die Temperaturen, das lauwarme Wasser ist eben kälter als das heiße und wärmer als das kalte. So hast du bei gleicher Temperatur zwei ganz verschiedene Empfindungen.

Optische Täuschungen

Auf diesen Seiten findest du einige optische Täuschungen. Sie machen deutlich, daß sehr oft das, was wir sehen, in Widerspruch steht zu dem, was wirklich ist. Dies trifft hauptsächlich für Formen, Farben und Bewegungen zu. Stelle dich selbst mit diesen acht optischen Täuschungen auf die Probe.

1. Wieviele Würfel siehst du?
Wenn du diese Zeichnung zum erstenmal anschaust, siehst du sicher 9 Würfel, deren Deckel durch die gelben Flächen gebildet werden. Blicke diese Würfel einige Zeit unverwandt an — und sie werden sich plötzlich verändern. Jetzt siehst du auf einmal nur noch 4 Würfel, die gelben Flächen bilden dabei ihren Boden.

2. Der Becher und der Ball
Nimm das Buch quer und halte es ungefähr 23 cm von deinem Gesicht entfernt. Schaue dabei intensiv auf den weißen Kreis in der Tasse. Führe das Buch langsam an deine Augen heran und du wirst sehen, wie der rote Ball in die Tasse schlüpft und den Platz des weißen Balles einnimmt.

3. Die Käseecke
Wer dieses Bild zum erstenmal sieht, erkennt meist einen Käse, aus dem eine Ecke herausgeschnitten wurde. Schau dir das Bild nochmals genau an: die Ecke ist nicht herausgeschnitten, sondern hinzugefügt und ragt wie eine Nase aus dem Käse heraus.

4. Die Länge von Linien
Die Linien **A — B, C — D** und **E — F** in dieser Zeichnung haben alle die gleiche Länge. Sie erscheinen uns jedoch verschieden lang. Unser Gehirn wird durch die gelben Rauten getäuscht und wir meinen daher, daß die Linien **A — B** und **E — F** kürzer seien als die Linie **C — D**. Du kannst die Länge der Linien mit einem Lineal nachmessen.

5. Der Kreis und der Punkt
Nimm das Buch quer und halte es 30 cm von deinem Gesicht entfernt. Schaue ganz fest mit beiden Augen auf den Mittelpunkt des Bildes und führe dann das Buch näher an deine Augen heran. Dabei scheint sich der blaue Punkt allmählich auf den gelben Kreis zu zubewegen. Schließlich setzt er sich genau auf die weiße Aussparung in der Mitte des gelben Kreises. Hierbei handelt es sich um eine ähnliche optische Täuschung wie bei der Tasse und

1

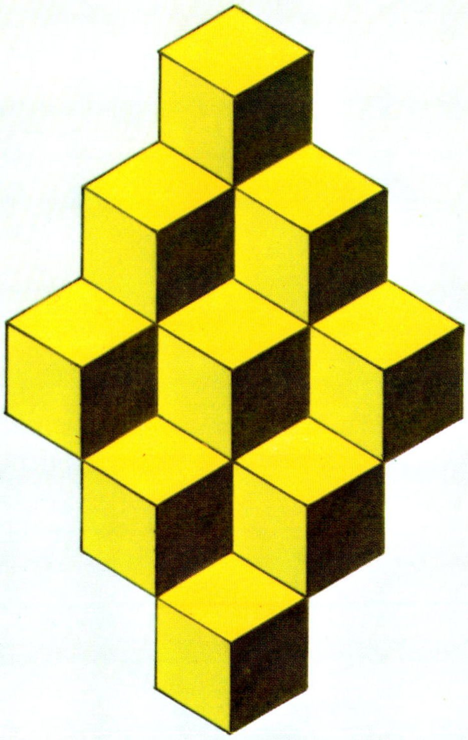

2

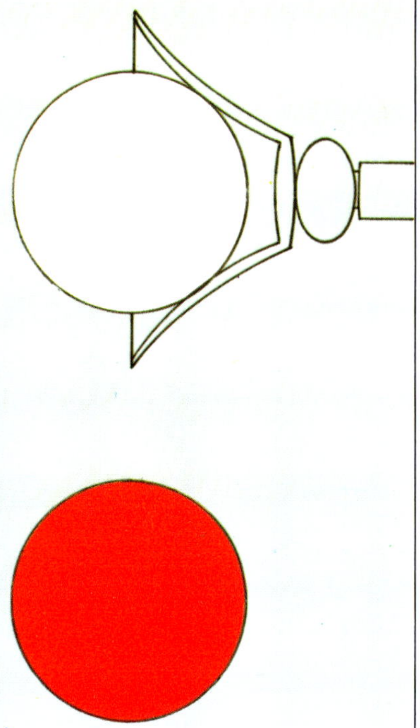

5

6

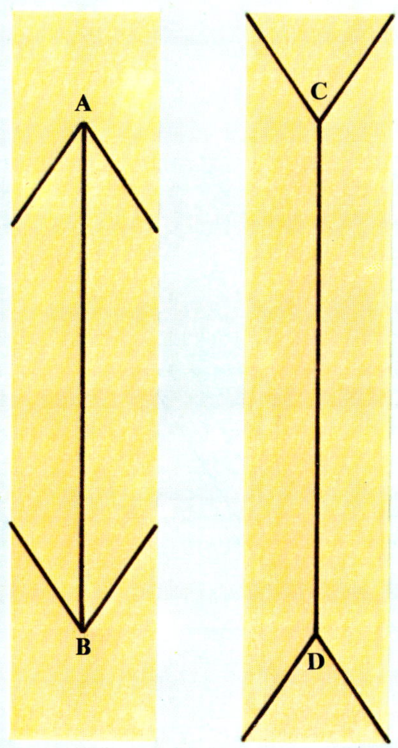

3

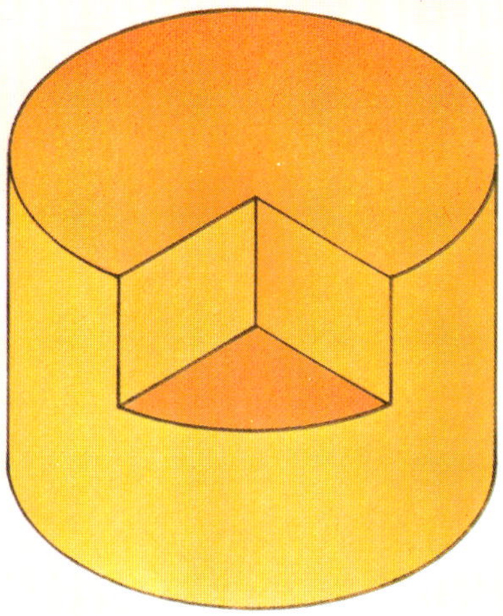

4

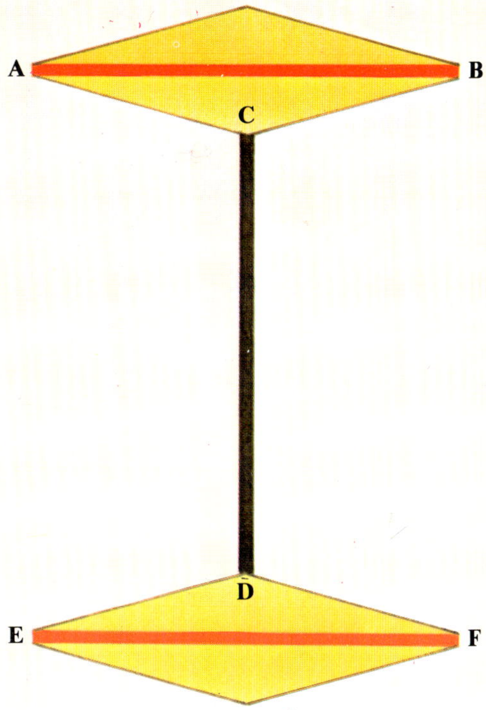

7

8

dem Ball, bei der jedoch der rote und der weiße Ball die gleiche Bedeutung hatten, so daß man manchmal einen roten Ball und manchmal einen weißen Ball sah. Hier bei dieser optischen Täuschung hingegen hat der blaue Punkt ein größeres Gewicht, weil er von einer schwarzen Begrenzungslinie umgeben ist. Dies führt dazu, daß das Auge immer einen blauen Punkt auf der weißen Aussparung sieht und nie umgekehrt.

6. Trügerische Pfeile

Diese sehr einfache und bekannte optische Täuschung kann auch dann noch sehr eindrucksvoll sein, wenn du sie schon öfters gesehen hast. Wie du sicher weißt, sind die beiden Linien **A — B** und **C — D** genau gleichlang. Du kannst dies nachprüfen, indem du sie einfach nachmißt. Daß unser Gehirn dennoch wieder darauf hereinfällt, liegt an der entgegengesetzten Richtung der Pfeilspitzen. Diese lassen die Linie **A — B** kürzer erscheinen als die Linie **C — D**.

7. Bälle und Gläser

Durch Verändern des Blickpunktes oder durch Bewegung der Abbildung kannst du verschiedene Darstellungen herstellen. Drehe das Buch so, daß die Gläser aufrecht stehen und schaue nun ganz fest auf den Mittelpunkt der Zeichnung. Bewege nun das Buch allmählich näher an deine Augen. Normalerweise werden nun 6 Gläser mit 3 roten Bällen erscheinen. Manchmal kann es auch sein, daß du 8 Gläser und 4 rote Bälle siehst.

8. Eine Spirale verwandelt sich in Kreise

Betrachte die hier dargestellte Spirale einige Zeit lang. Drehe dann das Buch im Uhrzeigersinn herum. Die Spirale, die du zuerst sahst, wird sich nun in eine Reihe von konzentrischen Kreisen verwandeln, die sich um einen weißen Mittelpunkt herum drehen. Wenn du die Drehrichtung änderst, werden die ,,Kreise'' das gleiche tun. Je schneller du das Buch herumdrehst, desto schneller werden sich die ,,Kreise'' ebenfalls zu drehen scheinen.

4

Über Wärme und Kälte

Wärme, Hitze, Feuer: dies war von frühesten Zeiten an für die Menschen von größter Bedeutung. Wir wissen nicht, wie früh die Menschheit lernte, mit Feuer umzugehen. Auf jeden Fall veränderte es nach seiner Entdeckung das Leben auf dramatische Weise. Der Mensch nutzte das Feuer für verschiedene Dinge: um für sich und seine Familie für Wärme zu sorgen, um sein Essen zu kochen und um wilde Tiere zu verjagen. Menschen, die bis jetzt als Jäger und Nomaden gelebt hatten, begannen nun, Siedlungen aufzubauen und wurden Bauern und Handwerker.

Man entdeckte, daß man mit Hilfe von Feuer aus Erzen verschiedene Metalle gewinnen konnte. Man lernte, die Metalle zu bearbeiten, um daraus Waffen, Werkzeuge und Schmuckstücke anzufertigen. Noch später machte man eine andere wichtige Entdeckung: Wenn verschiedene Metalle vermischt wurden, entstand etwas Neues, eine Legierung. Aus Kupfer und Zinn entsteht dabei Bronze, das für viele Jahrhunderte ein sehr wichtiges Metall war.

Heute wissen wir, daß Flammen durch brennende Gase erzeugt werden. Früher war Feuer für die Menschen jahrtausendelang ein vollkommenes Rätsel. Unsere frühen Vorfahren glaubten, es sei ein Geschenk der Natur, sie verehrten natürliche Quellen von Hitze oder Feuer, wie z.B. Vulkane, die Sonne und Blitze wie Götter. Im alten Ägypten wurde der Sonnengott Ra sowohl als menschliches Wesen, wie auch als Falke gemalt, weil die Menschen glaubten, daß der Falke unmittelbar in die Sonne hineinfliegen könne.

Feuer wurde für viele religiöse Feierlichkeiten verwendet. Wärme wurde auch mit Leben in Verbindung gesetzt. Man stellte sich den Tod eines warmblütigen Tieres als den Zeitpunkt vor, an dem der Körper kalt zu werden begann und an dem das „Lebensfeuer“ erlosch.

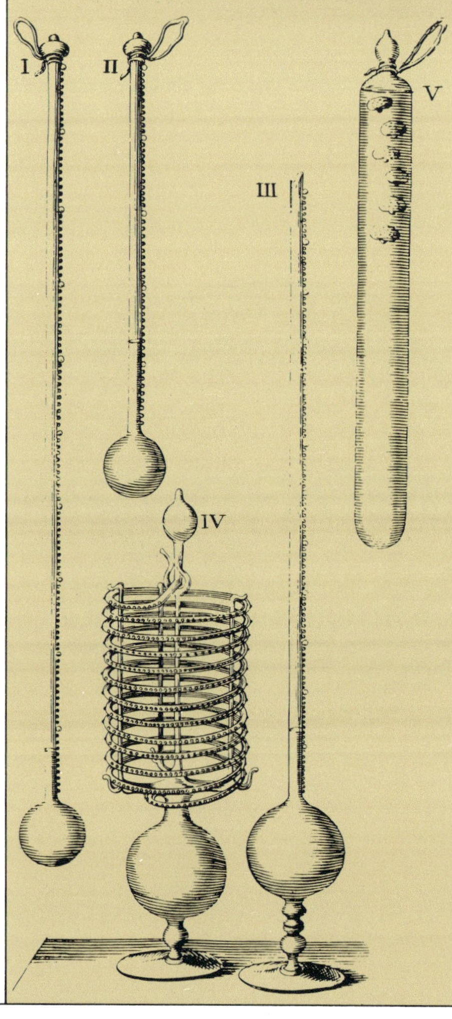

Das Feuer und die Götter
Das Bild oben stammt aus einer Reihe von 4 Bildern des italienischen Künstlers Albani (1578—1660). Sie stellen die Elemente Erde, Feuer, Luft und Wasser dar. Dieses Bild heißt „Das Element Feuer“.

Alte Thermometer
Die Röhren enthalten Flüssigkeiten wie z. B. Alkohol oder farbiges Wasser. Die kleinen Kügelchen außerhalb der Röhre dienen als Maßstab. Die Illustration stammt aus einem Buch mit wissenschaftlichen Experimenten, welches in Italien gegen Ende des 17. Jahrhunderts erschien.

Die Philosophen im alten Griechenland waren der Meinung, es gäbe auf der Welt vier Grundelemente: Feuer, Erde, Luft und Wasser. (Die Abbildung ist ein italienisches Gemälde aus dem 17. Jahrhundert, das das Thema „Feuer“ darstellt). Aristoteles (384—322 v. Chr.) lehrte, daß alle Dinge aus diesen vier Elementen aufgebaut seien. Er glaubte, die Luft sei in einer Kugel enthalten, die die Erde umgebe. Er beobachtete, daß eine Flamme immer nach oben strebt, unabhängig davon, wie man einen brennenden Gegenstand hält. Er nahm deshalb an, daß Feuer in einer weiteren Kugel enthalten sei, die wiederum die Kugel mit Luft umfasse. Eine Flamme strebe deshalb immer aufwärts, weil sie versuche, an ihren Ursprungsort zurückzukehren.

Der erste Versuch, die Temperatur mit einem wissenschaftlichen Gerät zu messen, wurde zu Beginn des 17. Jahrhunderts durch den italienischen Astronomen Galileo Galilei (1564—1642) unternommen. Er tat dies, indem er die Luft in einer Röhre, die an einer Seite verschlossen und am anderen Ende geöffnet war erhitzte. Dann drehte er die Röhre um und steckte das offene Ende davon in ein Gefäß mit Wasser. Wenn sich die Luft in der Röhre abkühlte, verringerte sich deren Druck und deren Volumen. Dies hatte zur Folge, daß der Luftdruck auf die Oberfläche des Wassers größer war als der Druck in der Röhre. Dadurch stieg das Wasser in der Röhre hoch und die Luftsäule im Inneren der Röhre wurde kürzer. Wenn die Luft in der Röhre erwärmt wurde, dehnte sie sich wieder aus. Nun konnte man einen Maßstab für die Temperatur festlegen, indem man einer bestimmten Temperatur eine bestimmte Länge der Luftsäule zuordnete.

Es gab jedoch noch ein Problem mit Galileis Thermometer. Die Länge der Luftsäule seines Thermometers wurde nicht nur durch die Wärme beeinflußt, sondern auch durch Veränderungen des

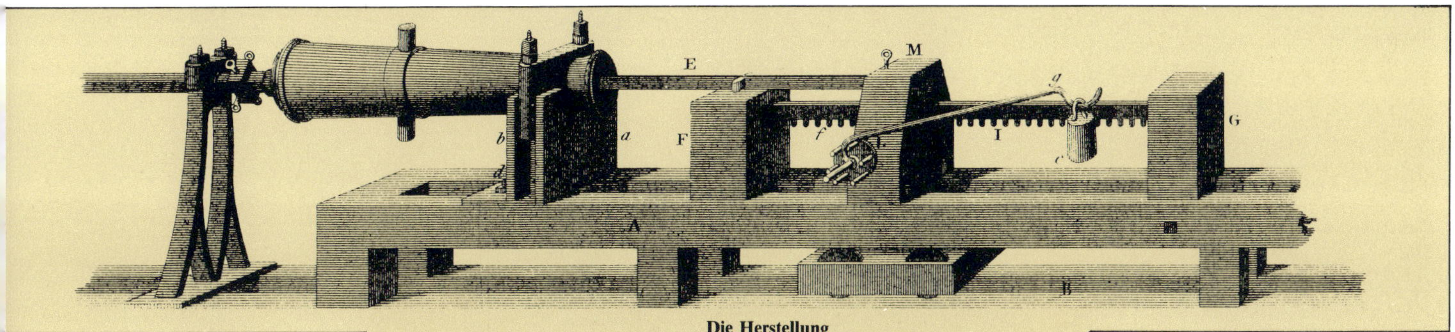

Die Herstellung von Kanonenrohren
Während der Beaufsichtigung dieser Arbeit beobachtete Rumford, daß sich eine große Hitze entwickelte, und er entwickelte daraus seine Vorstellung, daß diese Hitze eine Art von Energie sei.

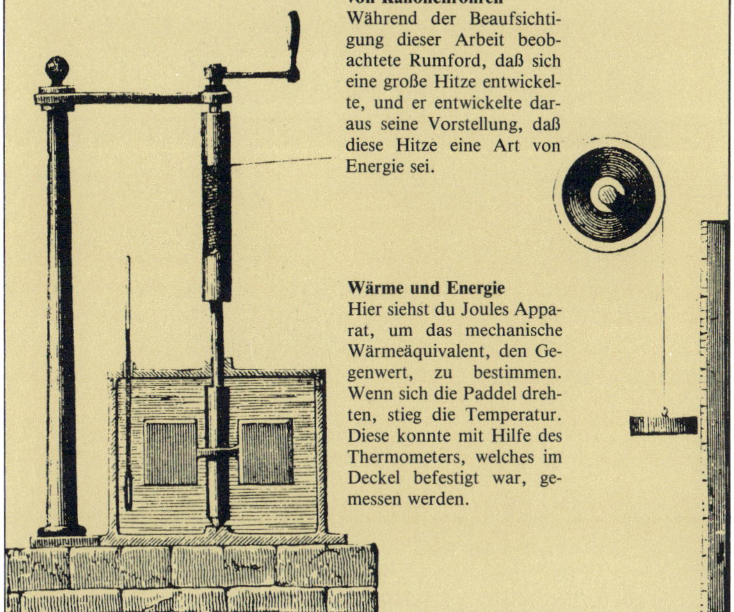

Wärme und Energie
Hier siehst du Joules Apparat, um das mechanische Wärmeäquivalent, den Gegenwert, zu bestimmen. Wenn sich die Paddel drehten, stieg die Temperatur. Diese konnte mit Hilfe des Thermometers, welches im Deckel befestigt war, gemessen werden.

Luftdrucks. An sonnigen Tagen, wenn der Luftdruck sehr hoch war, war die Luftsäule kurz. An stürmischen Tagen, wenn der Luftdruck niedrig war, verkürzte sich auch die Luftsäule.
Um diese Schwierigkeit zu meistern, begann man, anstelle von Luft Flüssigkeiten in den Thermometern zu verwenden (vgl. Abbildung). Quecksilber war dafür besonders geeignet, weil es sich, wie Luft, bei Erwärmung ausdehnte und bei Abkühlung zusammenzog. In modernen Thermometern befindet sich das Quecksilber in einer kleinen Hohlkugel, die mit einer Glasröhre verbunden ist. Weil das Gerät verschlossen ist, also nicht mit der Luft in Verbindung steht, wird es durch Luftdruckänderungen nicht beeinflußt. Das Glasröhrchen ist sehr eng, so daß schon kleine Änderungen des Volumens des Quecksilbers eine große Längenänderung im Röhrchen zur Folge haben.
Schließlich mußte noch eine Skala gefunden werden. Dies gelang dem deutschen Wissenschaftler Gabriel Fahrenheit (1686—1736). Er maß die Länge der Quecksilbersäule bei der tiefsten Temperatur, die er in seinem Labor erzeugen konnte und nannte diesen Punkt Null Grad. Die Länge der Quecksilbersäule in Eiswasser nannte er 32 Grad und die Länge in kochendem Wasser 212 Grad. Den Abstand zwischen dem Gefrierpunkt und dem Siedepunkt teilte er in 180 gleiche Teile. Die durchschnittliche Temperatur eines menschlichen Körpers liegt — und das ist sehr bequem — genau in der Mitte der Skala, bei 98,6 Grad.
Die meisten Wissenschaftler verwenden heute Thermometer, die in 100 Grad eingeteilt sind. Diese Teilung wurde durch den schwedischen Astronomen Anders Celsius (1701—1744) entwickelt. Er war der erste, der eine Skala verwendete, die den Gefrierpunkt von Wasser bei 0 Grad und den Siedepunkt von Wasser bei 100 Grad festlegte.
Später, im 18. Jahrhundert, war es Josef Black (1728—1798), ein schottischer Chemiker, der als erster ein solches Thermometer verwendete, um etwas über die Eigenschaften der Wärme herauszufinden.
Er entdeckte, daß Wärme und Temperatur nicht dasselbe sind. Dazu ein Beispiel: eine Kerzenflamme hat eine höhere Temperatur als ein Heizkörper, dennoch kann man mit Hilfe der Kerzenflamme im Gegensatz zum Heizkörper kein Zimmer heizen. So schuf er eine andere Maßeinheit für die Wärme, die Kalorie hieß. Eine Kalorie wurde festgelegt als die Wärmemenge, die man braucht, um 1 g Wasser um 1 Grad Celsius zu erwärmen. Black kam zu der Ansicht, daß es einen Unterschied zwischen der Temperatur und der Wärme gebe, als er gleiche Mengen von verschiedenem Material erwärmte. Er fand z.B. heraus, daß Kupfer weniger Wärme braucht, um seine Temperatur um 1 Grad zu erhöhen als Glas. Man nennt die Wärmemenge, die man braucht, um 1 g eines Materials um 1 Grad Celsius zu erhöhen, die spezifische Wärmemenge oder spezifische Wärmekapazität dieses Materials. Heute wird statt dem Begriff Kalorie für die Wärmemenge meist der Begriff Joule verwendet.
Der nächste Schritt zu unserem heutigen Verständnis über die Natur der Wärme wurde durch Count Rumford (1753—1814) unternommen, der entdeckte, daß Wärme und mechanische Energie miteinander in Verbindung stehen. Als Kriegsminister von Bayern hatte Rumford die Aufgabe, die Herstellung von Kanonen zu beaufsichtigen. Jede Kanone wurde aus einem massiven Messinggußzylinder hergestellt. In diesen Zylinder wurde dann ein Loch gebohrt (die Abbildung oben auf dieser Seite zeigt diesen Vorgang). Rumfort stellte fest, daß die Kanone während des Bohrens sehr heiß wurde, und er vermutete daß die Wärme durch die Reibung entstanden sein müsse. Er nahm deshalb an, daß Wärme irgendeine Art von Bewegung oder innerer Energie sein müsse.
Dem englischen Physiker James Prescot Joule (1818—1898) blieb es überlassen, die Theorie Rumfords zu bestätigen. Er entwickelte einen gut isolierten, trommelförmigen Behälter und befestigte im Inneren an einer Achse Paddel. Außerhalb des Containers wurden mit Hilfe eines Seiles Gewichte an der Achse befestigt. Wenn diese Gewichte losgelassen wurden, fielen sie herunter und setzten die Achse mit den Paddeln in Bewegung. Als Joule seinen Behälter fertiggestellt hatte, füllte er ihn mit einer abgemessenen Menge Wasser. Wenn nun die Gewichte herunterfielen, setzten sie die Paddel in Bewegung, und diese wiederum rührten das Wasser um. Joule verwendete die Gewichte als ein Maß für die mechanische Energie, die man braucht, um das Wasser zu erwärmen. Nach vielen Versuchen war er in der Lage, zu behaupten, daß durch eine bestimmte meßbare Menge mechanischer Energie eine bestimmte meßbare Wärmemenge erzeugt wurde. Links sieht man eine Schnittzeichnung durch den Behälter, den Joule entwickelt hat. Im Innern sind die Paddel als flache Scheiben dargestellt. Man kann auch das Gewicht erkennen, das die Paddel in Bewegung setzte, und eine Kurbel, um die Gewichte nach oben zu ziehen.
Diese Entdeckung stimmte mit den Ergebnissen anderer wissenschaftlichen Arbeiten dieser Zeit überein. Licht, Schall und Magnetismus stellte man sich nun ebenfalls als eine Form der Energie vor. Die Wissenschaftler begannen, nach Wegen zu suchen, wie man die eine Energieform in eine andere überführen könne. Das Gesetz von der Erhaltung der Energie legte fest, daß Energie weder erzeugt noch vernichtet, daß sie aber sehr wohl von einer Form in die andere überführt werden kann. Mit anderen Worten, es gibt zu jeder meßbaren Menge Elektrizität, Licht oder Schall eine vergleichbare Wärmemenge.
Joules Arbeit führte zur kinetischen Wärmetheorie. Diese Theorie erklärt, daß sich Gegenstände bei Erwärmung zwar nicht unbedingt als Ganzes bewegen müssen, daß es aber trotzdem eine unsichtbare Bewegung geben muß. Dies komme daher, weil die Moleküle in diesen Gegenständen sich ständig in Bewegung befinden. Wenn ein Material erwärmt wird, bewegen sich seine Moleküle schneller. Sie stoßen zusammen, und somit steigt die Temperatur. Je schneller sich die Moleküle bewegen, desto wärmer ist das Material.

Beobachtung der Molekularbewegung
Um zu zeigen, daß sich Moleküle verschieden schnell bewegen, brauchen wir eine Schüssel mit sehr heißem Wasser und eine andere mit kaltem. Du mußt warten, bis das Wasser ganz ruhig steht und dann vorsichtig einen Tropfen Tinte oder Farbstoff in die Mitte jeder Schüssel fallen lassen. Du wirst sehen, daß sich die Farbe im kalten Wasser kaum bewegt, während sie sich im heißen Wasser sehr schnell ausbreitet. Mit Hilfe eines Mikroskopes kannst du die Molekularbewegung noch viel genauer beobachten. Streue etwas feines Puder auf das Wasser. Betrachte einen Tropfen dieses Wassers unter dem Mikroskop: die Puderteilchen stehen nie still. Die Wassermoleküle stoßen sie dauernd an. In warmem Wasser bewegen sich die Puderteilchen viel schneller. Vergleiche heißes und kaltes Wasser, in dem sich Puder befindet.

Energieübertragung
Das obige Experiment hat uns gezeigt, daß die Molekularbewegung in einem heißen Material größer ist als in kaltem Material. Wir können uns dies folgendermaßen erklären. Wenn sich Moleküle sehr schnell bewegen, geben sie mehr Wärme ab. Die starke Bewegung ist die Ursache dafür, daß sie stärker zusammenstoßen, und somit die Wärme, oder kinetische Energie — wie sie auch genannt wird — untereinander austauschen. Wenn du folgenden einfachen Versuch durchführst, wirst du leicht einsehen, daß der Zusammenstoß zwischen zwei Körpern den Austausch von kinetischer Energie (Bewegungsenergie) zur Folge hat. Nimm zwei gleichgroße Billardkugeln (du kannst dafür auch Murmeln verwenden); lege eine Kugel auf eine ebene Oberfläche, so daß sie ruhig liegen bleibt. Laß eine Kugel auf die andere rollen, so daß die beiden zusammenstoßen. Wenn du die ruhende Kugel genau in der Mitte triffst, wird sie sich mit derselben Geschwindigkeit, mit der die andere Kugel aufgetroffen ist, weiterbewegen, während die andere Kugel nun ruhig liegen bleibt. Dies liegt daran, daß die kinetische Energie der bewegten Kugel auf die ruhende Kugel übertragen wurde.

Feste, flüssige und gasförmige Körper

Wenn Moleküle sehr stark aufeinanderprallen, wächst der Abstand zwischen ihnen. Dies kann dazu führen, daß das Material von einer Zustandsform in eine andere übergeht. Dies geschieht z.B. mit Wasser, wie wir im nächsten Versuch sehen. Im molekularen Bereich kann man dies wie folgt erklären. Wenn ein fester Körper erwärmt wird, beginnen die Moleküle, die sich der Wärmequelle am nächsten befinden, stärker zu schwingen. Dies führt dazu, daß die benachbarten Moleküle ebenfalls stärker zu schwingen beginnen. Dadurch breitet sich schließlich die Wärme durch den ganzen festen Körper aus. Diese Übertragung von Wärme kennen wir als Wärmeleitung. Wenn die Bewegung der Moleküle stark genug ist, bleiben sie nicht mehr an bestimmten Stellen. Der feste Körper verwandelt sich in einen flüssigen Körper. Wenn die Temperatur des flüssigen Körpers steigt, werden mehr und mehr Moleküle an der Oberfläche so schnell, daß sie die Anziehungskräfte der anderen Moleküle überwinden. Sie nehmen einen großen Betrag von Wärmeenergie auf. Die Oberflächenmoleküle sind nun viel lockerer gebunden als vorher: sie können die Oberfläche verlassen und bilden einen gasförmigen Körper.

Von Eis zu Wasser und zu Dampf
Wenn du einige Eiswürfel in einem Topf erhitzt, kannst du den Effekt der starken Molekularbewegung beobachten. Das Eis wird sich zunächst von einem festen Körper in einen flüssigen verwandeln und später in ein Gas, welches in der Luft verschwindet. Solange das Wasser in Form von Eis, also fest ist, sind die Moleküle sehr dicht beieinander (wie bei allen festen Körpern); sie besitzen nur eine sehr geringe Wärmeenergie und daher bewegen sie sich langsam. Wenn das Wasser in flüssiger Form vorliegt, können sich die Moleküle alle frei bewegen. Wenn das Wasser bis zum Siedepunkt erhitzt wird, entsteht Dampf. Wie in allen gasförmigen Körpern sind die Moleküle hier sehr locker verbunden.

Wärmeleitung

Wärmeleitung oder Wärmeübertragung tritt auf, weil sich Moleküle in ständiger Bewegung befinden. Wenn du einen kalten Löffel in kochendes Wasser hältst, wird der Löffelstiel zu heiß, um ihn festzuhalten. Die Wassermoleküle bewegen sich schneller als die Moleküle im Löffel, sie veranlassen die Moleküle im Löffel dazu, daß sie sich schneller bewegen. Gleichzeitig werden dadurch die Wassermoleküle aber langsamer. Dies führt dazu, daß das Wasser abkühlt. Wenn sich die Moleküle sowohl im Wasser als auch im Löffel gleich schnell bewegen, haben die Flüssigkeit und der feste Körper die gleiche Temperatur.
Nimm eine Schüssel mit eiskaltem Wasser und eine Schüssel mit heißem Wasser. Stecke in jede Schüssel eine Hand und zähle bis 10. Die eine Hand wird sich kalt anfühlen, weil von ihr Wärme auf das Eiswasser übertragen wurde. Die andere Hand ist wärmer geworden, weil Wärme vom heißen Wasser auf die Hand übertragen wurde. Wenn du die Temperatur des Wassers in beiden Schüsseln vor und nach dem Versuch überprüfst, wirst du feststellen, daß das kalte Wasser wärmer und das warme Wasser kälter geworden ist. Weil du einen anderen Körper — in diesem Fall deine Hände — in das Wasser gehalten hast, wurde Wärme übertragen. Deine Hände haben die Temperaturen der Flüssigkeiten beeinflußt. Daß Wärme von einem wärmeren zu einem kühleren Körper übertragen wird, kann man auch bei Eiswürfeln in einem Glas Limonade sehen: Wärme wird vom Getränk auf das Eis übertragen, das Eis verbraucht die Wärme, schmilzt und dies führt dazu, daß die Temperatur des Getränkes sinkt.

Wärmeleiter
Du kannst überprüfen, welche Materialien gute Wärmeleiter sind. Stelle einige Löffel aus Silber, Kunststoff, Stahl, Holz oder einem anderen Material in ein Glas, dazu einen Glasstab. Befestige an jedem Löffel eine trockene Erbse mit etwas Butter in gleicher Höhe. Schütte nun sehr heißes Wasser in das Glas und beobachte die Reihenfolge, in der die Butter schmilzt und die Erbsen herunterfallen. Beim Silberlöffel geht es am schnellsten, dann beim Stahllöffel, beim Glasstab, beim Holzlöffel und schließlich beim Kunststofflöffel: Kunststoff ist ein sehr schlechter Wärmeleiter.

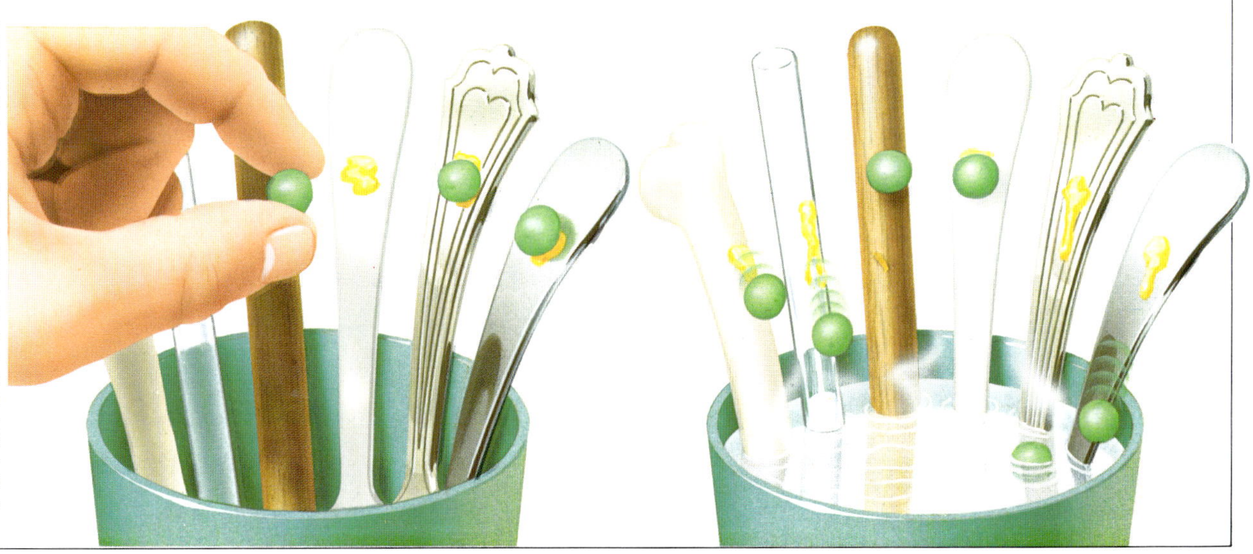

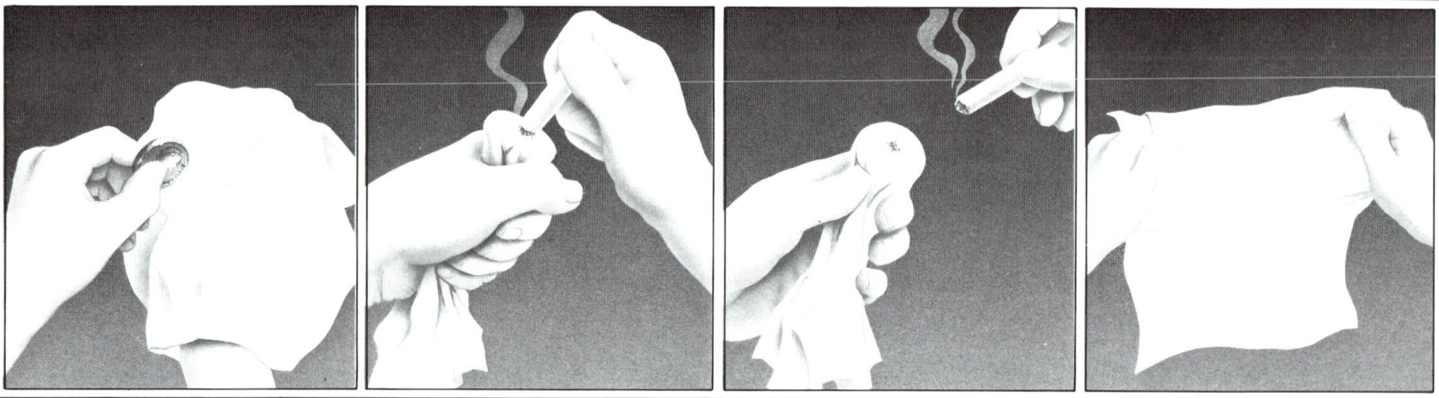

Metall leitet die Wärme
Du kannst einen tollen Zaubertrick durchführen, indem du ein baumwollenes Taschentuch über eine Metallmünze (z. B. ein 2 DM-Stück) legst und dann eine brennende Zigarette auf dem Baumwolltuch ausdrückst. Entgegen aller Erwartung wird das Taschentuch nicht brennen. Es bleibt nur ein kleines bißchen Asche zurück. Metall ist ein sehr viel besserer Wärmeleiter als Baumwolle. Die Münze führt die Wärme der Zigarette ab. Dadurch kann das Baumwolltuch nicht die Temperatur erreichen, die es braucht, um zu brennen.

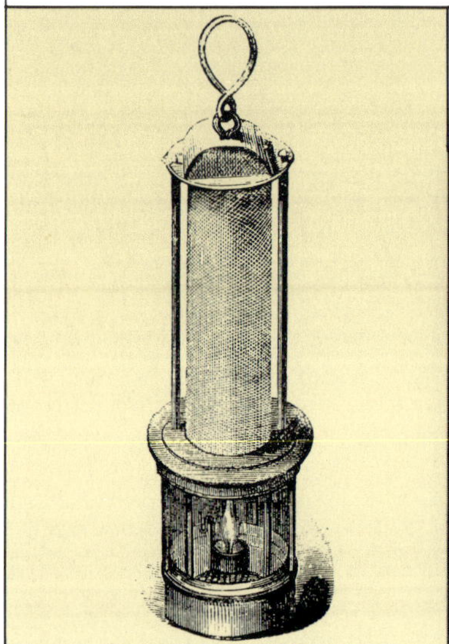

Das Kamingitter
Kamingitter und Grubensicherheitslampen (vgl. Abbildung) funktionieren durch die Verwendung von Metallgittern. Sie leiten die Wärme einer offenen Flamme ab, dadurch werden Feuerschäden im Haus oder Gasexplosionen in Gruben vermieden. Halte ein metallenes Küchensieb über eine Kerzenflamme. Das Metallsieb führt soviel Wärme ab, daß die Flamme nicht durch das Netz dringen kann.

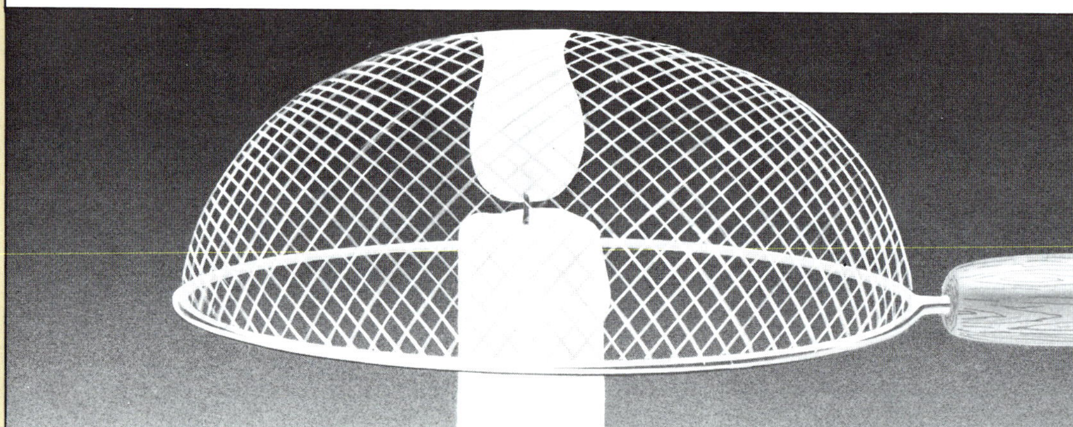

Der Trick mit drei Münzen
Unser Versuch oben hat gezeigt, daß Metall ein sehr guter Wärmeleiter ist. Benutze diese Tatsache als Grundlage für einen anderen Münzentrick, mit dem du deine Freunde überraschen kannst. Lege drei Münzen in eine Plastikschüssel. Du gehst aus dem Zimmer, und ein Freund wählt eine Münze aus. Er soll sie aus der Schüssel nehmen und in seiner geschlossenen Hand zehn Sekunden festhalten, dann wieder zurücklegen und dich in das Zimmer rufen. Du wirst in der Lage sein, ihm zu sagen, welche Münze er ausgesucht hatte. Halte alle drei Münzen nacheinander an deine Oberlippe. Die Oberlippe ist sehr empfindlich, und du kannst die kleinsten Temperaturunterschiede zwischen den Münzen spüren. Eine von den dreien wird wärmer sein als die anderen beiden, weil Metall ein sehr guter Wärmeleiter ist, deshalb wird sich die eine Münze in der Hand deines Freundes sehr schnell erwärmt haben. Die Münze, die am wärmsten ist, ist die, die dein Freund ausgesucht hatte. (Kunststoff ist ein sehr schlechter Wärmeleiter, daher wird die Münze, bis du wieder ins Zimmer kommst, nur wenig Wärme an die Plastikschüssel abgegeben haben.)

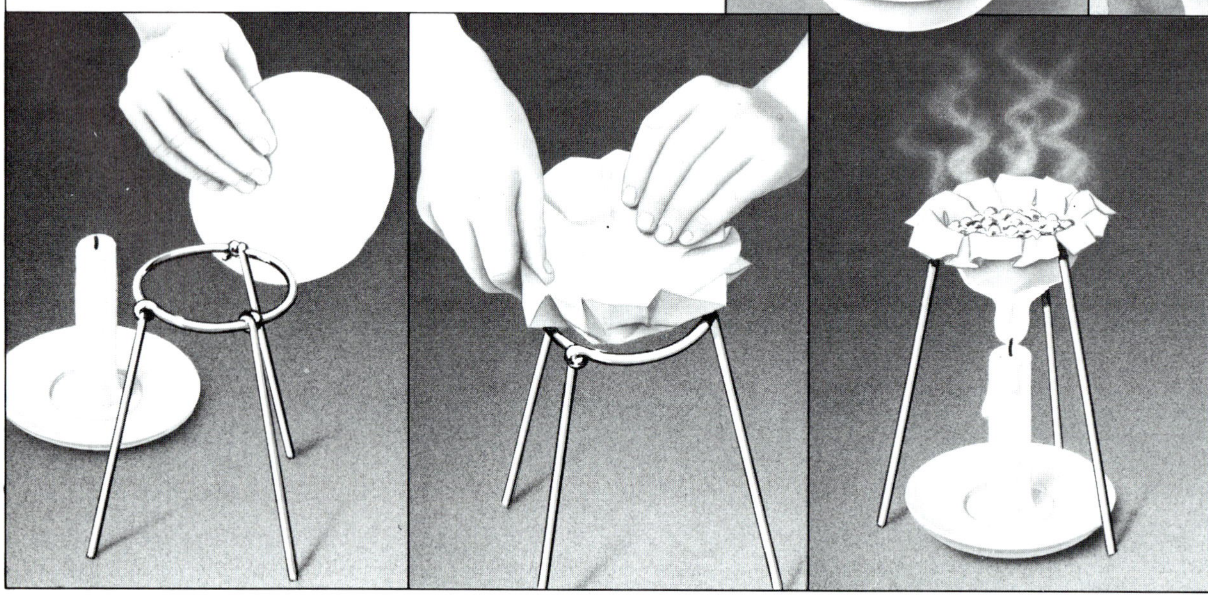

Der Kochtopf aus Papier
Du kannst Wasser in einem Kochtopf aus Papier oder einem Pappbecher kochen! Nimm ein Stück dickes Papier und schneide es kreisförmig aus. Stülpe es über ein Dreibein. Du kannst auch einen Fleischspieß oder eine Stricknadel durch einen Pappbecher stecken und diesen nun in das Dreibein einhängen. Die Stricknadel bzw. der Fleischspieß ruhen dabei auf dem oberen Rand des Dreibeines. Fülle deinen Behälter mit Wasser und stelle eine brennende Kerze darunter. Die Kerze wird das Wasser erhitzen, ohne das Papier anzubrennen. Das Wasser führt die Wärme vom Papier ab und siedet bei 100 Grad Celsius, ohne wärmer zu werden.

Wärme kann auch dazu führen, daß sich Körper ausdehnen. Luft ist dafür ein gutes Beispiel. Wenn Luft erwärmt wird, nimmt sie einen größeren Raum ein.
Warum fliegt ein Heißluftballon? Der Brenner im Korb heizt die Luft im Ballon auf. Wenn sich die Luft in der Ballonhülle ausdehnt, entweicht ein Teil davon. Die verbleibende Luft wiegt nun weniger als die umgebende Luft: Der Ballon steigt auf. Der erste bemannte Ballonflug wurde 1783 durchgeführt.
Du kannst dir die Wärmeausdehnung auch zunutzemachen, wenn du einen eingedrückten Tischtennisball hast. Stecke den Tischtennisball in heißes Wasser; es wird die Luft im Inneren des Balles erwärmen. Sie dehnt sich aus und drückt die Delle heraus (vgl. Bild rechts).
Du kannst die Wirkung der Wärmeausdehnung auch sehen, wenn du einen nicht ganz aufgeblasenen Wasserball hast. Wenn du den Ball in der Sonne liegen läßt, kann es geschehen, daß er sich zu seiner vollen Größe ausdehnt. Da die Sonne die Luft im Inneren des Balles erwärmt, beginnen die Luftmoleküle, sich stärker zu bewegen. Sie stoßen zusammen und gegen die Wände des Balles und blähen ihn so zu seiner vollen Größe auf. Gegen Abend, wenn es kälter wird, sinkt der Ball wieder in sich zusammen.

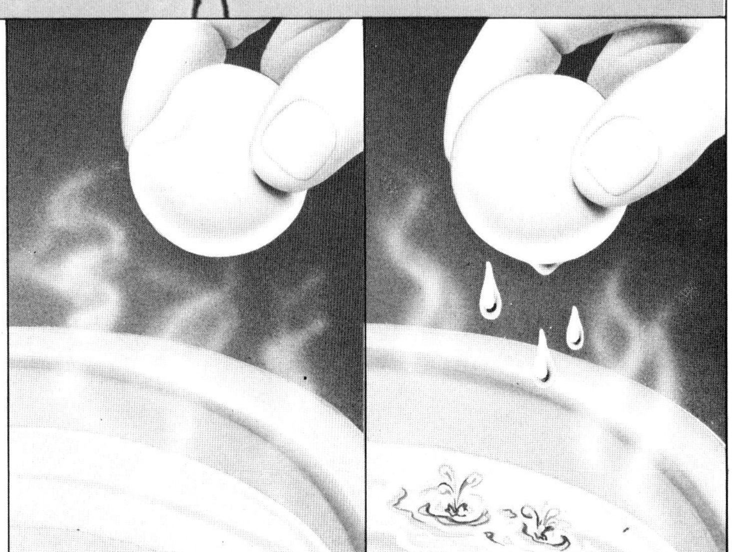

Der Ballon, der sich selbst aufbläst

Du kannst einen Luftballon ein Stück aufblasen, ohne daß du selbst Luft in ihn hineinbläst. Fülle dazu eine Glasflasche mit heißem Wasser; warte nun, bis die Flasche richtig warm geworden ist und schütte das Wasser dann weg. Schneide die Kappe eines Ballons ab und ziehe ihn über den Hals der Flasche. Der Ballon wird aufgeblasen. Stelle die Flasche nun in eine Schüssel mit kaltem Wasser. Der Ballon wird in die Flasche hineingesaugt. Die Erklärung ist sehr einfach. Die warme Flasche sorgt dafür, daß sich die Luft im Inneren ausdehnt. Wenn die Flasche jedoch in kaltes Wasser gestellt wird, zieht sich die Luft im Inneren zusammen und nimmt dadurch einen kleineren Raum in der Flasche ein. Der äußere Luftdruck ist größer als der Luftdruck im Inneren der Flasche und daher drückt die Luft außerhalb der Flasche den Ballon in die Flasche hinein. Wenn du nun die Flasche wiederum in heißes Wasser stellst, wird sich die Luft im Inneren ausdehnen und den Luftballon wieder aufblasen.

Metalle dehnen sich aus

Stecke einen Metallstab durch einen Korken. Stecke zwei Nadeln rechtwinklig zum Metallstab in den Korken. Beschwere die Enden des Metallstabes mit Korken, die du mit Nägeln wie einen Igel präpariert hast. Lege das Gerät auf zwei umgedrehte Gläser. Bringe das Gerät ins Gleichgewicht, indem du den Metallstab durch den mittleren Korken verschiebst. Erhitze eine Seite des Metallstabes mit Hilfe deines Brenners. Die Wärmeausdehnung ist zu klein, daß du sie sehen könntest; sie ist jedoch groß genug, um das Gerät aus dem Gleichgewicht zu bringen. Da sich das Metall auf der einen Seite ausgedehnt hat, hat sich der Massenmittelpunkt vom Drehpunkt weg bewegt. Die erhitzte Seite wird sich senken. Benützt man eine Kerze, so bildet sich ein Rußbelag, der ebenfalls das Gleichgewicht verändert.

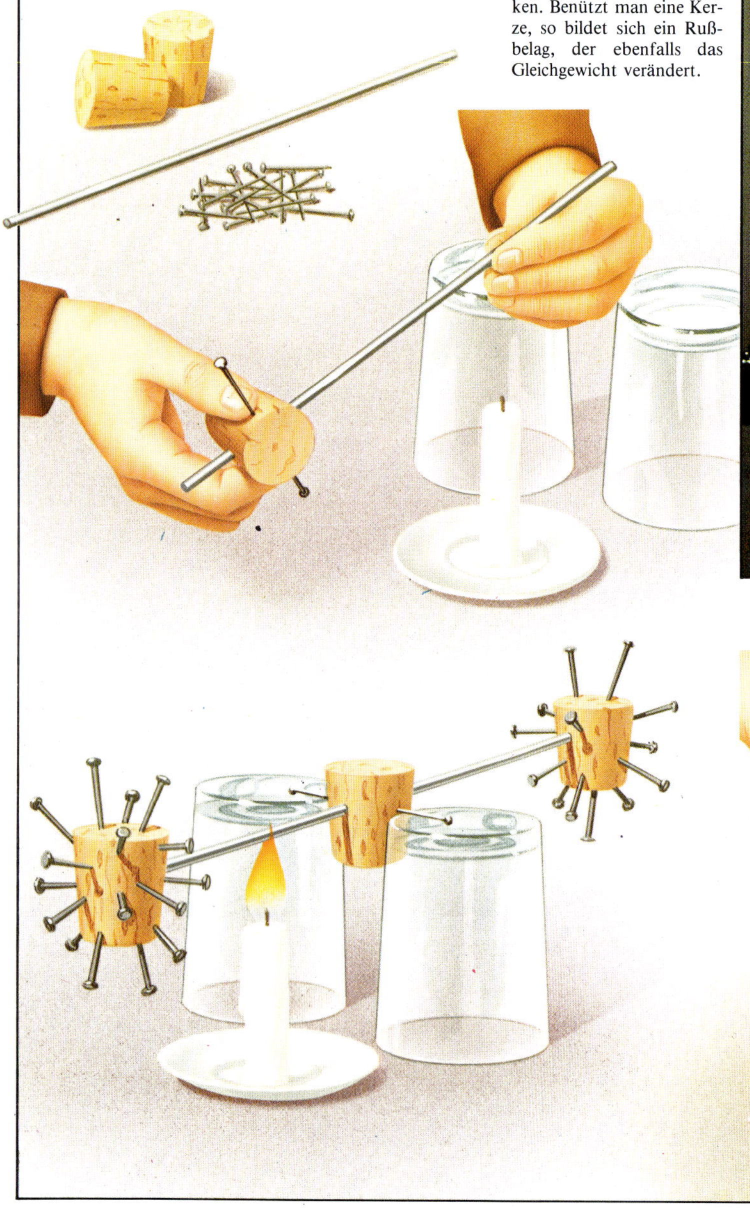

Weiteres über die Wärmeausdehnung

Du kannst dir selbst einen Heißluftballon anfertigen, aber nur, wenn ein Erwachsener dabei ist. Forme aus einer Papierserviette eine Röhre; drehe ein Ende zusammen und stelle es auf einen Unterteller. Entzünde die Spitze der Papierserviette. Die Serviette wird aufsteigen, während sie weiterbrennt. Durch das Feuer wird sich die Luft im Inneren ausdehnen, einige entweicht und macht dadurch den Ballon leichter. (Reste sofort löschen!)

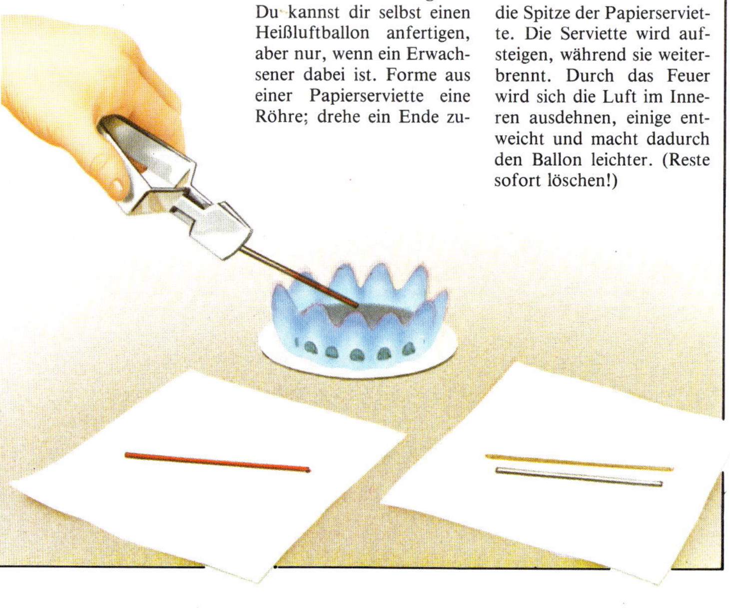

Das Geheimnis der hüpfenden Münze
Wenn du deine Freunde davon überzeugen willst, daß du im Besitz einer Flasche bist, in der ein Geist wohnt, mußt du eine leere Glasflasche benutzen, die an einem kühlen Platz gelagert wurde. Befeuchte den oberen Rand des Flaschenhalses und lege eine Münze darauf. Lege deine Hände rund um die Flasche: die Münze beginnt, sich zu bewegen. Denn wenn du deine warmen Hände um die Flasche legst, wird sich die kalte Luft im Inneren der Flasche ausdehnen. Durch die Münze ist die sich ausdehnende Luft zunächst daran gehindert, die Flasche zu verlassen. Der Druck im Inneren der Flasche wird jedoch so groß, daß die Münze angehoben wird und die Luft so die Flasche verlassen kann.

Die Flaschenfontäne
Fülle eine Flasche mit Schraubverschluß halb mit kaltem Wasser und färbe das Wasser mit etwas Tinte oder Farbstoff. Bohre ein Loch in den Schraubverschluß und drehe diesen sehr fest auf den Flaschenhals. Stecke durch das Loch einen Strohhalm bis in die Flüssigkeit hinein. Dichte den Zwischenraum zwischen der Bohrung und dem Strohhalm mit etwas Modelliermasse ab. Drücke ebenfalls etwas Modelliermasse in das obere Ende des Strohhalms und steche mit einer Nadel ein kleines Loch hinein. Stelle die Flasche nun in eine Schüssel mit heißem Wasser. Nach einigen Minuten wird eine Fontäne aus dem Ende des Strohhalms spritzen. Wenn das heiße Wasser die Flasche erwärmt, wird die Luft im Inneren der Flasche sich ausdehnen. Die sich ausdehnende Luft drückt das Wasser durch den Strohhalm hinauf.

Gebäude und Brücken (wie die abgebildete Georges-Washington-Brücke) dehnen sich ebenfalls aus und ziehen sich zusammen. Pflastersteine und Eisenbahnschienen werden oft mit Zwischenraum verlegt, um sich ausdehnen zu können. Aus diesem Grund werden auch Telefonleitungen nicht straff gespannt, sondern sie hängen lose, damit sie sich bei kaltem Wetter zusammenziehen können. Im Winter kannst du einen Stein zum Bersten bringen. Dazu mußt du über einen gefrorenen Stein kochendes Wasser gießen. Die äußeren Schichten des Gesteins werden sehr heiß und dehnen sich stärker aus als die inneren Gesteinsschichten. Durch die entstehenden Spannungen zerbirst der Stein.

Wärmeenergie

Es gibt viele verschiedene Wärmequellen. Wärme kann z.B. durch Reibung entstehen (wenn zwei Dinge aneinander gerieben werden); dadurch werden die Moleküle schneller bewegt, so daß Wärme abgegeben werden kann. Auf diese Art und Weise kann man mit Hilfe von zwei Stöcken Feuer erzeugen, und wir alle reiben uns die Hände, wenn wir kalt haben. Ein Nagel wird wärmer, wenn man mit einem Hammer darauf schlägt, und ein Spiralbohrer beim Bohren schnell sehr heiß. Meteoriten oder Sternschnuppen können wir auch nur aufgrund der Hitze, die durch Reibung entsteht, wahrnehmen. Wenn ein Meteorit in die Atmosphäre, die die Erde umgibt, eintritt, besitzt er eine sehr hohe Geschwindigkeit. Durch die Reibung zwischen dem Meteoriten und den Luftmolekülen wird eine so große Hitze erzeugt, daß der Meteorit hell aufleuchtet. Die untenstehende Zeichnung stellt den Halleyschen Kometen dar, der einen hellen leuchtenden Schweif hinter sich herzieht; wenn dieser Komet der Erde nahe genug kommt, kann man diesen leuchtenden Schweif von der Erde aus beobachten.

Sehr oft wird Wärme erzeugt, wenn verschiedene Substanzen eine chemische Reaktion eingehen. Wenn Benzin brennt, findet in der Flamme eine chemische Umwandlung statt, und dadurch wird Wärme abgegeben. Wenn Gas, Öl oder Holz brennen, verbindet sich der Kohlenstoff mit dem Sauerstoff der Luft und bildet dabei Kohlendioxidmoleküle. Der in den Stoffen enthaltene Wasserstoff verbindet sich ebenfalls mit Sauerstoff der Luft und bildet dabei Wassermoleküle in Form von Dampf. Wissenschaftler haben die Wärmemenge, die bei diesen chemischen Umwandlungen abgegeben werden, gemessen. Sie haben dabei herausgefunden, daß immer, wenn zwei Wasserstoffatome und ein Sauerstoffatom sich zu einem Wassermolekül verbinden, die abgegebene Wärmemenge gleich groß ist.

Wärmeausbreitung

Wärme breitet sich in Flüssigkeiten und Gasen in verschiedenen Weisen aus. Die Wärmeausbreitung in Flüssigkeiten und Gasen nennt man Wärmeströmung.

Wärmeströmungen sorgen dafür, daß Segelflugzeuge und Vögel in der Luft bleiben können; sie sorgen auch für die Durchlüftung der Häuser. Dies alles geschieht nach folgendem Prinzip: Wenn Flüssigkeiten und Gase erwärmt werden, dehnen sie sich aus und werden leichter. Wenn das umgebende Material kälter ist, werden sie nun aufsteigen. Wenn jedoch Flüssigkeiten und Gase kälter werden, werden sie dadurch auch schwerer und werden, falls das umgebende Material wärmer ist, absinken.

Wärme gelangt durch Strahlung von der Sonne zur Erde. Im Weltraum gibt es keine Moleküle, die die Wärme von der Sonne zur Erde leiten könnten. Die Wärme wird in Form von „Wellen" oder Strahlen transportiert. Wärmestrahlen bzw. Wärmewellen sind dem Licht sehr ähnlich. Wärmestrahlen sind selbst nicht heiß. Sie können ein Material nur dann erwärmen, wenn sie auf dem Material auftreffen und von ihm absorbiert (aufgenommen) werden. Dunkle Körper absorbieren mehr Wärmestrahlen als helle Körper.

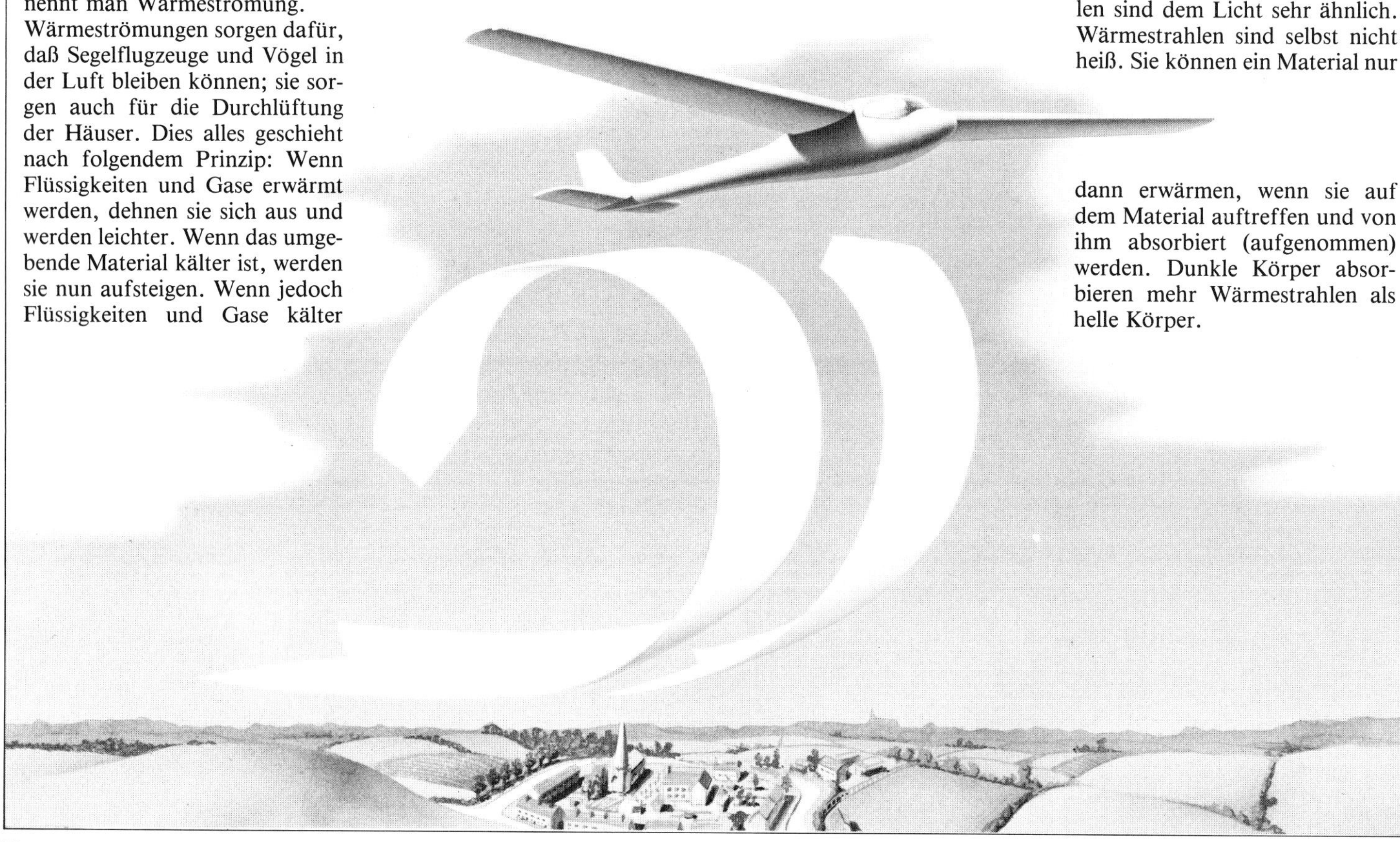

Wärme und Lebewesen

Heutzutage führen wir ein viel leichteres und bequemeres Leben als unsere Vorfahren. Dies liegt zum Teil daran, daß wir gelernt haben, uns die Wärme und andere Energiequellen nutzbar zu machen.
Die Wärmeenergie hilft uns dabei auf ganz verschiedene Weise. Durch Wärmeenergie, die in einem Düsentriebwerk erzeugt wird, ist es für uns möglich geworden, durch die Luft zu fliegen. Auch die Erforschung des Weltraums wurde dadurch gefördert; in den Weltraumraketen wird nämlich zum Antrieb Treibstoff und Sauerstoff verbrannt und dabei werden diese Stoffe in Wärmeenergie umgewandelt. Man kann Wärmeenergie auch in Elektrizität umwandeln. Wärme und Elektrizität sorgen dafür, daß unsere Häuser Tag und Nacht gut geheizt und gut beleuchtet sind. Manche Leute leben sogar in Häusern, die durch Sonnenwärme beheizt werden.
Die Temperaturen auf unserer Erde sind zum leben ideal. Die Weltraumforschung hat gezeigt, daß auf dem Merkur oder auf der Venus mit großer Wahrscheinlichkeit kein Leben existiert. Diese Planeten sind zu heiß. Hohe Temperaturen führen zur Zerstörung der chemischen Bestandteile, die zum Aufbau und Erhalt von Leben notwendig sind.
In verschiedenen Gebieten der Erde haben Temperaturunterschiede zu einer Entwicklung der Tierwelt geführt, die sich den Besonderheiten der Umwelt angepaßt hat. Pflanzen, die in kalten Regionen wachsen, müssen in der Lage sein, sich auf Perioden, in denen Wasser knapp ist, weil es gefroren ist, einzustellen. Manche Tiere in kalten Gebieten passen sich der Witterung an, indem sie in Felsspalten oder auf Moorböden Schutz suchen. Andere Tiere ziehen in der kalten Jahreszeit in wärmere Gegenden oder halten einen Winterschlaf. Der Stoffwechsel dieser Tiere verlangsamt sich während dieser Periode. Sie benötigen dann weniger Energie und können somit diese Zeit überleben. Bäume verringern ihren Stoffwechsel, indem sie ihre Blätter abwerfen.
In heißen Erdteilen müssen Pflanzen sich gegen das Austrocknen schützen. Sie entwickeln sich so, daß sie in der Lage sind, viel Wasser zu speichern und wenig Wasser zu verdunsten. In Erdteilen mit tropischem Klima gibt es Tiere, die während der Trockenzeit schlafen. Vögel und Säugetiere schützen sich vor der sie umgebenden Temperatur durch Federn, ein Fell oder durch eine Fettschicht. Der Schlammhüpfer (links im Bild) besitzt Brustflossen, mit deren Hilfe er während Trockenzeiten von Teich zu Teich kriechen kann.

Wärme und Kälte

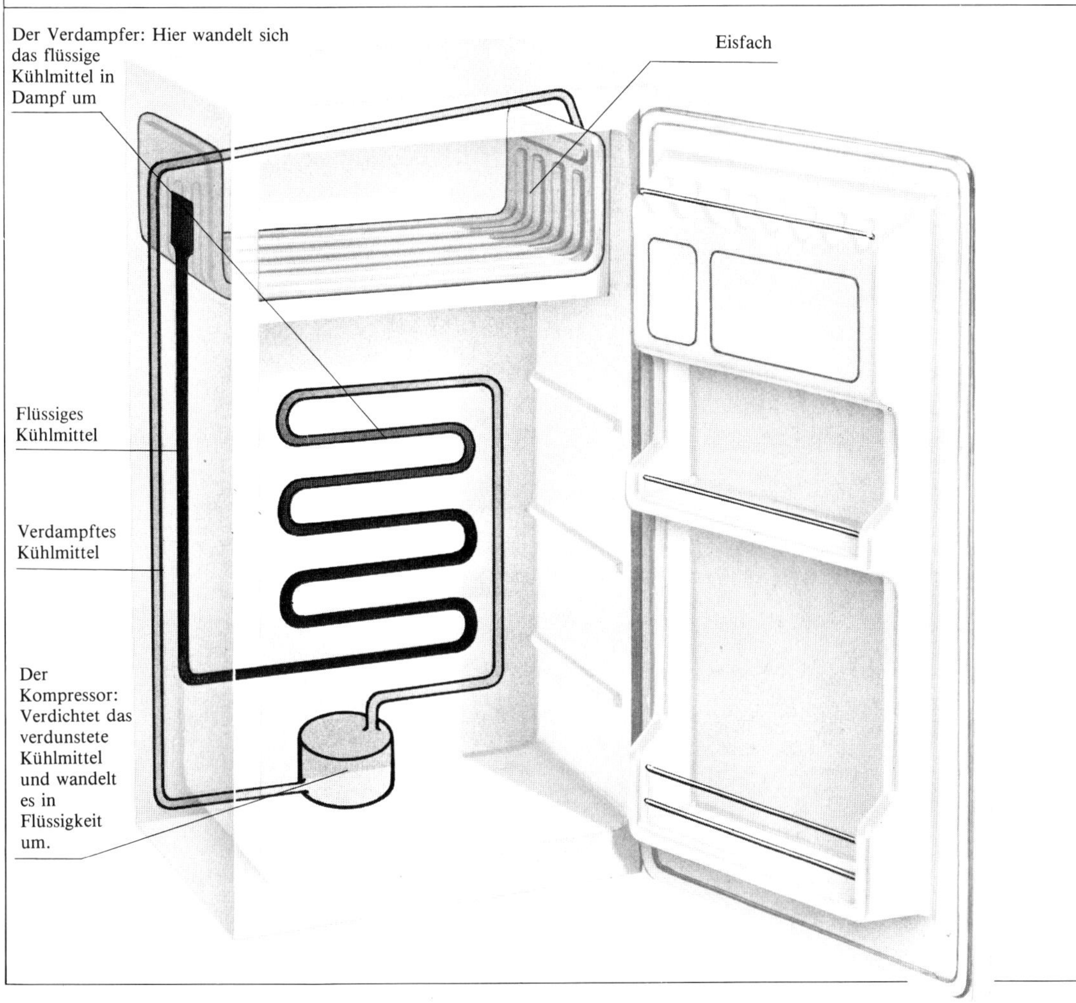

Wie arbeitet ein Kühlschrank? Eine elektrische Kochplatte benötigt elektrische Energie, um Wärme zu erzeugen; ein Kühlschrank hingegen benötigt diese Energie, um die Wärme abzuführen. Wie wir gesehen haben, braucht man, um eine Flüssigkeit in ein Gas zu verwandeln, Wärme (vgl. S. 65). Um zu verdunsten, nimmt eine Flüssigkeit Wärme aus der Umgebung auf. Ein Kühlschrank arbeitet nach dem gleichen Prinzip. Eine leicht verdunstende Flüssigkeit (man nennt sie Kühlmittel) fließt durch dünne Röhren im Innern des Kühlschranks. Das Kühlmittel entzieht den Lebensmitteln Wärme. Der Dampf des verdunstenten Kühlmittels fließt durch die Röhren zu einem Kompressor. Dieser wird von einem elektrischen Motor angetrieben. Der Kompressor verdichtet den Dampf und verwandelt ihn wieder in Flüssigkeit, wobei diese erwärmt wird. Die Flüssigkeit fließt durch Röhren an der Außenseite des Kühlschranks. Das flüssige Kühlmittel gibt seine Wärme an die umgebende Luft ab und kühlt sich dabei ab. Das abgekühlte Kühlmittel wird wieder in die Röhren im Innern geleitet.

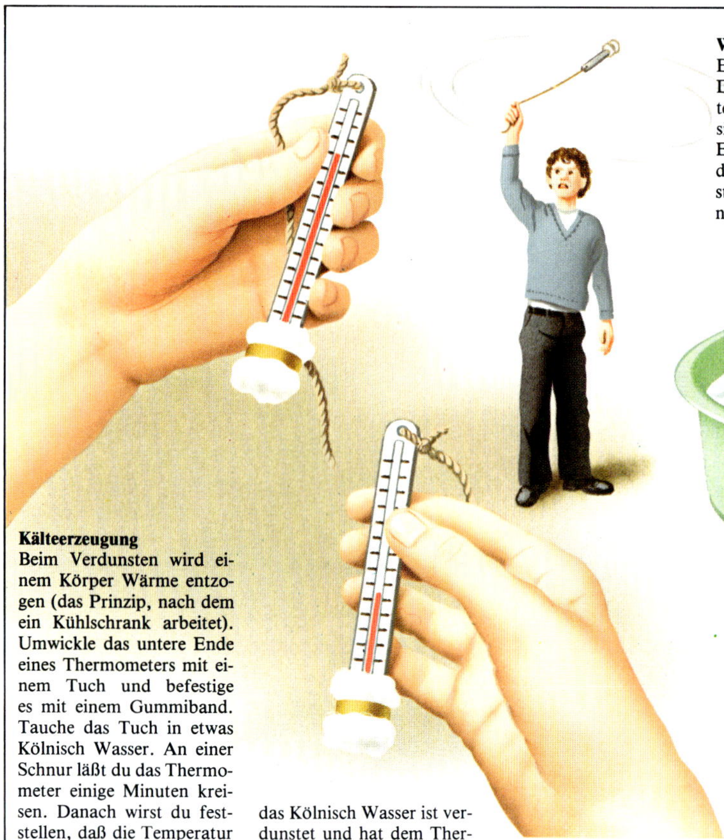

Kälteerzeugung
Beim Verdunsten wird einem Körper Wärme entzogen (das Prinzip, nach dem ein Kühlschrank arbeitet). Umwickle das untere Ende eines Thermometers mit einem Tuch und befestige es mit einem Gummiband. Tauche das Tuch in etwas Kölnisch Wasser. An einer Schnur läßt du das Thermometer einige Minuten kreisen. Danach wirst du feststellen, daß die Temperatur stark gesunken ist. Denn das Kölnisch Wasser ist verdunstet und hat dem Thermometer Wärme entzogen.

Wir machen einen Eisberg
Eisberge sind Inseln aus Eis, von denen nur ein Achtel oberhalb des Wassers sichtbar ist. Der Teil eines Eisbergs, der sich unterhalb der Wasserlinie befindet, stellt für die Schiffahrt eine große Gefahr dar. Du kannst selbst feststellen, wieviel Eis aus dem Wasser hervorschaut, wenn du dir selbst einen künstlichen Eisberg machst. Fülle dazu einen Plastikbecher mit Wasser und stelle ihn solange in das Eisfach des Kühlschranks, bis das Wasser gefroren ist. Nimm nun den Becher heraus und laß etwas warmes Wasser darüber laufen, um das Eis zu lösen. Fülle eine Plastikschüssel mit Wasser und laß den Eisberg hineinfallen; der größte Teil des Eises ist unterhalb der Wasserlinie.

Eine kühlende Brise
Zum Verdunsten einer Flüssigkeit wird Wärme benötigt. Durch diesen Umstand kann man die Windrichtung feststellen. Halte einen angefeuchteten Finger in die Luft. Die Seite des Fingers, die sich kalt anfühlt, ist dem Wind zugewandt. Wenn eine Flüssigkeit verdunstet, entzieht sie dem umgebenden Körper Wärme. Der Wind beschleunigt die Verdunstung der Flüssigkeit auf deinem Finger, daher fühlt sich die eine Seite des Fingers kälter an.

Die Kraft des Eises
Wenn Wasser zu Eis gefriert, dehnt es sich aus. In strengen Wintern kann dies dazu führen, daß Wasserrohre aufplatzen und daß auf den Straßendecken Frostaufbrüche erscheinen, wenn das Wasser unter dem Asphalt gefriert. Du kannst dies selbst nachprüfen, wenn du in einer kalten Winternacht eine randvoll mit Wasser gefüllte Büchse hinausstellst. (Wenn das Wetter nicht kalt genug ist, kannst du die Büchse auch in den Tiefkühlschrank stellen.) Wenn die Büchse mit einem Deckel verschlossen war, wird sie aufbersten, da das Eis mehr Platz benötigt. Oder nimm ein zylinderförmiges Glas und befestige einen Maßstab mit mindestens 12 Teilungen an der Seite. Fülle das Glas bis zum 11. Strich und stelle es über Nacht in das Tiefkühlfach. Am nächsten Morgen wirst du sehen, daß das Eis höhersteht als das Wasser am vorigen Abend. Am Maßstab kannst du ablesen, daß sich das Wasser um ein Elftel seines Volumens ausdehnt, wenn es gefriert.

Schmelzendes Eis
Gib einen Eiswürfel in ein Glas und fülle dies randvoll mit Wasser. Der Eiswürfel steigt mit nach oben, und ein Achtel seines Volumens steht über der Wasseroberfläche hervor, aber das Wasser fließt nicht über, wenn das Eis schmilzt. Denn wenn Wasser zu Eis gefriert, dehnt es sich um ein Elftel aus. Eis ist leichter als Wasser, es schwimmt, und ein Teil schaut aus der Wasseroberfläche heraus. Wenn das Eis schmilzt, nimmt das Volumen entsprechend ab.

Eis durchschneiden
Beim Schlittschuhlaufen übst du mit den Kufen der Schlittschuhe auf das Eis Druck aus. Durch diesen Druck schmilzt das Eis, die Wasserschicht zwischen Eis und Kufen verringert die Reibung. Du kannst selbst sehen, wie Eis durch Einwirkung von Druck schmilzt. Lege einen Eiswürfel auf eine verkorkte Flasche. Hänge zwei gleichschwere Gewichte an die beiden Enden eines Drahtes. Eis schmilzt unter Druck. Daher wird der Draht das Eis allmählich durchschneiden, ohne es dabei aufzuspalten.

Salz bringt Eis zum Schmelzen
Für diesen Trick brauchst du Salz, einen Eiswürfel und ein Streichholz. Leg ein Streichholz auf einen Eiswürfel und streue Salz darüber. Du wirst sehen, daß das Eis und das Streichholz sehr schnell zusammenfrieren, und du kannst nun den Eiswürfel am Streichholz hochheben. Wenn man Salz auf Eis streut, beginnt es zu schmelzen. Dabei wird Wärme verbraucht. Diese Wärme wird der Feuchtigkeit, die sich unter dem Streichholz befindet und wohin das Salz nicht gelangt ist, entzogen. Daher friert das Streichholz fest.

Im Winter wird Salz auf vereiste Straßen gestreut, es sorgt so dafür, daß das Eis schmilzt. Dadurch verringert sich die Rutschgefahr für die Verkehrsteilnehmer, und außerdem können dadurch gefährliche Unfälle vermieden werden.

Arktische Kälte
Um arktische Kälte (38° Celsius unter Null) zu erzeugen, mußt du etwa 100 g Trockeneis in ein altes Tischtuch wickeln und mit einem Hammer in kleine Stücke schlagen. (Es ist sehr gefährlich, mit Trockeneis mit bloßen Händen umzugehen: benutze deshalb immer eine Küchenzange oder einen Löffel!) Gieße etwa 50 g Aceton in einen Plastikbecher und gib das Trockeneis nach und nach dazu, bis ein Brei entsteht. Tauche das Ende eines Würstchens etwa 1 oder 2 Minuten lang in diese Mischung. Es wird steinhart und bricht in kleine Stücke, wenn man mit dem Hammer daraufschlägt. Sogar Gummi zerbricht in derselben Art und Weise, wenn man es dieser arktischen Kälte aussetzt.

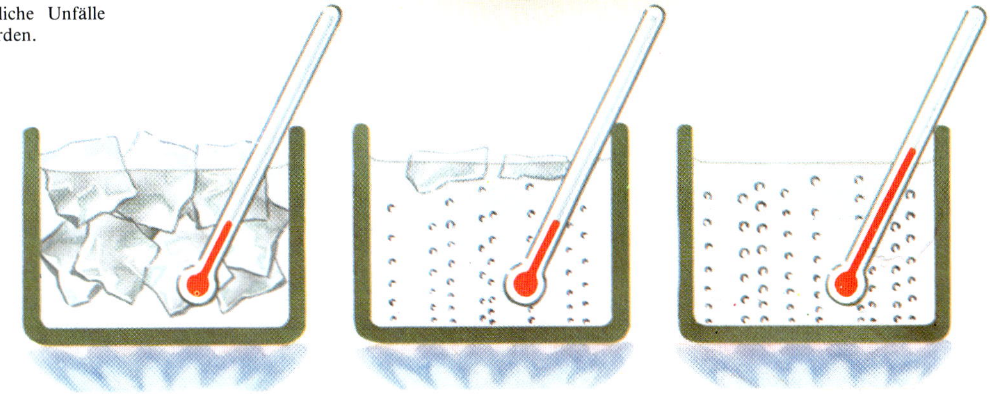

Eis verhindert die Erwärmung von Wasser
Um ein gekühltes Getränk auf dem Gefrierpunkt zu halten, muß man nicht ständig mehr Eiswürfel in das Getränk geben, solange sich noch ein Bruchstück eines Würfels in der Flüssigkeit befindet. Um dies nachzuprüfen gibst du einige Eiswürfel und Wasser in ein kleines hitzebeständiges Glas. Rühre das Wasser und das Eis solange um, bis der Thermometer den Gefrierpunkt anzeigt. Stelle das Glas nun auf eine Heizplatte und rühre weiter um. Die Temperatur des Wassers wird solange nicht ansteigen, solange sich noch Eis im Wasser befindet. Um Eis zu schmelzen braucht man sehr viel Wärme. Daher wird alle Wärme, die dem Glas zugeführt wird, zunächst dafür verwendet, um das Eis zu schmelzen. Erst wenn alles Eis geschmolzen ist, wird die zugeführte Wärme dazu verwendet, das Wasser im Glas zu erhitzen.

Die Sonne arbeitet für euch
In diesem Trick (der nur an einem sonnigen Tag klappt) könnt ihr von der Sonne ausgestrahlte Hitze verwenden, um etwas durch Fernsteuerung in Brand zu setzen. Nehmt eine kleine Metallschraube oder etwas ähnliches, das als Gewicht wirken kann, und bindet es an das eine Ende eines Stückchens Bindfaden. Befestigt das andere Ende an einen Flaschenkorken. Hängt das beschwerte Ende des Fadens in eine leere Flasche, die ihr mit dem Korken verschließt. Bittet eure Freunde, sie sollen den Faden durchtrennen, ohne Korken oder Flasche zu berühren. Wenn sie alle aufgegeben haben, stellt die Flasche in die Sonne. Dann konzentriert ihr die Sonnenstrahlen mittels eines Vergrößerungsglases auf den Faden. Er wird schließlich heiß genug, daß er durchbrennt und das Gewicht auf den Boden der Flasche fällt.

Das verzauberte Wasserglas
Nimm ein Tablett mit Plastikbelag oder das Glas eines Bilderrahmens und stelle es etwas schräg. Dann feuchte den Rand eines Wasserglases an und stelle es umgekehrt auf die Fläche aus Glas oder Plastik. (Die Neigung der Fläche muß so gering sein, daß das Glas stehenbleibt). Dann zünde eine Kerze an und erhitze vorsichtig eine Seite des Wasserglases. Sofort beginnt es sich zu bewegen. Folgendes ist das Geheimnis dieses Tricks: Die Hitze der Kerzenflamme erhöht die Temperatur im Glas. Heiße Luft dehnt sich aus und hebt das Glas von der Unterlage. Das Wasser am Glasrand wirkt als Verschluß, so daß die Luft nicht aus dem Inneren entweichen kann. Weil das Glas nun auf einem Kissen von Wasser ruht, drückt sein Eigengewicht es die Schräge hinab. In ähnlicher Weise gleitet ein Luftkissenboot auf einem Kissen aus Luft. Das Prinzip des bewegten Wasserglases wurde zum erstenmal bei einer neuen Art von Eisenbahn verwendet, die auf der Weltausstellung in Paris im Jahre 1878 zu sehen war. (rechts). Der Zug hatte Kufen anstelle von Rädern; die Schienen waren lange, mit Wasser gefüllte Kästen, die eine sanfte Fortbewegung garantierten, ähnlich der gleitenden Fortbewegung des Glases in obigem Experiment.

Der feuerfeste Faden

Bevor ihr diesen Trick euren Freunden zeigt, tränkt ihr einen Faden in Salzlösung und laßt ihn trocknen. Wiederholt das mehrmals. Wenn die Zuschauer dann anwesend sind, zeigt ihnen den Faden (er hat sich durch das Salz nicht verändert) und bindet einen leichten Ring an das eine Ende. Zündet den Faden in der Nähe dieses Endes an und laßt eure Gäste zusehen, wie die Flamme daran hinaufläuft. Alle werden verblüfft sein, daß der Faden trotz des Feuers ganz bleibt. Ein hauchdünnes Stäbchen aus Asche scheint den Ring an seinem Platz festzuhalten. Ihr allein wißt, daß, obwohl die Fasern des Fadens verbrannt sind, ein kleines Röhrchen aus Salz übriggeblieben ist; dieses ist stark genug, den Ring zu halten, solange keiner daran zieht.

Zwei Flaschentricks

Hier noch zwei amüsante Tricks. Du brauchst dazu eine kleine Flasche mit Stöpsel. Fülle sie bis etwa 2,5 cm unter der Öffnung mit Wasser und stelle sie (ohne Stöpsel) in eine Schüssel mit Salzwasser. Erhitze die Schüssel, bis das Wasser in der Flasche kocht. Der Wasserdampf muß Zeit genug haben, alle Luft aus der Flasche zu verdrängen, dann drücke fest den Stöpsel darauf. Nimm die Flasche aus der Schüssel; wenn die Flasche abkühlt, kondensiert der Wasserdampf und hinterläßt ein Vakuum. Jetzt zum ersten Trick. Kippe die Flasche um und stelle sie wieder aufrecht. Wenn das Wasser in das Vakuum strömt, gibt es ein lautes Geräusch wie einen Hammerschlag.

Für den zweiten Trick stellst du die Flasche wieder in die Schüssel mit Wasser und bringst sie erneut zum Kochen. Mache das Feuer aus, und wenn keine Blasen mehr aufsteigen, rufst du deine Freunde. Sage ihnen, du könntest das Wasser durch Zauberei zum Kochen bringen. Dazu bläst du mit einem Strohhalm gegen das Glas der Flasche (oder hältst einen Eiswürfel daran), und das Wasser kocht wieder. Durch das Blasen hast du nämlich das Glas abgekühlt und der Wasserdampf kondensiert. Damit läßt der Druck in der Flasche nach, und es ist noch genug Hitze darin, das Wasser wieder zum Kochen zu bringen (je niedriger der Druck, umso niedriger ist der Siedepunkt des Wassers).

5 Die Wissenschaft von den Sternen

Die Wissenschaft hat mit großem Erfolg die Geheimnisse der Natur enträtselt. Von den übriggebliebenen haben wohl das Universum und das Atom noch die meisten Geheimnisse zu enthüllen — das größte und das kleinste aller Forschungsobjekte.

Die Wissenschaft vom Universum nennt man Astronomie, der Name bedeutet ,,Sternkunde" und kommt aus dem Griechischen. Die Astronomie als Wissenschaft hat eine unendlich lange Geschichte, und Jahrhunderte

Erde als Mittelpunkt
Dieses Bild aus dem 16. Jahrhundert belegt die allgemein vertretene Ansicht, die Erde liege im Mittelpunkt des Universums. Ringsherum befanden sich die vier Elemente, die Planeten mit ihren Umlaufbahnen und die im Zodiakus erfaßten Fixsterne.

vor Entstehung der griechischen Zivilisation zeigten in Sumer lebende Menschen großes Interesse für den Nachthimmel.

Zunächst war ihnen nicht klar, daß die Sterne, die sie nachts so beeindruckten, auch am Tage dawaren, ihr Licht nur deshalb nicht sichtbar war, weil die Sonne sie überstrahlte. Die frühen Beobachter entdeckten die Wahrheit durch jenes Ereignis, das es uns ermöglicht, auch bei Tage Sterne zu sehen — die totale Sonnenfinsternis, wenn der Mond vor der Sonne vorbeizieht und sie unseren Blicken verbirgt. Wenn das geschieht, wird der Himmel dunkel, und man kann die Sterne sehen. Totale Sonnenfinsternis gibt es etwa zweimal in jedem Jahrhundert, und es müssen aufregende Erlebnisse gewesen sein, als denkende Menschen sie zum erstenmal beobachteten.

Beim Beobachten der Sterne entdeckten die Menschen bald, daß sie Gruppen oder Konstellationen bildeten, die wir auch heute kennen. Sie verfertigten Abbildungen dieser Sterngruppen und entdeckten so die 12 Tierkreiszeichen, die man heute noch für Wahrsagerei benutzt. So wie die frühen Menschen die Sterne verehrten, teilten sie auch Sonne und Mond eine besondere Rolle in ihrem Leben zu — sie verehrten sie als Götter.

Heute wissen wir, daß die Erde rund ist, und wir haben sogar den Beweis dafür in Astronauten-Photos, die vom Weltraum aus aufgenommen wurden, aber die ersten Astronomen glaubten, die Erde sei völlig flach. Es ist nicht bekannt, warum sie ihre Meinung änderten, aber die ersten, die feststellten, die Erde müsse eine Kugel sein, waren Schüler des berühmten griechischen Philosophen Pythagoras (6. Jahrh. v. Chr.). Man kann ihre Feststellung auch überprüfen, wenn man an einer Küste steht und mit dem Fernrohr ein Schiff beobachtet, das sich am Horizont nähert. Die Tatsache, daß man erst die Mastspitzen, dann die Schornsteine erkennt, ehe das ganze Schiff in Sicht kommt, bildet den sichtbaren Beweis, daß die Erde rund ist. Wenn sie flach wäre, müßte gleich das ganze Schiff zu sehen sein. Ähnliche Beobachtungen haben wahrscheinlich die Vorstellungen der Griechen verändert.

Tychos Observatorium
Die Kuppeln und Instrumente (links) auf dem Dach von Tycho Brahes unterirdischem Laboratorium.

Halleyscher Komet
Der Durchzug des Kometen ist auf dem Teppich von Bayeux (um 1092) festgehalten.

Die meisten Menschen glaubten trotzdem bis ins 15. Jahrhundert hinein an eine flache Erde, und abenteuernde Seefahrer sind mit ihren Schiffen ausgelaufen, um den Rand der Erde zu suchen. Als Kolumbus (1473—1506) im Jahre 1492 nach Westen segelte (nicht nach Osten um Afrika herum) und Amerika entdeckte, wenn er auch glaubte, er sei in Indien gelandet, half er die Theorie von einer flachen Erde widerlegen.

Etwa zur gleichen Zeit formulierte Kopernikus (1473—1543) seine revolutionäre Theorie, daß die Sonne und nicht die Erde der Mittelpunkt des Universums sei. Der Gedanke fand wenig Beifall, bis nach seinem Tode das Buch veröffentlicht wurde, das seine Theorie bewies. Kopernikus fürchtete sich vor dem Aufsehen, das es unter dem hohen Klerus verursacht hätte, wäre es zu seinen Lebzeiten veröffentlicht worden.

Der Däne Tycho Brahe (1546 bis 1601) führte als nächster neue Ideen ein. Er errichtete in der Nähe von Kopenhagen ein Observatorium, machte regelmäßig genaue Beobachtungen von Mond, Sternen, Sonne und Planeten und entwarf Quadranten und Sextanten, um seine Arbeit zu verbessern.

Galileis Mond
Skizzen der Mondoberfläche (oben und rechts), die Galilei nach teleskopischen Beobachtungen anfertigte.

Tychos Assistent Johannes Kepler (1571—1630) bediente sich dieser Vorarbeiten, um seine Gesetze der Planetenbewegungen auszuarbeiten. Er fand heraus, daß sich Planeten in einer ovalen Bahn um die Sonne bewegen, und je näher der Planet in einer Umlaufbahn der Sonne kommt, umso schneller bewegt er sich, so daß sich also seine Geschwindigkeit mit dem Sonnenabstand ändert. Das warf alle vorausgegangenen Theorien um, die als erste Pythagoras und Aristoteles aufgestellt hatten, daß nämlich die Planeten sich in Kreisbahnen und mit konstanter Geschwindigkeit bewegen.

Galilei (1564—1642) der Zeitgenosse Keplers entwickelte die holländische Erfindung des Teleskops weiter und verwendete es als erster, um Mondgebirge, Sonnenflecken und Einzelheiten der Planeten zu entdecken. Aber er wurde seiner neuen Einsichten wegen verfolgt und gezwungen, viele seiner neu entdeckten Tatsachen über das Universum zu widerrufen.

Isaac Newton (1642—1727) war es bestimmt, das von Galilei begonnene Werk fortzusetzen. Er entdeckte Bewegungsgesetze, die heute noch gelten. Er berechnete die Wege eines Geschosses, das mit verschiedenen Anfangsgeschwindigkeiten in großer Höhe über der Erde abgefeuert würde. Bei der richtigen Höhe und Geschwindigkeit würde es die Erde auf genau die Art umkreisen, wie es die Statelliten heute tatsächlich tun. Im Jahre 1687 veröffentlichte er, von seinem Freund Edmund Halley ermutigt, ein Buch über seine Forschungen.

Halley (1656—1742) ist gleichfalls ein vertrauter Name geworden wegen seiner Fähigkeit, mit Newtons Gesetzen die Planetenbahnen zu berechnen. Er sagte voraus, daß ein Komet, den er und andere 1682 gesehen hatten, im Jahre 1758 wiederkommen würde. Als das geschah, wurden Newtons Gesetze bereitwillig von der wissenschaftlichen Welt angenommen. Der Komet, jetzt Halleyscher Komet genannt, ist der auf dem Teppich von Bayeux abgebildete. Wie Halley voraussagte, erscheint er regelmäßig. Das nächste Mal, 1986, werden auch wir die Möglichkeit haben, ihn zu sehen.

Während des 19. Jahrhunderts wurden bessere Fernrohre entwickelt. Refraktor-Teleskope wurden leistungsfähiger, als für hochqualifizierte Linsen Flintglas zur Verfügung stand, und gegen Ende des Jahrhunderts wurden in Amerika riesige Teleskope dieser Art gebaut. Da es nicht möglich war, Fernrohre mit Linsen von mehr als 101 cm Durchmesser zu bauen, wurden Reflektions-Teleskope entwickelt mit Spiegeln anstatt Linsen. Heute gibt es Teleskope mit Spiegeln von mehr als 5 Meter Durchmesser.

Fortschritte machte die Astronomie, als aus dem im zweiten Weltkrieg eingesetzten Radar riesige Radio-Teleskope entwickelt wurden, um Funkwellen von fernen Sternen aufzufangen, die mit dem Auge nicht mehr wahrnehmbar sind. Jetzt werden Radio-Teleskope benutzt, um Funksignale zu senden. Diese werden von Sonne, Mond, Planeten oder künstlichen Satelliten reflektiert und auf der Erde wieder empfangen. So kann man auch dem Weg der Flugkörper folgen, welche die Erde umkreisen, und mit ihnen Verbindung aufnehmen.

Mondoberfläche
Ein anderer früher Beobachter des Mondes war Johannes Hevelius (1611—1687). Er zeichnete die Oberfläche des Mondes (diese Karte entstand 1645), katalogisierte viele Sterne und studierte die Phasen des Saturn.

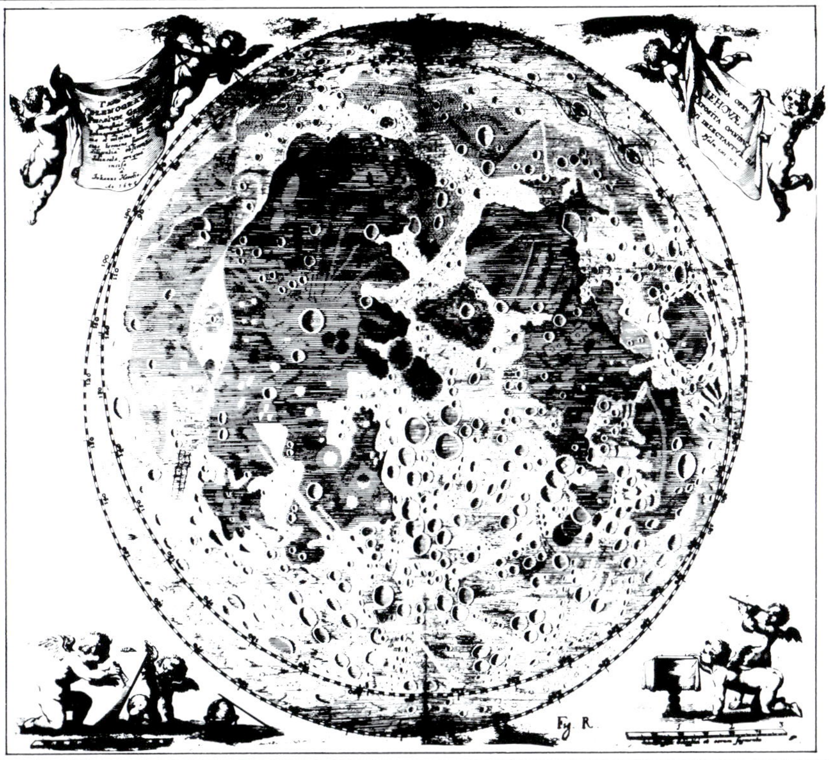

Himmelssystem
Dieses im Jahre 1733 von Thomas Wright gebaute Planetarium ist ein mechanisches Modell des Umlaufs der Planeten um die Sonne.

Radio-Teleskop
Das berühmte Radio-Teleskop von Jodrell Bank kurz vor der Fertigstellung im Jahre 1958. Im Vordergrund ein Modell des Bauwerks. Funkwellen aus dem Weltall werden auf den Mittelpunkt der riesigen Schale konzentriert.

Unsere Heimat die Erde

Obwohl seit den Tagen des Kolumbus die Kugelform der Erde feststeht, ist sie in Wirklichkeit an beiden Polen sanft abgeflacht, wie ein fester Gummiball, den man zwischen beiden Händen zusammendrückt. Diese Geoid genannte Form ist der Grund, daß der Durchmesser der Erde von Pol zu Pol 12 714 km, am Äquator jedoch 42 km mehr beträgt.
Wenn also die Erde eine Kugel ist, warum fallen dann die auf der anderen Seite lebenden Menschen nicht herunter? Warum kommt ein Ball, den man in die Luft wirft, immer wieder zurück? Der Grund ist die Anziehungskraft der Erde auf ihren Mittelpunkt zu, die wir Gravitation nennen. Ohne sie würde ein in die Luft geworfener Ball nicht zurückkommen. Und sogar die Luft würde in den Weltraum verströmen, uns keine Möglichkeit zum atmen lassen, so daß wir ersticken müßten.
Jedesmal wenn man sich selbst wiegt, so wiegt man in Wirklichkeit die Kraft der Gravitation. Gleichgültig wie schwer einer ist, er wird mit der gleichen Gegenkraft vom Mittelpunkt der Erde angezogen. Je weiter man sich vom Mittelpunkt der Erde entfernt, umso geringer wird das Gewicht, bis man schließlich im Weltraum schwerelos ist.

Dieses Gesetz der Schwerkraft ist sowohl auf der Erde als auch im Weltraum wirksam. Es besagt, daß ein schwerer Körper einen leichteren Körper anzieht, und die Anziehungskraft ist umso größer, je unterschiedlicher die beiden Massen sind. Offensichtlich hat die Erde eine weit größere Masse als ein Mensch und sogar als der größte Wolkenkratzer. Also werden beide durch die Schwerkraft auf der Erdoberfläche festgehalten. Und stets werden sie vom Mittelpunkt der Erde, dem Zentrum der Gravitation, angezogen.

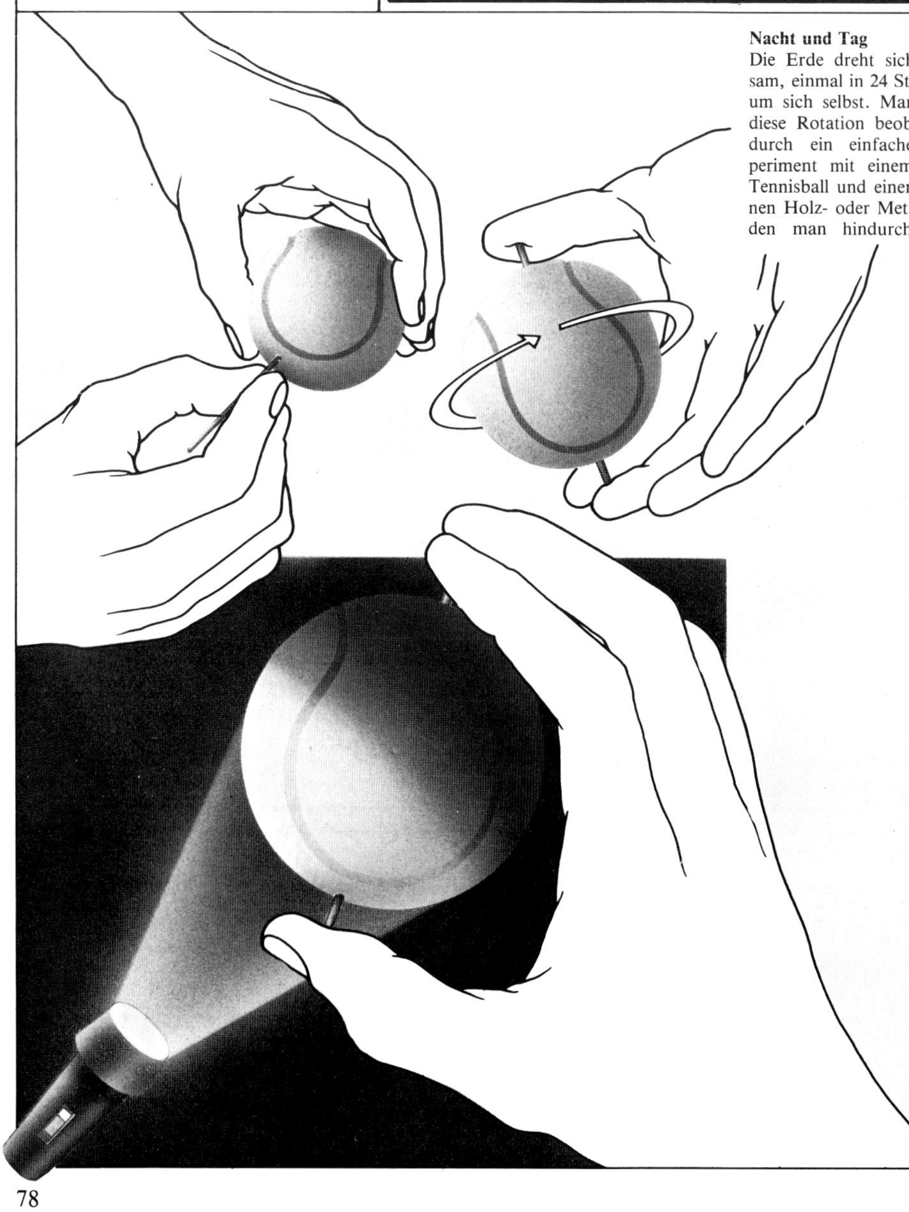

Nacht und Tag
Die Erde dreht sich langsam, einmal in 24 Stunden, um sich selbst. Man kann diese Rotation beobachten durch ein einfaches Experiment mit einem alten Tennisball und einem dünnen Holz- oder Metallstift, den man hindurchsteckt. Nimmt man die Enden des Stiftes so zwischen Daumen und Zeigefinger, daß der Ball sich drehen läßt und richtet mit der anderen Hand den Strahl einer Taschenlampe auf den Ball, so stellt diese die Sonne dar, der Ball die Erde. Man erkennt, daß immer nur eine Hälfte des Balles beleuchtet ist, nämlich die an der Sonnenseite. An der Stelle, die der Sonne genau gegenüber liegt, ist helles Tageslicht. Nach den Rändern der beleuchteten Halbkugel zu ist es dann weniger hell. Dort geht die Morgen- oder Abenddämmerung gerade über in den Tag oder die Nacht.

Die Umlaufbahn der Erde
Während sich die Erde um ihre Achse dreht, bewegt sie sich zugleich um die Sonne in einer bestimmten Bahn, die man den Orbit nennt. Sie hat die Gestalt eines etwas zusammengedrückten Kreises. Um den Vorgang anschaulich zu machen, läßt man über seinem Kopf einen an einer Schnur befestigten Ball kreisen. Es scheint, als strebe er im Flug vom Mittelpunkt des Kreises fort, und wenn man die Schnur losläßt, fliegt er in einer geraden Flugbahn davon.

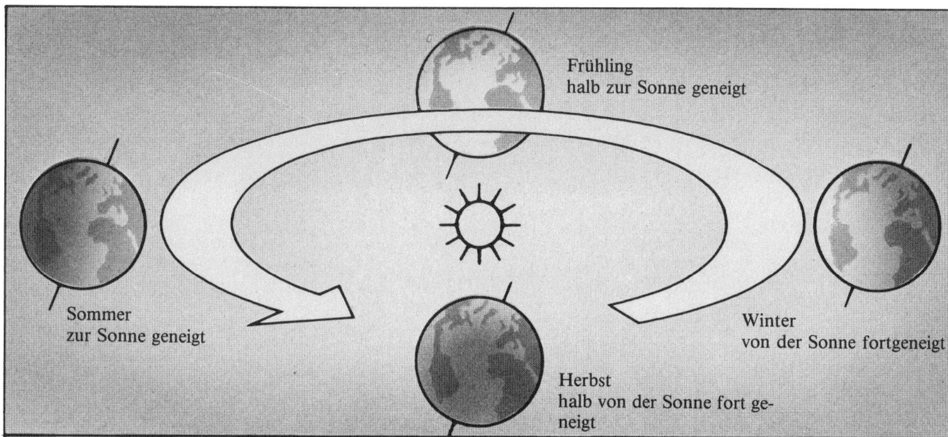

Die vier Jahreszeiten
Genau wie der Ball davonfliegt (s. S. 78), so würde auch die Erde nicht um die Sonne kreisen, sondern beliebig ins Weltall fliegen, wenn sie nicht von einer Kraft in der Umlaufbahn gehalten würde. Die Gravitationskraft der Sonne zieht die Erde an und hält sie auf ihrer Bahn.
Nehmen wir an, der Stift des durchstochenen Tennisballs stehe in dem selben Winkel, den die Erdachse zur Sonne einnimmt. Da sie diese Stellung während des ganzen Jahresumlaufs beibehält, können wir den Wechsel der Jahreszeiten nachahmen. Wenn der Teil der Erde, auf dem wir leben, schräg der Sonne zugeneigt ist, haben wir Sommer. Neigt er sich von der Sonne fort, so ist Winter. Der Frühling kommt, wenn die Achse anfängt, sich zur Sonne zu neigen, der Herbst, wenn sie sich im entsprechenden Winkel abzuneigen beginnt.

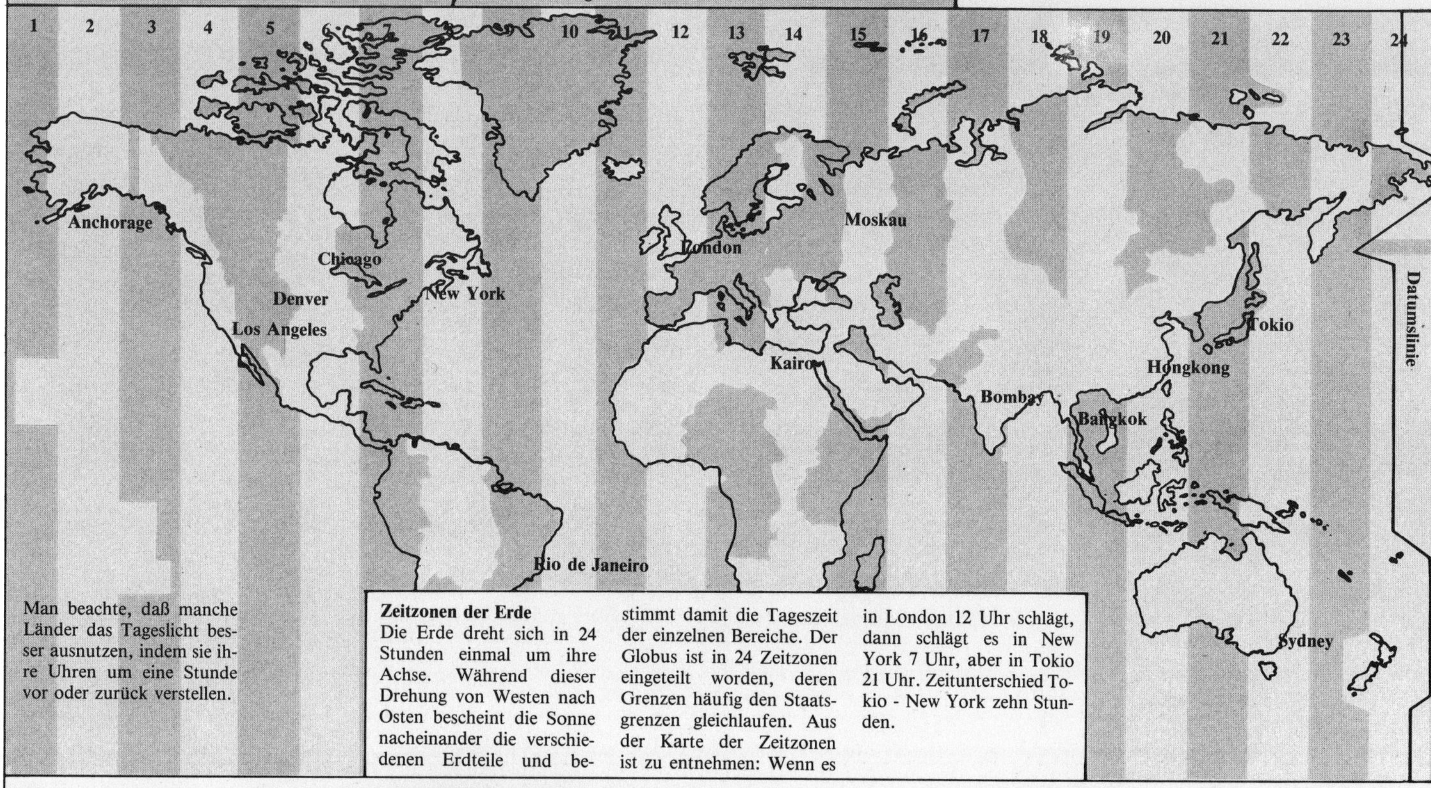

Man beachte, daß manche Länder das Tageslicht besser ausnutzen, indem sie ihre Uhren um eine Stunde vor oder zurück verstellen.

Zeitzonen der Erde
Die Erde dreht sich in 24 Stunden einmal um ihre Achse. Während dieser Drehung von Westen nach Osten bescheint die Sonne nacheinander die verschiedenen Erdteile und bestimmt damit die Tageszeit der einzelnen Bereiche. Der Globus ist in 24 Zeitzonen eingeteilt worden, deren Grenzen häufig den Staatsgrenzen gleichlaufen. Aus der Karte der Zeitzonen ist zu entnehmen: Wenn es in London 12 Uhr schlägt, dann schlägt es in New York 7 Uhr, aber in Tokio 21 Uhr. Zeitunterschied Tokio - New York zehn Stunden.

Weltzeituhr
Die Zeitzonen sind auch von der obigen Weltzeituhr abzulesen. Man kann sie sich selbst machen, indem man die Zeichnung auf steifes Papier überträgt und ausschneidet. Die eigene Zeitzone wird mit einem Farbstift hervorgehoben. Man entfernt das Glas von einem alten Wecker, steckt den Minutenzeiger durch das mittlere Loch der Scheibe und befestigt diese auf dem Stundenzeiger wie in der Abbildung, wobei man darauf achtet, daß er genau unter der eigenen Zeitzone liegt. Im Uhrzeigersinn gelesen sind die Orte westlich von Greenwich, gegen den Uhrzeigersinn die Orte ostwärts.

Das Teleskop

Es gibt zwei Arten von Fernrohren, solche mit Lichtbrechung und solche mit Spiegelung. Brechungsteleskope sind die gebräuchlichsten und fanden etwa um 1610 zum erstenmal praktische Verwendung durch Galilei.
Ein einfaches Lichtbrechungs-Teleskop (s. Zeichnung unten) besteht aus einem Rohr mit einer Konvexlinse am einen und einer Vergrößerungslinse am anderen Ende. Die Konvexlinse nennt man Objektiv, die andere Okularlinse. Das Objektiv sammelt das Licht des betrachteten Gegenstands und bildet innerhalb des Rohrs ein kleines Bild, das dann durch das Okular vergrößert wird. Um ein scharfes Bild zu erhalten, muß man die Linsen in einen bestimmten Abstand zueinander bringen.
In modernen Fernrohren werden die einfachen Linsen durch eine Kombination aus zwei oder mehr Linsen ersetzt. Das geschieht, weil die Einzellinse wie ein Prisma wirkt und Farbränder in das Bild bringt, die durch eine Kombinationslinse beseitigt werden.
Im Jahre 1663 schlug James Gregory vor, statt der Linsen Spiegel zu verwenden, und Isaac Newton gelang es fünf Jahre später, das erste brauchbare Reflektions-Teleskop herzustellen.
Das Prinzip, nach dem dieser Typ arbeitet, erkennt man aus der Zeichnung. Der konkave Spiegel sammelt das Licht, das vom betrachteten Objekt ausgeht, und reflektiert es auf einen ebenen Spiegel. Dieser Spiegel wirft das Licht und damit das Bild durch eine seitliche Öffnung der Röhre ins Okular, wo das Bild vergrößert wird. Reflektions-Fernrohre haben weniger Probleme mit Verzerrungen, die meisten großen Observatoriums-Teleskope sind nach diesem Prinzip gebaut.

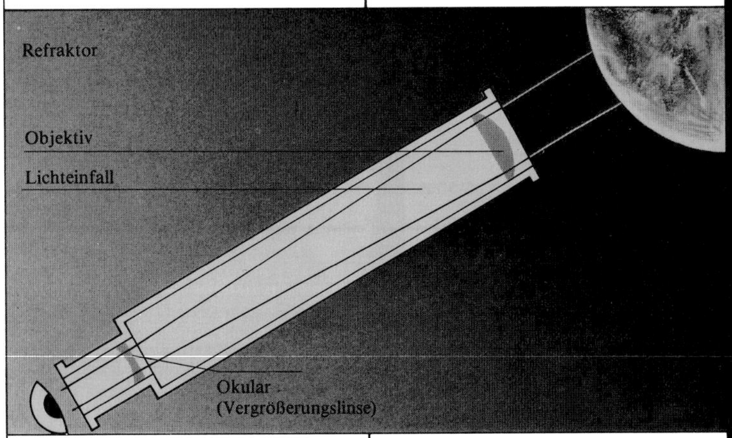

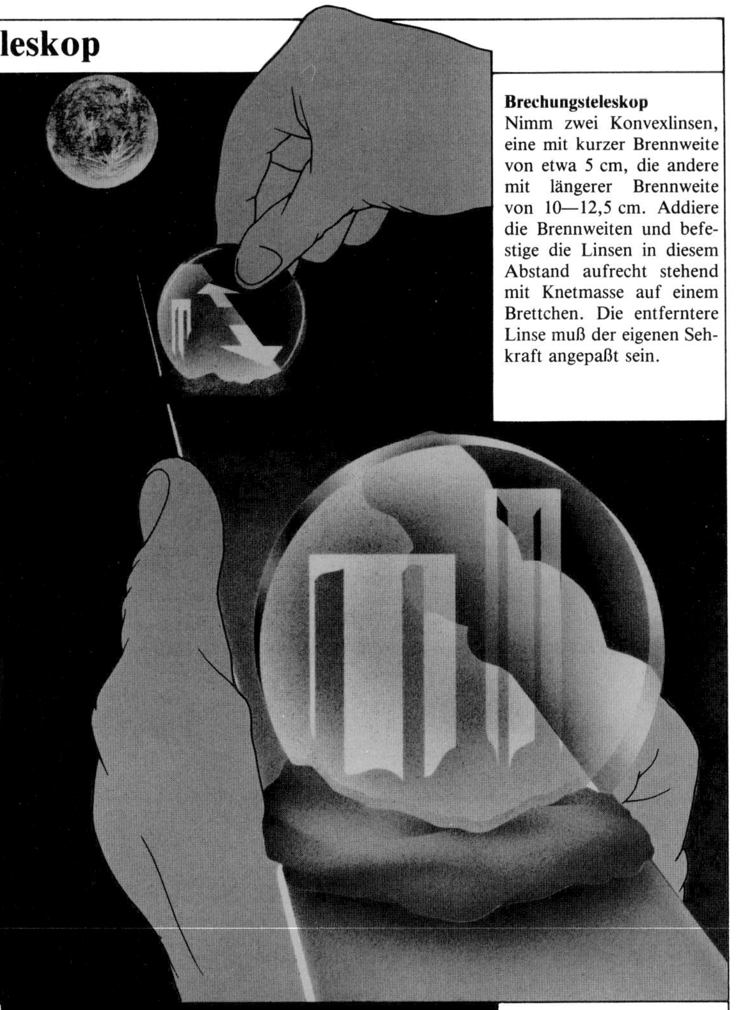

Brechungsteleskop
Nimm zwei Konvexlinsen, eine mit kurzer Brennweite von etwa 5 cm, die andere mit längerer Brennweite von 10—12,5 cm. Addiere die Brennweiten und befestige die Linsen in diesem Abstand aufrecht stehend mit Knetmasse auf einem Brettchen. Die entferntere Linse muß der eigenen Sehkraft angepaßt sein.

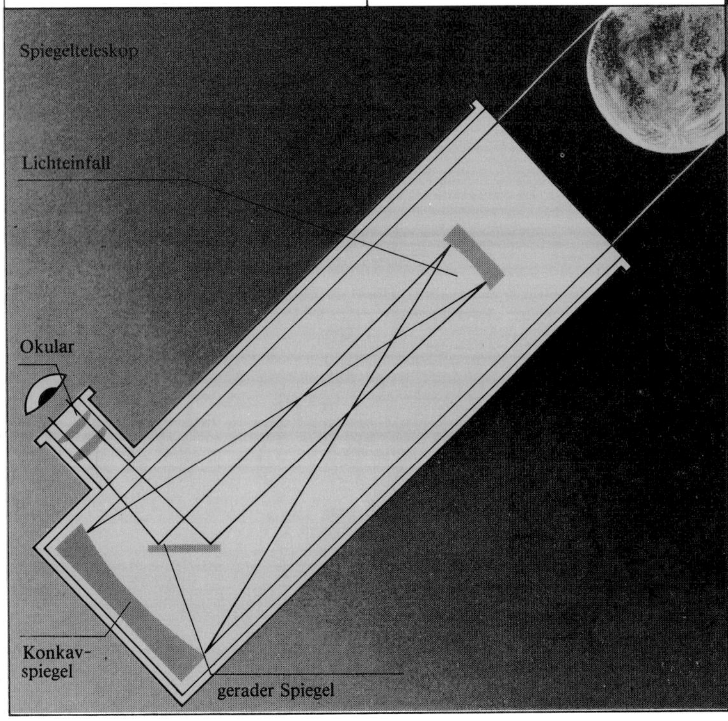

Spiegelteleskop
Stelle einen Rasierspiegel so auf, daß er den Mond spiegelt. Halte einen ebenen Spiegel so, daß du den Rasierspiegel darin sehen kannst, den Mond mitten darin. Betrachte das Bild in dem ebenen Spiegel nun mit einem Vergrößerungsglas und du wirst ein vergrößertes Bild des Mondes sehen.

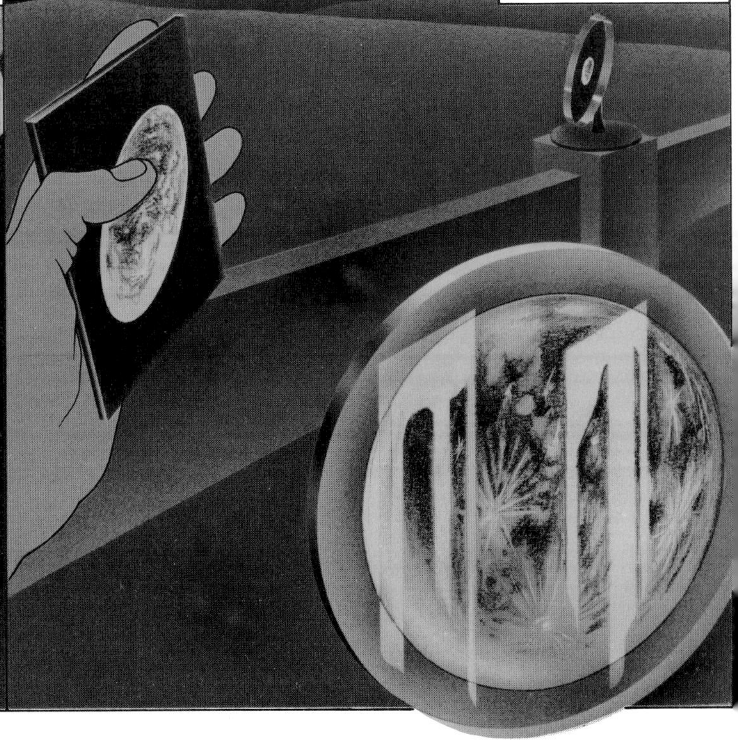

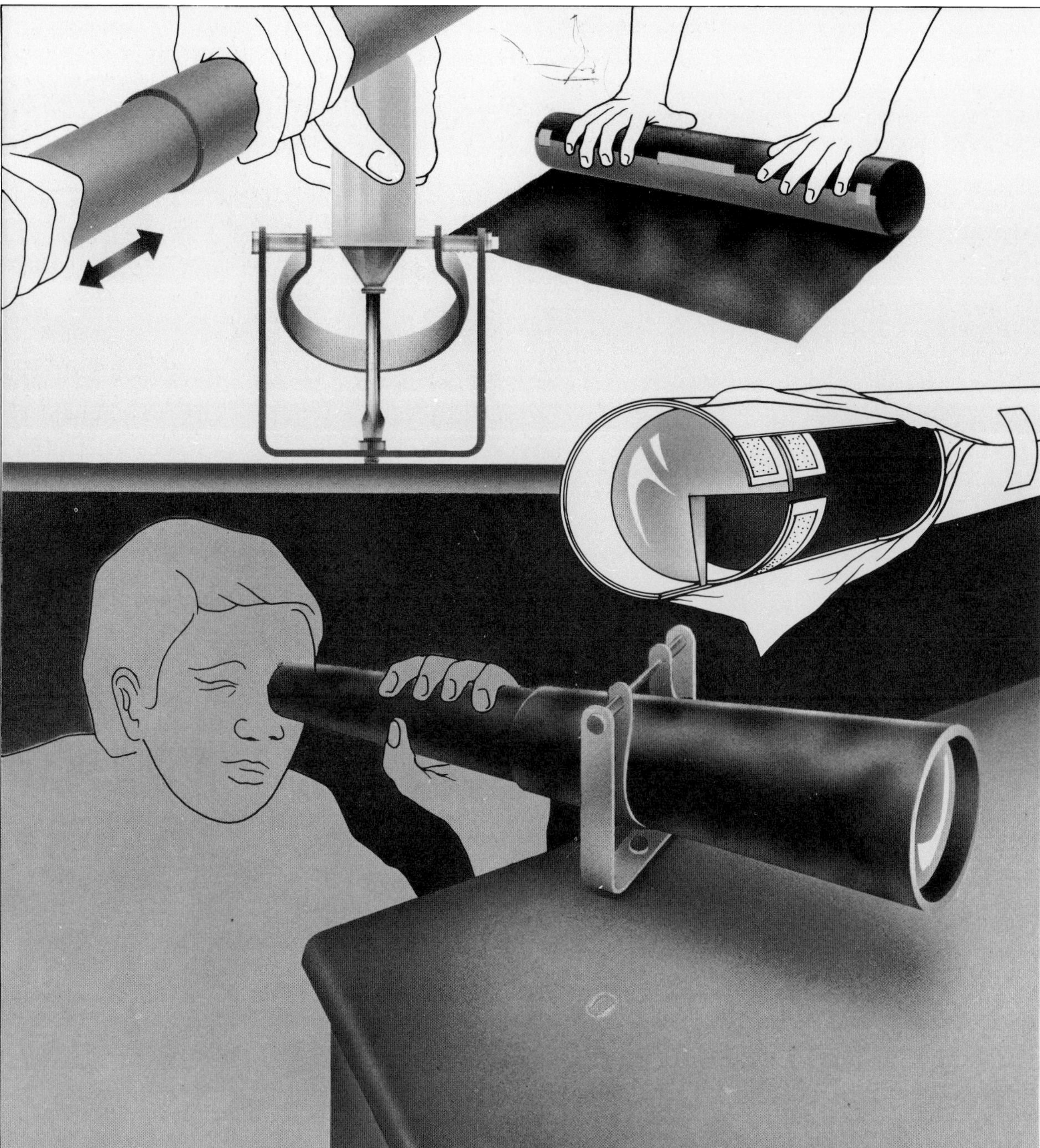

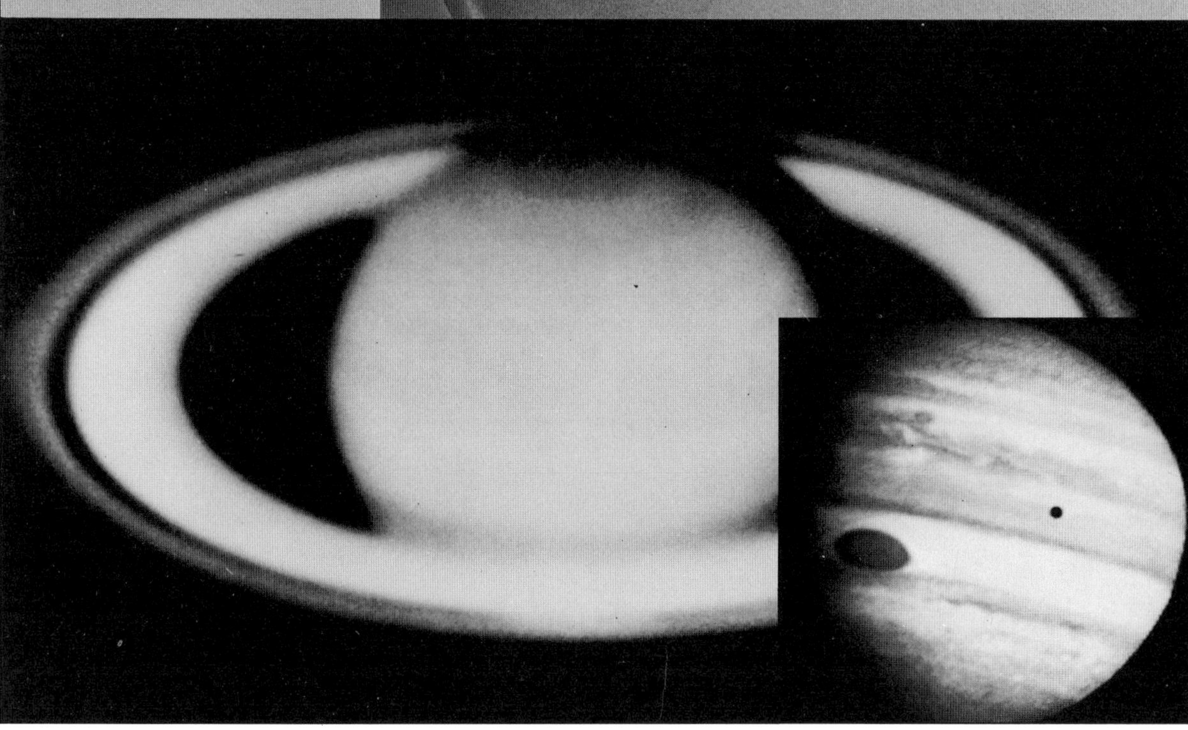

Dein verbessertes Fernrohr

Du kannst dir ein dauerhafteres Fernrohr machen, indem du die benötigten Linsen zuvor in einer Kombination aus zwei Pappröhren befestigst. Diese werden innen schwarz gestrichen und außen mit einer Plastikfolie beklebt, um sie vor Feuchtigkeit zu schützen, wenn sie außerhalb des Hauses gebraucht werden. Die dünnere Linse soll denselben Durchmesser haben wie die dickere Röhre und wird an einem Ende derselben mit aufgeklebten Pappstreifen befestigt. Die dünnere Röhre muß sich bequem in der dickeren hin und her schieben lassen. Die dickere Linse für das Okular wird am äußeren Ende der kleineren Röhre befestigt und zwar genau parallel der vorderen Linse. Nun muß das Teleskop noch befestigt werden, damit das Bild nicht wackelt. Kaufe eine Röhrenklammer und einen einfachen Metallbügel wie links zu sehen und befestige ihn auf einem soliden Tisch. Ziehe die Schraube nicht fest an, so kannst du dein Fernrohr horizontal und vertikal schwenken. Falls du wirklich Interesse an der Astronomie gewinnst, kannst du natürlich bessere Linsen kaufen oder einen Bausatz für Bastler oder ein fertiges Fernrohr aus zweiter Hand. Niemals direkt in die Sonne sehen, Brillenträger sollten die Brille vor Gebrauch des Fernrohrs abnehmen. Der Mond und die näheren Planeten sind für Amateur-Beobachter besonders dankbare Objekte. Die Planeten können nur an feststehenden Tagen in bestimmten Positionen beobachtet werden, und du solltest dir zuerst eine Sternenkarte für dein Heimatgebiet ansehen. Viele Zeitungen veröffentlichen jeden Monat eine solche Karte.

Jupiter (links vorne) verbirgt sich stets hinter einer wunderbar gestreiften Wolke, aber du kannst vier von seinen dreizehn Monden erkennen. Saturn, der schönste von allen (links hinten), ist von einem breiten Band umgeben, das aus drei Ringen von Eiskristallen besteht.

Der Mond

Der Mond, unser nächster Nachbar, ist annähernd 385 000 km entfernt. Genau wie sich die Erde um die Sonne bewegt, dreht sich der Mond in einer fast kreisförmigen Bahn um die Erde, deren Schwerkraft ihn fesselt. In 27 1/3 Tagen kreist er einmal um die Erde herum.
Eine Seite des Mondes bekommen wir niemals zu sehen. Stets bleibt uns dieselbe Mondseite zugekehrt, weil sich der Mond in genau derselben Zeit, die er für eine Umrundung der Erde braucht, auch einmal um seine eigene Achse dreht. Man kann das nachmachen, indem man um einen Stuhl herumgeht und ihm dabei ständig das Gesicht zuwendet: einmal dreht man sich um den Stuhl und einmal um sich selbst.

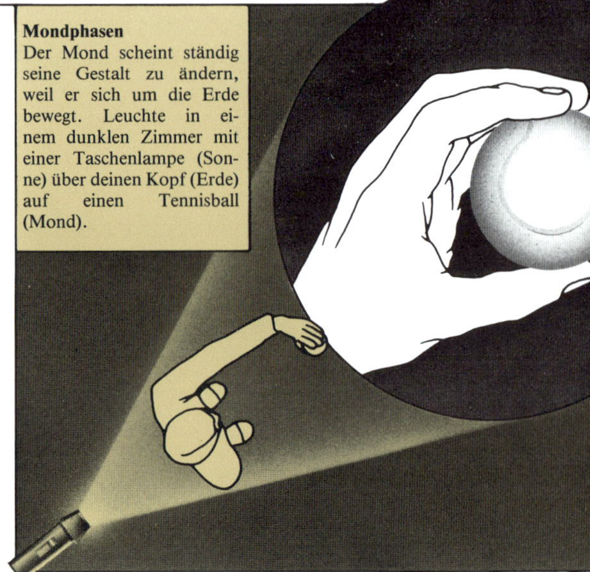

Mondphasen
Der Mond scheint ständig seine Gestalt zu ändern, weil er sich um die Erde bewegt. Leuchte in einem dunklen Zimmer mit einer Taschenlampe (Sonne) über deinen Kopf (Erde) auf einen Tennisball (Mond).

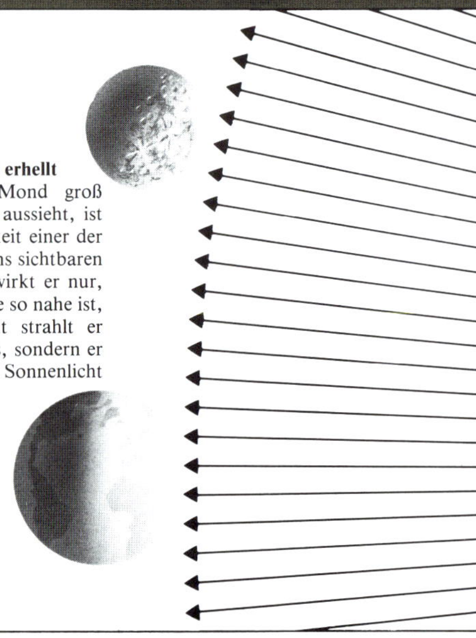

Von der Sonne erhellt
Obwohl der Mond groß und leuchtend aussieht, ist er in Wirklichkeit einer der kleinsten für uns sichtbaren Sterne. Groß wirkt er nur, weil er der Erde so nahe ist, und sein Licht strahlt er nicht selbst aus, sondern er reflektiert nur Sonnenlicht zur Erde.

Die Sonne

Selbstleuchtende Sterne bestehen aus einem Gas, das so heiß ist, daß sie mit ihrem eigenen Licht leuchten und nicht das Licht anderer Sterne reflektieren wie der Mond. Tausende von Sternen können wir mit dem bloßen Auge sehen und Millionen mit dem Teleskop. Unser nächster Stern ist die Sonne, um die sich die Erde zusammen mit acht weiteren Planeten bewegt. In der Reihenfolge ihres Abstands von der Sonne heißen sie Merkur (der Sonne am nächsten), Venus, Erde, Mars, Jupiter, Saturn, Uran, Neptun und Pluto.
Die Planeten, deren Bezeichnung von dem griechischen Wort für ,,Wanderer" abgeleitet ist, bewegen sich ungefähr in Kreisbahnen. Sie haben selbst weder Licht noch Wärme, sondern empfangen beides von der Sonne. Wir sehen die anderen Planeten von der Erde aus nur als leuchtende Sterne, weil sie das auf sie einstrahlende Sonnenlicht reflektieren. Auch die Erde sieht aus wie ein leuchtender Stern (s. S. 78), wenn man sie vom Weltraum aus betrachtet.
Obwohl alle Planeten feste Umlaufbahnen haben, die in sich selbst zurückkehren, ist die Form dieser Bahnen sehr unterschiedlich. Merkur zum Beispiel bewegt sich in Abständen von 47 Millionen km beim kleinsten Abstand bis zu 69 Millionen km beim größten Abstand um die Sonne. Pluto ist am eigenwilligsten, und an einem Punkt tritt er sogar in die Umlaufbahn des Neptun, allerdings in einer Konstellation, die einen Zusammenstoß ausschließt.

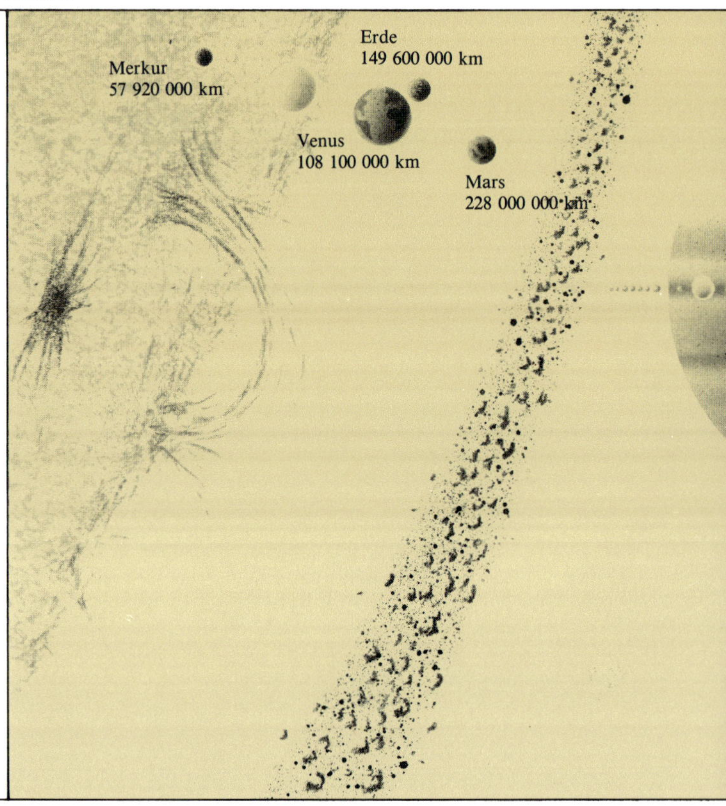

In der ersten Stellung (links) ist die Hälfte des Balles auf der uns zugekehrten Seite beleuchtet und stellt den Vollmond dar. Jetzt mache eine Vierteldrehung, so daß du seitlich zur Lampe stehst. Jetzt siehst du nur noch die Hälfte des Balles angeleuchtet: Halbmond.

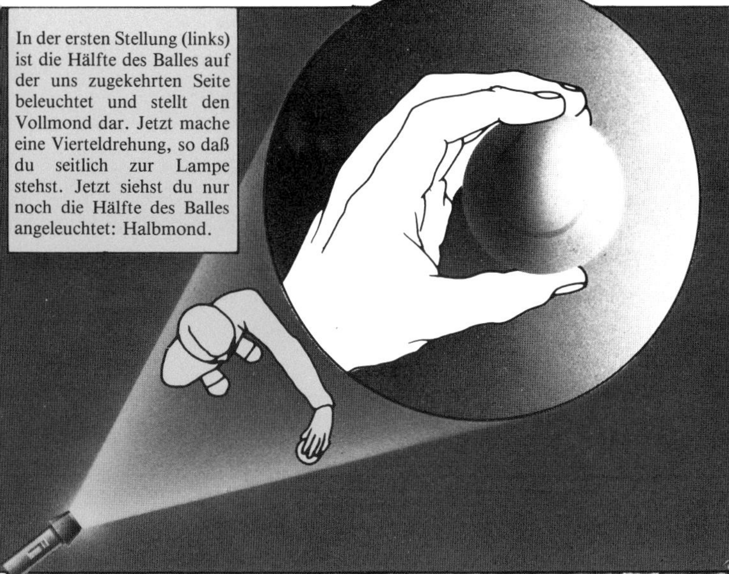

Nun eine weitere Vierteldrehung, Blickrichtung Lampe. Die uns zugekehrte Seite des Balles ist dunkel, das Stadium, in dem der Mond von der Erde aus nicht sichtbar ist. Diese Wandlungen vollziehen sich in vier Wochen oder einem Mond-Monat.

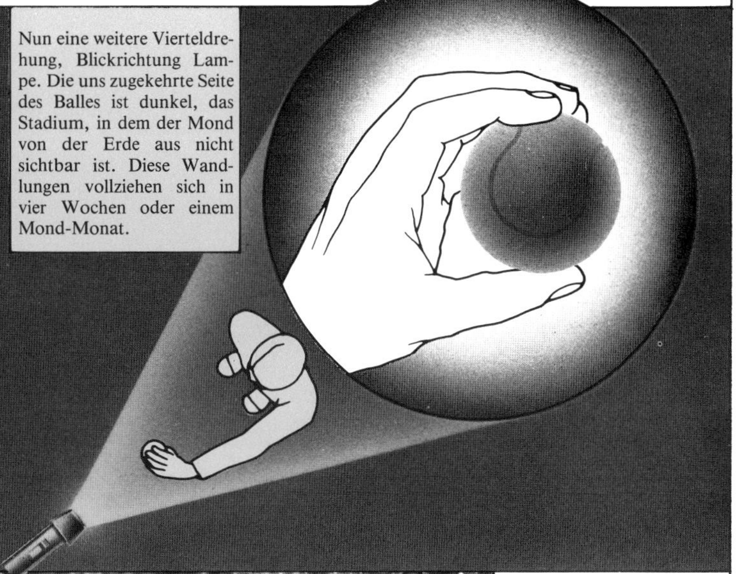

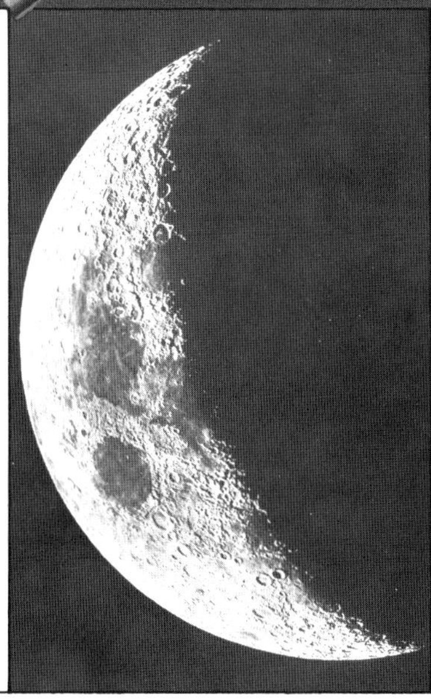

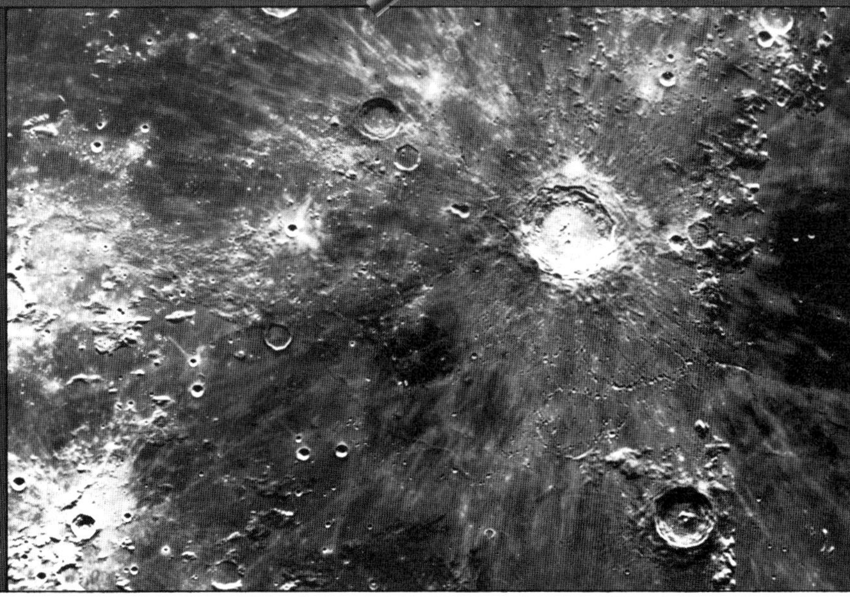

Ansichten vom Mond
Das Mondphoto links hinten zeigt ihn in der zunehmenden Phase, wenn fast dreiviertel seiner Oberfläche im Dunklen liegen. Die beiden dunklen Flecken sind „Seen", der obere der See der Fruchtbarkeit (Mare Fecunditatis), der untere der See der Krisen (Mare Crisium).
Das Bild links vorn zeigt den großen Kopernikus-Krater. Er hat die Form eines Tellers mit abgestuften Mauern ringsum und einem Durchmesser von 90 km. Seine Tiefe ist schwer zu ermitteln, auf jeden Fall aber über 3 050 m. Kopernikus liegt auf der Westseite des Mondes.

Das Sonnensystem
Diese Abbildung zeigt die Planeten in ihren Stellungen zu einander und in ihren mittleren Abständen von der Sonne.

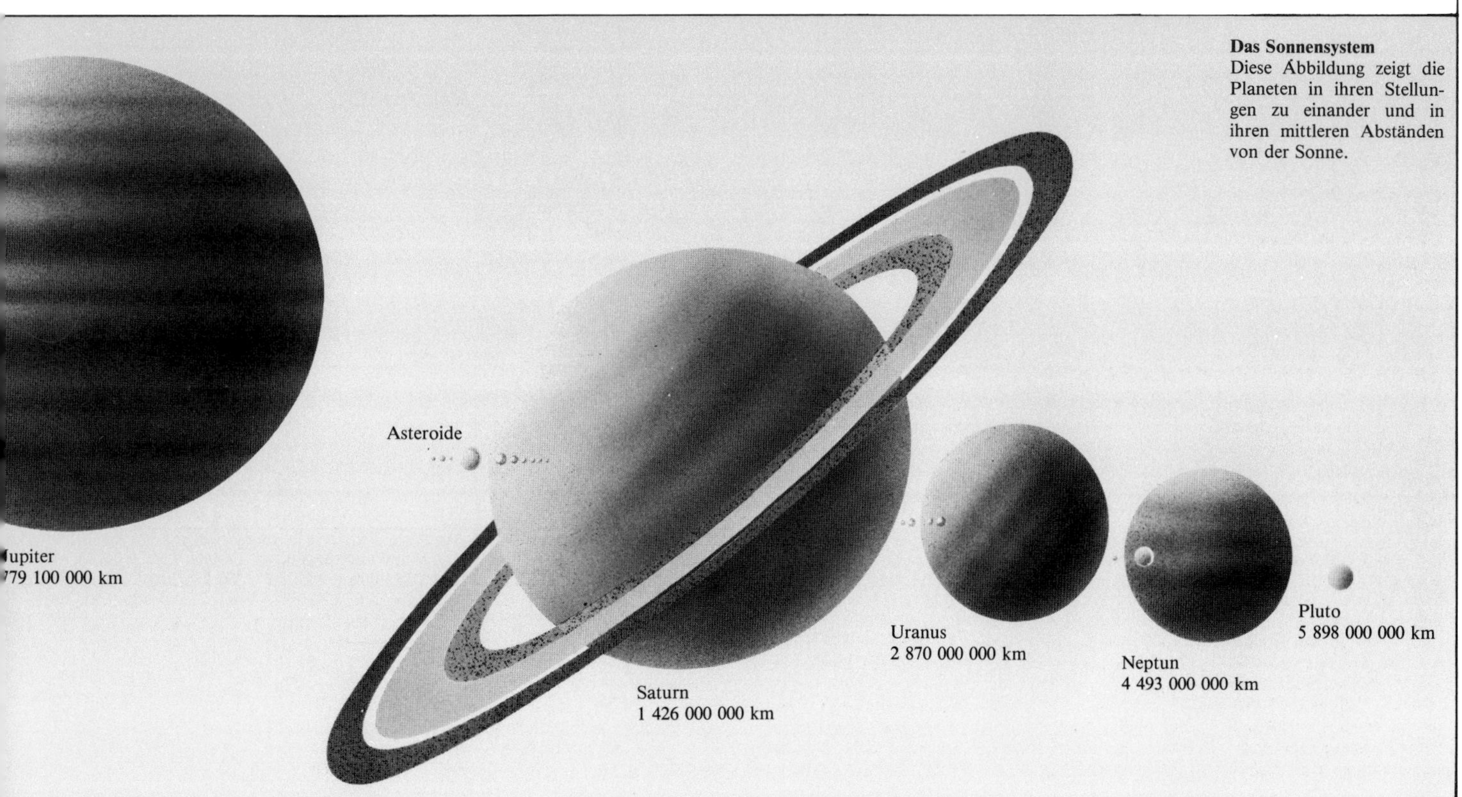

Mache eine Sonnenuhr
Die einfachste Sonnenuhr kann man sich aus einem umgestülpten Blumentopf machen und einem Stock, der etwa zweimal so lang ist wie der Blumentopf hoch. Stecke das Holz in das Loch am Boden des Blumentopfes und stelle das Ganze in die Sonne. Mit der Bewegung der Sonne wandert der Schatten des Stockes über den Rand des Blumentopfes. Markiere nach je einer Stunde die Richtung des Schattens. Wenn die Markierung vollständig ist, bist du in der Lage, immer die Zeit abzulesen — falls die Sonne scheint.

Die Kompaßuhr
Mit dem Sonnenstand, deiner Armbanduhr und einem abgebrannten Streichholz ist es jederzeit möglich, einen einfachen Kompaß zu machen, mit dem man die vier Himmelsrichtungen feststellen kann. Man hält die Armbanduhr waagrecht und läßt den Stundenzeiger auf die Sonne gerichtet. Dann halbiert man den Abstand zwischen Stundenzeiger und der Zwölf mit dem Streichholz, dann deutet das Ende dieses Streichholzes nach Süden. Am Vormittag ist der Abstand zwischen Stundenzeiger und zwölf vorwärts gezählt zu halbieren, nachmittags nimmt man den Abstand von der Zwölf zum Stundenzeiger, gleichfalls im Uhrzeigersinne gezählt.

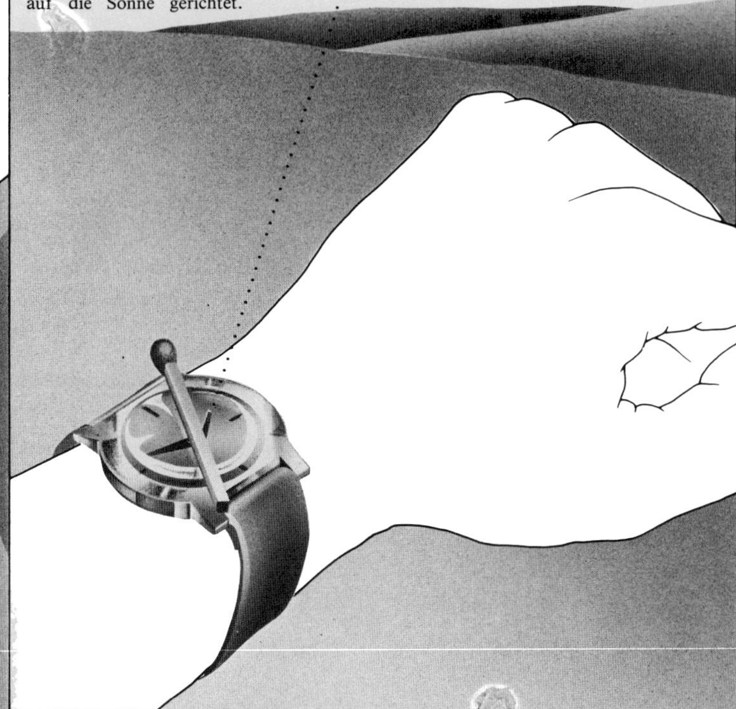

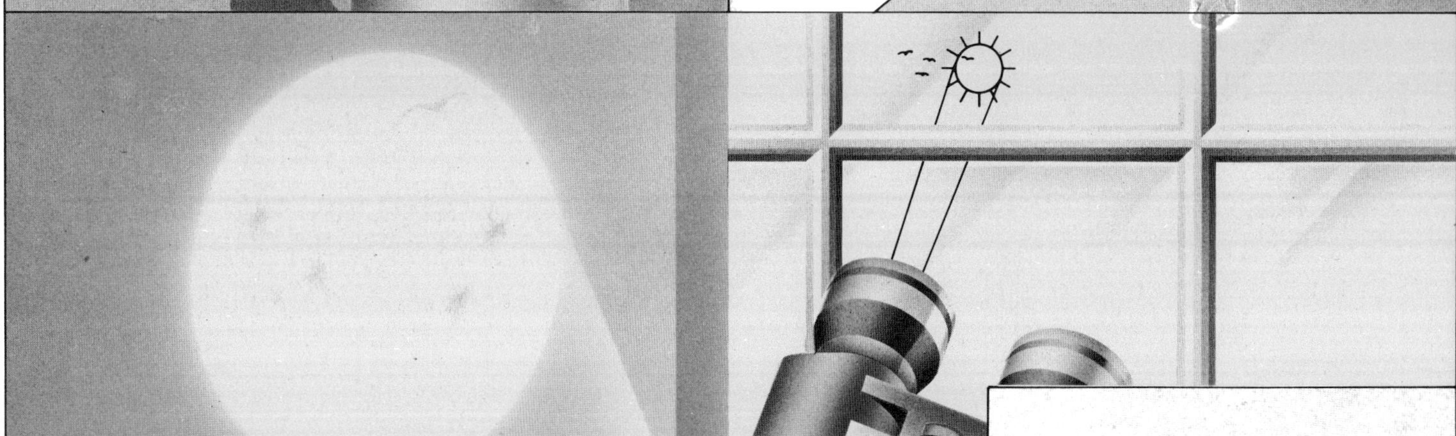

Das Bild der Sonne
Die Sonne ist offensichtlich sehr heiß, denn sie erwärmt und beleuchtet die Erde noch über einen Abstand von 150 Millionen Kilometer. Tatsächlich leuchtet sie so stark, daß es gefährlich ist, sie durch ein Fernrohr zu betrachten, man gebrauche denn einen Spezialfilter. Es gibt eine einfache Methode, sie indirekt zu betrachten. Richte ein Fernrohr auf die Sonne und bewege ein Stück weißen Karton so vor dem Okular hin und her, bis die Umrisse der Sonne als ein scharf umrissener weißer Kreis auf dem Papier abgebildet werden. Man kann auch eine Abbildung der Sonne gewinnen, indem man am Okular des Teleskops oder an einem Okular eines Doppelglases einen Spiegel befestigt. Die Stellung des Spiegels muß solange verändert werden, bis er ein Bild der Sonne auf die gegenüberliegende Zimmerwand wirft. Sobald das Bild scharf ist, verdunkelt man das Zimmer, um klarer zu sehen. Wenn die Vergrößerung ausreicht, sieht man nicht allein Vögel und Wolken vor der Sonne vorbeiziehen, man erkennt auch Sonnenflecken. Diese dunklen Stellen sind geheimnisvolle Erscheinungen auf der Oberfläche der Sonne, die nur ein paar Tage oder Wochen bleiben und dann wieder verschwinden. Wer die Flecken auf seinem Sonnenbild mehrere Tage lang beobachtet, wird sehen, daß sie sich langsam fortbewegen. Dies ist ein Beweis dafür, daß sich auch die Sonne um ihre Achse dreht. 27 Tage braucht sie für eine Umdrehung, was sich aber auf der Erde nicht auswirkt, da die Sonne auf allen Seiten die gleiche Strahlungskraft hat.

Die Sterne

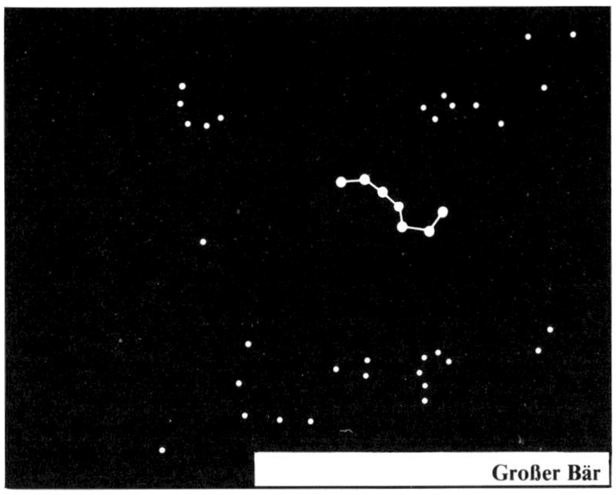

Großer Bär

Großer Bär
Ursa Major, ein bekanntes Sternbild, das man in nördlichen Breiten beobachten kann. Es ist leicht zu finden, die sieben glänzendsten Sterne bilden den berühmten Pflug.

Orion
Von jedem Punkt der Erde aus sichtbar. Zu seinen stark leuchtenden Sternen gehören Beteigeuze und die drei Gürtelsterne Mintaka, Alnilam und Alnitak.

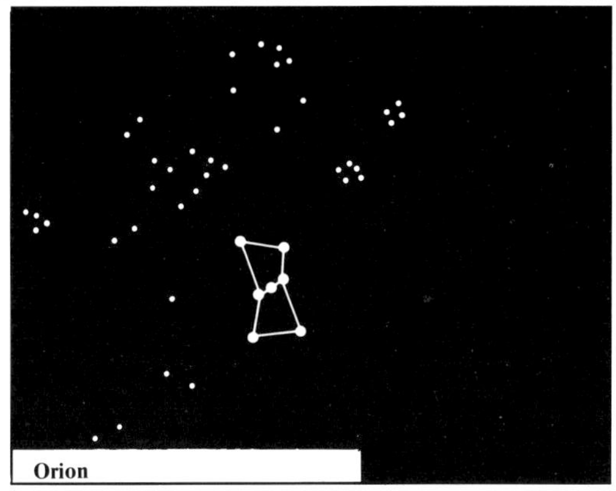

Orion

Cygnus

Cygnus
Der Schwan, von Europa und Nordamerika aus sichtbar. Der Stern Deneb bildet einen Arm am berühmten Kreuz des Nordens, das zu dieser Gruppe gehört.

Pegasus
Eine ausgedehnte Konstellation der nördlichen Hemisphäre. Ihre vier Hauptsterne leuchten stark und bilden das Quadrat des Pegasus.

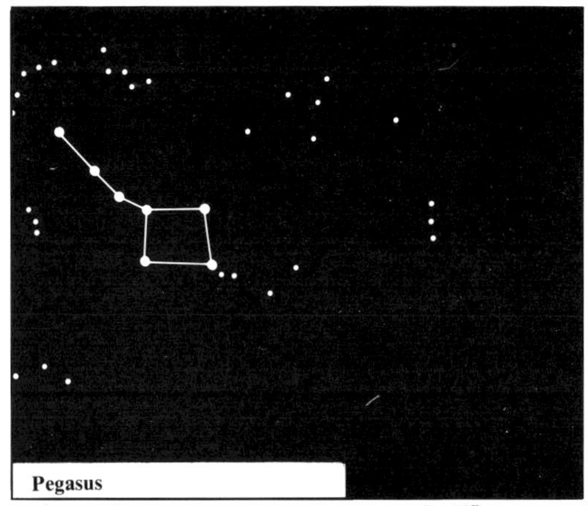

Pegasus

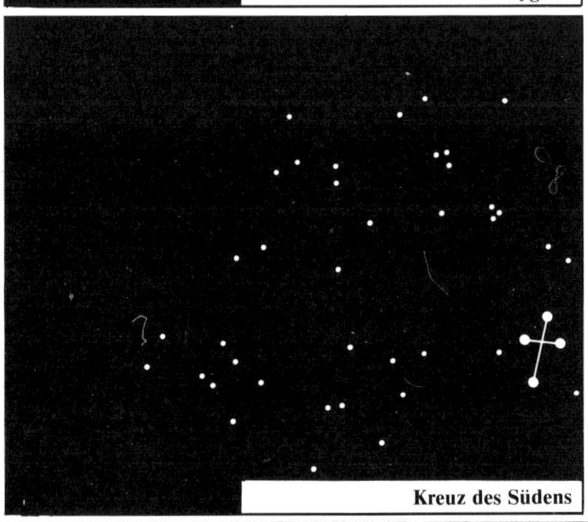

Kreuz des Südens

Kreuz des Südens
Die bekannteste Gruppe der südlichen Hemisphäre, deren vier hellste Sterne ein Kreuz bilden. Von Europa aus nicht sichtbar.

Grus
Kranich, eine andere Gruppierung im Süden, die von Europa aus nicht zu sehen ist, obwohl die Europäer den benachbarten Eridanus noch sehen können.

Gus

In klaren Nächten ist der Himmel wie mit Sternen übersät. Es heißt, mit bloßem Auge seien deren 2 500 zu erkennen, aber mit den besten astronomischen Teleskopen entdeckt man einige Millionen. Überraschend ist nun, daß es Sterne gibt, die auch im Teleskop nicht mehr sichtbar sind, auf photographischen Platten jedoch ihre Spur hinterlassen. Je länger man den Verschluß öffnet, umso mehr Sterne erscheinen auf dem Bild.
Sterne sind Ballungen heißer Gase, die Licht und Hitze verströmen. Sie scheinen zu zwinkern, obwohl sie ihr Licht gleichmäßig abstrahlen. Wenn diese Lichtstrahlen aber die Erde erreichen, müssen sie in der Atmosphäre Schichten heißer oder kalter Luft durchdringen. Daher scheint das Sternenlicht unbeständig zu sein. Man teilt die Sterne in 88 Gruppen auf, die man Konstellationen nennt. Wer sich mit ihnen vertraut machen will, geht am besten nachts mit dem selbstgemachten Stern-Betrachter nach draußen. Man überträgt ein Sternbild aus einer Sternkarte auf durchsichtiges Papier, klebt dieses auf einen Karton, macht an der Stelle eines jeden Sterns ein Loch in die Karte und schreibt den Namen des Sternbilds hinzu. Ist man nun in einer klaren Nacht unterwegs, so hält man eine Taschenlampe unter die Karte und sieht nun das Sternbild als lauter Lichtflecken.

Der Zodiakus
Wenn man eine Sternenkarte des ganzen Himmels betrachtet, wie sie von manchen Zeitungen monatlich veröffentlicht werden, so liest man Namen wie Fische, Löwe, Widder, die Zeichen des Tierkreises, die mit den einzelnen Abschnitten des Jahres verbunden sind. Vor Hunderten von Jahren haben Astronomen erstmals das Wort Zodiakus benutzt, um den Fixsternbereich zu kennzeichnen, den Sonne, Mond und Planeten während des ganzen Jahres durcheilen. Sie teilten den Zodiakus in zwölf gleiche Teile und gaben jedem Teil ein eigenes Zeichen. Unten ist das Band des Zodiakus abgebildet. Der Weg der Sonne, den man Ekliptik nennt, ist als gestrichelte Linie angedeutet.

Nordstern
Der wichtigste Stern der nördlichen Hemisphäre ist Polaris, der Nord- oder Polarstern. Man kann ihn an jedem klaren Abend sehen als Teil einer Gruppe, die Kleiner Bär heißt. Eine gedachte Linie durch die beiden vorderen Sterne des Pflugs im Großen Bären deutet direkt auf den Nordstern. Vom Pflug aus gesehen befindet sich auf der anderen Seite des Polarsterns ein aus fünf leuchtenden Sternen gebildetes großes „W", die Kassiopeia. Blickt man durch ein Fernrohr auf den Nordstern, so erkennt man als zwei Sterne, was dem bloßen Auge als einzelner Stern erscheint. Sie stehen eng beisammen. Ein anderer Doppelstern ist leicht zu finden in der Konstellation Großer Bär. Wahrscheinlich erkennt man auch ohne Fernrohr einen kleinen Stern, der auf einem größeren, dem zweiten in der Deichsel, zu reiten scheint.

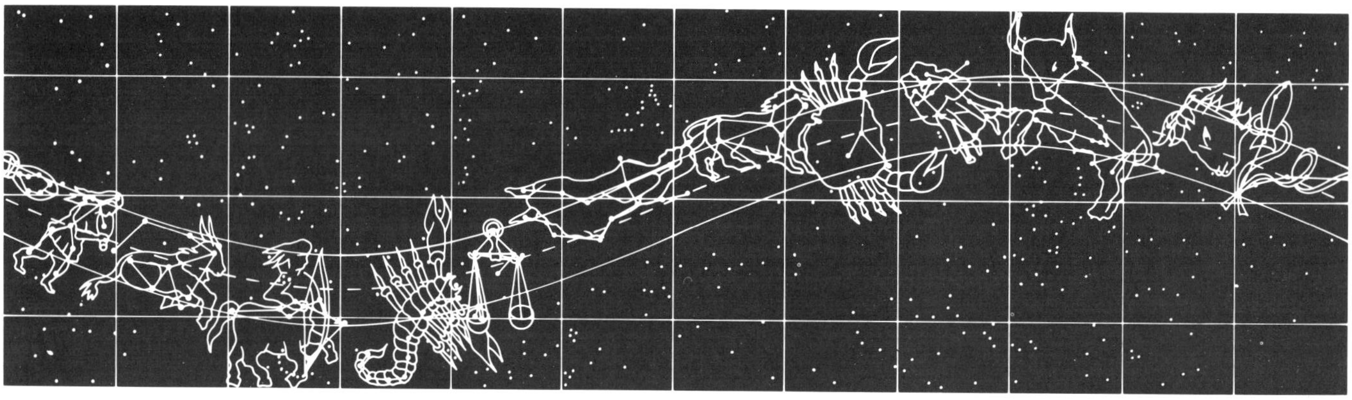

Sternphotographie
Einige Sterne sind in den nördlichen Breiten immer zu sehen. Man nennt sie zirkumpolar, weil sie langsam um den Nordstern zu kreisen scheinen. Diese Bewegung kannst du photographisch festhalten. Stelle eine Kamera mit Stativ auf und richte sie so auf den nördlichen Himmel, daß du den Polarstern mitten im Sucher hast. Es muß eine klare Nacht sein mit vielen Sternen, aber ohne Mond oder von irgendwelchen Lampen einfallendes Licht. Stelle die Entfernung auf unendlich, öffne den Verschluß und laß ihn etwa drei Stunden offen. Du erhältst ein faszinierendes Bild des dunklen Himmels mit den Sternenbahnen darin als feine Kreislinien.
In Wirklichkeit sind es aber nicht die Sterne, die sich um den Nordstern drehen. Die Bewegung kommt zustande, weil die Kamera auf der Oberfläche der Erde steht, die sich um ihre eigene Achse dreht. Das Photo spiegelt die Erdrotation.

Kometen
Kometen erzeugen flammende Lichteffekte und können oft Monate lang ohne Unterbrechung beobachtet werden. Der berühmte Halleysche Komet (rechts), der 76 Jahre braucht, um einmal um die Sonne zu kreisen, wird 1986 wieder erscheinen. Er ist der einzige stark leuchtende Komet, der eine so kurze Umlaufzeit hat.

Das Wetter

Obwohl die Menschen das Wettergeschehen immer schon mit großem Interesse verfolgt haben, begannen sie erst im 17. Jahrhundert damit, es wissenschaftlich zu erforschen. Früher glaubte man, daß die Götter das Wetter machten. Von Zeus glaubte man zum Beispiel, er sei der Beherrscher der Winde und er werfe die Donnerkeile.
Und doch waren es die Griechen, die die Meteorologie, die Wissenschaft vom Wetter, begründeten. Das erste Buch, das vom Wetter handelte, war des Aristoteles Buch „Meteorologia", das er im 4. Jahrhundert vor Christus schrieb. Bis zum Beginn unseres Jahrhunderts stützten sich Wettervorhersagen vor allem auf das Verhalten von Barometern und die Beobachtungen der Wolken. Das Auftauchen von Zirruswolken — den sogenannten Federwolken — oben am Himmel kann das Herannahen eines Tiefdruckgebietes anzeigen. Und es gibt viele alte Bauernregeln, auf die man sich immer — zumindest für kurze Zeiträume — verlassen kann.
Doch langfristige Wettervoraussagen sind ein sehr schwieriges Gebiet, das die Wissenschaftler noch nicht beherrschen.
Meteorologen können ihre Voraussagen nicht mit der gleichen Sicherheit machen wie etwa die Berechnungen der Astronomen, da auf das Wetter ganz verschiedene Kräfte einwirken.
Schon den Forschern des 17. Jahrhunderts war bekannt, daß sich die Luft in einer flachen Schicht um die Erde bewegt, wobei sie ein immer gleichbleibendes Muster bildet: Am Äquator gibt es kaum Luftbewegung, im subtropischen Gürtel herrschen Passatwinde vor, in den gemäßigten Breiten fließen Westwindströme, die an den Polen der Erde von Ostwindströmen abgelöst werden. Radarmessungen in großer Höhe haben gezeigt, daß in den oberen Schichten der Erdatmosphäre eine westliche Windströmung vorherrscht, die vereinzelt von schnellen schmalen Luftströmen durchzogen wird. Die Passatwinde auf der Erdoberfläche werden dadurch verursacht, daß am Äquator Luft emporsteigt, die etwa beim 30. Breitengrad wieder herabsinkt.
Die wissenschaftliche Wettervorhersage kam einen großen Schritt weiter, als Admiral FitzRoy, der erste Direktor des Britischen Wetteramtes, im Jahre 1855 durch das Studium der Logbücher von Schiffen herausfand, daß es in den Mittleren Breitengraden der Erde viele Luftströme gibt, die gleichzeitig eine Gegenströmung haben. Die warmen und feuchten Luftströme kamen aus den Subtropen, während die kalten und trockenen Luftströme aus der Subpolarzone kamen. FitzRoy erkannte, daß sich beim Aufeinandertreffen dieser verschiedenen Luftströme oft Stürme herausbildeten. Wenn die Warmluftfront auf die Kaltfront traf, gab es Regen, der die Windgeschwindigkeit und die Windrichtung veränderte.
Die eindrucksvolle Aufnahme einer Gewitterszene wurde während eines nächtlichen Gewitters über Johannesburg gemacht.
Unser Leben wird auf manche Weise vom Wetter beeinflußt. Vom Wetter wird bestimmt, wel-

che Nahrungsmittel wir anbauen können, welche Kleidung wir tragen müssen, welche Sportarten wir betreiben können, wie unsere Wohnhäuser gebaut sein müssen und wie oft wir uns im Freien aufhalten können.
Die Leute in verschiedenen Teilen von Nordwest-Europa — und besonders die Engländer — haben den Ruf, daß sie darauf versessen sind, andauernd übers Wetter zu reden. Das ist deswegen verzeihlich, weil insbesondere das Wetter in England so launenhaft und schwer vorherzusagen ist. Der Grund dafür liegt in der besonderen geographischen Lage dieser Länder, nämlich auf den mittleren Breitengraden der Nordhalbkugel der Erde, wo sich die kalten und warmen Luftmassen treffen und miteinander vermischen. Überall auf der Welt sind Beobachtungsstationen, die jeden Tag zur gleichen Zeit Wetterberichte anfertigen. Diese Wetterberichte ergeben zusammengefaßt eine Wetterkarte der Welt. Zusammen mit Satelliten-Photos und Erfahrungswerten vom Verhalten des Wetters dienen sie dazu, möglichst genaue Informationen darüber abzugeben, wie sich das Wetter voraussichtlich verhält.
Obwohl wir gesagt haben, daß Wettervorhersagen auf lange Sicht bei gemäßigtem Klima äußerst schwierig zu machen sind, gibt es doch einige ganz einfache Methoden, um Wetterveränderungen vorhersagen zu können. Man kann etwa die Luftfeuchtigkeit an einem Büschel Seetang oder einem Tannenzapfen beobachten. Wenn die Feuchtigkeit der Luft hoch ist, ist es wahrscheinlich, daß es bald regnen wird. Unter diesen Umständen wird sich der Tannenzapfen schließen und der Seetang wird weich. Wenn die Luft trockener ist, wird der Seetang härter, und der Tannenzapfen öffnet sich.
Die Experimente auf dieser Buchseite sollen zeigen, wie man den Grad der Luftfeuchtigkeit messen kann.

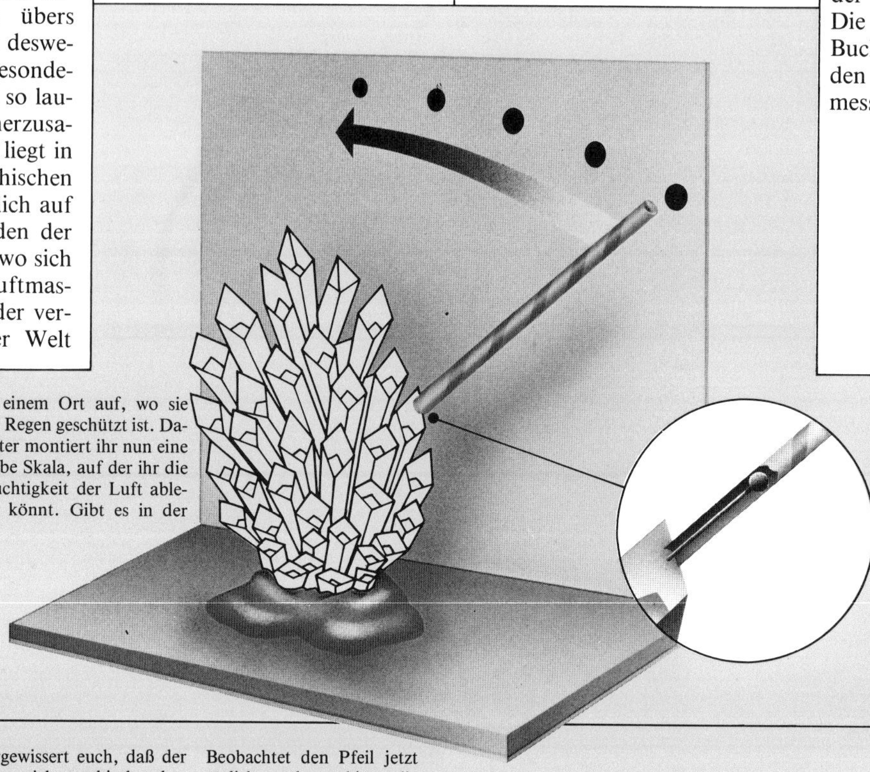

Der Tannenzapfen als Wetterprophet
Eine etwas verfeinerte Methode, mit Hilfe eines Tannenzapfens das Wetter vorherzusagen, ist die folgende: Ihr klebt einen Tannenzapfen auf ein kleines Holzbrettchen, steckt eine Nadel in eine der mittleren Samenschuppen und stülpt über die Nadel einen kurzen Strohhalm. Diese einfache Wetterstation bringt ihr nach draußen, stellt sie aber an einem Ort auf, wo sie vor Regen geschützt ist. Dahinter montiert ihr nun eine grobe Skala, auf der ihr die Feuchtigkeit der Luft ablesen könnt. Gibt es in der Luft viel Feuchtigkeit, so schließt der Tannenzapfen seine hölzernen Schuppen, um seine Samen vor der Feuchtigkeit zu schützen. Ist die Luft trocken, dann öffnet sich der Zapfen, und die Holzschuppe, auf der der Strohhalm steckt, bewegt sich zur Seite und zeigt auf eurer Skala einen anderen Wert an.

Der Haar-Test
Die Feuchtigkeit in der Luft kann man auch mit einem menschlichen Haar messen. Ihr nagelt ein 23x30 cm großes Stück Pappe auf ein Vierkantholz. Aus steifem Papier schneidet ihr nun einen Zeiger heraus und befestigt ihn mit einem Reißnagel auf dem Pappkarton. Vergewissert euch, daß der Zeiger sich ungehindert drehen kann. Am oberen Ende des Pappkartons klebt ihr ein etwa 23 cm langes Haar an, dessen unteres Ende ihr mit einem Klebestreifen an dem Zeiger befestigt. Das Haar sollte dabei gespannt sein. An einem trockenen, sonnigen Tag markiert ihr die Stelle, auf die der Zeiger weist. Neben die Markierung schreibt ihr *trocken*. Beobachtet den Pfeil jetzt täglich und markiert die Position des Zeigers. Am höchsten Punkt, den der Zeiger erreicht, schreibt ihr das Wort *feucht* neben die Markierung. Diesen Punkt erreicht der Zeiger deshalb, weil das Haar mit zunehmender Luftfeuchtigkeit kürzer wird.

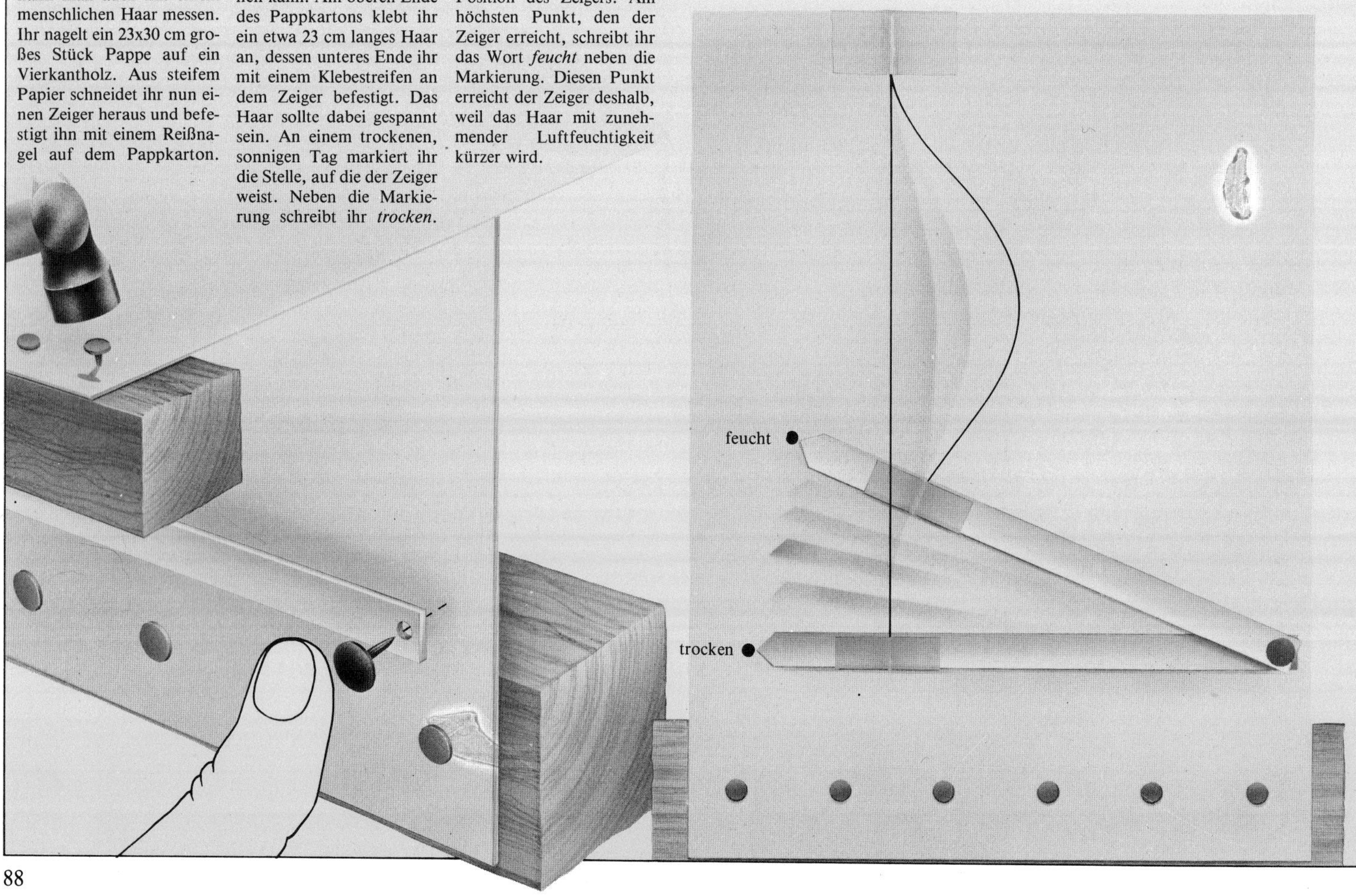

Die Verdampfung

Luftfeuchtigkeit oder Wasser in der Luft sind unsichtbar. Aber ihr könnt leicht demonstrieren, wie einfach die Luft Wasser aufnimmt, indem ihr einen halben Liter Wasser abmeßt, das Wasser ein paar Minuten lang kochen laßt und es dann noch einmal abmeßt: die Wassermenge wurde geringer. In Form von Wasserdampf war das Wasser gerade noch sichtbar, dann aber wurde es unsichtbar, nämlich als Wasserdampf von der Luft aufgenommen.

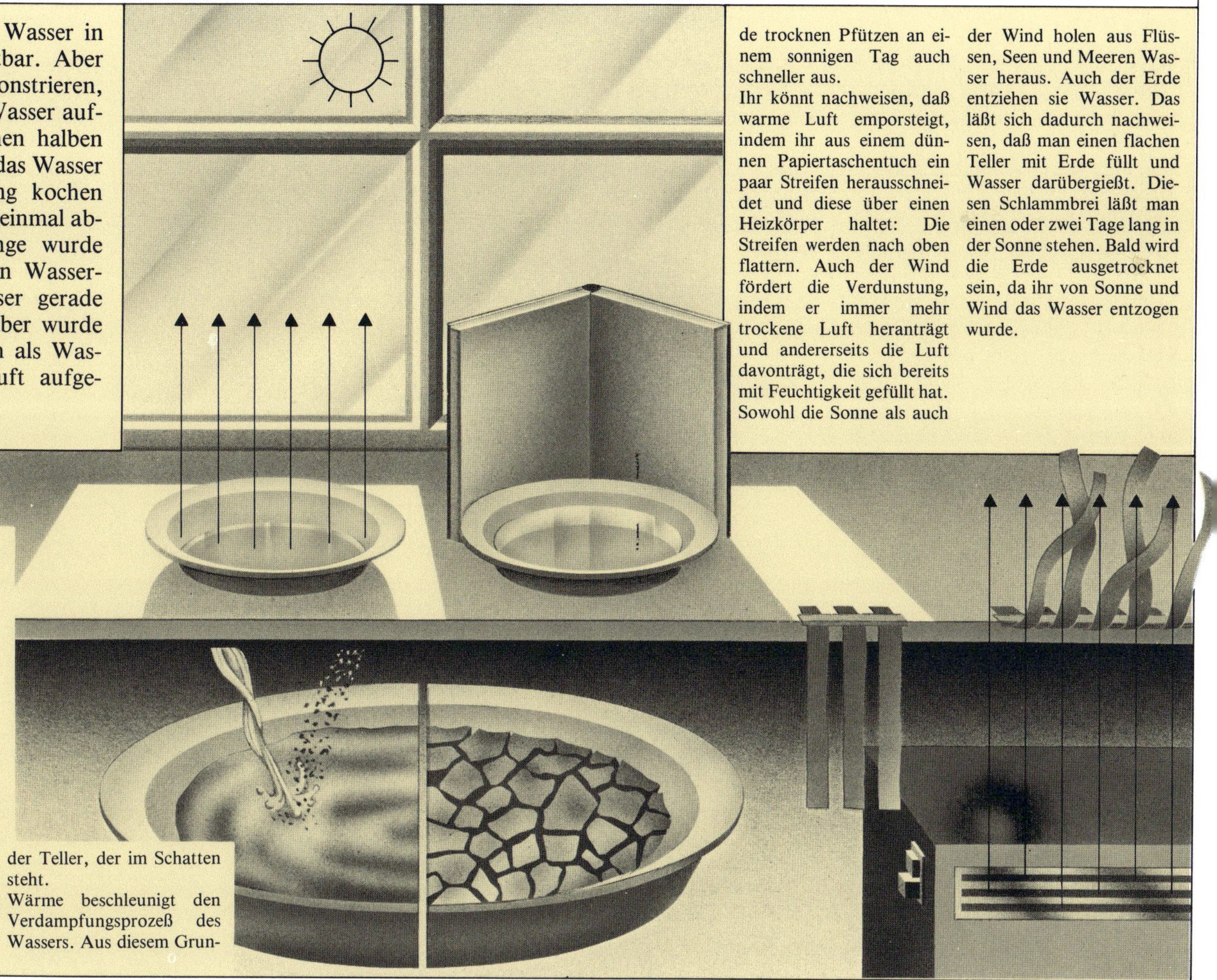

Luft und Hitze
Stellt zwei Teller, die ihr mit zwei Eßlöffeln Wasser gefüllt habt, auf ein Fensterbrett. Mit diesen Tellern könnt ihr die Bedeutung von Sonne und Schatten für den Verdampfungsprozeß demonstrieren. Laßt einen der Teller in der vollen Sonne stehen und deckt den anderen mit einem aufgeschlagenen Buch ab. Nun vergleicht ihr etwa jede halbe Stunde den Wasserstand in den Tellern. Ihr werdet feststellen, daß der Teller, der in der prallen Sonne steht, sein Wasser schneller in Wasserdampf umsetzt als der Teller, der im Schatten steht.
Wärme beschleunigt den Verdampfungsprozeß des Wassers. Aus diesem Grunde trocknen Pfützen an einem sonnigen Tag auch schneller aus.
Ihr könnt nachweisen, daß warme Luft emporsteigt, indem ihr aus einem dünnen Papiertaschentuch ein paar Streifen herausschneidet und diese über einen Heizkörper haltet: Die Streifen werden nach oben flattern. Auch der Wind fördert die Verdunstung, indem er immer mehr trockene Luft heranträgt und andererseits die Luft davonträgt, die sich bereits mit Feuchtigkeit gefüllt hat. Sowohl die Sonne als auch der Wind holen aus Flüssen, Seen und Meeren Wasser heraus. Auch der Erde entziehen sie Wasser. Das läßt sich dadurch nachweisen, daß man einen flachen Teller mit Erde füllt und Wasser darübergießt. Diesen Schlammbrei läßt man einen oder zwei Tage lang in der Sonne stehen. Bald wird die Erde ausgetrocknet sein, da ihr von Sonne und Wind das Wasser entzogen wurde.

Die Kondensation

Wenn warme Luft, die große Mengen von Wasserdampf enthält, mit einem kalten Gegenstand in Berührung kommt, dann sammeln sich die kleinen, unsichtbaren Wassertröpfchen zu großen Tropfen, welche auch für das bloße Auge sichtbar sind. Diesen Vorgang nennt man Kondensation.
Nach einem Regenguß zum Beispiel kühlt sich die Außenluft, wenn das Wasser verdampft, schnell ab. Draußen fällt uns diese neue „Frische" auf. Die Zimmertemperatur verändert sich kaum. Die warme Luft innerhalb eines Raumes, der große Mengen von Wasserdampf enthält, trifft auf das Fensterglas, welches von der Außentemperatur abgekühlt wurde. Da kalte Luft nicht so viel Feuchtigkeit wie die warme Luft aufnehmen kann, bringt sie Wassertropfen hervor, sobald sie auf das Fensterglas trifft. Ebenso ist es bei einem Glas mit eisgekühltem Getränk: es beschlägt.
Wenn warme Luft, die viel Feuchtigkeit enthält, auf die kalte Luft höherer Luftschichten trifft, dann sammeln sich um die Staubteilchen in der Atmosphäre nach und nach kleine Wassertröpfchen und bilden zusammen eine Wolke.
Wenn die Luft viel Wasserdampf enthält, denn genügt schon ein geringer Anstieg in höhere Luftschichten, um Kondensation hervorzurufen und eine Wolke entstehen zu lassen. Enthält die Luft verhältnismäßig geringe Mengen von Wasserdampf, dann wird sie noch höher hinaufsteigen müssen, bis sie ausreichend abgekühlt ist, um Wassertropfen hervorzubringen. In einem solchen Falle entstehen erst in großer Höhe Wolken. Die Höhe, in der das Wasser beginnt, Wolken zu bilden, nennt man das Kondensations-Niveau.
Für die Meteorologen ist die „relative Luftfeuchtigkeit" ein wichtiger Begriff. Luft, die nur geringfügig emporsteigen muß, bis sie das Kondensations-Niveau erreicht, hat eine hohe „relative Luftfeuchtigkeit". Trockene Luft, die viel Abkühlung braucht und einen langen Weg zurücklegen muß, bevor sie Wolken bilden kann, hat dagegen eine niedrige „relative Luftfeuchtigkeit".

Kondensation läßt Glas beschlagen
Wir geben in ein Glas mit Wasser ein paar Eiswürfel. Ihr könnt dann beobachten, wie sich an der Außenwand des Glases sehr kleine Tröpfchen bilden.
Das gleiche kann man auf blanken Wasserhähnen beobachten. Der heiße Wasserhahn bleibt glänzend, während sich der kalte Wasserhahn beschlägt.
Eine Fensterscheibe beschlägt auf der Innenseite, wenn es außen kälter ist.

Der Regen

Sobald das Wasser erst einmal Wolken gebildet hat, kehrt es in sieben verschiedenen Zustandsformen auf die Erde zurück: Als Regen, als Schnee, als Hagel, als Tau, als Reif, als Nebel und als Graupeln.

Regen ist die häufigste Form von Kondensation in der Luft, und er entsteht, wenn sich die kleinen Wassertröpfchen zu großen Tropfen verbinden, bis sie zu schwer werden, um von der Luft getragen zu werden. Je schneller die Luftströme nach oben steigen, um so größer sind natürlich die Tropfen, bevor sie zur Erde fallen. Ein starker, nach oben gehender Luftstrom produziert hohe gewölbte Wolkenberge, die man Cumuluswolken nennt. Diese Wolken entladen sich meist als Regenschauer.

Wenn eine Wolke noch höher steigt, dann bildet sie die abgeflachten Gewitterwolken, Cumulonimbus-Wolken genannt. Ein anderer Wolkentyp ist die Schichtwolke, die Stratus genannt wird und eine flache Wolkendecke bildet. Erst wenn diese Schicht dicker wird, ist der Stratus in der Lage, Regen hervorzubringen. Doch wegen seiner großen Ausbreitung bringt er oft Dauerregen hervor.

Die höchste Wolke ist der Cirrus, der sich oberhalb des Gefrierpunktes als faserförmige Eiswolke bildet.

Die Zeichnung auf dieser Buchseite soll den Zyklus des Regens veranschaulichen. Sonne und Wind bringen verdampftes Wasser aus ganz verschiedenen Entstehungsquellen der Erdoberfläche in höhere Luftschichten, wo das Wasser Wolken bildet. Die Wassertröpfchen in den Wolken gelangen später in Form von Regen oder anderen Niederschlägen wieder auf die Erde. Die untere Darstellung zeigt die häufigsten Wolken-Arten.

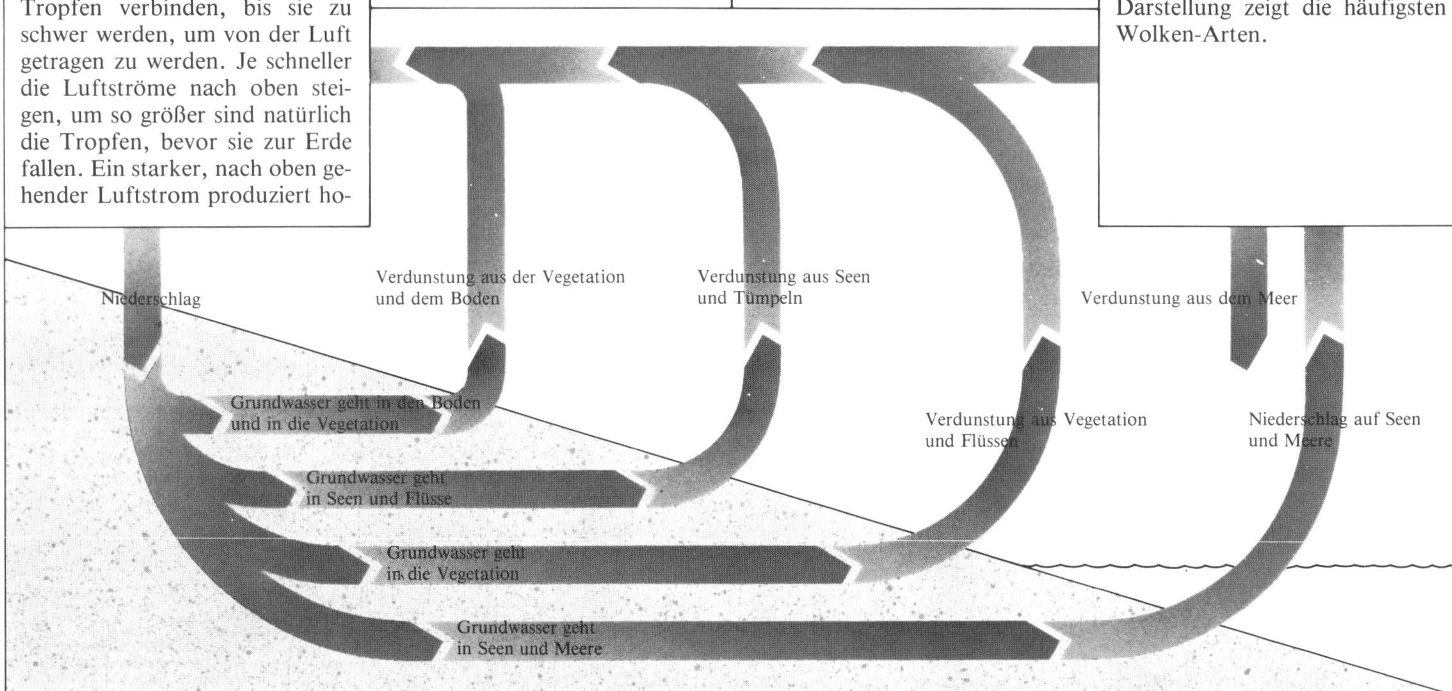

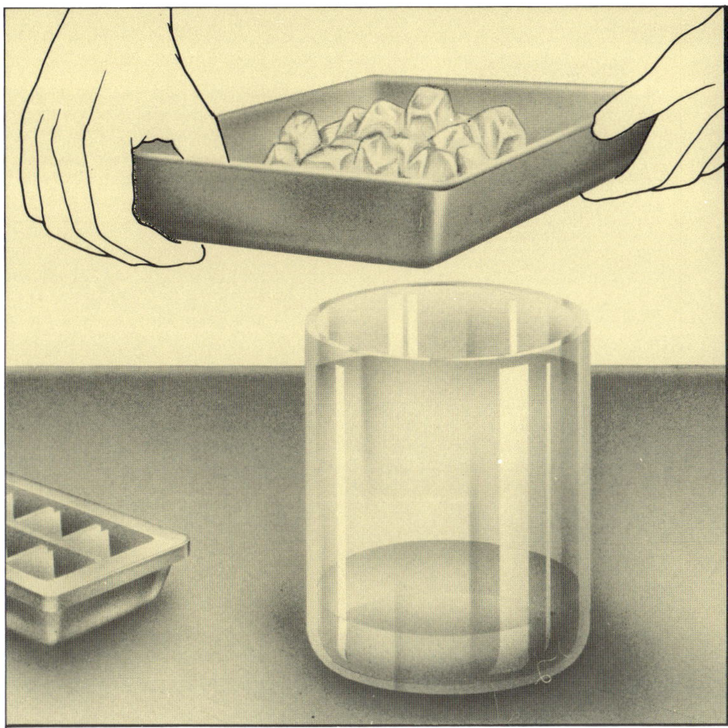

Laßt eine Wolke entstehen
Nehmt ein großes Glasgefäß und gießt 2,5 cm hoch heißes Wasser hinein. Das Wasser soll nicht kochend sein, damit das Gefäß nicht zerspringt. Stellt ein eisernes Backblech auf das Gefäß und füllt das Blech mit Eiswürfeln. Seht in einem verdunkelten Raum mit Hilfe einer Taschenlampe in das Glasgefäß. Ihr werdet sehen, daß sich darin eine kleine Wolke herausgebildet hat, die aus warmer Luft besteht und winzige Wassertröpfchen enthält. Wenn die warme Luft schließlich auf das eisgekühlte Backblech trifft, wird sie so abgekühlt, daß noch mehr Feuchtigkeit kondensiert wird. Aus kleinen Wassertropfen bilden sich an dem Backblech große Wassertropfen.
Es gibt eine weitere einfache Möglichkeit, eine Wolke entstehen zu lassen, doch geht das nur an einem sehr kalten Tag. Geht einfach nach draußen und atmet durch euern Mund aus: Euer Atem wird wie eine kleine dünne Wolke aussehen. Denn die warme, feuchte Luft aus eurem Körper kühlt ab, wenn sie auf die kalte Außenluft trifft. Ihr könnt auch beobachten, daß aus einem Tümpel oder einem See am Morgen kleine Wölkchen aufsteigen, wenn es nachts sehr kalt war. Das liegt daran, daß Wasser die Wärme länger bewahrt als das Land. Deshalb bleibt das Wasser in einer kalten Nacht wärmer als das Land, von dem es umgeben wird. Die Luft über der Wasserfläche ist natürlich auch wärmer. Wenn diese warme Luft emporsteigt und auf die kältere Luft trifft, die über dem Land gelegen hat, dann bildet sich eine kleine Nebelwolke. Zu diesem Zeitpunkt ist die Bodentemperatur besonders in der Nähe eines Tümpels oder eines Flusses niedriger geworden als die des Wassers und der Luft direkt oberhalb der Wasserfläche. Das Ergebnis ist eine gespenstisch wirkende Nebelbildung in der Nähe des Tümpels oder des Flusses. An sehr kalten Tagen, an denen die Bodentemperatur niedrig bleibt und kein Wind weht, kann dieser Nebel auch tagsüber über dem Land liegen bleiben. Wenn ihr dieses Naturphänomen beobachtet, dann könnt ihr sehen, daß zwischen dem Boden und dem Nebel stets eine niedrige nebelfreie Schicht liegt. Diese Schicht zeigt die Stelle an, an der sich die unterschiedlichen Temperaturen der Luft und des Bodens treffen.

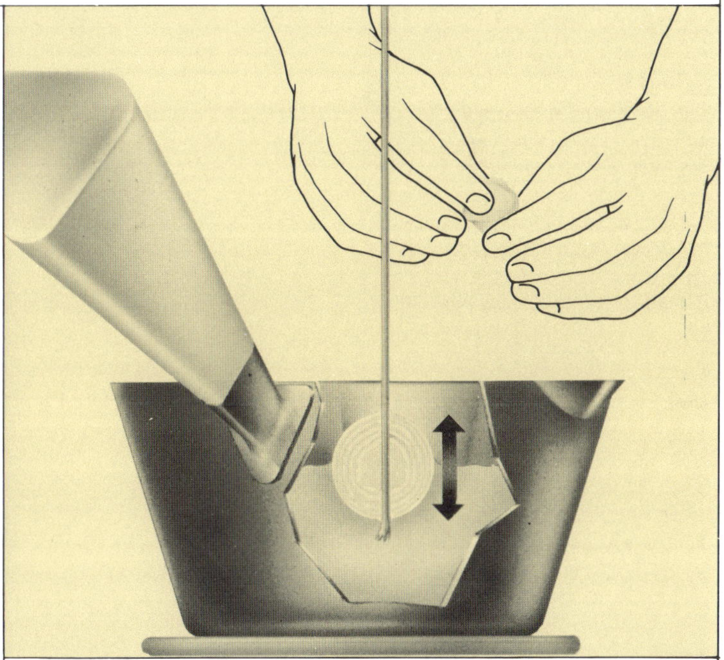

Die sechseckige Schneeflocke
Wenn die Wassertropfen in der obersten Wolkenschicht gefrieren und die Gestalt von Eiskristallen annehmen, werden sie schließlich schwer genug, um als Schneeflocken durch die Wolke nach unten zu fallen. Seht euch ein paar Schneeflocken durchs Vergrößerungsglas an, und ihr werdet feststellen, daß alle Schneeflocken eine wunderschöne sechseckige Gestalt haben, wie die in unserer Abbildung. Bei milden Temperaturen, wie wir sie in gemäßigten Klimazonen gewöhnlich vorfinden, sinken diese Schneeflocken innerhalb der Wolke tiefer und tiefer, doch bevor sie als Schnee daraus hervorkommen können, steigt die Temperatur wieder an, die Schneeflocken schmelzen wieder und fallen als Regen auf die Erde. Nur an ganz kalten Tagen schmelzen die Schneeflocken nicht, und es fällt Schnee statt Regen auf die Erde. Es kann aber auch eine Mischung aus beidem entstehen, die wir Graupeln nennen.

Die Schichten eines Hagelkorns
Hagelkörner haben eine vielschichtige Struktur. Sie entstehen, wenn ein starker Luftstrom die Wassertropfen innerhalb einer Wolke mehrere Male nach oben hinauf und wieder herunter wirbelt, bis der Wassertropfen abwechselnd Schichten von kleineren Wassertröpfchen und Schneekristallen um sich gesammelt hat. Wenn das Hagelkorn zu schwer geworden ist, um von den Aufwärtsströmungen wieder nach oben getragen zu werden, durchbricht es die unteren Wolkenschichten und fällt zur Erde nieder. Es besteht aus einer klar voneinander zu unterscheidenden Anzahl von Schichten, etwa so wie die Schichten einer Zwiebel.
Mit Wachs könnt ihr so einen Entstehungsvorgang nachvollziehen. Knetet weiches Wachs um das Ende eines Bindfadens zu einer kleinen Kugel und taucht sie alle paar Sekunden in warmes flüssiges Wachs. Sie wird ständig größer werden, und wenn ihr sie nach dem Erkalten durchschneidet, werdet ihr mehrere Schichten erkennen.

Das Gewitter

Ein Gewitter ist das Ergebnis aufgestauter statischer Elektrizität — Hagelkörner und andere Eiskristalle stoßen innerhalb der Wolke aufeinander, wobei sich einige elektrisch positiv aufladen, andere dagegen negativ. Die Teilchen von gleicher elektrischer Ladung finden sich in den verschiedenen Teilen der Wolke zusammen. Auf diese Weise werden positive und negative Teilchen voneinander getrennt, und innerhalb der Wolke entsteht starke elektrische Spannung, da sich die beiden unterschiedlich geladenen Teile der Wolke wieder anziehen. Nun springt ein riesiger elektrischer Funke von einem Lager ins andere über. Diesen Funken sehen wir als Blitz.

Man nimmt an, daß der Blitz die Luft erhitzt und dadurch ein Vakuum erzeugt. Die Luft, die mit großer Geschwindigkeit dieses Vakuum zu füllen sucht, erzeugt den Donner. Die meisten Blitze springen von einer Wolke zu einer anderen über, doch manche fahren auch zur Erde und richten Schaden an.

Ein Versuch mit dem Blitz
Ihr könnt selber einen Blitz erzeugen. Nehmt ein Backblech und drückt in dessen Mitte eine handvoll Modellier-Masse. Legt das Backblech auf eine große Plastiktüte und reibt das Blech fest über das Plastik, wobei ihr die Modellier-Masse als Handgriff benutzt. Verdunkelt den Raum, so daß ihr das Ergebnis besser sehen könnt. Hebt das Backblech an der Modellier-Masse hoch und haltet einen eisernen Gegenstand wie zum Beispiel einen Blechdeckel gegen eine der Ecken des Backbleches. Von dem Backblech wird ein elektrischer Funken auf den Gegenstand überspringen: das Aneinander-Reiben von Blech und Plastik erzeugt statische Elektrizität.

Der Wind

Der Wind ist für Wetteränderungen verantwortlich: Er bringt heiße und kalte Tage, trockenes und nasses Wetter.

Solche Wetteränderungen könnt ihr schon im Verlauf eines Tages beobachten und zwar besonders gut an der Meeresküste. Dann könnt ihr am Nachmittag erleben, wie eine Windbrise aufkommt, um noch am gleichen Abend plötzlich wieder abzuflauen. Nach Einbruch der Dunkelheit wird erneut eine Brise aufkommen, doch diesmal bläst der Wind in entgegengesetzter Richtung.

Das liegt daran, daß sich das Land tagsüber erwärmt und nachts abkühlt, während die Temperaturen auf See fast unverändert bleiben. Im Laufe des Tages erwärmt sich die Luft über dem Land und steigt nach oben, während gleichzeitig vom Meer her kühle Luft den frei gewordenen Raum einnimmt. Nachts, wenn das Land abkühlt und kälter wird als das Meer, bewegt sich die Luft in umgekehrter Richtung.

Baut euch eine Wetterfahne
Um euch selber eine Wetterfahne bauen zu können, benötigt ihr den Draht eines Kleiderbügels, eine kleine Pillendose, einen Holzklotz und ein 15x5 cm großes Stück Pappkarton. Aus dem Pappkarton schneidet ihr einen großen Pfeil aus und befestigt daran das Pillendöschen und zwar mit einem starken Klebestreifen. Das Pillendöschen sollte etwa 5 cm von der Spitze des Pfeils entfernt sein. Aus dem Draht des Kleiderbügels schneidet ihr ein gerades Stück heraus, biegt es L-förmig zurecht und befestigt das gebogene Ende auf dem Holzklotz. Nun hängt ihr den Pfeil an der Pillendose auf das lange Ende des Drahtes. Diese Wetterfahne bringt ihr nun an einen hohen, offenen Ort und markiert mit Hilfe eines Kompasses die vier Himmelsrichtungen auf dem Holzklotz. Haltet den Kompaß dabei nicht zu nahe an die Wetterfahne, damit die Kompaßnadel nicht von der Metallstange abgelenkt wird. Wenn die Wetterfahne erst einmal in Betrieb ist, werdet ihr sehr bald herausfinden, daß eine längere Kälte-Periode ins Haus steht, wenn der Pfeil eurer Wetterfahne längere Zeit nach Nordosten zeigt.

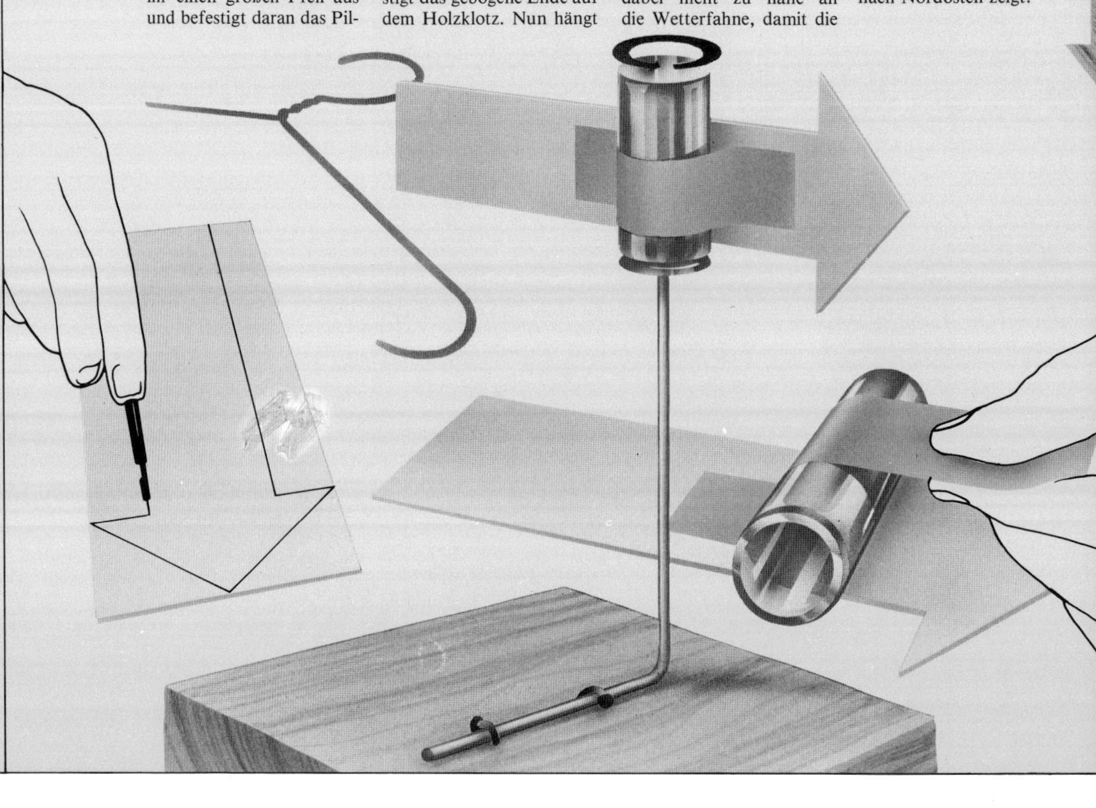

Niederschlagsmesser

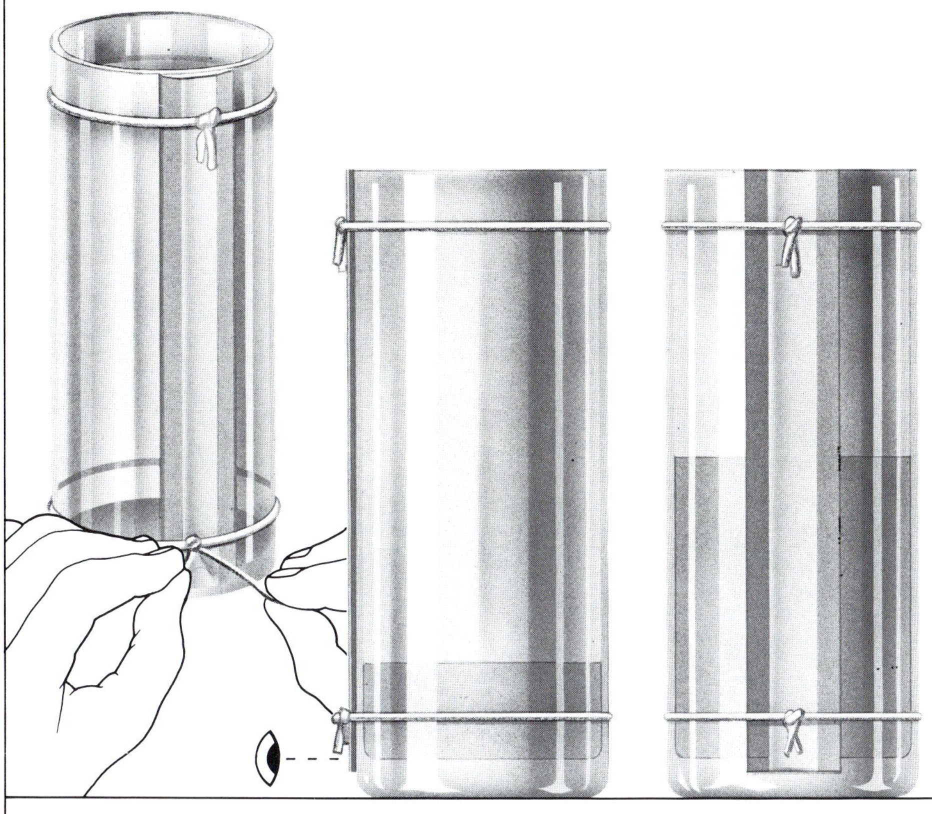

Gewitter können in ganz kurzer Zeit viele Zentimeter Niederschlag hervorbringen, während ganze Tage mit Nieselwetter nur geringe Niederschlagsmengen erzeugen. Die Bauern müssen wissen, wieviel Regen ihr Land bekommt, und die Stadtverwaltung muß in Erfahrung bringen, wieviel Wasser aus Bächen und Flüssen zur Verfügung steht, um die Wasserspeicher zu füllen.
Deshalb wird die Niederschlagsmenge sorgfältig gemessen. Dazu verwendet man einen großen Metallbehälter, der an seiner Oberseite eine große Öffnung hat, durch die der Regen aufgenommen wird. Aus diesem Behälter fließt das Wasser in eine kleinere Röhre, die wie ein Lineal mit einer Skala versehen ist.
Ihr könnt euch selbst einen Regenmesser bauen. Dazu braucht ihr ein hohes Glas mit glatten Seitenwänden und ein Lineal. Auf den Boden des Glases gießt ihr ein wenig Wasser. Dann befestigt ihr an der Außenseite des Glases ein Lineal, und zwar so, daß das untere Ende des Lineals so weit hinunter reicht, daß es die gleiche Höhe hat, wie der innere Glasboden — aber nicht weiter. Dadurch soll verhindert werden, daß der dicke Glasboden, den manche Gläser haben, mitgemessen wird. Beugt euch herab, bis euer Auge auf gleicher Höhe mit der Wasseroberfläche ist, und meßt genau ab, wie hoch der Wasserstand in dem Glas ist. Wenn es draußen nach Regen aussieht, bringt ihr euren Regenmesser hinaus. Wenn der Regen vorbei ist, meßt ihr ab, wie viel Wasser durch den Regenfall dazugekommen ist. Wenn ihr es fertigbringt, dies über einen langen Zeitraum, am besten ein ganzes Jahr lang, durchzuhalten, dann seid ihr in der Lage, die durchschnittliche Niederschlagsmenge eures Heimatortes herauszufinden. Dieser Durchschnittswert ist von Ort zu Ort sehr verschieden.

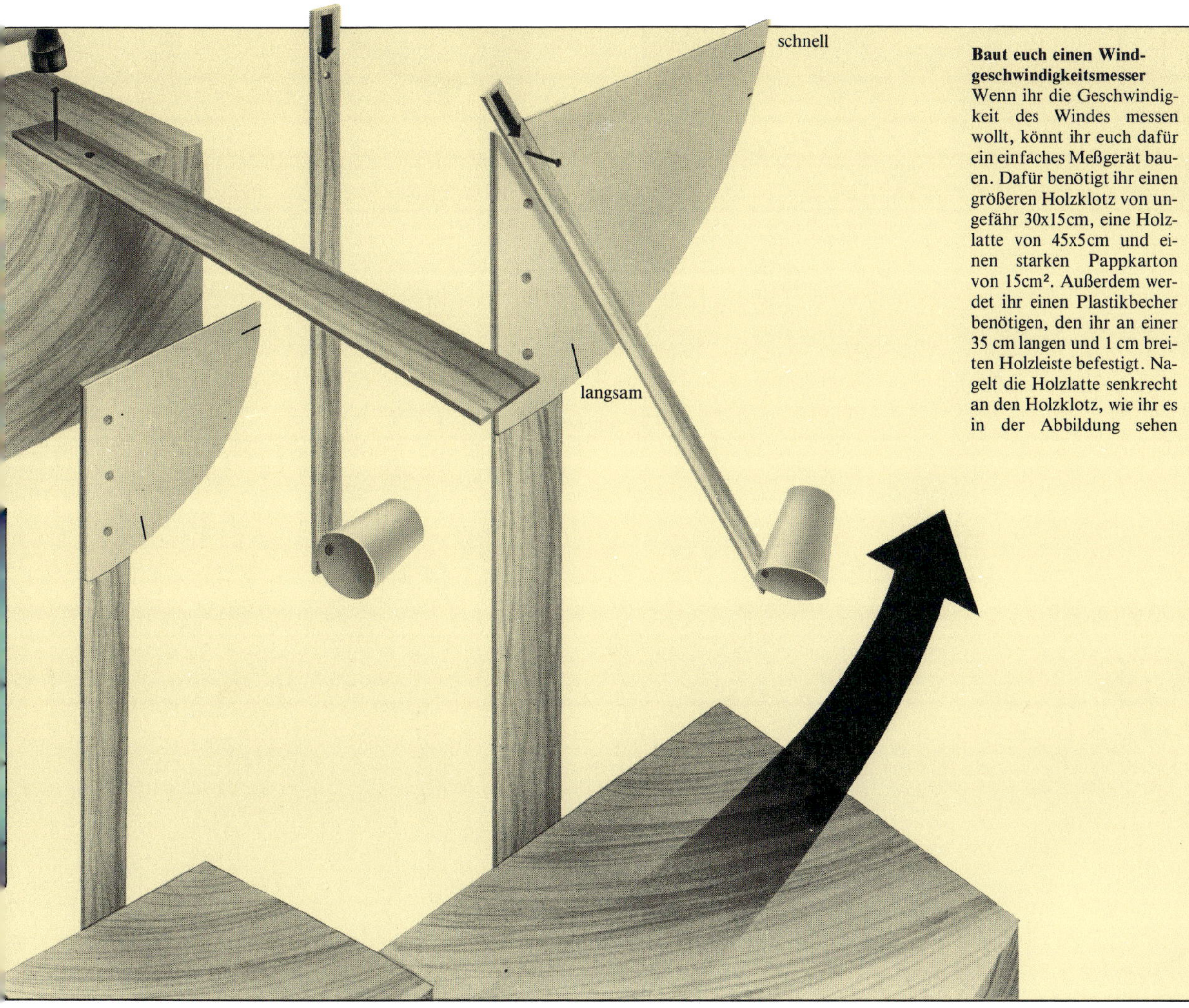

Baut euch einen Windgeschwindigkeitsmesser

Wenn ihr die Geschwindigkeit des Windes messen wollt, könnt ihr euch dafür ein einfaches Meßgerät bauen. Dafür benötigt ihr einen größeren Holzklotz von ungefähr 30x15cm, eine Holzlatte von 45x5cm und einen starken Pappkarton von 15cm². Außerdem werdet ihr einen Plastikbecher benötigen, den ihr an einer 35 cm langen und 1 cm breiten Holzleiste befestigt. Nagelt die Holzlatte senkrecht an den Holzklotz, wie ihr es in der Abbildung sehen könnt. Aus dem Pappkarton schneidet ihr ein fächerförmiges Stück heraus und markiert es mit ‚langsam' und ‚schnell' und nagelt es ans obere Ende der Latte. Nehmt die Leiste mit dem Plastikbecher und bohrt am anderen Ende ein Loch hinein. Oberhalb des Loches zeichnet ihr einen kleinen roten Pfeil auf. Schiebt nun einen Nagel durch das Loch in der Leiste und nagelt die Leiste damit ans obere Ende der Holzlatte auf den Pappkarton. Die Leiste muß ungehindert hin- und herschwingen können. Nun könnt ihr euer Windgeschwindigkeitsmeßgerät nach draußen tragen und so aufstellen, daß der Wind in den Plastikbecher blasen kann. Je stärker der Wind bläst, um so höher hinauf wird der Plastikbecher schwingen. Der rote Zeiger wird dann ‚schnell' anzeigen.

Beauforts Windstärkentabelle

Im Jahre 1805 stellte der Admiral Sir Francis Beaufort (1774—1857) eine Tabelle auf, mit der Seeleute eine gemeinsame Methode zur Beschreibung der Windstärke an der Hand hatten. Die Tabelle beginnt bei Windstärke 0, bei welcher Rauch senkrecht nach oben steigt und das Meer spiegelglatt ist. Bei Windstärke 12, dem Orkan, wird die Landschaft verwüstet.

0 = Windstille
1 = Leichter Zug
2 = Leichte Brise
3 = Schwache Brise
4 = Mäßige Brise
5 = Frische Brise
6 = Starker Wind
7 = Steifer Wind
8 = Stürmischer Wind
9 = Sturm
10 = Schwerer Sturm
11 = Orkanartiger Sturm
12 = Orkan

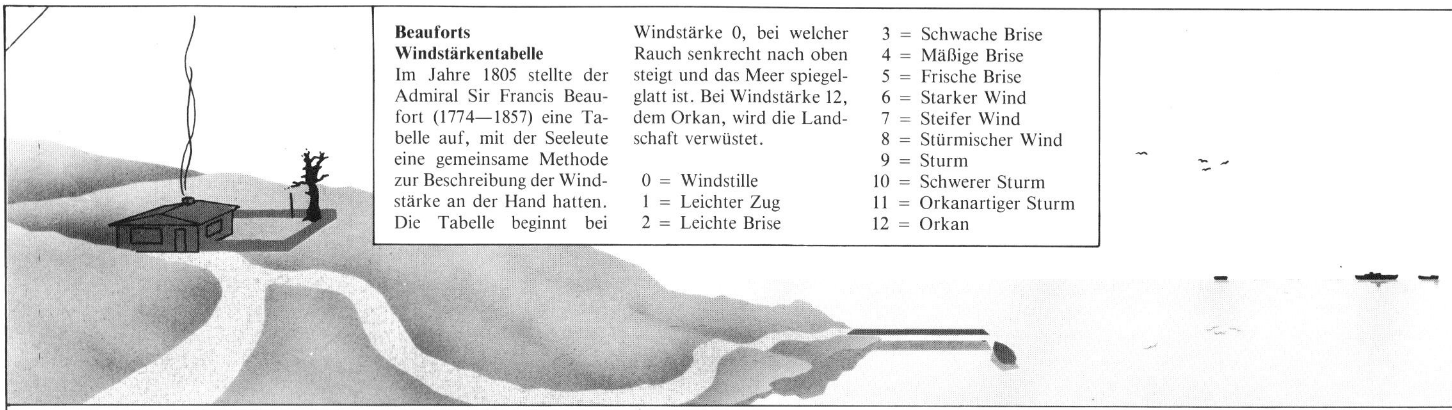

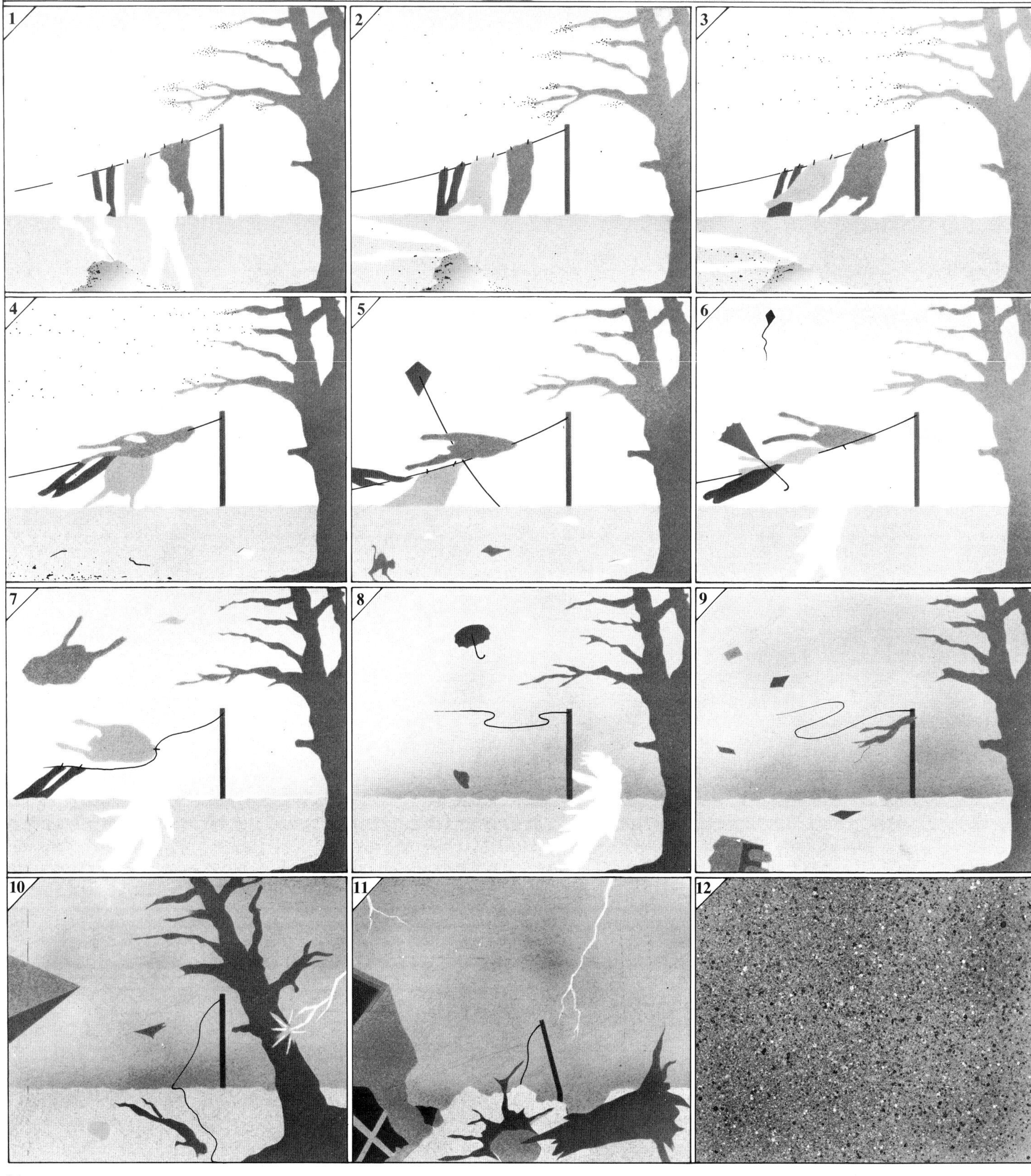

Die Temperatur

Jeder Wetterbericht teilt uns mit, wie heiß oder kalt es draußen ist und gibt diese Temperatur in Grad Celsius an, welche auf dem Thermometer gemessen wurden. Meteorologen bedienen sich eines Gerätes, in dem vier verschiedene Thermometer angebracht sind. Ein Thermometer hält den Höchststand und ein Thermometer den niedrigsten Stand der Temperatur seit der letzten Ablesung fest. Das dritte Thermometer ist ein ganz normales Thermometer, das die derzeitige Temperatur angibt, und ein viertes Thermometer mißt die relative Luftfeuchtigkeit.

Ihr könnt euch für wenig Geld ein eigenes Thermometer kaufen. Die Glasblase am unteren Ende des Röhrchens enthält rot gefärbten Alkohol. Man liest die Temperatur ab, indem man den Anstieg des roten Fadens in dem Röhrchen beobachtet. Auf einem Celsius-Thermometer bedeutet das Ansteigen um 1 Grad Celsius das Ansteigen des roten Fadens um eine Einheit der Meßskala. Bei Fahrenheit-Thermometern hingegen bedeutet der Anstieg um eine Einheit einen Temperaturanstieg um zwei Grad.

Der rote Faden im Röhrchen des Thermometers klettert deshalb nach oben, weil sich Alkohol bei Erwärmung ausdehnt. In kaltem Wetter zieht sich der Alkohol zusammen. Wenn ihr euer Thermometer in das Gefrierfach eines Kühlschrankes legt, dann wird der rote Faden innerhalb weniger Minuten auf 0 Grad Celsius oder weniger absinken.

Mit der zunehmenden Vereinheitlichung der Maße neigen Radio-und Fernseh-Meteorologen immer mehr dazu, die Temperaturen in Grad/Celsius anzugeben, doch man kann immer noch Thermometer kaufen, die beide Maßeinheiten verwenden.

Zeichnet mit Hilfe eines Thermometers täglich die Temperaturen auf, denkt aber daran, daß die durchschnittliche Außentemperatur nur im Schatten gemessen werden sollte.

Baut euch ein Thermometer

Ihr könnt euch ein einfaches Thermometer bauen. Dazu benötigt ihr eine etwa 15 cm hohe Flasche, einen Gummistöpsel, der in der Mitte ein Loch hat, und ein etwa 25 cm langes Glasröhrchen. Füllt die Flasche nun zur Hälfte mit Wasser, fügt ein paar Tropfen Tinte dazu und schiebt das Glasröhrchen vorsichtig durch das Loch in dem Gummistöpsel. Das Röhrchen sollte genau in das Loch passen. Nun steckt ihr den Stöpsel in die Flaschenöffnung und schiebt das Röhrchen so weit in die Flasche hinein, daß es bis zum Grund der Flasche reicht.

Jetzt könnt ihr euer selbstgebasteltes Thermometer in die Sonne stellen. Ihr werdet feststellen, daß das gefärbte Wasser in dem Röhrchen emporsteigt. Das liegt daran, daß die Luft in der Flasche sich bei Erwärmung ausdehnt. Die Luft, die nun mehr Platz benötigt, drückt nach unten auf die Wasserfläche und treibt dadurch etwas Wasser in das Röhrchen.

Ihr könnt mit eurem Thermometer nicht nur die Lufttemperatur messen, sondern auch die Temperaturen verschiedener Oberflächen. Meßt die Temperatur von Gras, Beton, Pfützenwasser, von Teer und vielen anderen Materialien. Meßt jede dieser Oberflächen mehrmals und zwar zu verschiedenen Tageszeiten. Beton zum Beispiel könnt ihr in jeder Stunde einmal messen und die Meßergebnisse graphisch darstellen. Vergleicht die Ergebnisse mit denen von Gras, das ihr auf die gleiche Weise getestet habt. Wiederholt den Versuch mit den gleichen Oberflächen nach Sonnenuntergang. Ihr werdet feststellen, daß diejenigen Materialien, die tagsüber am heißesten werden, abends am schnellsten abkühlen. Ihr werdet auch feststellen, daß sich Wasser am wenigsten verändert.

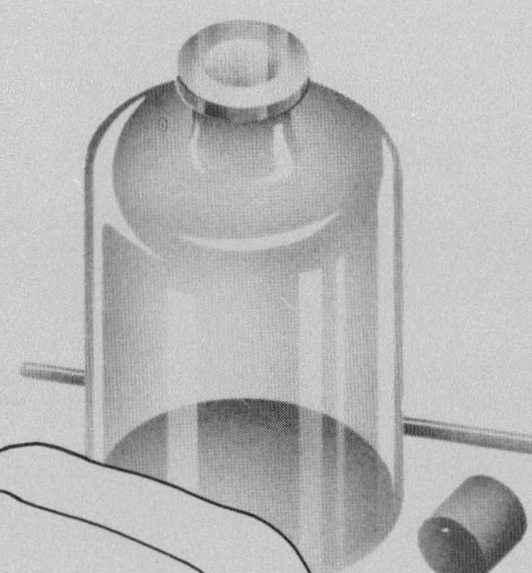

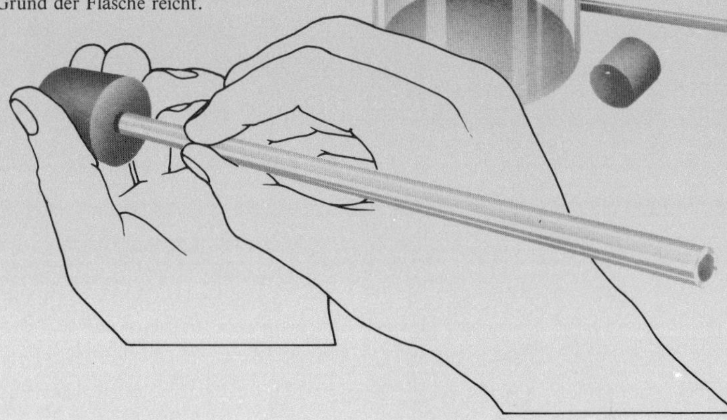

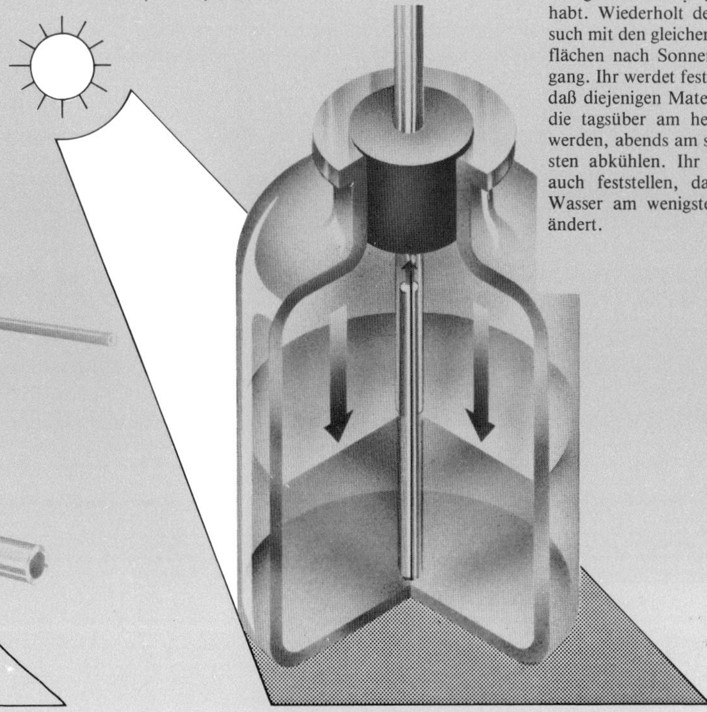

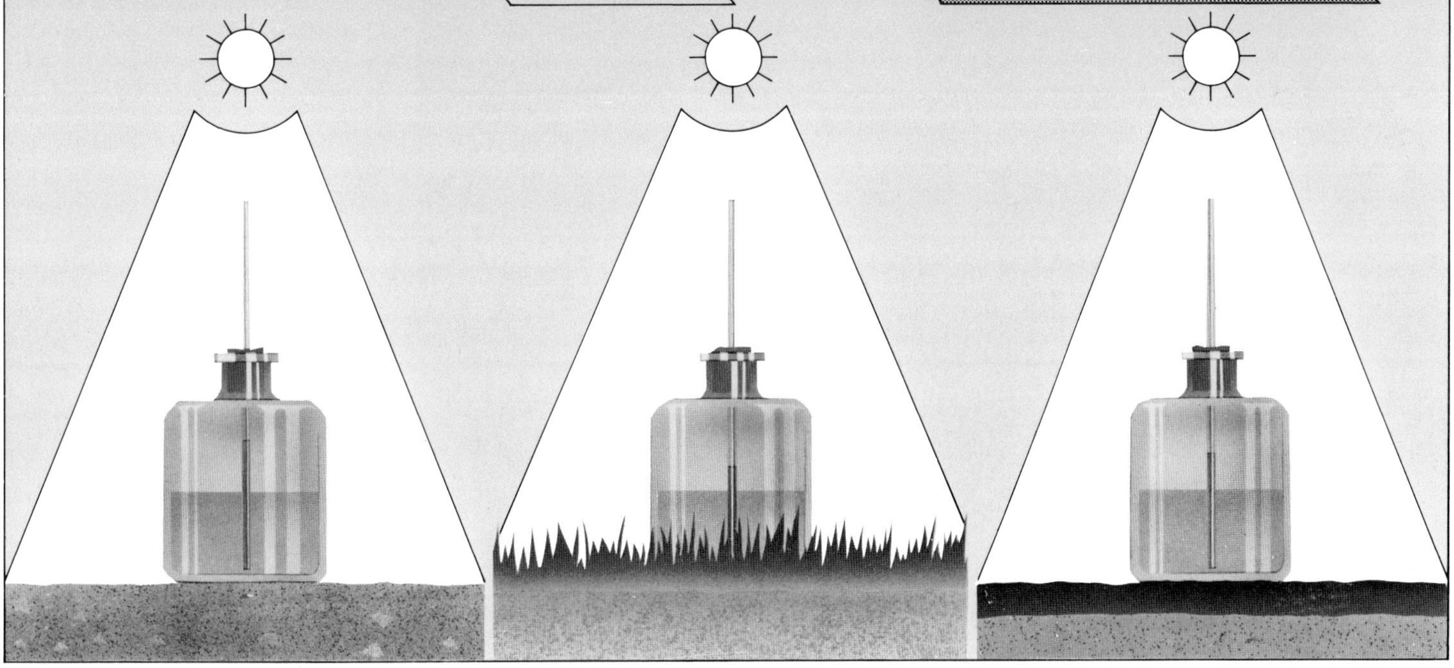

6

Die Physik

Die Menschen haben sich immer schon für die sichtbaren und unsichtbaren Kräfte, die in der Luft, im Wasser und in festen Gegenständen wirken, interessiert. Was hat zum Beispiel die Kraft, die Planeten um die Sonne rotieren läßt, mit der Flugbahn eines Balles zu tun, der in die Luft geworfen wird? Die Erforschung der Mechanik lieferte die Antwort. Sind die gleichen Kräfte im Polarlicht am Werk oder in den Metallspänen, die sich um einen Magnet formieren? Und ist vielleicht der Blitz mit den Funken verwandt, die eine elektrisch betriebene Maschine hervorbringt? Solche Fragen wurden in dem Maße beantwortet, wie unser Wissen vom Magnetismus und der Elektrizität sich erweiterte.

Der erste Schritt für das Verständnis des Magnetismus wurde getan, als die Chinesen magnetisches Eisen entdeckten, das sie Magnetit nannten. Die Chinesen verwendeten natürliche Magnete, ,,geladene Steine", als Kompaß auf ihren Schiffen.

Im 13. Jahrhundert fand der französische Kreuzritter mit Namen Petrus Peregrinus de Maricourt heraus, daß ein Magnet zwei Pole hat und daß sich diese ungleichen Pole anziehen.

Um das Jahr 1600 berichtete ein Engländer mit Namen William Gilbert in einem Buch über seine Experimente mit dem Magnetismus. Er hatte herausgefunden, daß ein Stück erhitztes Eisen, das man genau in Nordsüdrichtung legt (in dieser Richtung fließen auch die magnetischen Ströme), allein dadurch magnetisiert werden kann, daß man mehrere Male mit einem Hammer daraufschlägt.

Der nächste Schritt wurde getan, als Carl Friedrich Gauss (1777 bis 1855), der ,,Fürst der Mathematik", sich für Magnetismus zu interessieren begann und in Göttingen ein Observatorium errichten ließ, in dem der Magnetismus beobachtet werden konnte. Er machte sich alle Informationen zunutze, die aus aller Welt an ihn herangetragen wurden.

Bei den ersten Experimenten zur Erforschung der Elektrizität wurden einfache Maschinen verwendet, die von einem Ball aus Schwefel angetrieben wurden, der zur Erzeugung von Elektrizität gerieben wurde. Im Jahre 1729 gelang zwei englischen Wissenschaftlern, Stephen Gray und Granvil Wheeler, Elektrizität durch einen knapp 90 m langen Draht zu leiten. Es gelang bei diesem Experiment, zwischen guten und schlechten Elektrizitätsleitern zu unterscheiden.

Im Jahre 1746 fand der Holländer van Musschenbroek heraus, daß man Elektrizität in einem Glasgefäß sammeln konnte, indem man einen Generator mit einem Nagel verband, welcher durch einen Korken in eine halb gefüllte Flasche ragte. Diese Versuchsanordnung nennt man nach dem Ort, an dem van Musschenbroek sein Experiment durchführte, die ,,Leydener Flasche".

Zu Beginn des 19. Jahrhunderts wurde die erste elektrische Batterie entwickelt. Sie basierte auf der Entdeckung, daß es möglich ist, elektrischen Strom zu erzeugen, indem man zwischen zwei Platten aus unterschiedlichem Metall ein feuchtes Material gibt. Der italienische Physiker Alessandro Volta (1745 — 1827) zeigte, daß durch Drähte, die jeweils am Ende einer Reihe von Zink- und Kupferplatten befestigt worden sind, ein Strom fließen kann. Die Versuchsanordnung von Volta nennt man heute die ,,Volta-Säule".

In der ersten Hälfte des 19. Jahrhunderts nahm unser Wissen von der Elektrizität erheblich zu, was wir vor allen Dingen dem Wissenschaftler Michael Faraday (1791 — 1867) verdanken. Wenn Strom

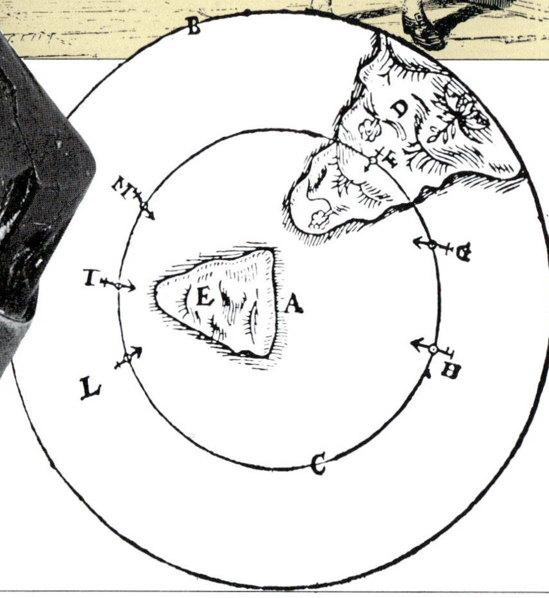

Die Erforschung des Magnetismus
Magnetsteine sind natürliche Magnete, früher benutzten die Seeleute sie dazu, ihre Kompaß-Nadeln zu magnetisieren. Der links abgebildete Magnet-Stein aus dem 17. Jahrhundert ist mit Messing verkleidet. Die Zeichnung aus W. Gilberts Buch ,,De Megnete" will das Verhalten einer Kompaßnadel an verschiedenen Orten rings um den Nordpol der Erde demonstrieren.

Strom läßt sich weiterleiten
Hier sieht man eine Darstellung des Experimentes von Gray und Wheeler aus dem Jahre 1729 (oben).

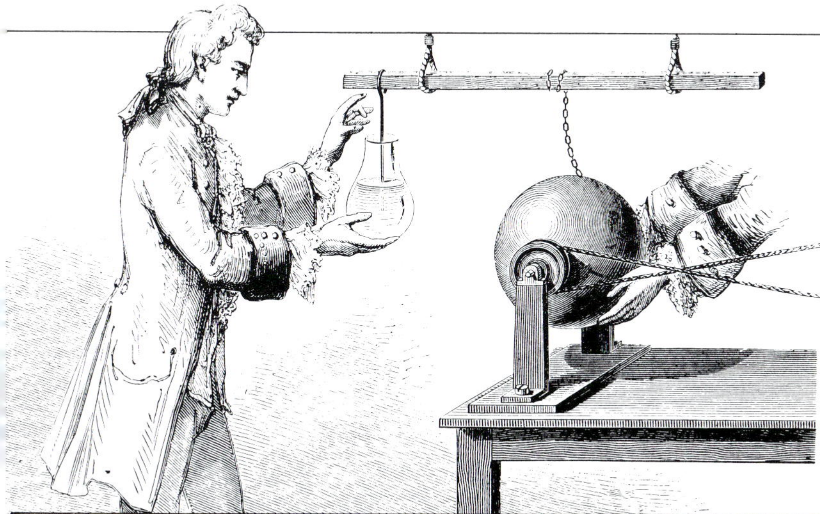

Die Leydener Flasche
Der holländische Wissenschaftler Cuneus versucht in einem Glaskrug, der mit einem Generator verbunden ist, Wasser zu elektrifizieren. Als Cuneus' Lehrer van Musschenbroek das Experiment wiederholte, bekam er einen Schlag, daß es ihn umwarf.

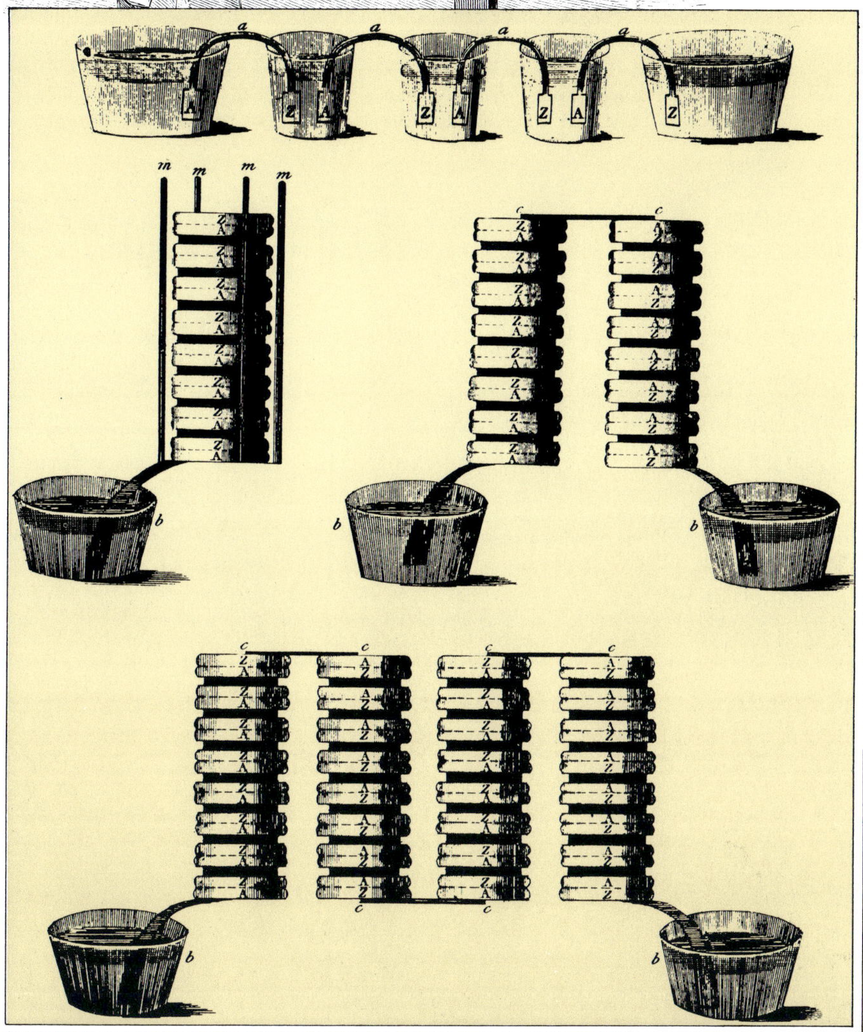

Die Volta-Säule
Volta schichtete abwechselnd Kupfer- und Zinkplatten aufeinander. An den Enden einer jeden Säule befestigte er einen Draht: er erzeugte fließenden Strom.

Frühe Transformatoren
1831 baute Faraday seinen ersten Transformator (im oberen Teil der Abbildung unten). Er bestand aus einem Eisenring, der mit zwei voneinander getrennten Rollen aus Draht umspannt war. Unten: Masson und Ritchies Transformator von 1842. Dieser hatte Eisenstangen als Kern, die einen offenen magnetischen Kreislauf erzeugten.

Kathodenstrahl-Röhre
Kathodenstrahlen (Elektronen) werden von der Kathode a ausgestoßen, die bei c auf das Ende der Röhre auftreffen. Die Anode b hat die Form eines Kreuzes und wirft einen Schatten. Dadurch wird bewiesen, daß Strahlen in geraden Linien verlaufen.

durch einen Draht fließt, so wird um den Draht herum ein magnetisches Feld erzeugt. Faraday kam nun auf die Idee, dieses Magnetfeld dafür zu benutzen, um Elektrizität zu produzieren. Durch seine Experimente mit einem eisernen Kern, zwei Magneten und Draht konnte er seine Vorstellungen von Elektromagnetismus beweisen. Faradays Werk legte den Grundstein für die heutige Elektro-Industrie. Sein Werk führte dazu, daß Generatoren gebaut wurden, die Strom für Fabriken und Haushalte erzeugen. Auch der Elektro-Motor, der in vielen Maschinen und bei der Eisenbahn Verwendung findet, beruht ursprünglich auf seiner Forschungsarbeit.

Mit der Zeit gingen die Wissenschaftler auch daran, Strom durch Gase zu schicken. Sie schweißten Elektroden in Glasröhren und pumpten die Luft heraus. Auf diese Weise entstand die erste Neon-Röhre. Die weitere Forschung auf diesem Gebiet führte auch zu der Entwicklung der Kathodenstrahl-Röhre, die als Bildröhre in unseren Fernsehgeräten ihre wichtigste Verwendung findet.

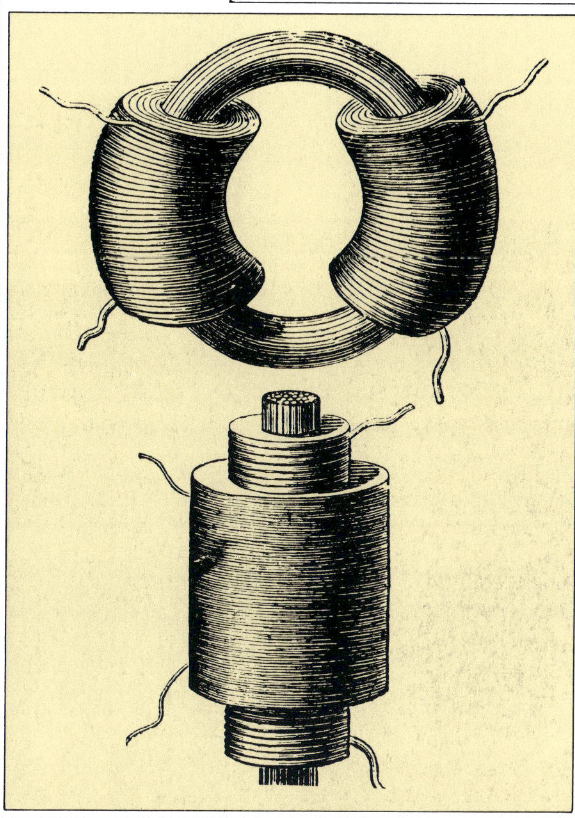

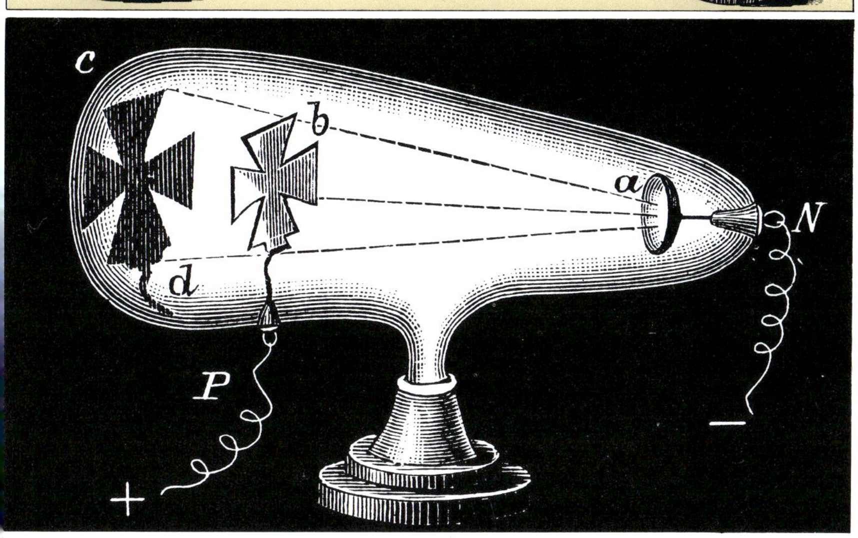

Die Schwerkraft

Die Auswirkungen der Schwerkraft
Wir stehen erhöht und lassen gleichzeitig einen Bleistift und eine Orange aus der selben Höhe fallen: Sie treffen genau im gleichen Augenblick am Boden auf. Wie schon Galilei festgestellt hat, treffen alle Gegenstände, die aus der gleichen Höhe herabfallen, zur gleichen Zeit am Boden auf. Ausnahmen sind Federn oder Papierblätter: Ihr Fall wird vom Luftwiderstand verlangsamt. Fallschirmspringer machen sich dieses Prinzip zunutze, denn der geöffnete Schirm bremst den Fall.

Wenn man in die Luft springt, kommt man wieder zur Erde herab, und wenn man ein Lineal fallen läßt, fällt es auf den Boden. Wie kommt das? Das liegt daran, daß die Erde den Menschen und das Lineal zu sich herabzieht. Dieses Ziehen der Erde nennt man Schwerkraft.
Überlegt euch, was geschieht, wenn ihr euch auf einer Waage wiegt. Wenn ihr — sagen wir 38 kg — wiegt, so bedeutet das, daß die Schwerkraft euch mit einer Zugstärke von 38 kg in Richtung Erdmitte zieht. Wiegt ein paar der Dinge, die ihr in eurer unmittelbaren Umgebung findet, ein Buch, einen Hut oder ein Paar Rollschuhe auf einer Waage. Jeder dieser Gegenstände hat ein anderes Gewicht, je nach dem Zug der Schwerkraft.
Vor mehr als 300 Jahren entdeckte der berühmte italienische Wissenschaftler Galilei, daß die Schwerkraft auf fallende Gegenstände einwirkt. Er ließ vom Schiefen Turm von Pisa Gegenstände von unterschiedlichem Gewicht gleichzeitig zur Erde fallen. Wenn ihr das einfache Experiment, das auf der linken Buchseite gezeigt wird, selber macht, dann könnt ihr nachvollziehen, was Galilei herausgefunden hat. Je mehr die Form des Gegenstandes Luftwiderstand hervorruft, desto langsamer fällt er. Fallschirmspringer breiten die Arme

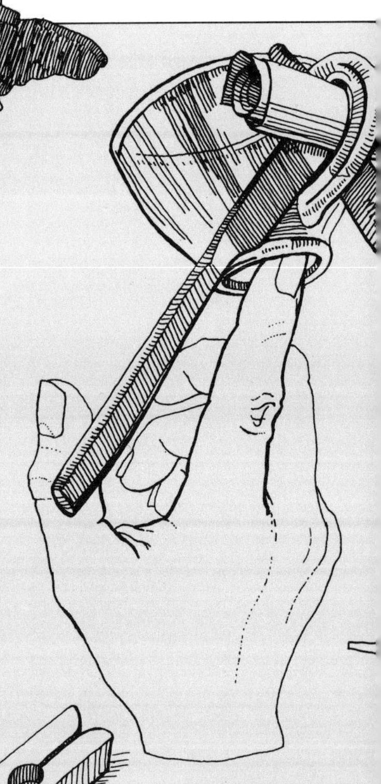

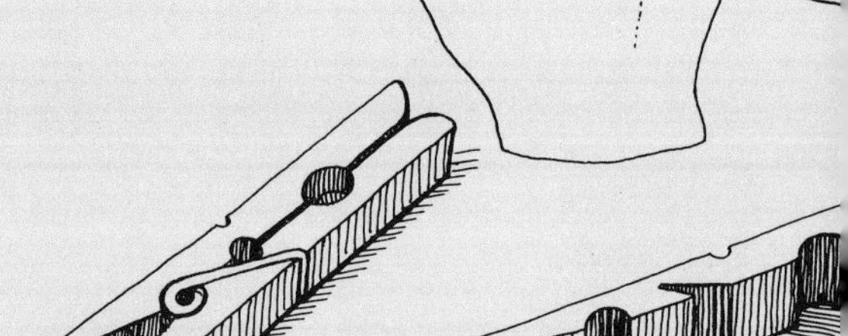

Die Pfahlramme
Laßt eine Münze aus etwa 10 cm Höhe auf einen Teller fallen. Ihr werdet ein leichtes Klingen hören. Nun haltet die Münze so hoch hinauf, wie ihr könnt und laßt sie abermals fallen. Das Aufschlag-Geräusch wird viel lauter sein. Durch die Schwerkraft fällt ein Gegenstand um so schneller, je größer die Fallhöhe ist; und je schneller er fällt, desto härter ist sein Aufprall. Bei Pfahlrammen zieht man ein schweres Metallgewicht hoch und läßt es dann auf Pfähle niedersausen. Der Aufschlag des fallenden Gewichtes treibt die Pfähle tief in den Boden.

Der Wäscheklammern-Trick
Schneidet aus einem Teil einer Wäscheklammer einen Spalt heraus. In diesen Spalt drückt ihr einen Gürtel und balanciert die Wäscheklammer anschließend auf der Fingerspitze. Die Wäscheklammer wird sich zur Seite neigen wegen der Neigung, mit der der Gürtel festgeklemmt wurde. Auf diese Weise habt ihr den Schwerpunkt so verschoben, daß er unterhalb eurer Fingerspitze liegt.

Der niedrige Schwerpunkt
Mit einem tiefen Schwerpunkt kann man leichter balancieren: eine Tasse und zwei Messer lassen sich auf dem Zeigefinger balancieren, wenn man die Messer durch den Henkel der Tasse steckt und mit einem Papierröllchen festklemmt. Die schweren Messer senken den Schwerpunkt unter die Fingerspitze.

aus, um den Freien Fall zu verlangsamen.
Wir machen uns die Schwerkraft auf viele Weise nutzbar. Habt ihr schon einmal bemerkt, daß unsere Straßen in der Mitte etwas höher sind, als an beiden Seiten, so daß das Regenwasser von der Schwerkraft zu den Gullis gezogen wird? Auch das Geschirrspülbecken in euerer Küche hat am Boden ein Gefälle, so daß das Wasser von der Schwerkraft ins Abflußrohr gezogen wird. Und das Wasser, das wir aus dem Wasserhahn herauslassen, stammt aus Wasserbehältern, die höher gelegen sind als der Ort, in dem wir wohnen.
Auch eine Schaukel bewegt sich durch die Schwerkraft. Bindet ein Holzklötzchen an ein Stück Schnur. Befestigt das andere Ende der Schnur an einer Tischplatte und zwar so, daß das Holz ungehindert schwingen kann. Wenn ihr das Holzklötzchen nun anschubst, wird es hin und her schaukeln. Sobald das Hölzchen nach oben hinausschwingt, wird es von der Schwerkraft wieder heruntergezogen.

Die Zauberschachtel
Nehmt eine dünne Pappschachtel und legt ein Stück Blei in eine der Ecken. Das Blei versteckt ihr unter einem doppelten Boden. Nun schiebt ihr die Schachtel über die Tischkante hinaus. Es wird so aussehen, als würde sie wie von Zauberhand festgehalten. Der Grund dafür ist ganz einfach: Bei einem regelmäßig geformten Gegenstand wie der Schachtel liegt der Schwerpunkt genau in der Mitte. Wenn jemand eure Zauberschachtel sieht, wird er erwarten, daß sie herunterfällt. Doch durch das versteckte Bleigewicht wurde der Schwerpunkt verschoben.

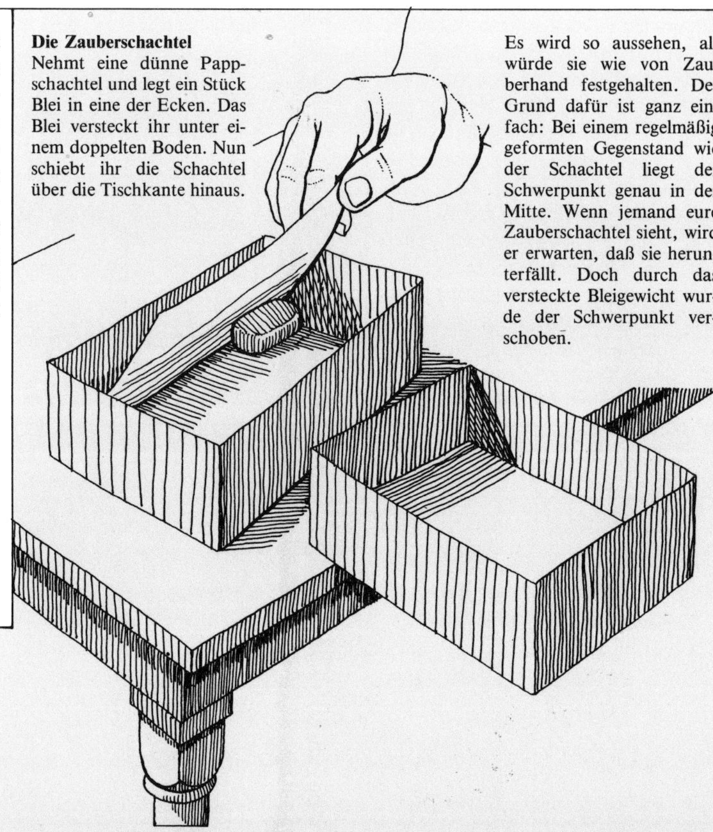

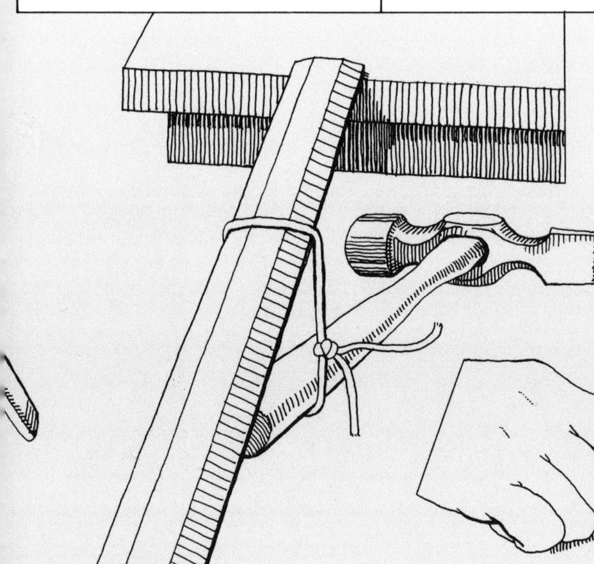

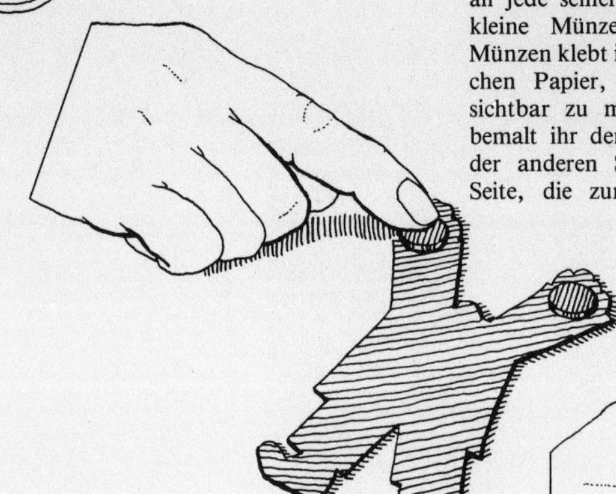

Der Clown auf dem Seil
Zeichnet auf ein Stück steifer Pappe einen Clown, wie etwa den in der Abbildung. Schneidet ihn aus und klebt an jede seiner Hände eine kleine Münze. Über die Münzen klebt ihr ein Stückchen Papier, um sie unsichtbar zu machen. Nun bemalt ihr den Clown auf der anderen Seite — der Seite, die zum Publikum zeigt. Malt ihn so zirkusgemäß wie möglich an, damit eure Freunde den Eindruck gewinnen, daß sie einer ganz besonderen Aufführung beiwohnen. Jetzt könnt ihr sie dadurch überraschen, daß ihr euren Clown auf den Händen balancieren laßt. Er kann auf einer Bleistiftspitze oder auf einem gespannten Faden oder auf sonst einem beliebigen Gegenstand balancieren. Obwohl es aussieht, als würde er jeden Augenblick umfallen, bleibt er doch aufrecht. Das kommt daher, daß das Gewicht der Münzen seinen Schwerpunkt unterhalb seiner Nase verlagert hat.

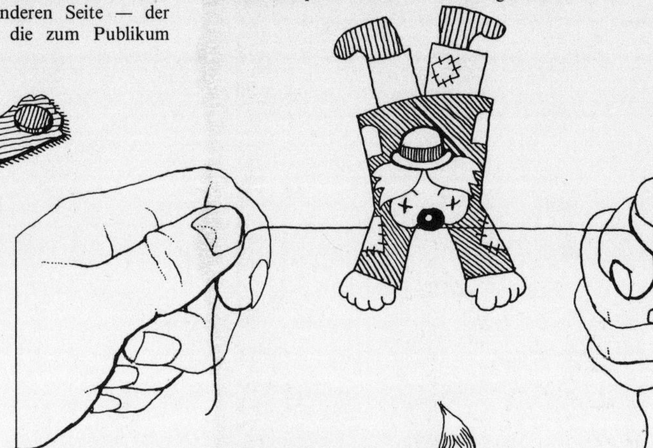

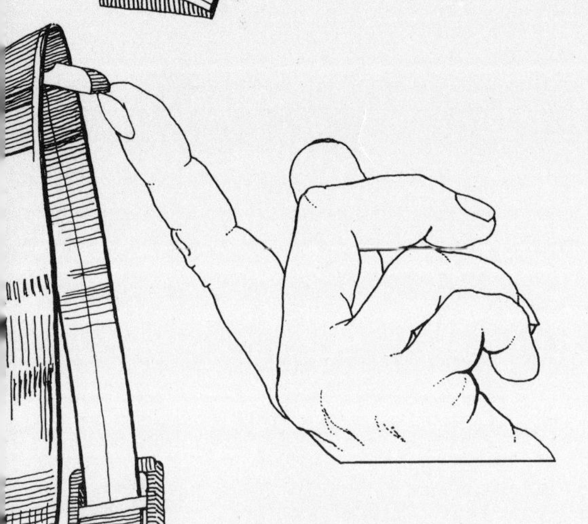

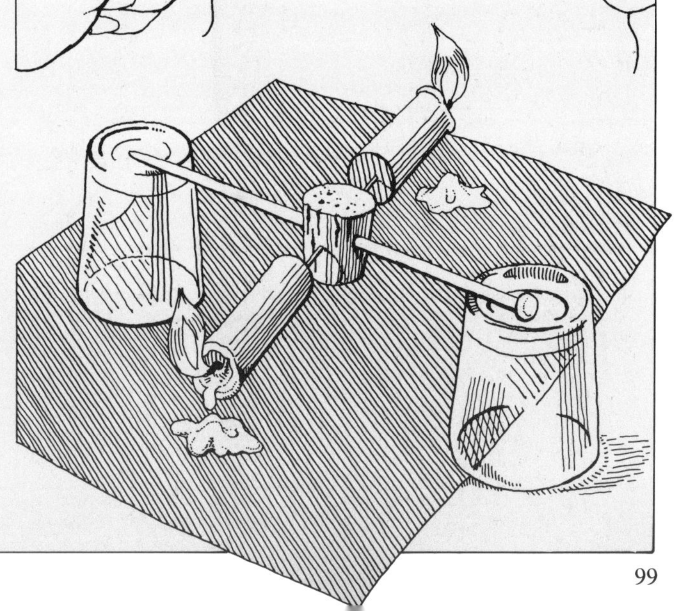

Die Kerzenschaukel
Legt auf ein Stück Papier einen Korken und schiebt durch diesen eine Nähnadel. Zwei gleiche Kerzen steckt ihr jeweils auf das Ende der Nadel. Eine größere Nadel steckt ihr im rechten Winkel zur ersten durch den Korken. Auf zwei umgedrehten Gläsern könnt ihr das Ganze ausbalancieren. In diesem Stadium verläuft der Schwerpunkt der Schaukel genau entlang ihrer Achse. Nun zündet ihr die Kerzen an. Sie tropfen und verändern dadurch den Schwerpunkt: der Apparat schaukelt.

Hoch mit dem Lineal
Legt das eine Ende eines Lineals gegen eine Tischkante. Nun hängt ihr mit einem Stück Schnur einen Hammer an das Lineal. Der Kopf des Hammers soll dabei unter der Tischplatte zu liegen kommen. Der schwere Kopf des Hammers verlagert nun den Schwerpunkt des Lineals unter die Tischkante. Die Schnur läßt den Hammer wie einen Hebel wirken und drückt auf das untere Ende des Lineals. Dies wird dadurch nach oben geschoben.

Hebel und Rollen

Versucht doch einmal mit den bloßen Händen einen schweren Baumstamm hochzuheben: es ist fast unmöglich. Nun versucht es noch einmal, verwendet dazu aber einen langen Ast, den ihr über einen Stein gelegt habt. Ihr werdet sehen, daß der Baum jetzt viel leichter hochzuheben geht, denn der Ast wirkt als Hebel.
Der Versuch rechts außen mit Korken und Lineal zeigt: je näher ein Gegenstand am Drehpunkt ist, desto weniger Kraft benötigt man, ihn zu heben, denn der lange Hebel erleichtert die Arbeit.

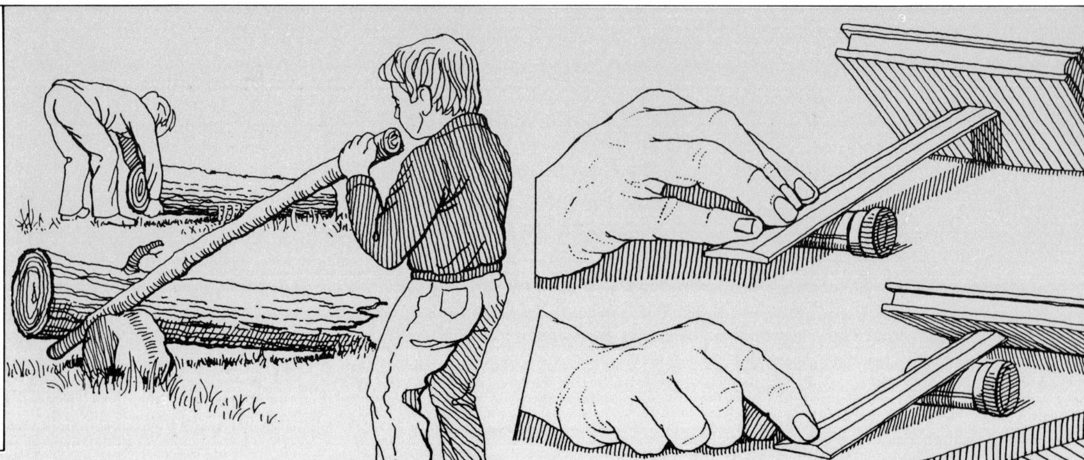

Der Gebrauch von Hebeln
Mit Modelliermasse befestigt ihr einen runden Bleistift auf einer kleinen Schachtel. Nun balanciert ihr ein Lineal auf dem Bleistift aus und zwar im rechten Winkel. Legt auf das eine Ende des Lineals eine Münze und auf das andere Ende legt ihr zwei gleiche Münzen übereinander. Diese verschiebt ihr vorsichtig so lange, bis das Lineal ausbalanciert ist. Wenn ihr nun die Entfernung zwischen den Zentren der Münzen und dem Bleistift abmeßt, seht ihr: Die Entfernung der einzelnen Münze vom Drehpunkt ist genau doppelt so groß, wie die der beiden Münzen.
Auch eine Schaukel ist eine Art Hebel und funktioniert nach dem gleichen Prinzip. Ein leichtes Kind kann ein schwereres auf einer Schaukel balancieren, wenn das schwerere Kind näher am Drehpunkt sitzt.
Eine Schalenwaage funktioniert ebenfalls durch Hebelwirkung. Mit einem Korken, einer langen Stricknadel und zwei Nähnadeln könnt ihr euch selbst so eine Waage bauen. Schneidet zwei Stückchen aus einem Korken heraus. Schiebt die Stricknadel durch den Korken und macht mit Hilfe der beiden Nähnadeln einen Auflagepunkt für die beiden Nadeln. Schneidet euch zwei große Pappstücke aus und hängt sie mit Faden an die Enden der Stricknadel. Wenn ihr den Korken auf zwei umgestülpten Gläsern ausbalanciert, könnt ihr mit der Waage leichtere Gegenstände wie Federn oder Körner abwiegen.

Baut einen Flaschenzug
Rollen werden oft dazu hergenommen, schwere Gegenstände hochzuziehen. Solche Rollen kann man in Kränen oder am oberen Ende von Aufzugschächten sehen. Mit Hilfe von Rollen wurden auf den großen Segelschiffen die Segel gesetzt, und auf modernen Schiffen bedient man sich der Rollen, um Ladung an Bord zu nehmen.
Obwohl bereits eine einzige Rolle das Hochheben schwerer Lasten erleichtert, schaffen zwei Rollen diese Arbeit noch viel besser.
Ihr könnt euch selbst einen Flaschenzug bauen, wenn ihr euch zwei große Garnrollen, eine Schnur und etwas biegsamen Draht besorgt. Schiebt durch jede der Garnrollen ein 30 cm langes Stück Draht und biegt ihn so, daß er eine Aufhängung für die Rollen ergibt. Eine dieser Aufhängungen befestigt ihr an einem starken Haken in einem Türstock. Schraubt 5 cm von diesem Haken entfernt einen weiteren Haken in den Türstock, an dem ihr das Ende einer langen Schnur festbindet. Schlingt die Schnur nun so über die beiden Rollen, wie es in der Abbildung gezeigt wird. Jetzt könnt ihr an die untere Rolle einen Gegenstand hängen. Ihr werdet bald feststellen, daß die Zugkraft, die ihr benötigt, nur so groß ist, als ob euer angehängter Gegenstand nur halb so viel wiegen würde. Andererseits müßt ihr, um den Gegenstand 30 cm hochzuheben, 60 cm von der Schnur herunterziehen. Je mehr Rollen ihr verwendet, desto einfacher wird es sein, schwere Gewichte zu heben.

Magnetismus

Natürliche Magneten, die „geladenen Steine“, entdeckte man vor etwa 1 500 Jahren. In einigen Gegenden kann man sie auch heute noch finden. Solche Magnetsteine haben ihre Anziehungskraft wahrscheinlich von der Erde, die selbst der größte Magnet ist, den wir kennen. Nicht jedes Material wird von Magneten angezogen. Besorgt euch einen Magneten und versucht, alle möglichen Gegenstände damit hochzuheben. Diese Gegenstände könnt ihr in zwei Gruppen einteilen: die einen werden vom Magneten angezogen, die anderen nicht.

Auf den Magnet reagieren Gegenstände aus Nickel, Eisen oder aus Stahl. Gegenstände aus Glas, Holz und Plastik, oder aus Metallen wie Kupfer, Silber, Aluminium, Zink oder Messing reagieren nicht.

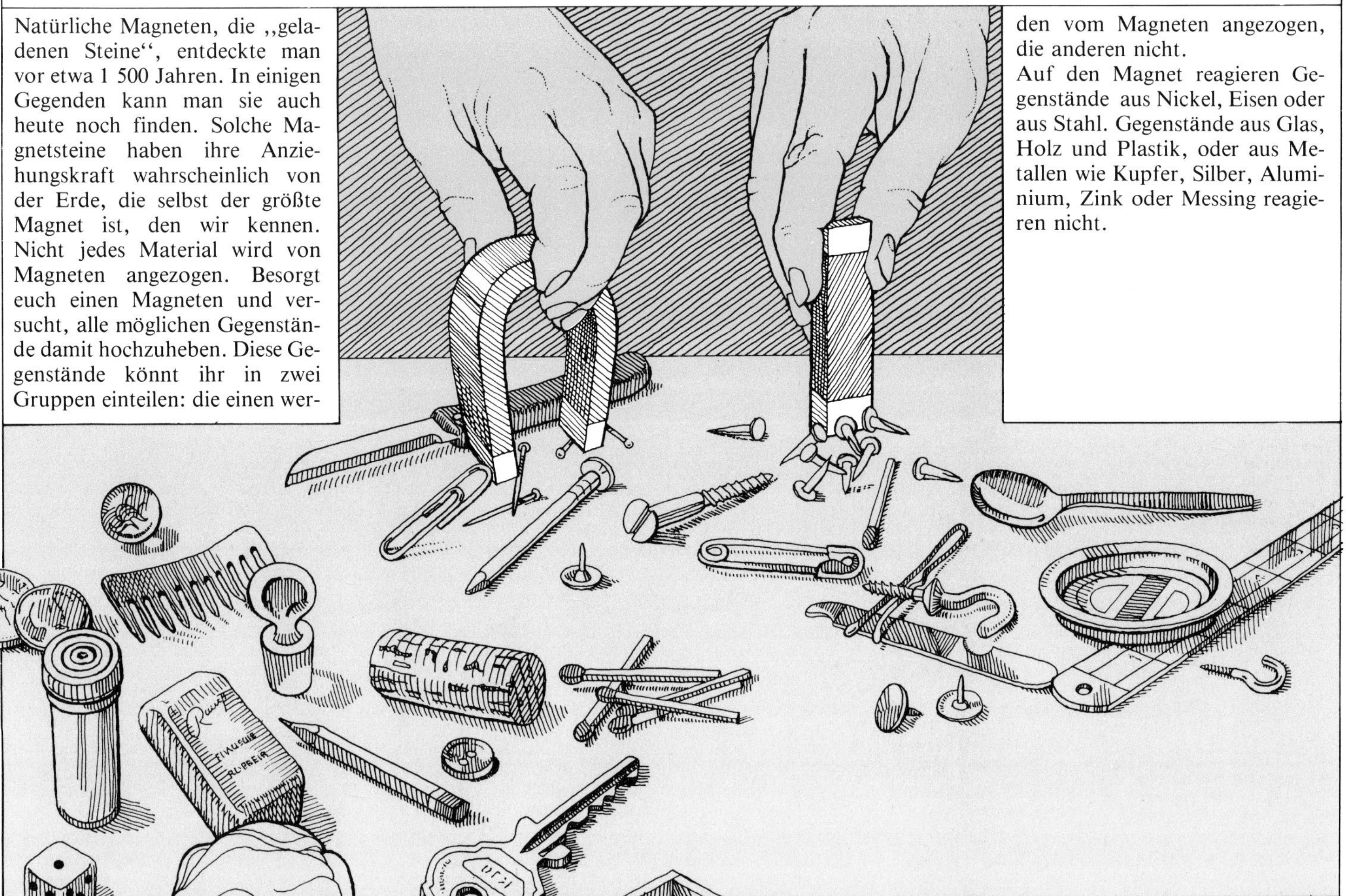

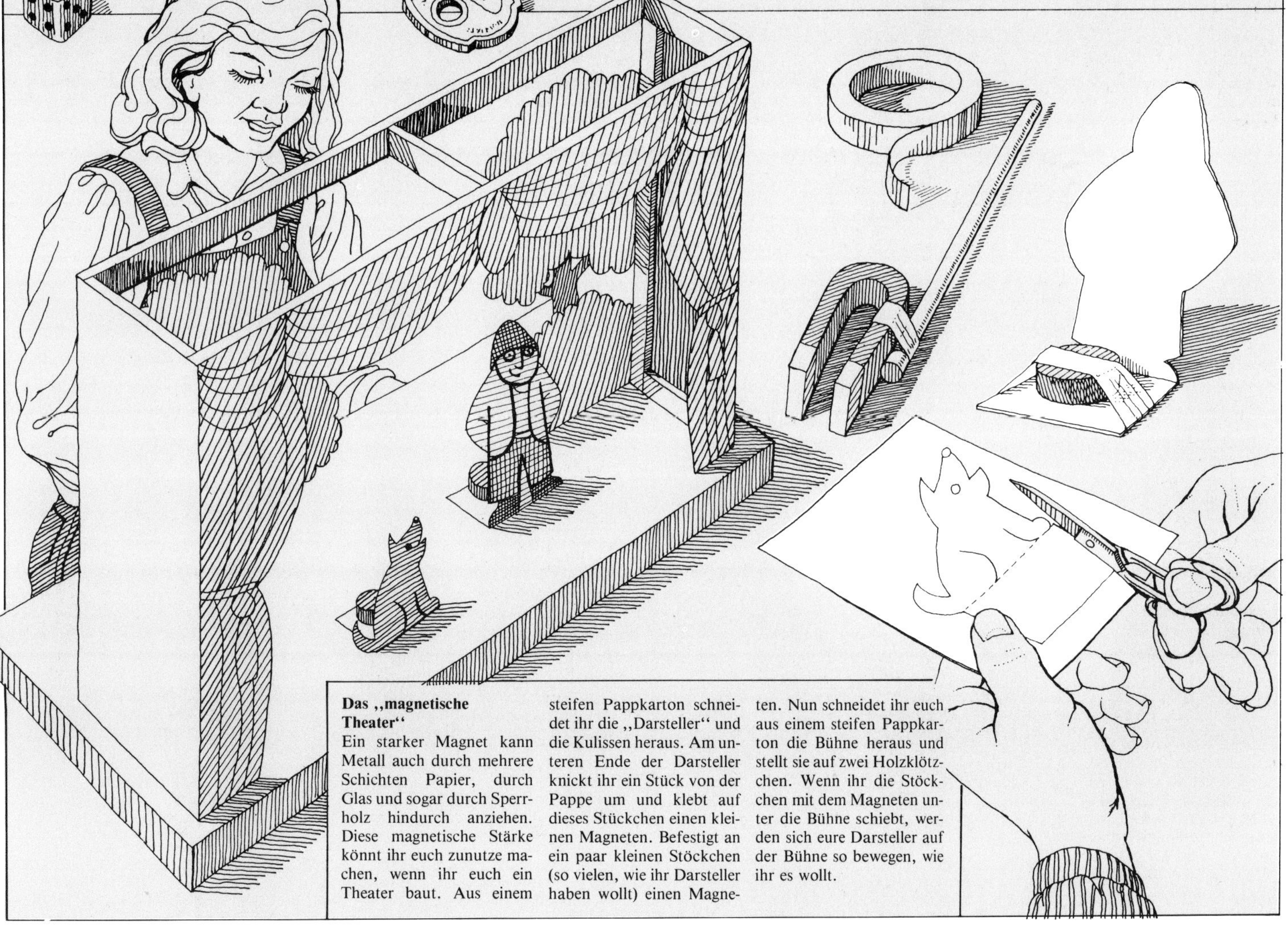

Das „magnetische Theater“

Ein starker Magnet kann Metall auch durch mehrere Schichten Papier, durch Glas und sogar durch Sperrholz hindurch anziehen. Diese magnetische Stärke könnt ihr euch zunutze machen, wenn ihr euch ein Theater baut. Aus einem steifen Pappkarton schneidet ihr die „Darsteller“ und die Kulissen heraus. Am unteren Ende der Darsteller knickt ihr ein Stück von der Pappe um und klebt auf dieses Stückchen einen kleinen Magneten. Befestigt an ein paar kleinen Stöckchen (so vielen, wie ihr Darsteller haben wollt) einen Magneten. Nun schneidet ihr euch aus einem steifen Pappkarton die Bühne heraus und stellt sie auf zwei Holzklötzchen. Wenn ihr die Stöckchen mit dem Magneten unter die Bühne schiebt, werden sich eure Darsteller auf der Bühne so bewegen, wie ihr es wollt.

Das magnetische Boot

Schnitzt euch ein Stückchen Holz so zurecht, daß es die Gestalt eines Bootes annimmt. Auf der Unterseite dieses Bootes befestigt ihr mit zwei Haken einen Nagel. Mit einem Nagel und einem Blatt Papier macht ihr euch ein Segel. In eine Aluminium-Schüssel schüttet ihr ein wenig Wasser und stellt sie auf einen Ständer. Jetzt könnt ihr das Boot darin schwimmen lassen. Wenn ihr einen Magneten unter die Schüssel haltet und langsam hin und herbewegt, bewegt sich das Boot auf geheimnisvolle Weise. Das liegt daran, daß der Nagel auf der Unterseite des Bootes von dem Magneten angezogen wird. Es sieht zunächst aus wie Zauberei!

Woher kommt die Anziehungskraft der Magneten?

An seinen Enden, den sogenannten Polen, hat ein Magnet die stärkste Zugkraft. Ein hufeisenförmiger Magnet hat in der Biegung keine Anziehungskraft, ein Stabmagnet hat in seiner Mitte keine Anziehungskraft. Um die Stärke eines Magnets zu prüfen, legt ihr eine handvoll Eisenspäne auf ein Blatt Papier und haltet einen Stabmagneten darunter. Wenn ihr jetzt vorsichtig auf das Papier tippt, bewegen sich die Späne auf die Pole des Magneten zu.

Wollt ihr dieses Muster dauerhaft machen, dann haltet das Papier zuvor in flüssiges Kerzenwachs und laßt es abkühlen, bevor ihr die Eisenspäne darauf streut. Nun laßt ihr den Magneten wie zuvor auf die Späne einwirken. Haltet ein heißes Bügeleisen mit Abstand und bringt damit das Wachs zum Schmelzen. Sobald das Wachs wieder abgekühlt ist, bleibt das Muster auf dem Papier.

Warum stoßen Magneten auch ab?

Nehmt einen Stabmagneten zur Hand. An einem Ende steht ein großes N für Nordpol, am anderen Ende zeichnet ihr mit einem weichen Farbstift ein S für Südpol ein. Bindet einen Faden um die Mitte des Magneten und hängt den Magneten so an die untere Sprosse eines Hockers, daß er frei schweben kann. Nun holt ihr einen anderen Stabmagneten und haltet dessen Nordpol an den Nordpol des aufgehängten Magneten: Der zweite Magnet wird den ersten davonschieben, ohne ihn zu berühren. Das gleiche geschieht, wenn ihr die beiden Südpole nahe aneinander haltet. Wenn ihr aber den Südpol des einen Magneten an den Nordpol des anderen haltet, werden sich die Magneten gegenseitig anziehen. Gleiche Pole stoßen sich ab, ungleiche Pole ziehen sich an.

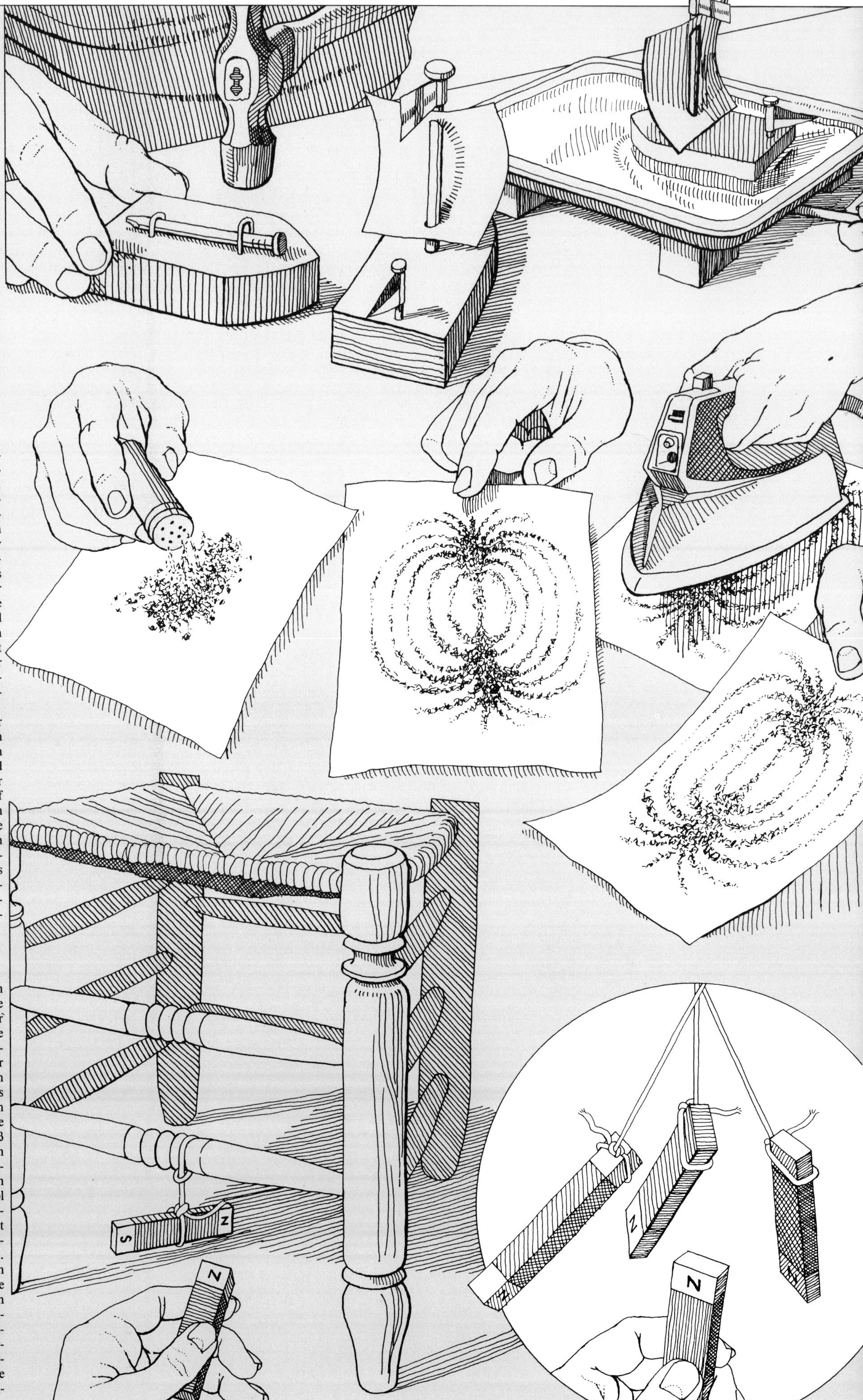

Ein Nadelkompaß

Magnetismus wandert durch Eisen oder Stahl, weshalb man eine Nähnadel magnetisieren und so in einen Kompaß verwandeln kann.

Dazu nehmt ihr eine lange Nähnadel aus Stahl und reibt einen Stabmagneten etwa dreißig Mal in Richtung der Nadelspitze an ihr entlang, und zwar so, daß ihr den Magneten, sobald er an der Nadelspitze angelangt ist, von der Nadel abhebt, und am unteren Ende der Nadel wieder zu streichen beginnt. Wenn ihr mit eurer Nadel andere Nadeln hochheben könnt, dann wißt ihr, daß die Nadel stark genug magnetisiert ist. Um aus der Nadel einen Kompaß zu machen, schiebt ihr sie der Länge nach durch einen Korken und laßt diesen in einer Schale mit Wasser schwimmen. Egal wie oft ihr den Korken verdreht, die Nadelspitze wird nach einer Weile wieder nach Norden zeigen. Die Ursache dafür ist der Magnetismus der Erde.

Vergleicht euren Nadelkompaß mit einem Kompaß, der fabrikmäßig hergestellt wurde: Legt beide auf eine Tischplatte und laßt von einer Stuhlsprosse einen Stabmagneten herunterhängen, genau wie in dem vorherigen Versuch. Alle drei Magneten werden nach Norden zeigen. Wenn ihr den Taschenkompaß in die Nähe des Stabmagneten bringt, wird sich die Nadel, die vom Magneten angezogen wurde, von Norden wegbewegen.

Die höflichen Enten

Schneidet aus einem zuvor gefalteten Stück Karton zwei Enten heraus. Klebt beide Seiten der Enten zusammen und befestigt sie auf einem Stück Korken. Jetzt magnetisiert ihr zwei Nähnadeln. Findet heraus, welche Pole der Nadeln einander anziehen und schiebt die Nadeln durch die Korken und zwar so, daß eben diese Polspitzen unter den Schnäbeln der Enten hervorlugen. Egal wie sehr ihr die Enten in einem mit Wasser gefüllten Gefäß dreht, sie werden sich immer mit den Schnäbeln zueinander in Nord-Süd-Richtung aufstellen.

Lustige Fischerei

Schneidet euch aus festem, buntem Karton viele Fische aus, steckt Büroklammern daran und laßt sie schwimmen. Als Angel nehmt ihr einen etwa 30 cm langen Faden und befestigt ihn am Ende eines ebenfalls 30 cm langen Stäbchens. Am Ende der Schnur bindet ihr einen hufeisenförmigen Magneten an. Das Fischen kann losgehen!

Elektrizität

Heutzutage ist Elektrizität für uns etwas Selbstverständliches. Elektrizität ist die vielseitigste und am meisten verwendete Energiequelle, die wir kennen. Wo immer ihr hinschaut, könnt ihr Elektrizität bei der Arbeit sehen. Von der Haustürklingel bis zur elektrischen Melkmaschine, vom Fernsehapparat bis zur Straßenbeleuchtung, überall um euch herum spielt Elektrizität eine Rolle. Auch das Papier dieses Buches wurde von elektrisch betriebenen Maschinen hergestellt.
Alles in der Welt besteht aus Millionen von winzigen Atomen. In der Mitte eines jeden Atoms ist ein Kern, der kleine Partikelchen, die Protone, enthält. Um den Kern herum kreisen noch kleinere Partikel, die Elektronen. In jedem Atom gibt es gleich viele Protonen wie Elektronen. Jedes Elektron hat eine negative elektrische Ladung, die man mit diesem Zeichen symbolisiert: — , während jedes Proton eine positive elektrische Ladung hat, der man dieses Zeichen gegeben hat: + .
Ein Material, das es der Elektrizität gestattet, hindurchzulaufen, hat ein ,,freies" Elektron, welches um den Atomkern herumkreist. Dieses einzelne Elektron läßt sich leicht vom Atomkern trennen.
Solche Materialien nennt man gute elektrische Leiter.
Die Abbildungen unten auf dieser Buchseite zeigen, wie vielseitig Elektrizität angewendet werden kann.
Manchmal kann man Elektrizität auch hören. Wenn ihr an einem

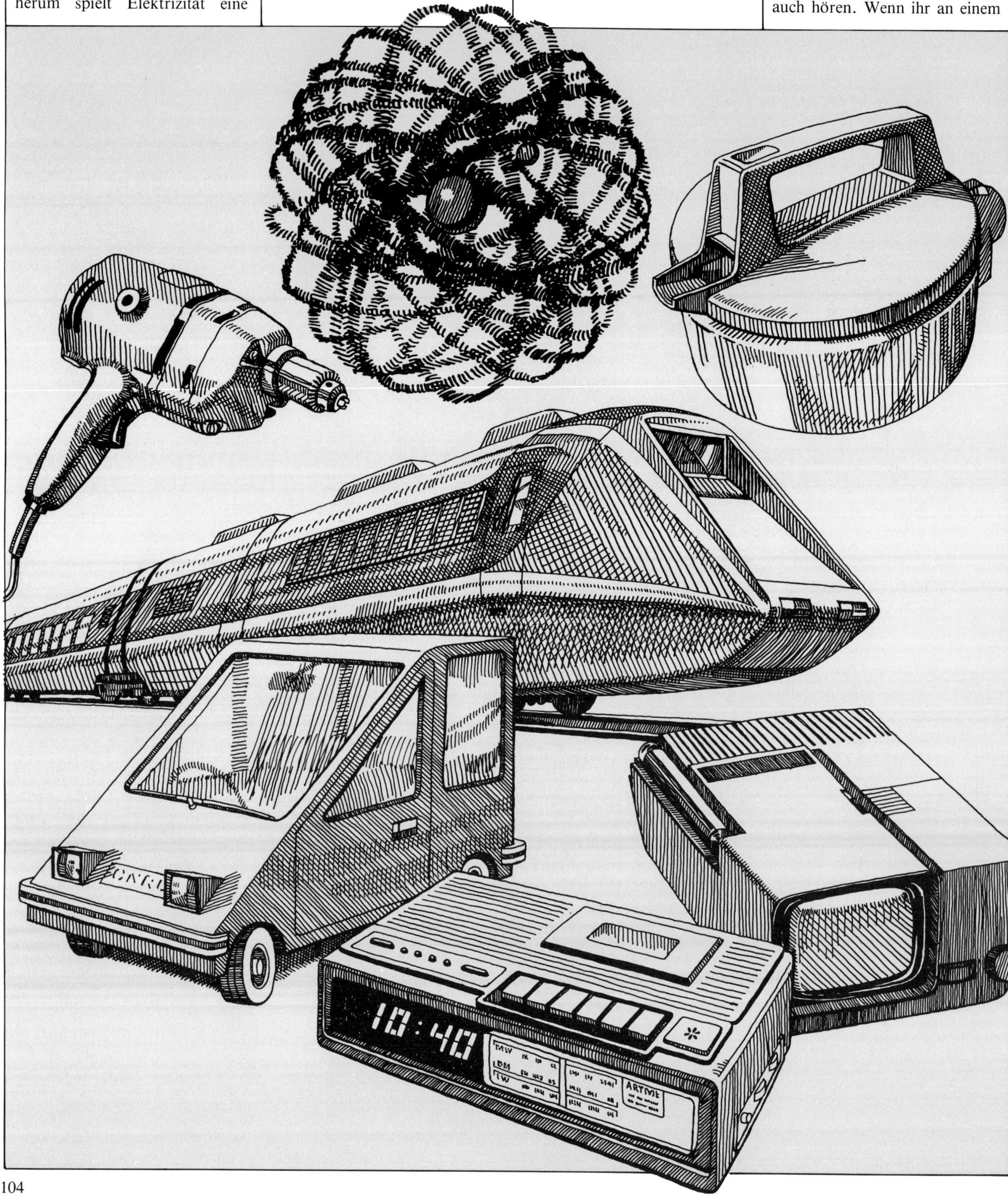

Schließt den Stromkreis
Graphit (zum Beispiel die Mine in einem Bleistift) ist ein guter Stromleiter. Das könnt ihr selbst feststellen, wenn ihr das folgende Experiment durchführt. Verbindet eine Taschenlampenbirne mit einer Batterie, wobei ihr euch einer Schere und eines Bleistiftes bedient, wie in der Abbildung gezeigt wird. Sobald die einzelnen Gegenstände miteinander verbunden sind, wird das Lämpchen aufleuchten. Der elektrische Strom der Batterie fließt durch das Metall der Schere, läßt das Lämpchen aufleuchten und fließt dann durch das Graphit des Bleistifts zur Batterie zurück. Da Graphit ein guter Stromleiter ist, kann es den Stromkreis schließen.

Elektrischer Strom
Wenn ein Metalldraht an eine Batterie angeschlossen wird, wandern die freien Elektronen der Metall-Atome von einem Atom zum anderen. Diese Elektronen-Bewegung nennt man elektrischen Strom. Obwohl sich diese freien Elektronen nur ein paar Millimeter pro Sekunde voranbewegen, wird auf der Stelle Strom erzeugt. Ein einfaches Experiment soll euch helfen, dies besser zu verstehen: Zwischen zwei dicke Bücher reiht ihr einige Murmeln aneinander. Wenn ihr nun auf die letzte Murmel Druck ausübt, dann bewegen sich die übrigen Murmeln ebenfalls. Auf die gleiche Weise beginnen sich Elektronen zu bewegen, wenn elektrischer Strom produziert wird.

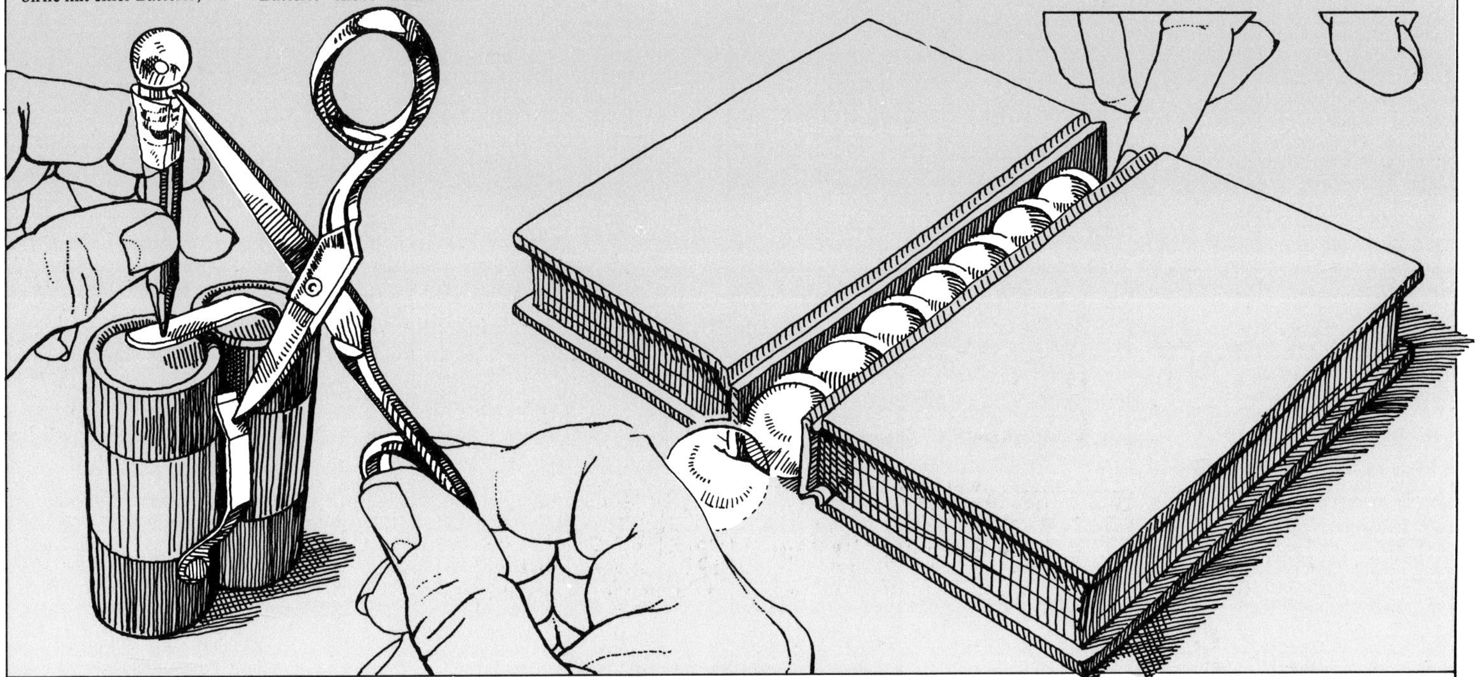

Statische Elektrizität

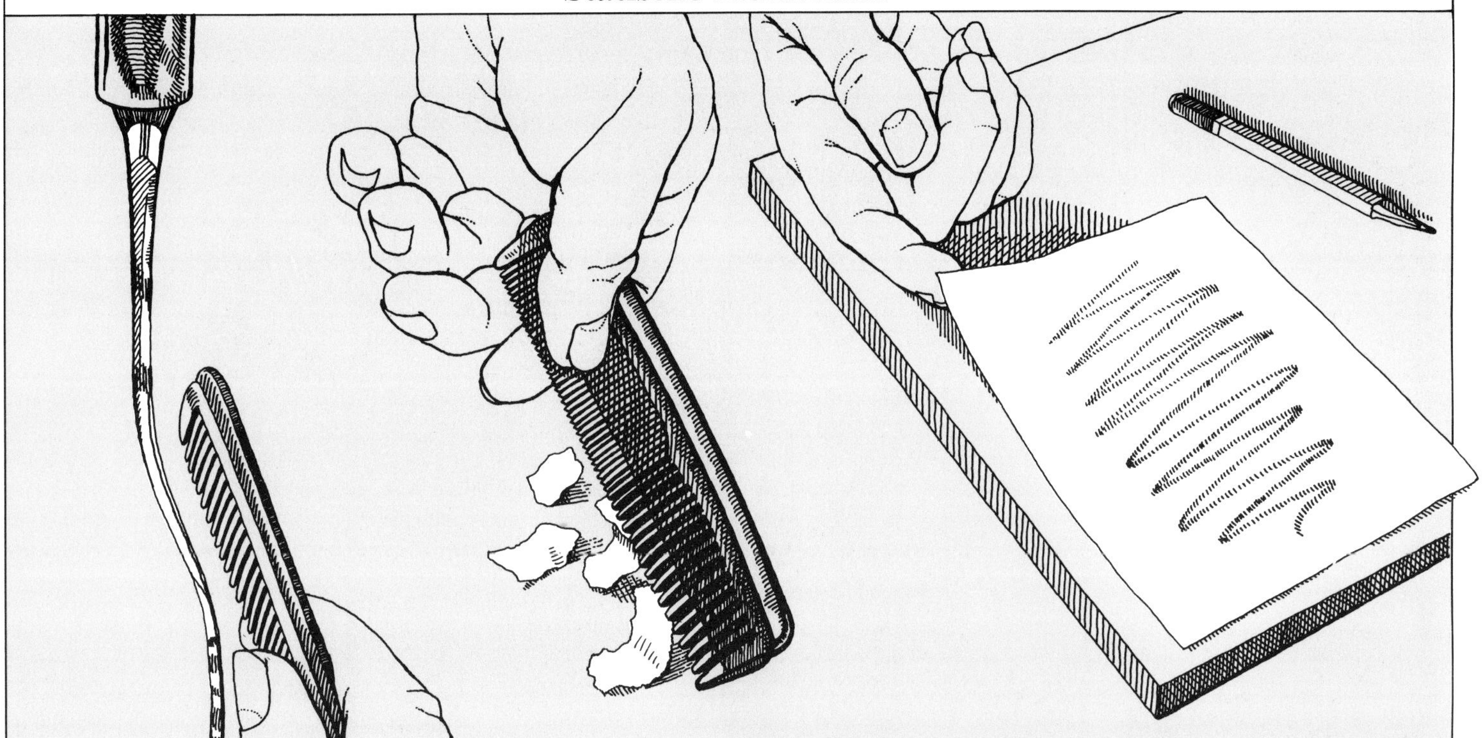

kühlen, trockenen Tag eine Katze streichelt, euer Haar kämmt oder ein Kleidungsstück aus Kunstfaser abstreift, könnt ihr ein knisterndes Geräusch vernehmen. Dieses Geräusch rührt von der elektrischen Ladung her, die sich in vielen Gegenständen befindet. Man spricht hier von Elektrostatik. Wenn ihr mit euren Schuhen auf einem dicken Teppich hin- und herscharrt, und anschließend einen eurer Finger dem metallenen Türknopf nähert, so könnt ihr in einem dunklen Zimmer beobachten, wie ein winziger Funke von eurer Fingerspitze auf das Metall überspringt. Dabei werdet ihr auch einen kleinen elektrischen Schlag verspüren. Das Experiment auf Seite 92 zeigt, daß auch der Blitz etwas mit Reibung zu tun hat, nämlich dem Reiben eines Gegenstandes an einem anderen.

Einige Tricks mit der Elektrizität
Wenn ihr einen Kamm durch euer Haar streicht, werden Elektronen übertragen, und der Kamm lädt sich mit statischer Elektrizität auf. Kämmt euer Haar durch und haltet den Kamm anschließend sofort in die Nähe von kleinen Stückchen eines Papiertaschentuches.
Sie werden hochspringen und an dem Kamm haften bleiben. Nach einer Weile überträgt sich die Elektrizität aus dem Kamm heraus in euren Körper, und die Papierstückchen fallen wieder herab.
Durch statische Elektrizität kann man auch Wasser „verbiegen". Dreht einen Wasserhahn so weit auf, daß ein dünner Wasserstrahl herausläuft. Wenn ihr den geladenen Kamm an diesen Strahl haltet, ‚verbiegt' sich das Wasser zum Kamm hin. (Paßt auf, daß der Kamm nicht naß wird, sonst verliert er seine elektrische Ladung.)
Statische Elektrizität läßt sich auch auf andere Weise erzeugen. Legt ein Blatt Papier auf einen Tisch und reibt mit einem Bleistift darüber. Nun hebt ihr ein Ende des Papieres an und zieht euren Finger sofort wieder zurück. Das Papier wird sofort zum Tisch zurückschnellen, und ihr könnt das Knistern hören, das die statische Elektrizität hervorgerufen hat.

Der Zauberballon
Bindet einen aufgeblasenen Luftballon an eine Schnur. Reibt ihn eine halbe Minute an einem Wollpullover und laßt ihn dann los. Er steigt sofort an die Decke und wird dort von der statischen Elektrizität festgehalten. Wenn der Luftballon an dem Pullover gerieben wird, lädt er sich auf, denn er entfernt aus dem Pullover negativ geladene Elektronen. Da geladene Körper nichtgeladene Körper anziehen, bleibt der Ballon solange an der Decke haften, bis die Ladungen ausgeglichen sind. Bei trockener Luft kann das Stunden dauern.
Reibt ihr zwei Luftballons an einem Pullover aus Wolle und haltet sie mit einer Hand fest. Sie werden sich gegenseitig abstoßen, da sie beide negativ geladen sind.

Der Trick mit Salz und Pfeffer
Gemahlener Pfeffer und grobes Salz, auf einer Tischplatte miteinander vermischt, kann man durch statische Elektrizität wieder voneinander trennen. Reibt einen Plastik-Löffel an einem Wolltuch, bis dieser elektrisch aufgeladen ist. Haltet den Löffel nun über das Gemisch. Als erstes wird er den Pfeffer anziehen, da dieser leichter ist als Salz. Für das restliche Salz muß man nur den Löffel etwas niedriger halten.

Der Schlangenbeschwörer
Schneidet aus einem Papiertaschentuch einen spiralförmigen Streifen heraus und malt an einem Ende einen Schlangenkopf auf. Biegt den Kopf der Schlange nach oben und legt sie auf einen Zinndeckel. Einen Plastikstift reibt ihr nun an einen Gegenstand aus Wolle und haltet den Stift anschließend über die Schlange — sie wird sich emporheben, als sei sie lebendig. Das liegt daran, daß der Stift von der Wolle Elektronen abzieht und so das ungeladene Papier anzieht. Sobald das Papier den Stift berührt, übernimmt es einen Teil seiner Elektrizität und überführt sie auf den Metalldeckel, der ein guter Leiter ist. Das Papier ist nun wieder entladen und kann nicht mehr von dem Stift angezogen werden, der seine Ladung ebenfalls eingebüßt hat.

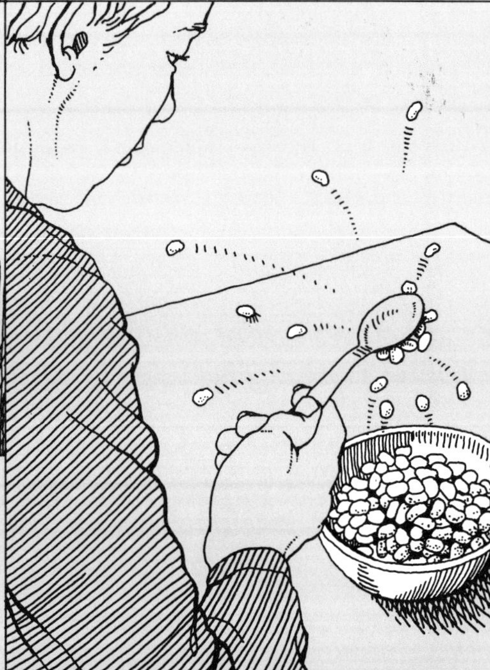

Das schnelle Frühstück
Füllt einen Teller mit Frühstücks-Flocken aus Puffreis. Reibt einen Plastiklöffel an einem Gegenstand aus Wolle, bis er elektrisch aufgeladen ist. Haltet den Löffel über den Teller mit Puffreis: die Frühstücksflocken springen heraus und bleiben an dem Löffel haften.
Anschließend werden sie in alle Richtungen davonspringen. Wie kommt das? Der Puffreis wird solange von dem Löffel angezogen, bis einige der Elektronen in den Reis übergegangen sind. Sobald Reis und Löffel die gleiche elektrische Ladung haben, schießt der Puffreis wieder davon; denn gleiche Ladungen stoßen sich ab.

Die Tanzpuppen
Legt zwei dicke Bücher auf eine Tischplatte und stellt einen metallenen Teller dazwischen. Auf die Bücher legt ihr eine Glasscheibe. Aus Papier schneidet ihr ein paar Puppen von 2,5 cm Höhe heraus und legt sie auf den Zinnteller. Wenn ihr die Glasscheibe mit einem Tuch aus Wolle abreibt, fangen die Puppen an zu tanzen. Denn das Glas lädt sich auf, wenn man daran reibt. Es zieht die Puppen an und lädt sie auf. Doch gleiche Ladungen stoßen einander ab, und die Puppen fallen wieder auf den Teller zurück, wobei sie ihre Ladung an das Metall abgeben. Sie werden vom Glas wieder angezogen und das Ganze beginnt von vorne.

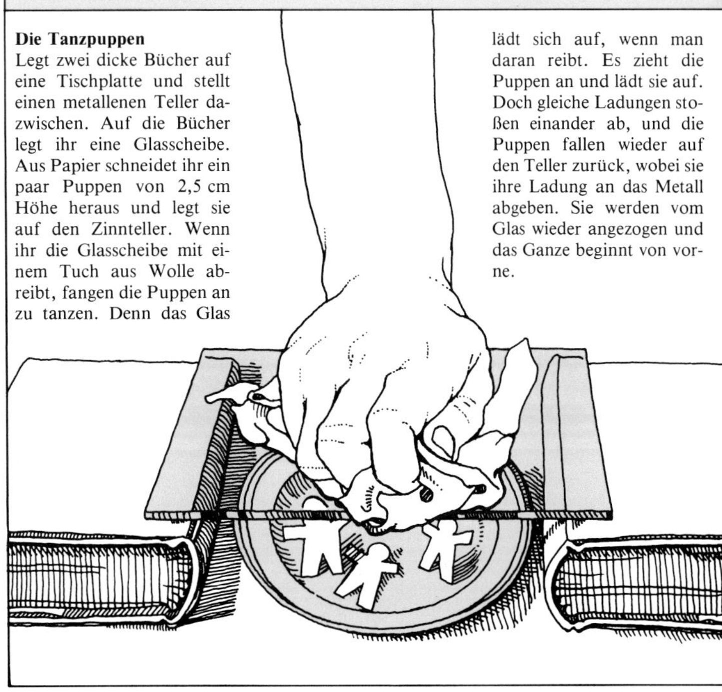

Springende Silberkugeln
Reibt eine Langspielplatte mit einem Tuch aus Wolle ab und legt sie anschließend auf ein Weinglas. Macht euch kleine Kugeln aus Silberpapier und werft sie auf die Schallplatte. Sie werden wie verrückt umherspringen, da sie sich abwechselnd anziehen und abstoßen. Das liegt daran, daß die Elektrizität auf der Schallplatte ungleichmäßig verteilt ist und die Kugeln unterschiedliche Ladungen aufnehmen.

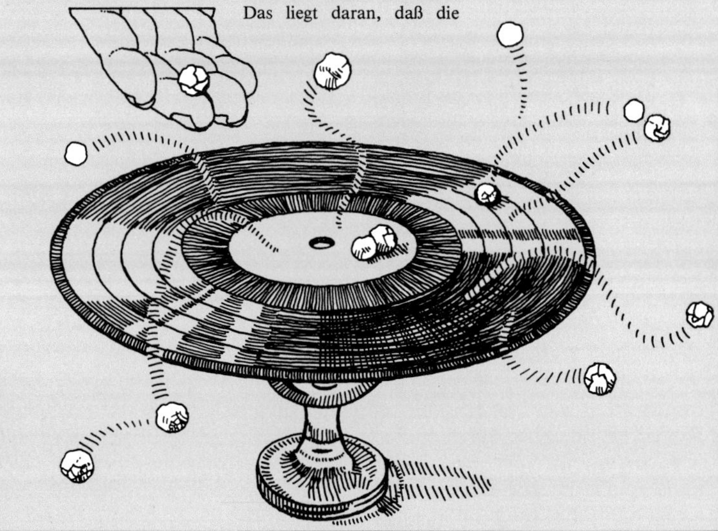

Der elektrische Strom

Es macht Spaß, mit der elektrischen Ladung von Gegenständen zu spielen, aber da diese elektrische Ladung immer an der gleichen Stelle bleibt und nicht durch Drähte weitergeleitet werden kann, läßt sich diese Elektrizität nicht dazu verwenden, Maschinen anzutreiben oder Zimmer zu erleuchten. Für solche Aufgaben brauchen wir fließende Elektrizität — den Strom. Der Strom kommt aus den Elektrizitätswerken über Leitungen direkt in unsere Städte und Häuser. Die Drähte, in denen der Strom transportiert wird, heißen Hochspannungsleitung. Diese Leitungen sind für gewöhnlich aus Kupfer, da Kupfer ein ausgezeichneter Stromleiter ist. Außerdem müssen die Drähte isoliert sein. Wenn ihr das offene Ende einer Lampenschnur näher betrachtet, werdet ihr feststellen, daß in der Schnur Kupferdrähte verlaufen, die ihrerseits wieder mit Gummi isoliert sind.

Auf den nächsten Seiten sind einige einfache Experimente mit fließendem Strom beschrieben.

Viele der unten gezeigten Gegenstände, wie der Hammer oder die Nägel, werdet ihr bei euch zu Hause finden. Außerdem benötigt ihr Taschenlampen-Birnen von 3,5 Volt und eine 4,5 Volt-Batterie, sowie größere Mengen von Blumendraht und Elektro-Kabel.

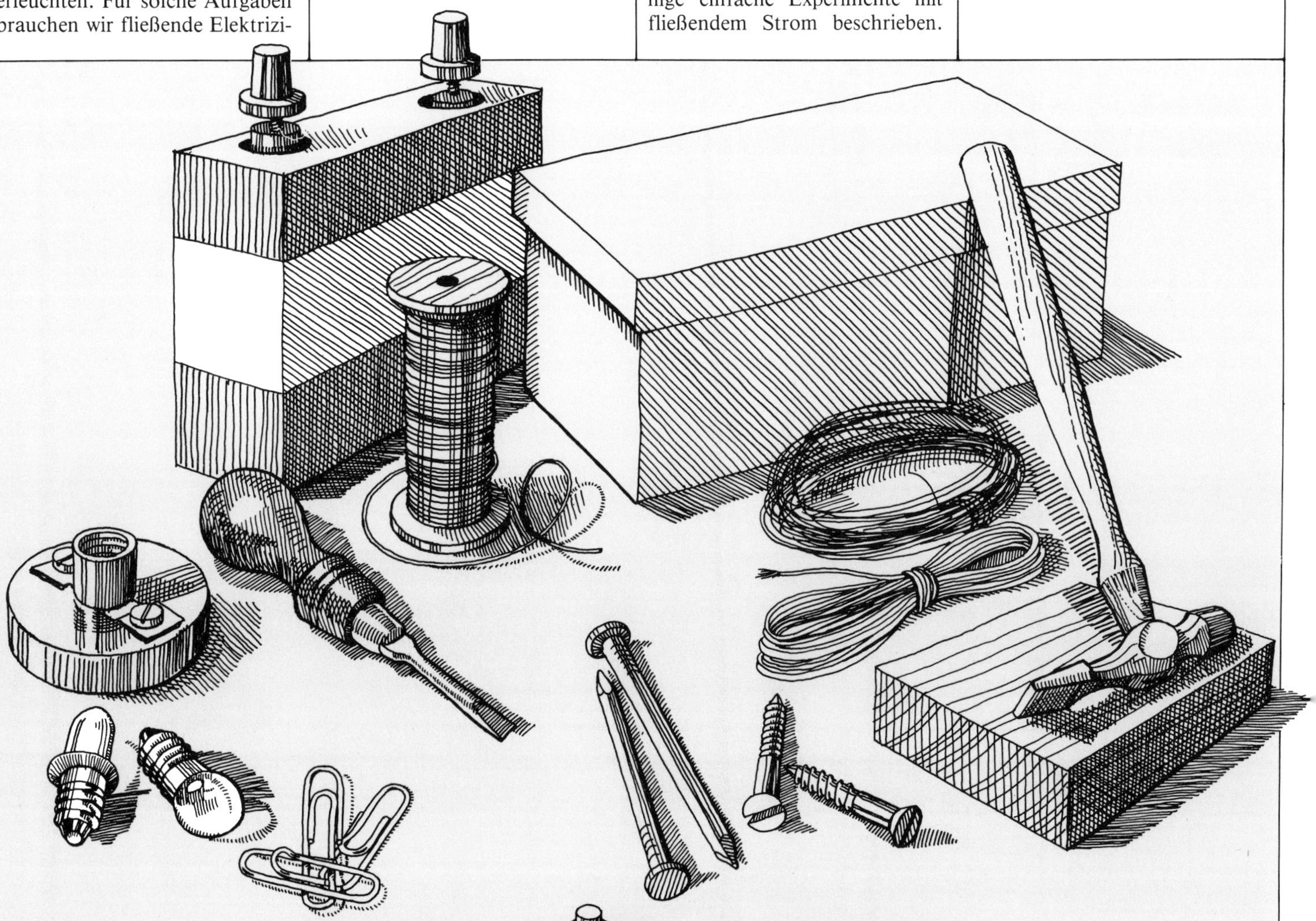

Wie eine Batterie funktioniert

Elektronen bewegen sich innerhalb eines Drahtes nicht von allein. Sie voranzutreiben und auf diese Weise elektrischen Strom zu erzeugen, bedarf es einer Kraft. Diese Kraft wird von einer Batterie erzeugt. Die Stärke einer Batterie mißt man in Volt.

Eine Batterie ist sich aus einer Vielzahl einzelner Zellen zusammengesetzt. Diese Zellen werden von einer Flüssigkeit bedeckt und diese nennt man Elektrolyt. Das Elektrolyt besteht aus Billionen von positiven und negativen Partikelchen. Zwei Eisenstäbchen führen in das Elektrolyt hinein. Man nennt sie Elektroden. In der Flüssigkeit findet eine chemische Reaktion statt, die zu einer der Elektroden positive Partikel und zu der anderen negative Partikel schickt. Wenn man die beiden Elektroden mit einem Draht verbindet, fließt elektrischer Strom hindurch und läßt eine Birne aufleuchten.

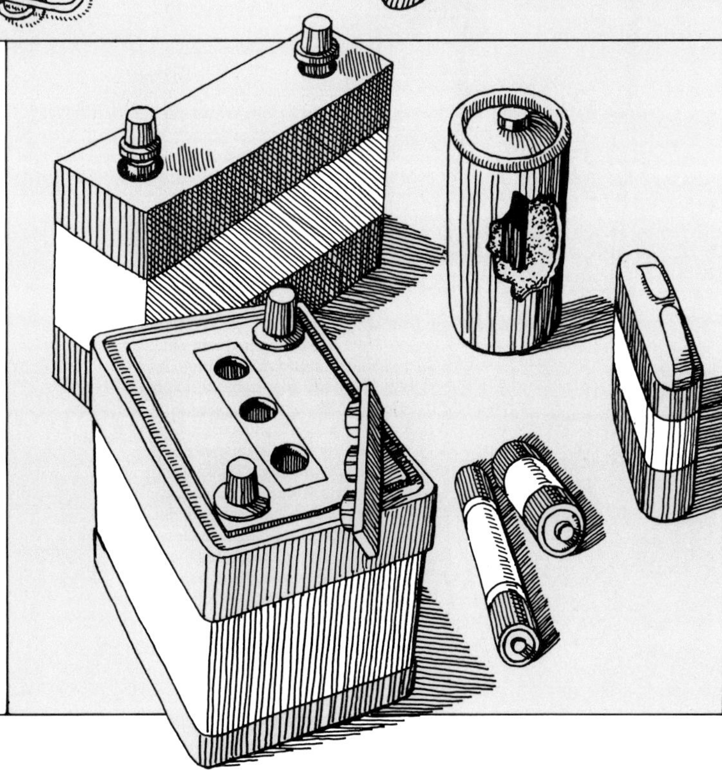

Der Strom hört erst auf durch den Draht zu fließen, wenn das ganze Elektrolyt aufgebraucht ist. In Taschenlampen verwendet man lieber Trockenbatterien. Auch diese Batterien haben zwei Elektroden — ein Kohlestäbchen und ein Zinkgehäuse. Das Elektrolyt dieser Batterie-Zelle besteht aus einer fest verschlossenen Paste.

Wie man einen Stromkreis macht
Mit einer Schere schneidet ihr euch etwa 1,5 cm der Plastikhülle eines Stromkabels ab und zwar an beiden Enden. Das Gleiche macht ihr mit einem anderen Stück Kabel von der gleichen Länge. Paßt auf, daß ihr die Drähte im Inneren dabei nicht verletzt. Dreht die Drähte so zusammen, daß sie feste Enden ergeben. Nun formt Haken daraus, die ihr an den Elektroden einer Batterie befestigt. Die anderen Enden der Drähte biegt ihr ab, öffnet die Schrauben des Birnchen-Halters, legt die Drahthaken darunter und zieht die Schrauben anschließend wieder an. Die Batterie ist jetzt mit dem Birnchenhalter verbunden, und ihr könnt das Birnchen wieder einschrauben, welches auch sofort aufleuchtet. Der Strom läuft nun durch den einen Draht über den Birnchen-Halter in das Lämpchen und durch den anderen Draht wieder zurück in die Batterie. So einen Kreislauf nennt man einen Stromkreis. Sobald man einen der Drähte durchschneidet, wird der Stromkreis unterbrochen, und das Licht geht aus. Doch wenn man die zerschnittenen Enden des Drahtes wieder zusammenfügt, leuchtet das Birnchen sofort wieder auf.

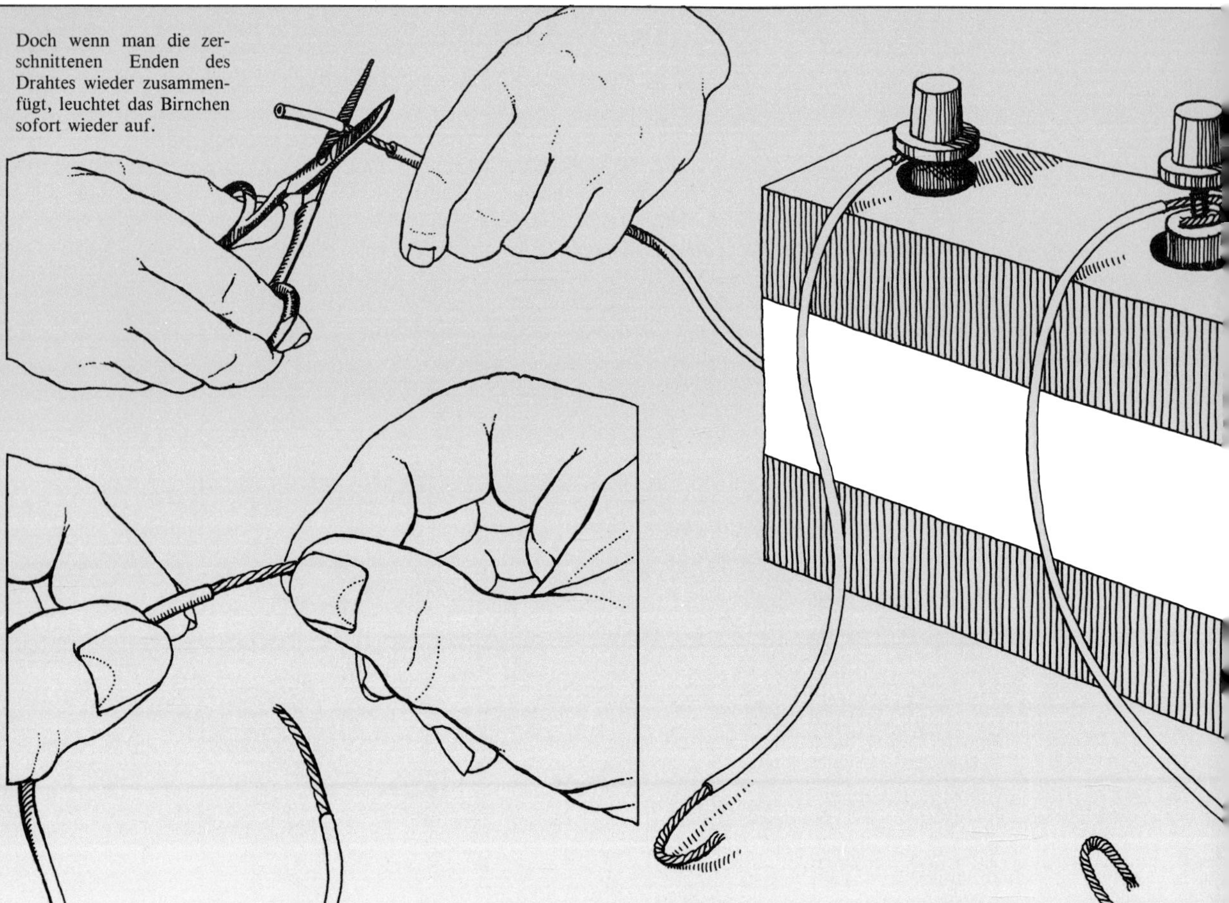

Leiter und Isolatoren
Mit Hilfe einer Batterie könnt ihr herausfinden, welche Materialien gute Leiter sind und welche nicht. Dazu benötigt ihr: Einen rechteckigen Holzklotz von 15 cm Länge, ein Stromkabel von 1 m Länge, eine Taschenlampenbirne und einen Birnchenhalter sowie zwei flachköpfige, etwa 4 cm lange Schrauben. Die Schrauben versenkt ihr mit einem Abstand von 1,5 cm bis zur Hälfte in den Holzklotz. Von einem Stück Elektrokabel, das ihr in einer Länge von 25 cm abgeschnitten habt, entfernt ihr an beiden Enden die Isolierung. Das eine Ende des Drahtes windet ihr fest um eine der Schrauben und befestigt das andere Ende an einer Elektrode der Batterie. An der anderen Elektrode befestigt ihr ebenfalls einen Draht, dessen unteres Ende ihr aber am Birnchenhalter festmacht. Mit einem weiteren Stückchen Elektrodraht verbindet ihr nun die zweite Schraube mit der anderen Halterung des Birnchenhalters. Wenn ihr eine Birne in die Halterung schraubt, werdet ihr feststellen, daß sie nicht aufleuchtet (das Holz, in dem die Schrauben stecken, unterbricht den Stromkreis). Um den Stromkreis zu schließen, muß man also eine Verbindung zwischen den beiden Schrauben herstellen. Als erstes nehmt ihr dafür eine Büroklammer, und ihr werdet sehen, daß das Birnchen aufleuchtet. Wiederholt den Versuch mit allen möglichen Gegenständen: Was leitet — was leitet nicht?

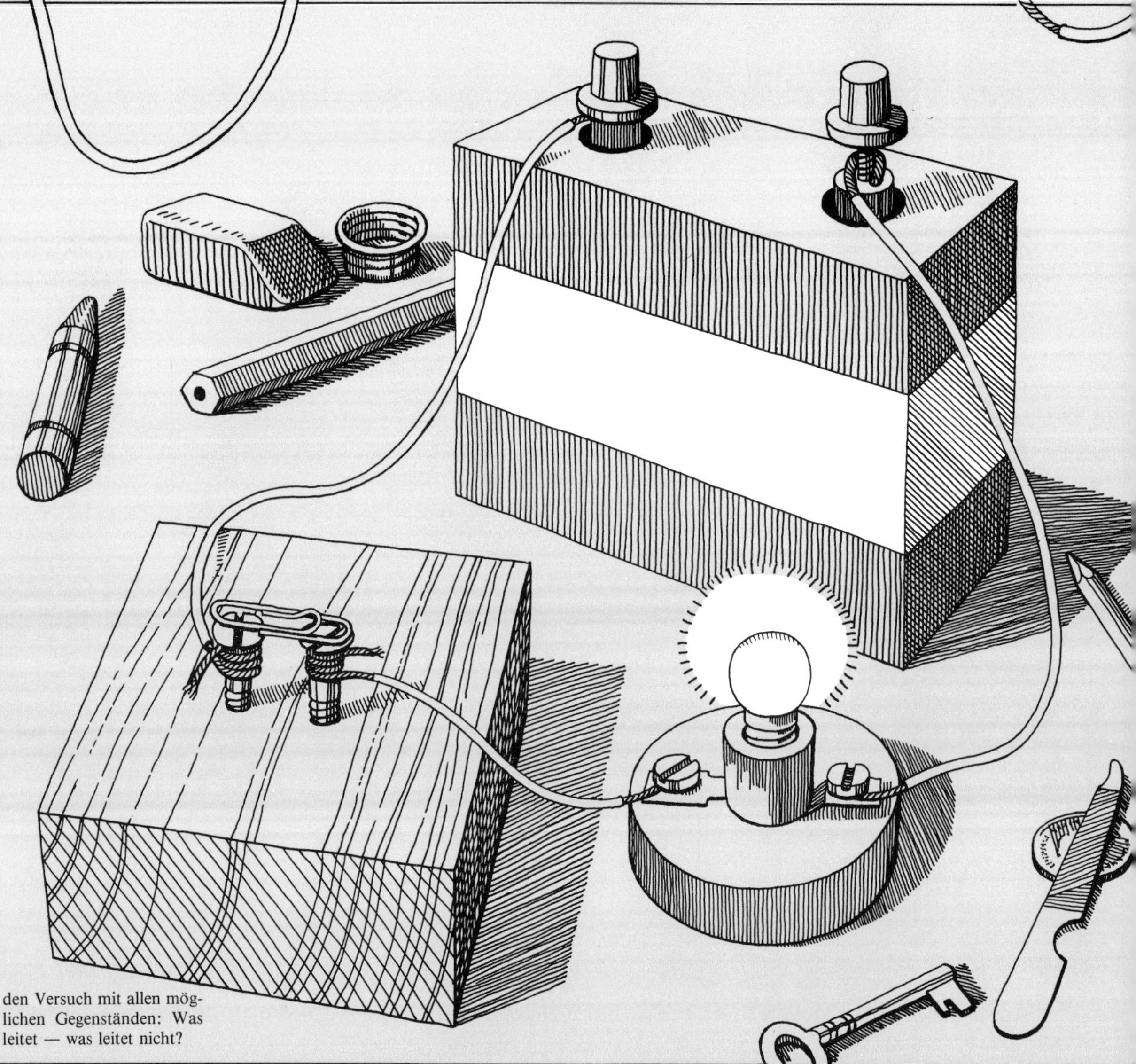

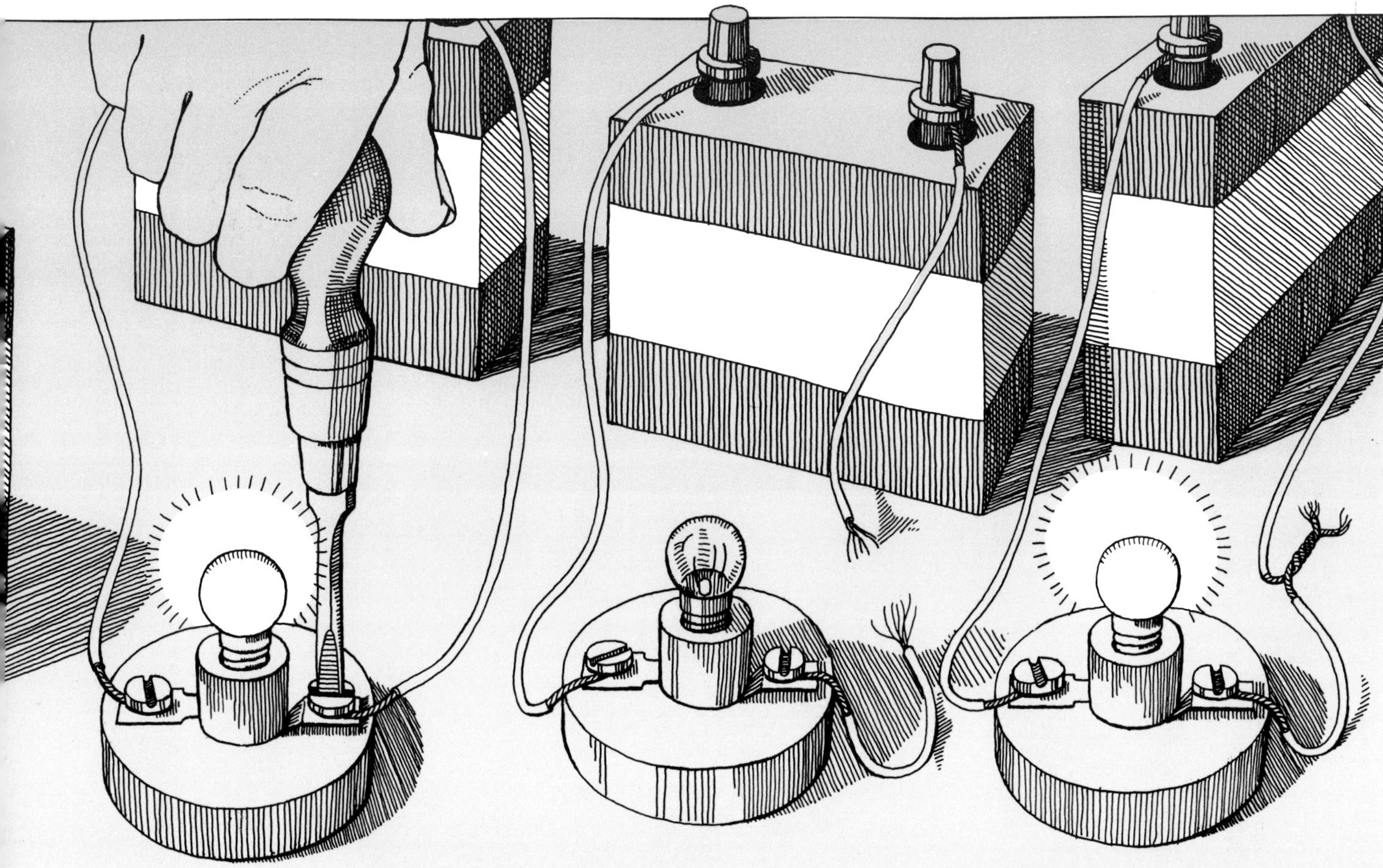

Elektrisches Licht

Warum läßt Strom eine Taschenlampe-Birne aufleuchten? Die Erklärung dafür ist der dünne, feine Draht in der Birne. Im Jahre 1879 stellte der amerikanische Wissenschaftler Thomas Edison (1847—1931) die erste elektrische Birne her. Er versiegelte einen Baumwollfaden in einer Glasbirne, pumpte die Luft heraus und ließ elektrischen Strom durch den Baumwollfaden fließen, bis dieser zu glühen begann. Der Faden war so dünn, daß die durchwandernden Elektronen mit den Atomen des Fadens zusammenstießen und ihn sehr heiß werden ließen. Edisons revolutionäre Glühfaden-Birne konnte vierzig Stunden lang brennen, bevor sie schließlich verlöschte.

Eine moderne Glühbirne funktioniert nach dem gleichen Prinzip. Der Glühdraht ist so dünn, daß er sich dem Fluß des Stromes widersetzt. Dadurch wird er sehr heiß und beginnt zu glühen. Er kann nicht richtig brennen, da in der Birne keine Luft ist. Der Glühdraht in den meisten elektrischen Birnen ist aus einem sehr festen Material hergestellt, nämlich Wolfram.

Schalter

Lichtschalter benötigt man, um den Stromkreis zu schließen und zu öffnen. Ihr könnt euch für euer Stromkreis-Experiment einen einfachen Schalter bauen. Ihr besorgt euch einen etwa 1,5 cm breiten Blechstreifen. Das Blech soll um etwa 1,5 cm länger sein als der Abstand zwischen den beiden Schrauben. Mit einem Hammer und einem Nagel macht ihr in ein Ende des Blechstreifens ein Loch. Nun schraubt ihr eine der Schrauben heraus, steckt den Blechstreifen darauf und schraubt sie anschließend wieder auf. Das freie Ende des Blechstreifens sollte so nach oben gebogen sein, daß es die andere Schraube nicht berührt. Wenn ihr nun das hochgebogene Ende mit dem Finger nach unten drückt, verbindet ihr die Batterie mit dem Birnchen. Ihr habt jetzt den Stromkreis wieder geschlossen: Der Strom wandert von einer Elektrode der Batterie durch den Draht und den Blechstreifen zu dem Birnchen und von dort zur zweiten Elektrode. Wenn der Blechstreifen die zweite Schraube nicht berührt, dann wird das Birnchen auch nicht aufleuchten. Der Blechstreifen ist also euer Lichtschalter.

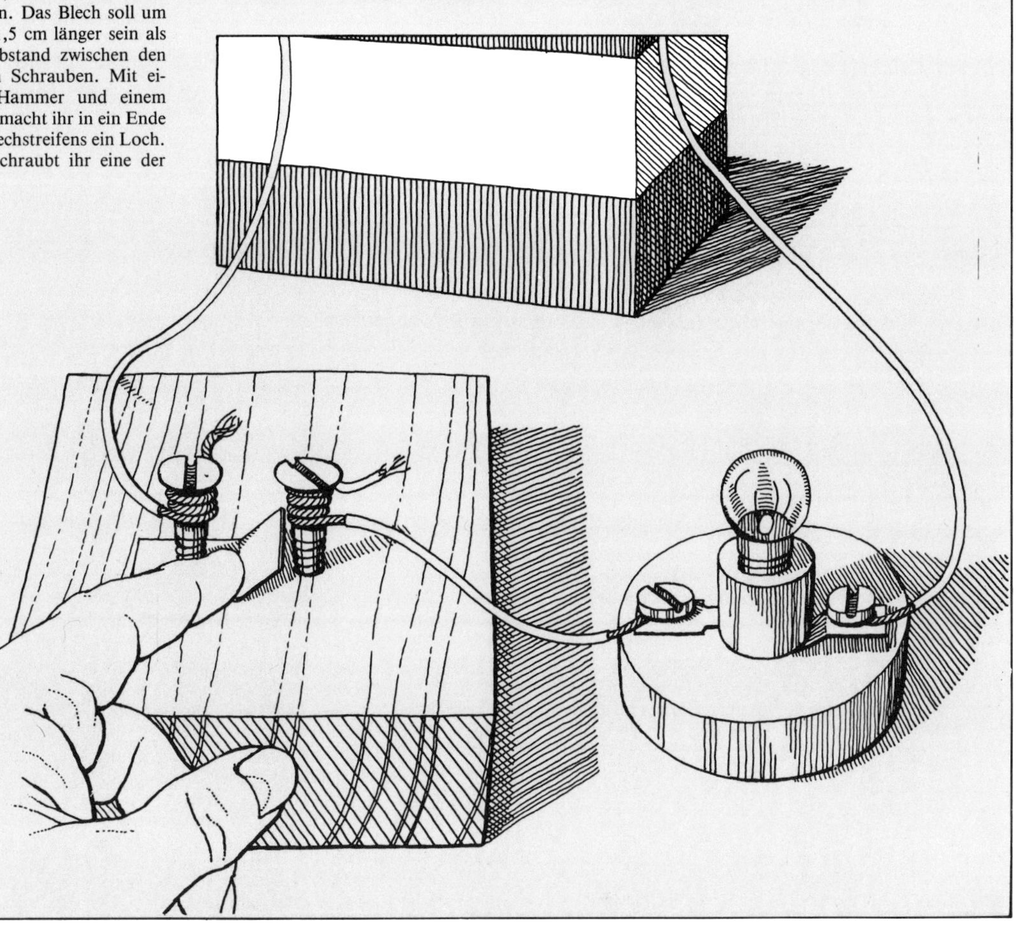

Baut euch einen Leuchtturm
Dazu benötigt ihr: Einen Birnchenhalter, eine 3,5-Volt-Birne, einen 30x15 cm großen, dünnen Pappkarton, zwei Elektrodrähte mit freigelegten Enden, euren selbst gebastelten Schalter, ein sehr kleines Glasgefäß, Modelliermasse, Farbpapier, einen Klebestreifen, Klebstoff und eine Schere. Befestigt die beiden Drähte am Birnchenhalter und bringt diesen am Ende der Papprolle an (vgl. Abbildung). Die anderen Enden des Drahtes verbindet ihr mit dem Lichtschalter bzw. mit der Batterie. Die Papprolle verkleidet ihr mit Buntpapier und drückt sie in Modelliermasse. Oben auf die Rolle stülpt ihr das Glasgefäß. Sobald ihr den Strom „einschaltet", wird der Leuchtturm hell erstrahlen.

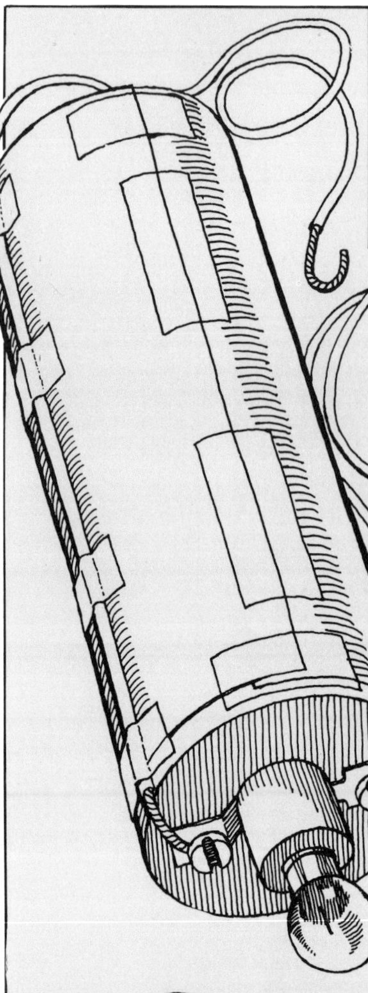

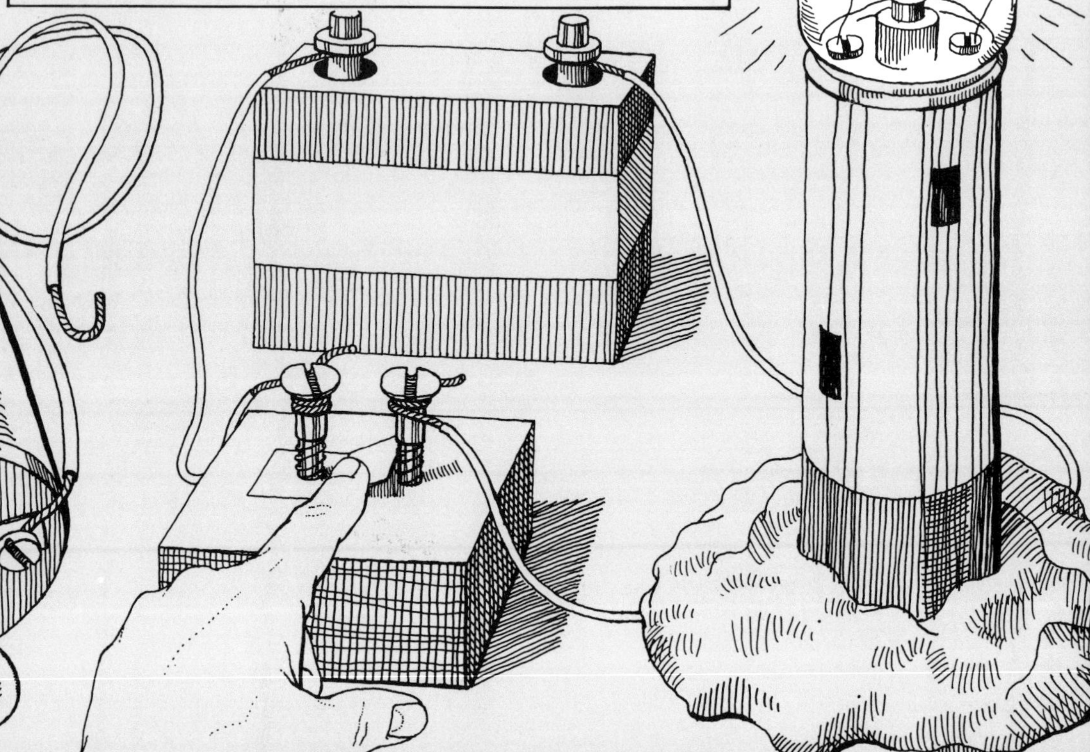

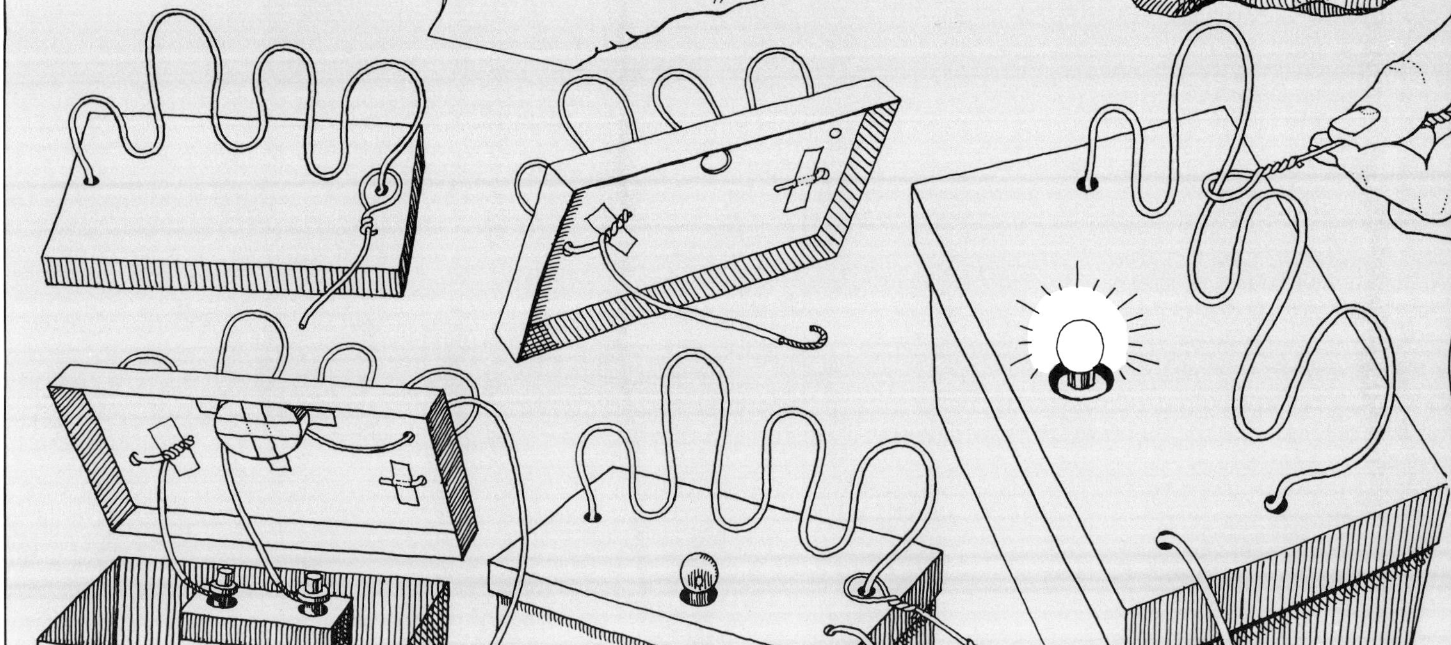

Habt ihr eine ruhige Hand?
Wir brauchen: 1 Birnchenhalter, 1 Pappschachtel mit Deckel, eine 3,5-Volt-Birne, eine 4,5-Volt-Batterie, 3 Stück Elektrodraht mit freigelegten Enden, 2 Stück Blumendraht, ca. 60 cm und ca. 30 cm lang; außerdem Schere und Klebeband. In ein Ende des kürzeren Blumendrahtes dreht ihr eine Schlinge, in den längeren Blumendraht biegt ihr (vgl. Abbildung) viele Bogen und führt ihn durch die Schlinge des anderen Drahtes. In den Deckel einer Pappschachtel macht ihr zwei Löcher, durch die ihr die Drahtenden hindurchsteckt. Eines der Enden knickt ihr ab und befestigt es mit Klebeband auf der unteren Seite des Deckels. Das andere Ende dreht ihr mit dem freien Ende eines Elektrodrahtes zusammen und klebt es anschließend ebenfalls am Deckel fest. Nun schraubt ihr das Birnchen in die Halterung. In den Deckel macht ihr ein so großes Loch, daß ihr das Birnchen hindurchstecken könnt. Der Halter wird nun ebenfalls am Deckel befestigt. Von den beiden Elektrodrähten, die an dem Birnchenhalter befestigt sind, nehmt ihr ein freies Ende, schiebt es durch ein Loch im Deckel und dreht es mit dem freien Ende des Blumendrahtes zusammen, in dessen anderes Ende ihr zuvor die Schlinge gedreht habt. Der andere Elektrodraht wird nun an einer Elektrode der Batterie angebracht. Die andere Elektrode verbindet ihr mit dem Ende des gebogenen Blumendrahtes. Stellt die Batterie in die Schachtel. Wer kann mit der Drahtschlinge an den Windungen entlangfahren, ohne daß das Birnchen aufleuchtet?

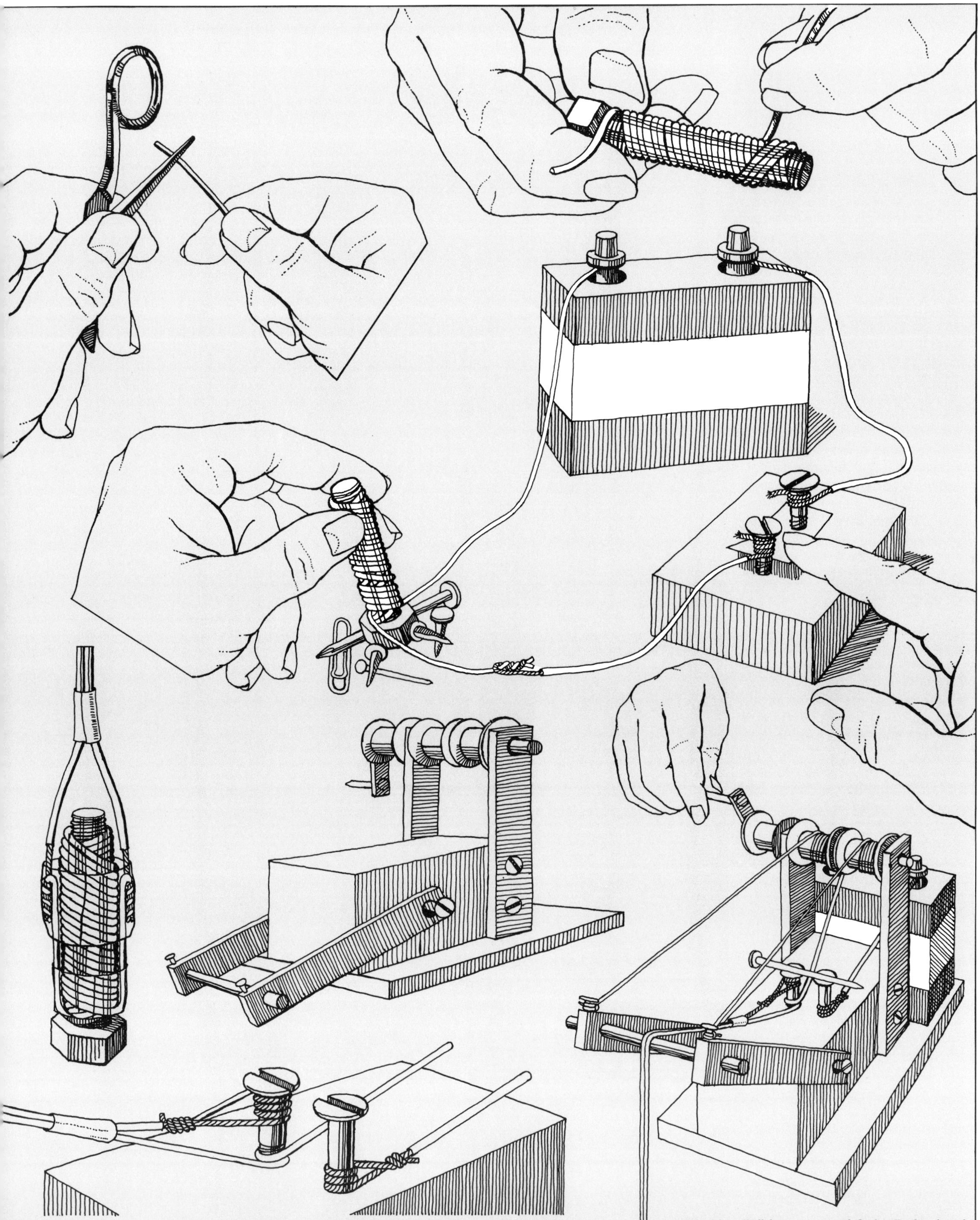

Elektromagnet
Wir benötigen: Einen langen eisernen Bolzen, ein Stück umspannten Kupferdraht von etwa zwei Meter Länge, drei Elektrodrähte mit freigelegten Enden, euren selbstgemachten Schalter, eine 4,5-Volt-Batterie und etwas Klebeband. An jedem Ende des Kupferdrahtes kratzt ihr etwa zwei Zentimeter der Umspannung ab. Ein Ende des Kupferdrahtes drückt ihr nun fest gegen den Metallbolzen und umwickelt diesen möglichst eng und straff mit dem Draht. Die beiden freien Enden verbindet ihr mit dem Elektrodraht und klebt sie anschließend fest. Die beiden Elektrodrähte klebt ihr ebenfalls mit einem Klebeband zusammen, dann schraubt ihr die beiden Schrauben des Schalters ein (vgl. Abbildung). Dreht die Schraubenköpfe so, daß ihre Schlitze eine Linie bilden und als Auflage für einen Nagel dienen können. Danach klebt ihr zwei Garnröllchen aneinander und schiebt sie auf ein dünnes Stöckchen, welches ihr wiederum durch die senkrechten Halterungen des Drehmechanismus laufen laßt. An das Stöckchen klebt ihr nun ein drittes Röllchen, an dem sich auch der Kubelgriff befindet. Baut das Hubgestänge. Verbindet die Drähte, wie ihr es in der Abbildung seht, indem ihr den Draht des Elektromagneten sowohl mit der Batterie als auch mit dem Schalter verbindet und zwar so, daß der Draht einmal um die Schraube des Halters geschlungen wird. Jetzt könnt ihr euren Kran einschalten und damit Nägel hochheben. Sobald ihr abschaltet, werden die Nägel wieder herunterfallen.

7

Die Chemie

Die Chemie hat in unserm Dasein immer schon eine wichtige Rolle gespielt. Schon vor Jahrhunderten haben die Menschen aus der Indigo-Pflanze Färbemittel hergestellt, Gold gewonnen und verarbeitet, und sie wußten von den heilenden Kräften bestimmter Pflanzen.
In vorchristlicher Zeit betrieb man in Griechenland, Ägypten und Ostasien eine frühe Form der Chemie, die man Alchemie nannte. Diese Alchemie verlor etwa 2 000 Jahre lang nichts von ihrer Bedeutung.
Die alten Griechen glaubten, daß sich die ganze Welt aus vier Elementen zusammensetzte: Erde, Feuer, Luft und Wasser. Von diesem Ansatz ausgehend, machte sich Robert Boyle in der Mitte des 17. Jahrhunderts daran, die wirklichen Elemente zu entdecken. Eine seiner Entdeckungen war die, daß es in der Luft einen Stoff gab, der sowohl für die Atmung als auch für die Verbrennung notwendig war. Die Forschung ging in dieser Richtung weiter, und heute wissen wir, daß es auf der Welt etwa 90 Elemente gibt.
Gegen Ende des 18. Jahrhunderts entdeckten verschiedene Wissenschaftler wie Henry Cavendish und Josef Priestley noch weitere Elemente in der Luft. Damit war bewiesen, daß die Luft nicht nur ein einziges Element war. Nun widmete man sich ernsthaft dem Studium der Gase. Cavendish zeigte, daß sich Hydrogen von anderen brennbaren Gasen unterscheidet, und es gelang ihm auch, Nitrogen von anderen Elementen in der Luft zu trennen. Als nächstes fand er heraus, daß auch Wasser sich aus verschiedenen Substanzen zusammensetzt.
Im Jahre 1766 erhitzte er Hydrogen zusammen mit Oxygen unter elektrischen Funken in einer Teströhre und fand dabei heraus, daß dabei eine ebenso große Menge Wasser produziert wurde, wie die Gase, die er für das Experiment verwendete.
Ein anderes Gebiet, in dem wichtige Entdeckungen gemacht wurde, war das der organischen Chemie. Der Begriff organische Chemie wurde ursprünglich nur dazu verwendet, die Substanzen zu beschreiben, die man in lebenden Tieren und Pflanzen vorfand, doch später fand man heraus, daß die meisten dieser Substanzen Zusammensetzungen des Elementes Kohlenstoff sind. So kommt es, daß man heute das Wort „organische Chemie" dann benutzt, wenn man die Chemie meint, die sich mit den Zusammensetzungen mit Kohlenstoff befaßt — und das sind eine ganze Menge.
Im späten 19. Jahrhundert wurde damit begonnen, chemische Laboratorien auf industrieller Basis zu betreiben. In der Abbildung auf dieser Seite sieht man eine Pariser Färbemittelfabrik aus jener Zeit. Um Färbemittel in großer Menge herstellen zu können, mußte man die Ausrüstung der Chemiker gravierend verändern. Der Mörser, den die ersten Chemiker benutzten, war zu einer riesigen Maschine geworden, die Steine zerkleinern konnte. Aus der Retorte war ein riesiger Kocher geworden.
Die Chemie als Wissenschaft ist längst aus dem Stadium heraus, in dem sie vor allen Dingen chemische Veränderungen erforschte. Wenn eine solche Veränderung stattfindet, dann wird aus einer einzigen Substanz eine oder mehrere neue Substanzen, die ganz neue Eigenschaften haben. In der Welt, die uns umgibt, gibt es eine ganze Reihe von Beispielen für solche Veränderungen: Eisen rostet, Milch wird sauer, Holz verfault und Obst und Gemüse verschimmelt. Alle diese Vorgänge sind das Ergebnis einer chemischen Veränderung.
Die Entwicklungen und Fortschritte, die die Chemie macht, verändern unser Leben ständig. Unser Zuhause ist komfortabler als jemals zuvor. Wir können schneller reisen, und viele Krankheiten können heute geheilt werden, da wir heute Heilmittel kennen, die noch unsern Großeltern unbekannt waren. Sogar die Kleider, die wir tragen, sind gebleicht, gefärbt und anderen chemischen Prozessen unterworfen worden. Zellwolle ist ein synthetisches Material, das in einem chemischen Prozeß aus Holzabfällen erzeugt wird.

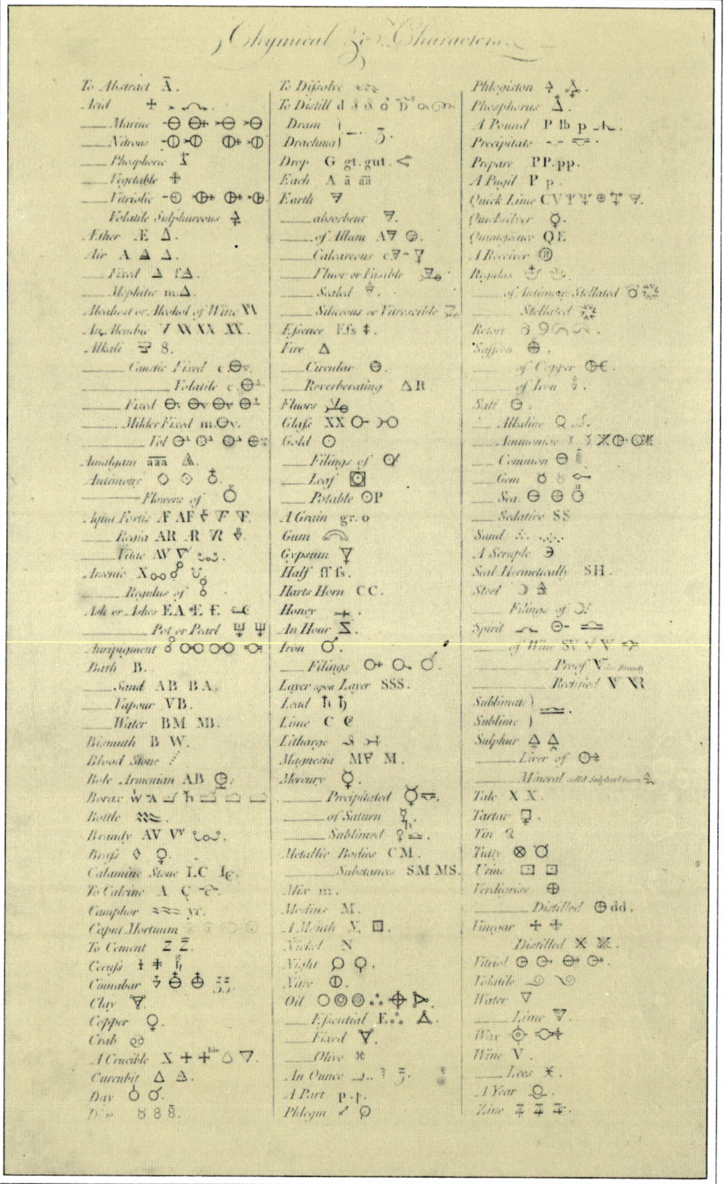

Chemische Zeichen
Diese Tabelle mit chemischen Zeichen oder chemischen Symbolen zeigt, wie schon die Wissenschaftler früherer Zeiten in der Lage waren, eine Symbolschrift zu entwickeln, mit der sie die chemischen Substanzen darstellen konnten.
In unserer Abbildung reichen die Symbole von Acidsäure bis Zink. Für einige dieser Symbole benutzte man Buchstaben des Alphabets, für andere wiederum verwendete man graphische Symbole, wie etwa für Sand das Symbol von Sandkörnchen.

Eine Färbemittel-Fabrik
Hier sieht man Arbeiter in der Färbemittelfabrik Poirier & Chappat in St. Denis bei der Arbeit. Es ist eine Darstellung aus dem 19. Jahrhundert.

Auch unser Körper funktioniert nur mit Hilfe von chemischen Prozessen. Die Nahrung, die Luft und das Wasser, die wir zu uns nehmen, werden von komplizierten chemischen Vorgängen verändert und bilden unsere Knochen und unser Fleisch, versorgen uns mit Energie und halten uns schließlich am Leben. Auch in der Küche bedienen wir uns der Chemie. Wenn wir kochen, so entsprechen der Essig, das Backpulver und die Stärke in Lebensmitteln wie Kartoffeln den Zutaten in einem chemischen Prozeß.

Atome und Moleküle

Die vier wichtigsten Worte für einen Chemiker sind: Atom, Molekül, Element und Verbindung. Wenn ein Haus gebaut wird, kann man beobachten, wie Ziegel und Steine und anderes Material an ihren Platz gebracht werden, bis sie schließlich zusammen ein Gebäude ergeben. Bei einer chemischen Reaktion kann man dagegen nicht alles, was geschieht, mit dem bloßen Auge sehen. Die Materialien, die dabei bewegt werden, sind so winzig, daß das bloße Auge sie nicht sehen kann. Aber die Wissenschaftler wußten schon lange, daß bei einem chemischen Prozeß eine mechanische Material-Bewegung stattfindet, durch die neue Substanzen hergestellt werden.

Elemente bestehen aus winzigen Partikelchen, die man Atome nennt. Diese Atome sind so winzig klein, daß man errechnet hat, daß ihr Durchmesser kleiner als ein 4 Millionstel Zentimeter ist. Würde man 30 000 Atome übereinander aufstapeln, dann wäre die Höhe des Stapels die gleiche wie die Materialstärke eines Blattes Papier. Atome können nicht lange allein existieren. Sie ziehen es vor, sich mit anderen Atomen zu verbinden und auf diese Weise eine größere Gruppierung zu bilden, die man ein Molekül nennt. Sie können sich entweder mit gleichartigen Atomen oder mit den Atomen anderer Elemente verbinden. Es gibt Moleküle, die nur zwei Atome enthalten, während andere sich aus vielen Atomen zusammensetzen. Jede Substanz, deren Moleküle mehr als eine Art von Atomen enthalten, nennt man eine Verbindung.

Elemente und Verbindungen

Eine chemische Verbindung läßt sich in die Teile zerlegen, aus der sie zusammengesetzt ist. Man kann zum Beispiel Wasser in Hydrogen und Oxygen zerlegen. Doch egal, wie große Mühe man sich auch gibt, es wird einem nicht gelingen, Hydrogen und Oxygen durch einen chemischen Prozeß zu zerlegen. Grundsubstanzen wie diese nennt man Elemente. Meistens schreiben die Wissenschaftler die Namen dieser Elemente nicht aus, sondern bedienen sich dafür international vereinbarter Standard-Abkürzungen, nach dem Vorbild der Abkürzungen, wie sie früher in Gebrauch waren. Ein Beispiel dafür sieht man auf der gegenüberliegenden Seite.

Die einfachste Methode, eine Verbindung zu benennen, ist die, sich auf die Elemente zu beziehen, aus der diese Verbindung zusammengesetzt ist. Wasser zum Beispiel setzt sich aus zwei Teilen Hydrogen und einem Teil Oxygen zusammen. Das ergibt die chemische Formel H_2O.

Die einzige Möglichkeit, mehr über chemische Vorgänge zu erfahren, ist die, weiter zu experimentieren. Im Laufe der Jahrhunderte haben Chemiker mehr als 500 000 verschiedene Substanzen entdeckt — und noch immer nimmt deren Anzahl zu. Auf der nächsten Seite sind Vorschläge für chemische Experimente dargestellt.

Eine Paprika-Schote verändert sich

Jeden Augenblick geschehen um uns herum chemische Veränderungen. Die Paprika-Schote in unserer Abbildung legte man auf ein Brett und ließ sie verfaulen. Die Nahrungsquelle der Paprika wurde in dem Augenblick, in dem sie gepflückt wurde, abgeschnitten. Von diesem Augenblick an war sie tot und begann automatisch zu verfallen. Die chemischen Veränderungen, die dabei auftraten, wurden in größeren Abständen photographiert. Nach und nach schrumpfte die Paprika-Schote zusammen, trocknete aus und gab schließlich die Samen frei, aus denen wieder neue Pflanzen entstehen können. Viele Gärtner machen sich diesen natürlichen Prozeß zu nutze, um ihren Samenvorrat aufzustocken, ohne jedes Jahr neue Samen kaufen zu müssen. Ihr könnt das gleiche mit Bohnenstauden im Garten machen, aber erst, nachdem diese geblüht, Früchte getragen haben und reif geworden sind. Wenn die Schoten verwelkt sind und schwarz werden, holt ihr die Pflanze aus der Erde, hängt sie auf und breitet darunter ein Zeitungspapier aus. Die reifen Bohnen werden, wenn sie ganz ausgetrocknet sind, auf das Zeitungspapier fallen, und man kann sie an einem trockenen Ort fürs kommende Frühjahr aufbewahren.

Das Atom-Modell

Dieses Modell soll in vielfacher Vergrößerung die Gestalt eines Atoms zeigen, das zusammen mit einem gleichartigen Atom ein Molekül bildet. Atome können sich mit gleichartigen oder mit den Atomen anderer Elemente verbinden.

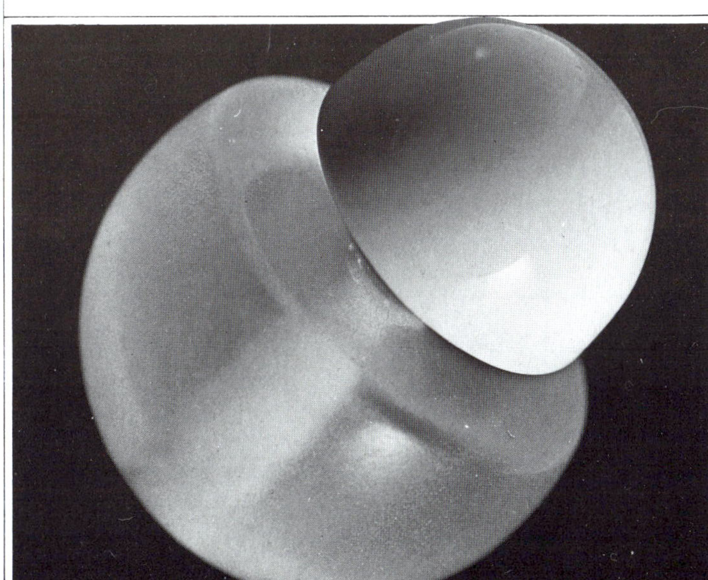

Wasser

Wasser ist eine der wichtigsten Verbindungen auf der Erde. Es setzt sich aus den Elementen Oxygen und Hydrogen zusammen. Es ist nicht schwer, aus diesen Elementen Wasser herzustellen. Zum Beispiel bildet sich immer dann Wasser, wenn eine Substanz verbrannt wird, die Hydrogen enthält. Wasser erscheint zunächst in Form von Dampf, der sich abkühlt und so flüssiges Wasser ergibt. Oder wenn in einer Maschine Treibstoff verbrannt wird, verbinden sich Hydrogen und Oxygen in der Luft zu Wasser. Viereinhalb Liter Benzin produzieren etwa vier Liter Wasser.

Wasser ist für uns alle von lebenswichtiger Bedeutung, denn es kann mit vielen anderen wichtigen Substanzen Lösungen bilden. Es läßt sich auch als Lösemittel verwenden und spielt in vielen der Experimente, die in diesem Buch demonstriert werden, eine große Rolle.

Außer Wasser gibt es noch viele andere Lösemittel, doch kann keines von diesen so viele Substanzen lösen. Manche dieser Lösungsmittel jedoch können Dinge lösen, die vom Wasser nicht angegriffen werden. Zum Beispiel können Kohlen-Tetra-Chlorid und Benzin Öl und Fett lösen, was das Wasser nicht vermag.

Seht euch in eurem Haushalt um und schaut, wie viele verschiedene Lösungsmittel ihr entdecken könnt. (Das Bild auf dieser Buchseite gibt dafür einige Beispiele). Versucht nun herauszufinden, welche dieser Substanzen sich gegenseitig lösen und welche von ihnen sich in Wasser lösen lassen. Es ist auch ganz interessant zu beobachten, ob die Lösungsmittel in heißem oder kaltem Zustand wirksamer sind. Ein Wettlauf zwischen zwei Zuckerwürfeln wird euch die Antwort dafür liefern. Nehmt zwei Tassen, füllt eine mit kochendem Wasser und die andere mit kaltem. Laßt nun gleichzeitig je einen Zuckerwürfel in die Tassen fallen und verrührt die Würfel gleichmäßig. Ihr werdet feststellen, daß sich der Zucker in heißem Wasser wesentlich schneller auflöst als in kaltem. Heiße Lösungsmittel sind für gewöhnlich wirkungsvoller als kalte, und Hitze spielt auch bei anderen chemischen Experimenten eine große Rolle.

Salz und Wasser bilden davon jedoch eine Ausnahme. Gibt man Salz in Wasser, dann löst es sich, unabhängig davon, ob das Wasser heiß oder kalt ist, immer mit gleicher Geschwindigkeit auf.

Lösungen und Lösemittel
Versucht euch eine Lösung mit Sand und mit Salz herzustellen. Verrührt ein wenig Sand in einem Glas mit kaltem Wasser: Der Sand wird auf den Grund des Glases sinken, da er nicht wasserlöslich ist. Es läßt sich also keine Lösung herstellen. Nun fügt ihr in dasselbe Glas einen Teelöffel Salz hinzu: Das Salz löst sich auf und wird unsichtbar. Wasser war das Lösungsmittel.

Das Verhalten von Lösungsmitteln
Von allen Lösungsmitteln, die hier gezeigt werden, ist Wasser das einzige, das nicht in der Lage ist, Öl und Fett zu lösen.

Kristalle

Wenn Flüssigkeiten verdampfen, entsteht oft ein interessanter Rückstand. Man hat den Eindruck, als würde da etwas wie von Zauberhand aus dem Nichts auftauchen. Natürlich gibt es dafür eine wissenschaftliche Erklärung. Ein fester Stoff, der sich in einer Flüssigkeit aufgelöst hat und dadurch unsichtbar wurde, wird bei dem Verdampfen der Flüssigkeit wieder zu einem festen Stoff: er kristallisiert.
Bei diesem Vorgang bildet der Stoff manchmal ein regelmä-

Salzkristalle
Seht euch unter dem Mikroskop einige Salzkristalle an: Ihr werdet bemerken, daß sie alle würfelförmig sind.

Alaunkristalle
Die Abbildung zeigt einige Alaunkristalle, wie man sie unter einem Mikroskop sehen kann. Jedes Kristall hat acht Seitenflächen.

Wie man Salzkristalle herstellt
Füllt ein Glas zur Hälfte mit Wasser und schüttet einen gehäuften Teelöffel mit Tafelsalz hinein. Rührt solange darin herum, bis das Salz nicht mehr sichtbar ist. Nun erhitzt ihr diese Lösung in einem Kochtopf. Das Wasser wird langsam verdampfen und läßt auf dem Boden des Kochtopfes eine Schicht mit Salzkristallen zurück. Betrachtet diese Salzkristalle unter einem Vergrößerungsglas. Ihr werdet feststellen, daß es sich dabei um weiße Würfel handelt.
Wenn man die Salzlösung langsam von der Sonne verdampfen läßt, dann entstehen größere Kristalle. An der Meeresküste findet man gelegentlich Salzkristalle, die sich in Felslöchern angesammelt haben, nachdem das Wasser von der Sonne verdampft wurde. Solche Salzkristalle sind größer als normales Tafelsalz.

Kristalle als Nahrungsmittel
Die Zuckerrüben werden gepreßt und ihr Saft wird gesammelt. Wenn dieser Saft verdampft, bleibt Rohzucker zurück, der dann so bearbeitet wird, daß er schneeweiße Kristalle bildet. Ganz große Zuckerkristalle nennt man Kandis, früher hat man ihn den Kindern als Süßigkeit gegeben. Um aus Zucker Kandis zu machen, erhitzt man 1 3/4 Tassen mit Zucker und eine Tasse Wasser in einem Topf. Man rührt solange um, bis der Zucker sich gelöst hat. Nun läßt man die Lösung in einem Glas abkühlen und bindet ein Stück Schnur an einem Bleistift fest, den man dann über die Öffnung des Glases legt. Der Faden soll dabei in die Zuckerlösung hineinhängen. In einigen Tagen bilden sich an der Schnur und an der Innenwand des Glases große, wohlschmeckende Kristalle.

ßiges Muster, das man Kristall nennt. Jeder Kristall hat seine eigene symmetrische, geometrische Form, die ihn von anderen Kristallen.
Kristalle sind nicht nur nützlich, sondern auch schön anzusehen. Die härteste Substanz, die der Mensch kennt, ist der Diamant. In der Industrie verwendet man Diamanten, um andere harte Substanzen zu zerschneiden und zu polieren. Quarz ist eine weitere harte Kristall-Verbindung, die in der Industrie Verwendung findet. Quarzkristalle garantieren, daß Radiosender und Radioempfänger richtig eingestellt bleiben.

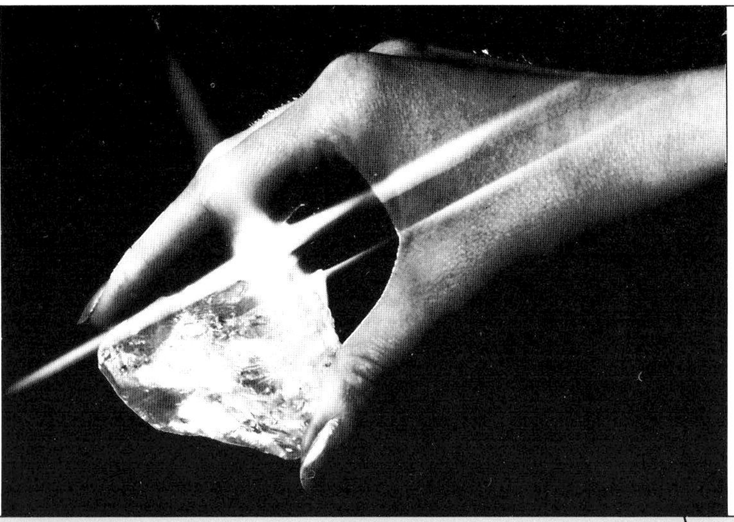

Die Kristallisation wird von Chemikern dazu verwendet, Substanzen voneinander zu trennen und Verbindungen zu reinigen. Manchmal wird der Kristallisationsprozeß mit der gleichen Menge Material viele Male wiederholt, um eine vollkommen reine Verbindung zu erhalten. Marie Curie (1867—1934) arbeitete acht Monate daran, einen halben Teelöffel Radium von acht Tonnen Verunreinigung zu trennen. Für ihre Forschungsarbeit über das Radium gewann sie den Nobelpreis. Um diesen Prozeß zu verstehen, solltet ihr das Experiment auf dieser Seite machen.

Salz und Sand werden voneinander getrennt
Gebt je einen Teelöffel Sand und einen Teelöffel Salz in ein Glas, füllt es zur Hälfte mit Wasser und verrührt es solange, bis das Salz sich gelöst hat. Gießt diese Salzlösung nun in einen Topf, wobei der Sand auf dem Glasboden zurückbleiben soll. Diesen Vorgang wiederholt ihr mehrmals, bis kein Salz mehr unter dem Sand ist. Erhitzt nun die Salzlösung, bis sich Kristalle bilden.

Macht euch einen chemischen Garten
Dieses Experiment beruht auf der Tatsache, daß sich die Salze der meisten Metalle mit einem Stoff verbinden, der Natrium-Silikat heißt. Diese Substanz löst sich in Wasser und bildet eine Lösung, die man Wasserglas nennt. Um euren Garten bauen zu können, werdet ihr etwas Wasserglas, ein großes Glasgefäß (ein 1-Litergefäß reicht aus) und möglichst viele Kristalle von folgenden Verbindungen brauchen: Eisensulfat, Kupfersulfat, Nickelsulfat, Kalziumnitrat, Mangansulfat, Alauneisen, Pottasche, Kobaldchlorid, Eisenchlorid und Zinksulfat. Nun füllt ihr das Gefäß zur Hälfte mit Wasserglas, das ihr mit Wasser aufgießt. Danach gebt ihr eine Schicht Sand von sechs Millimeter Höhe in das Glas. Auf diese Schicht laßt ihr die Kristalle nacheinander fallen. Einige Kristalle werden sofort zu „blühen“ beginnen, während andere dafür etwas länger brauchen werden. Im Verlauf von mehreren Tagen wird es in dem Glas immer wieder Veränderungen geben. Am Schluß aber werdet ihr einen bunten, chemischen Garten besitzen. Wenn ihr verhindern wollt, daß sich auch weiterhin noch Veränderungen darin abspielen, dann saugt die Flüssigkeit ab und ersetzt sie durch frisches Wasser.

Die Elektrolyse

Die elektrischen Ströme, die beispielsweise von Batterien erzeugt werden, sind das Ergebnis einer chemischen Reaktion. Dieser Prozeß ist auch umkehrbar, so daß ein elektrischer Strom eine chemische Reaktion hervorruft.
Im Jahre 1800 wurde zum ersten Mal von dem englischen Wissenschaftler William Nicholson (1753—1815) Elektrizität dazu verwendet, eine Verbindung in ihre einzelnen Teile zu zerlegen. Nicholson ließ elektrischen Strom aus einer von Voltas Batterien (vgl. S. 97) durch ein paar Tropfen Wasser laufen. Mit Verblüffung mußte er feststellen, daß das Wasser verschwand und statt dessen Blasen von Oxygen und Hydrogen entstanden.
Diesen Vorgang, bei dem ein elektrischer Strom durch eine Flüssigkeit geschickt wird, nennt man „Elektrolyse". Ihr könnt euch diese Methode daheim in eurem Heimlabor zunutze machen, um Wasser in zwei Substanzen — nämlich in Hydrogen und Oxygen — zu zerlegen.

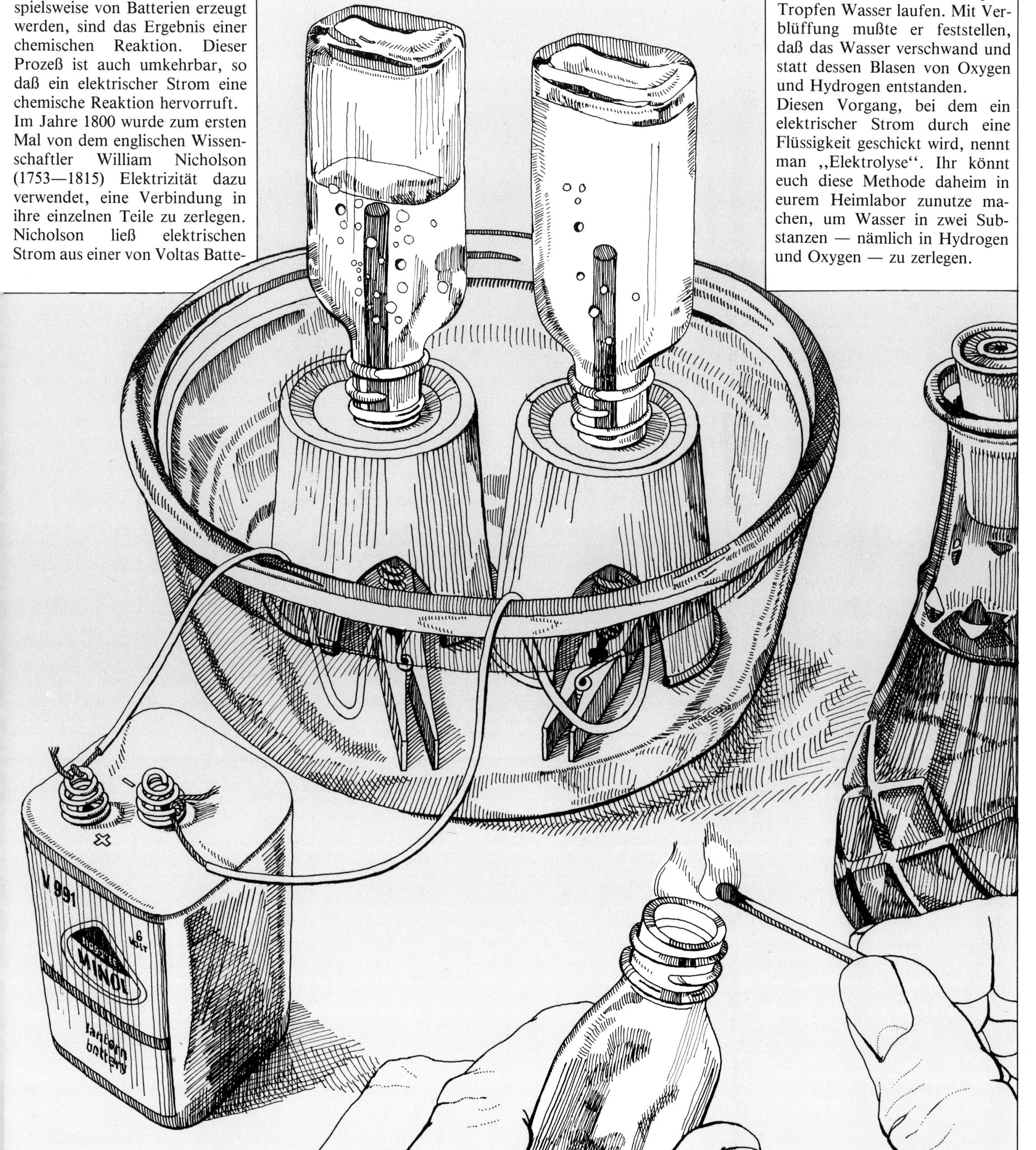

Wir spalten Wasser in Hydrogen und Oxygen
Dazu brauchen wir: Zwei Kohlenstoffelektroden von einer alten Batterie, zwei Joghurtbecher, zwei kleine Glasflaschen, eine große Schüssel, eine Batterie, zwei Wäscheklammern, einen Nagel, etwas Essig und zwei Stück biegsamen Draht. Macht mit einem Nagel in den Boden des einen Joghurtbechers ein kleines Loch. Schiebt ein Kohlestäbchen hindurch und schneidet aus dem Rand des Bechers ein dreieckiges Stück heraus. Mit dem anderen Joghurtbecher verfahrt ihr ebenso. Mit einer Wäscheklammer befestigt ihr ein Drahtende an dem Kohlenstäbchen (vgl. Abbildung). Füllt jetzt die Schüssel mit Wasser und legt die beiden Flaschen hinein, so daß sie ganz mit Wasser vollaufen. Nun stellt ihr die Joghurtbecher umgekehrt in die Schüssel und stülpt jeweils eins der Fläschchen über das Kohlestäbchen. (Vergewissert euch, daß die Fläschchen immer noch voll Wasser sind.) Bringt die freien Enden des Drahtes an den beiden Nippeln der Batterie an. Sofort werden aus den Kohlestäbchen Blasen emporsteigen. Gießt ein bißchen Essig in das Wasser, denn dadurch wird Wasser ein besserer Stromleiter. Die Elektrizität spaltet das Wasser in zwei Substanzen: in Oxygen und Hydrogen. Im Wasser ist doppelt so viel Hydrogen wie Oxygen, und das Hydrogen sammelt sich am negativen Kohlestäbchen, der Kathode. Das Oxygen sammelt sich am positiven Stäbchen, der Anode. Jetzt könnt ihr die Gase testen. Nehmt das Fläschchen bei der Kathode aus der Schüssel und dreht es um. Haltet ein brennendes Streichholz an die Flaschenöffnung: das Gas wird mit einem lauten Knall entzündet und zeigt dadurch, daß es aus Hydrogen besteht. Nun haltet ein glühendes Streichholz über die Öffnung des anderen Fläschchens: Es wird sich durch das Oxygen wieder entzünden.

Unsichtbare Tinten
Aus Zitrone, Milch und Zwiebelsaft läßt sich eine unsichtbare Tinte herstellen. Schneidet eine Zitrone in der Mitte durch und preßt ihren Saft heraus. Nehmt euch einen Zahnstocher oder einen Federhalter und schreibt mit dem Zitronensaft eine Botschaft auf ein Blatt Papier. Sobald der Zitronensaft getrocknet ist, wird er unsichtbar. Den Zettel gebt ihr einem Freund. Will dieser die Botschaft lesen, dann muß er das Blatt Papier nur vorsichtig über einer Kerzenflamme erwärmen. Die Schrift wird daraufhin in hellbrauner Farbe wieder sichtbar werden. Das liegt daran, daß ein Stoff, bevor er zu brennen beginnt, einen bestimmten ‚Entzündungspunkt' erreichen muß. Die Zitronensäure in dem Geschriebenen hat einen niedrigeren Entzündungspunkt als das Papier und fängt deshalb früher als das Papier an zu brennen. Die Hitze ist die Ursache dafür, daß sich die Zitronensäure mit dem Oxygen der Luft verbindet. (Man sagt dazu, die Zitronensäure ‚oxydiert'.)
Auf genau die gleiche Weise könnt ihr aus Milch und Zwiebelsaft eine Geheimtinte herstellen. (Vielleicht könnt ihr euch an den geheimnisvollen unsichtbaren Fleck, der in Robert Stevensons Buch „Die Schatzinsel" erwähnt wird, erinnern.) Ihr könnt auch eure eigene schwarze Tinte herstellen, indem ihr einen Teelöffel Alaun in einem Eierbecher mit etwas Wasser vermengt. Mit dieser Lösung schreibt ihr auf ein Blatt Papier, und sobald das Geschriebene trocken ist, wird es ebenfalls unsichtbar. Erwärmt das Papier über einer Kerzenflamme, und es wird wieder eine schwarze Tinte aufweisen. Die Tinte oxydiert, ehe das Papier von der Hitze angegriffen werden kann.

Zauberei mit Oxygen
Dieses Experiment soll eine der vielen Möglichkeiten zeigen, wie man sich die Eigenschaften von Oxygen zunutze machen kann. Nehmt ein Glasgefäß und füllt es zur Hälfte mit Wasser. Fügt ein paar Tropfen dunkler Tinte hinzu, gebt 5 oder 6 Tropfen Bleiche in ein Glas und füllt dieses zur Hälfte mit kaltem Wasser. Von dieser Bleichlösung gießt ihr vorsichtig ein wenig in das Glasgefäß. Ihr könnt nun feststellen, daß das Wasser wie von Zauberhand wieder klar wird. Wie sieht die wissenschaftliche Erklärung dafür aus? Bleiche verdankt ihre Bleichfähigkeit dem Oxygen, das sie enthält. Das Oxygen der Bleiche verbindet sich mit Farbbestandteilen und erzeugt so eine neue Substanz, die in der Regel weiß ist. Daher wird Bleiche dazu verwendet, schmutzige Wäsche und Ausgußbecken zu reinigen und aufzuhellen.

Der Flammentest

Wenn ein Wissenschaftler herausfinden will, welche Substanzen in einem bestimmten Element enthalten sind, dann bedient er sich häufig des Flammentestes. Wenn ihr eure eigenen Flammentests durchführen wollt, biegt ihr euch aus dem Haken eines Kleiderbügels eine Schlinge zurecht. Taucht die Schlinge eures Drahtes in Wasser und zündet euren Spirituskocher an. Als nächstes taucht ihr die Schlinge in Salz ein und haltet sie anschließend über die Flamme. Das Salz wird sich mit einer hellen, gelben Flamme entzünden, was bedeutet, daß in dem Salz Natrium sein muß. (Salz besteht nur aus Natrium und Chlorid.) Haltet den Draht solange über die Flamme, bis er leergebrannt ist. Dann spült ihr ihn anschließend mit Wasser ab. Testet dann die folgenden Chemikalien: Kupfersulfat, Kaliumchlorid, Borsäure und Brechweinstein. Notiert euch die Ergebnisse.

Flammenfarbe	**Element**
hellgelb	Natrium
lila	Pottasche (Brechweinstein)
rot	Kalzium (Kaliumchlorid)
grünblau	Kupfer (Kupfersulfat)
grün	Bor (Borsäure)

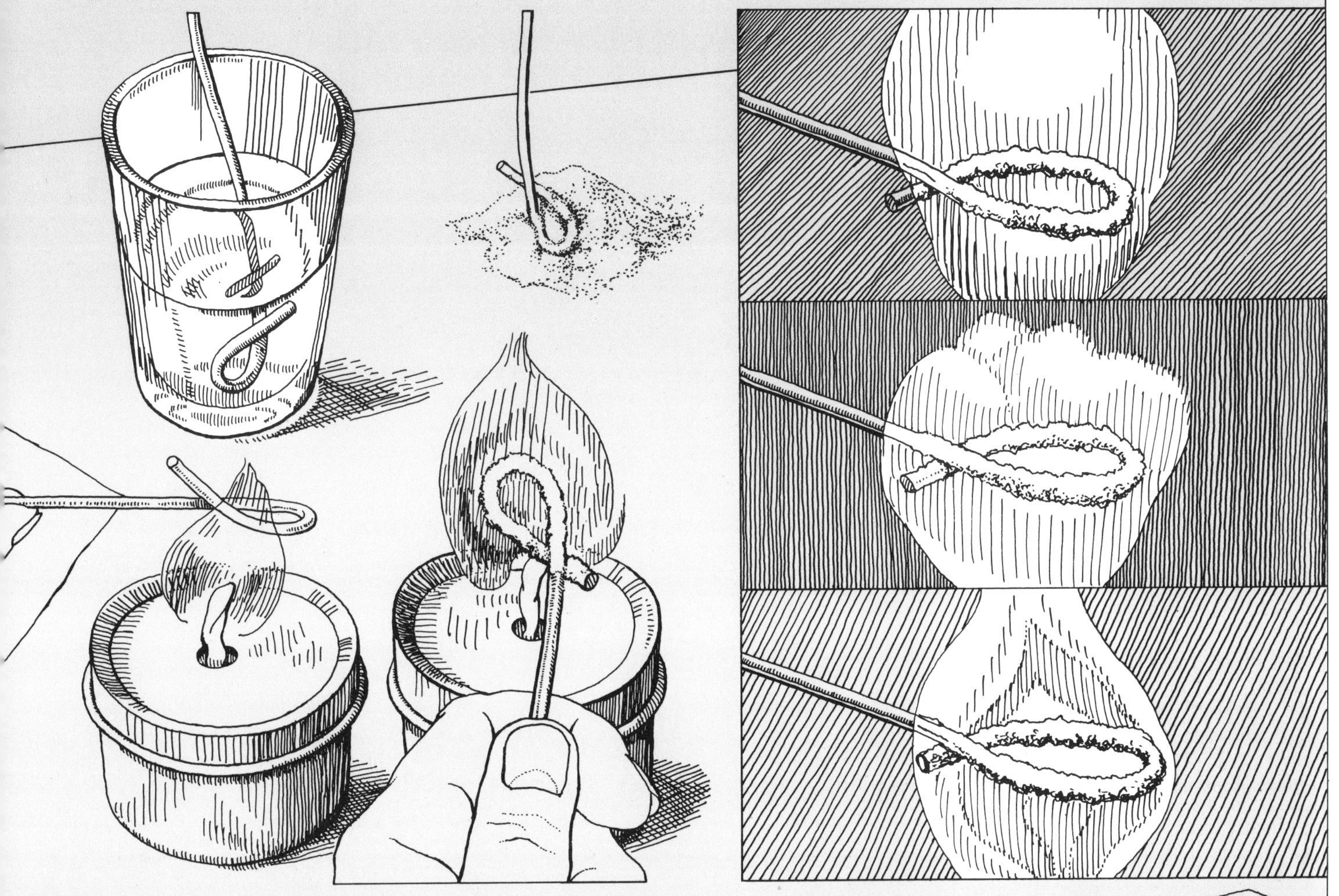

Titrieren

Bei einer chemischen Reaktion können die Chemikalien heftig aufeinander reagieren. Gesundheitssalze zum Beispiel werden aus einer Säure und einer Base hergestellt, die in Wasser miteinander reagieren und viele Blasen hervorrufen. Lösungen lassen sich auf ihren Gehalt an Säuren und Basen prüfen, indem man einen ‚Indikator', einen Anzeiger, verwendet. Dafür nimmt man Lackmus, da er in Säure seine Farbe von Blau nach Rot verändert, und umgekehrt in einer Base blau wird. Macht euch einen eigenen Indikator, indem ihr den Saft von Rotkohl mit etwas Wasser in ein kleines Glasgefäß gebt. Nun fügt ihr eine Base, zum Beispiel Waschsoda, hinzu. Der Indikator wird grün werden. Jetzt gießt ihr eine säurehaltige Flüssigkeit, wie etwa Essig, hinein. Die Farbe des Indikators wird sich wieder in Rot verwandeln. Ein Chemiker bedient sich dieser Möglichkeit, um die Menge einer Säure oder einer Base innerhalb einer Lösung zu testen. Dafür verwendet er eine Standard-Säure und eine Standard-Base, deren Stärke ihm bekannt ist. In eine bestimmte Menge der Säurelösung, deren Stärke er feststellen will, hält er einen Indikator. Nun fügt er gerade genug Base hinzu, damit diese vollkommen mit der Säure reagieren und die Farbe des Indikators verändern kann. Die Base gießt er aus einer Burette, einem Behälter, der nur eine bestimmte abgemessene Menge an Base entweichen läßt. Diesen Prozeß nennt man Titrierung. Es ist eine weithin übliche Methode, Lösungen zu analysieren.

Colorimetrie

Oft kann man die Stärke einer Lösung an ihrer Farbe erkennen. Dunkelbrauner Tee zum Beispiel ist stark, während ein Tee von blasserer Farbe schwächer ist. Diese Methode, die Stärke durch die Farbe zu messen, wird auch von Chemikern angewandt. Man nennt sie Colorimetrie, was den Farbvergleich der Farben einer bestimmten Lösung mit den Farben einer zuvor präparierten Standard-Konzentration bedeutet. Auch ihr könnt Colorimetrie betreiben. Wiegt ein paar Kristalle von Kupfersulfat ab und löst sie in einem Viertelliter Wasser auf. Diese Lösung wird hellblau sein. Nun nehmt ihr einen Teelöffel voll aus dieser Lösung und fügt genug Wasser hinzu, damit die Lösung wieder ein Viertelliter ausmacht. Die Farbe wird jetzt viel schwächer sein, und zwar proportional zu der Menge, die ihr zuvor genommen habt.

Durch das Abwiegen des Kupfersulfates und das Abmessen des dazu verwendeten Wassers habt ihr eine euch bekannte Konzentration von Kupfersulfat erlangt. Wenn ihr nun eine ganze Reihe verschiedener euch bekannter Konzentrationen herstellt, könnt ihr eine andere beliebige Lösung von Kupfersulfat hernehmen und ihre Stärke mit einem Farbvergleich feststellen. Nach dem gleichen Prinzip könnt ihr die Stärke vieler anderer Lösungen ebenfalls testen.

Ein Club der Spione

Eine Presse für Geheimdruck
Erfolgreiche Spione lassen geheime Nachrichten an andere Agenten weitergehen. Das könnt ihr machen, wenn ihr euch eine eigene Drucker-Presse baut. Für die Druckflüssigkeit mischt ihr eine Tasse mit Wasser, eine halbe Tasse Terpentin und ein wenig Geschirrspülmittel miteinander in einem Gefäß. Jetzt schneidet ihr aus der Zeitung einen interessanten Artikel mit einem Photo und einer großen Überschrift aus und legt diesen Artikel mit der Schrift nach oben auf einen Tisch. Bestreicht den Artikel mit der Druckflüssigkeit und legt ein weißes Blatt Papier oben drauf. Mit einem Holzklotz drückt ihr fest auf das Papier. Auf dem Blatt Papier werdet ihr nun eine Kopie des Artikels sehen, doch der Artikel erscheint auf eurem Blatt Papier in Spiegelschrift. Wie funktioniert das? Terpentin ist ein gutes Lösungsmittel. Es weicht die Druckerschwärze der Zeitung auf, so daß diese auf das weiße Blatt Papier übertragen wird.

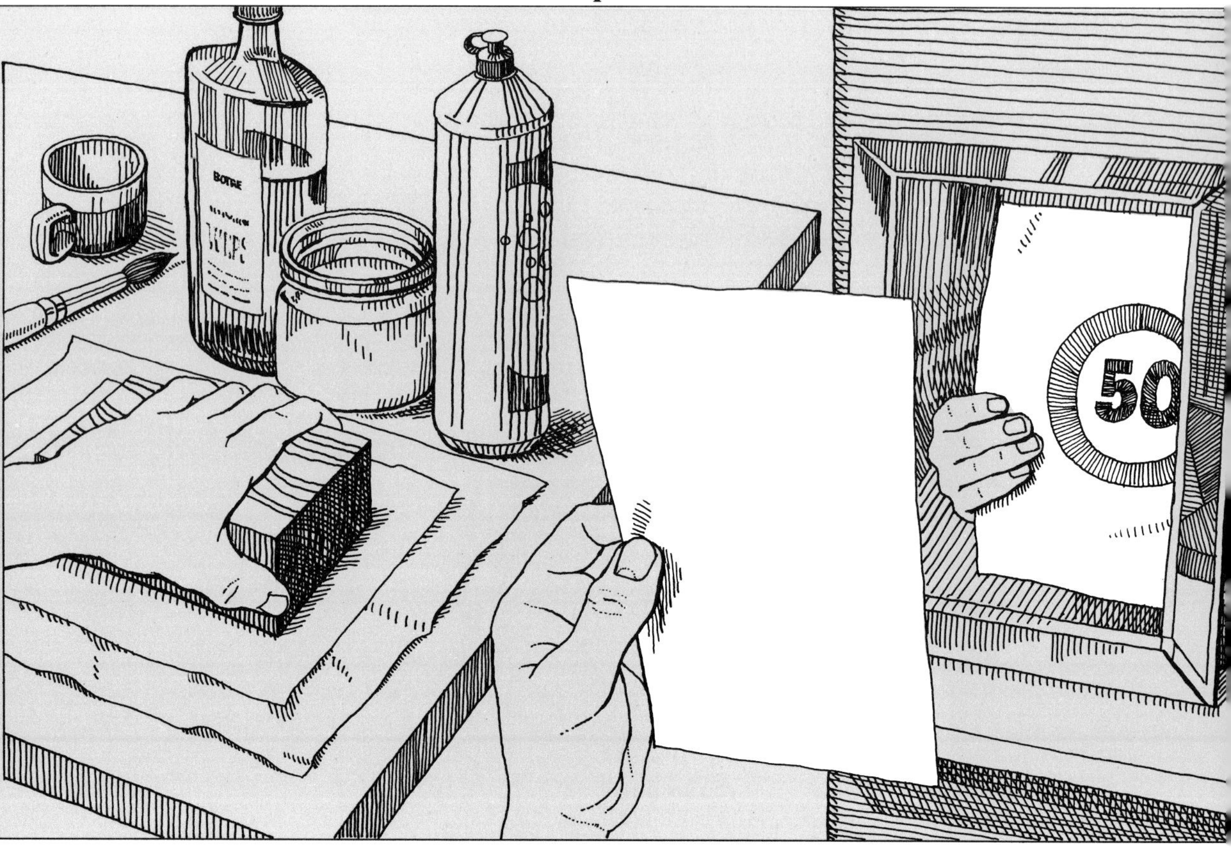

Die Osmose

Alle Lebewesen sind auf einen chemischen Vorgang angewiesen, der Osmose heißt. Auch in der Chemie selbst spielt die Osmose eine große Rolle. Osmose tritt immer dann ein, wenn zwei Flüssigkeiten von unterschiedlicher Konzentration, in denen ein Stoff gelöst wurde, nur von einer halbdurchlässigen Membran voneinander getrennt sind. (Eine Membran ist eine dünne Wand, die Flüssigkeiten passieren läßt). Aus einer Lösung wandert Flüssigkeit durch die Membran in die andere. Die nächsten Experimente werden euch zeigen, daß die Bewegungen der Flüssigkeit immer aus der schwächer konzentrierten Lösung in die stärker konzentrierte Lösung verläuft.
Durch die Osmose ist es möglich, daß die Nahrung, die wir essen, durch die Darmwände in unser Blut gelangt. Vom Blut wird die Nahrung zu den Körperzellen weitertransportiert, in denen die Nahrung zu Energie verarbeitet wird. Alle lebenden Zellen, auch die des menschlichen Körpers, werden von einer halbdurchlässigen Membran umgeben. Die Zellen sind in der Lage, durch diese Membran Wasser und andere Stoffe aufzunehmen, die bereits durch den Prozeß der Osmose gelöst wurden.
Die Experimente auf dieser Seite sollen dazu beitragen, die osmotische Wirkung zu verstehen.

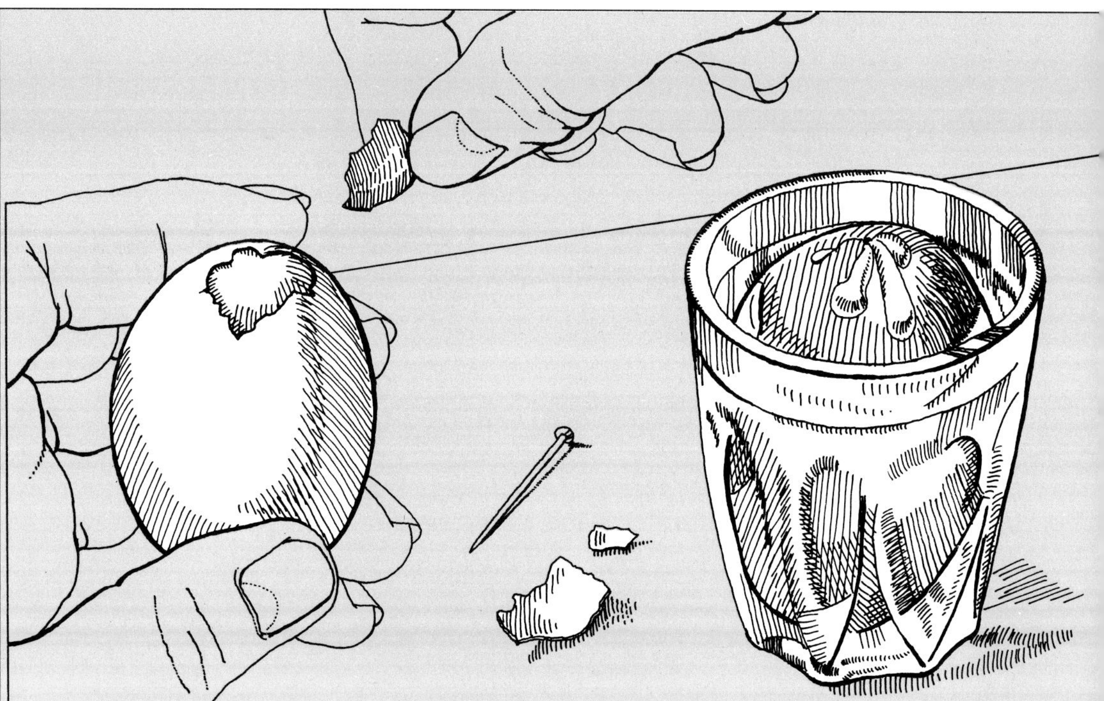

Leert ein Ei aus
Ihr könnt euren Freunden leicht demonstrieren, wie Osmose funktioniert. Dazu braucht ihr ein Glas Wasser und ein rohes Ei. Brecht am dicken Ende des Eies vorsichtig ein Stückchen von der Schale heraus, ohne die hauchdünne Haut darunter zu verletzen. Am anderen Ende des Eies macht ihr mit einer Nadel ein kleines Loch in diese Haut. Nun stellt ihr das Ei in das Glas Wasser und zwar so, daß die freigelegte Membrane unter Wasser ist.
Obwohl das Innere des Eies durch die Membrane vom Wasser getrennt ist, wird das Wasser dennoch seinen Weg hindurchfinden. Nach etwa einer halben Stunde wird das Innere des Eies aus der Schale hervortreten und als dickflüssige Masse an der Außenseite herunterlaufen. Das liegt daran, daß die Eiermembrane halb durchlässig ist, genau wie die Zellwände in unserem Körper. Die Membrane hat winzige Poren, durch die die kleinen Wassermoleküle hindurch gelangen können. Für die größeren Moleküle des Eiweißes und des Eigelbs stellt die Membrane aber eine Barriere dar. Das Wasser kann also in das Ei hineingelangen, aber der Inhalt des Eies kann nicht herauskommen. Das Wasser, das durch die Osmose hineingelangt, zwängt den Inhalt des Eis durch das Loch am anderen Ende des Eies hinaus. Bis nur noch Wasser darin ist.

Wir nehmen Fingerabdrücke
Habt ihr gewußt, daß der Abdruck eures Daumens einzigartig ist? Um einen Abdruck davon sehen zu können, drückt ihr euren Daumen auf ein Stück weißes Papier und zündet anschließend den Spirituskocher an. In einen Zinndeckel gießt ihr ein paar Tropfen Jod und haltet den Deckel mit einer Wäscheklammer über die Flamme. Mit der anderen Hand haltet ihr das Papier in den Dampf: Euer Daumenabdruck wird auf geheimnisvolle Weise sichtbar werden. Das liegt daran, daß Jod beim Erhitzen verdampft. Dampf kühlt wieder ab und erzeugt den Abdruck.

Die verschwindende Tinte
Um Tinte unsichtbar zu machen, müßt ihr euch zwei Lösungen zubereiten. Für die erste mischt ihr einen Eierbecher voll Zitronensaft mit der gleichen Menge von Wasser. Für die zweite Lösung mischt ihr drei Eierbecher voll Wasser mit einem voll Bleiche. Wenn ihr eine geheime, mit Tinte geschriebene Botschaft auslöschen wollt, dann tragt ihr vorsichtig die Zitronenlösung auf, wartet ein paar Minuten und tragt dann die Bleichelösung auf. Die Tinte wird nach und nach verschwinden, denn das Oxygen in der Bleiche verbindet sich mit der Tinte zu einer neuen weißen Substanz.

Geheime Pfade
Hier ist ein weiteres Beispiel dafür, wie Osmose funktioniert. Löst einen Teelöffel voll Salz in einem Glas mit warmem Wasser und laßt das Wasser abkühlen. Das Glas versiegelt ihr mit Pergamentpapier und sichert es mit einem Gummiband.
Gebt in eine Schale mit kaltem Wasser ein wenig Färbemittel und stellt das Glas umgekehrt hinein. Nach einer Weile werdet ihr sehen, daß das Wasser in dem Glas die gleiche Farbe annimmt, wie das Wasser in der Schale. Das liegt daran, daß das Pergament wie eine halbdurchlässige Membrane wirkt. Die winzigen Moleküle des Wassers und des Färbemittels gelangen durch unsichtbare Poren in die konzentrierte Salzlösung in dem Glas. Wie bei dem Experiment mit der Eier-Membran wandert Flüssigkeit immer aus der schwächeren in die stärkere Lösung.

Erbsen dehnen sich aus
Legt in einen kleinen Glasbehälter eine handvoll getrockneter Erbsen, füllt den Behälter mit kaltem Wasser und stellt ihn auf einen Metalldeckel. Da die Erbsen durch die Osmose das Wasser nach und nach aufnehmen, schwellen sie an und brauchen deshalb auch mehr Platz. Schließlich werden sie so groß, daß sie nicht mehr alle in das Gefäß passen. Sie springen heraus, und klappernd fallen sie auf den Deckel, wobei sie ein geisterhaftes Geräusch erzeugen. Das geht solange so weiter, wie die Osmose weitergeht — nämlich stundenlang.
Große Teile der Körper von Pflanzen und anderen Lebewesen bestehen aus Wasser. Dieses Wasser dringt durch die Wände der Zellen und erweitert sie. Bekommt eine Pflanze nicht genügend Wasser, werden ihre Zellwände lasch, sie welkt und stirbt schließlich.

8

Essen und Kochen

Die Menschen haben sich früher nicht viel Gedanken über das Essen gemacht, sondern gegessen, was sie gerade finden konnten — Pflanzen, Wurzeln, Vogeleier und Früchte. Zunächst konnten sie nur diejenigen Tiere essen, die sie mit den bloßen Händen fangen und töten konnten. Die Menschen fingen sich Schlangen, Insekten, Fische und Niederwild und lernten dabei aus Erfahrung, welche Tiere eßbar waren und welche nicht.

Doch je mehr sich die Menschheit weiterentwickelte, desto mehr war man in der Lage, einfache Waffen herzustellen, und in

der Steinzeit waren die Menschen bereits Jäger geworden. Später, nachdem Angelhaken und Harpunen erfunden waren, konnten die Menschen auch Fischfang betreiben. Mit Pfeil und Bogen erweiterten sie ihren Aktionsradius noch um einiges. Wir wissen nicht genau, wann erstmalig Feuer zum Kochen verwendet wurde, aber das Braten und später das Kochen von Nahrungsmitteln erweiterte wiederum den Bereich an Tieren und Pflanzen, die für den Menschen genießbar waren. Das Kochen der Nahrung förderte auch dadurch das Überleben, daß die Hitze gefährliche Bakterien im Fleisch zerstörte und giftige Elemente in einigen Pflanzen vernichtete.

Nun begann die Menschheit auch den Boden zu bearbeiten, und im späten Steinzeitalter wurden bereits die ersten irdenen Küchengefäße hergestellt. Man fing auch damit an, aus Getreide Mehl zu mahlen. Bald lernte man auch Essensvorräte anzulegen: Man baute Speicher, trocknete oder räucherte Fisch und salzte Fleisch ein.

Mit der Nahrungsaufnahme verband man bald auch magische Vorstellungen. Man war zum Beispiel der Ansicht, daß die Seele eines Menschen beim Essen durch den Mund „entfliehen" konnte. Es gibt heute noch primitive Völker, die aus diesem Grunde beim Essen das Gesicht bedecken. Man glaubte, daß der Saft der Roten Rübe gut gegen Blutarmut sei, wahrscheinlich wegen seiner roten Farbe. Vom Schöllkraut glaubte man, es könne Gelbsucht heilen. An diesen Ammenmärchen mag wohl auch etwas Wahres sein. Zum Beispiel glauben immer noch viele Leute, daß Fisch gut fürs Gehirn sei, und tatsächlich enthält Fisch auch Phosphor, den unser Gehirn benötigt.

Die alten Griechen, die ihre Philosophie gerne im Alltag anwandten, hatten ihre eigene Art Essen einzuteilen. Sie dachten, alles sei aus den vier Elementen — Luft, Wasser, Feuer und Erde — zusammengesetzt. Die Kühle der Luft, die Feuchtigkeit des Wassers, die Hitze des Feuers und die Trockenheit der Erde waren Eigenschaften, die sie auch den Nahrungsmitteln zuschrieben. Die Nahrung war also zusammengesetzt aus diesen Elementen, und die Griechen glaubten, daß unterschiedliche Menschen auch unterschiedliche Nahrung benötigten, je nach ihrer Gesundheit und ihren Lebensumständen. Deshalb benötigte ein Kranker mit „heißem" Blut eine „kalte" Nahrung. Auch die Römer haben diese Vorstellung übernommen, sie lebte in Europa bis zum 17. Jahrhundert fort.

Erst im 18. Jahrhundert begannen die Wissenschaftler damit, zu untersuchen, welchen Einfluß die Nahrung auf unseren Körper hat. Die Ernährungswissenschaft ist eine der jüngsten Wissenschaften. Doch bevor die Nahrung, der „Brennstoff" unseres Körpers, untersucht werden konnte, mußte man versuchen zu verstehen, wie die menschlichen Organe funktionieren. Wie schon auf den Seiten 38/39 gezeigt wurde, begann die Erforschung des menschlichen Körpers erst lange nach der Reformationszeit.

Der berühmte französische Chemiker Antoine Lavoisier (1743 bis 1794) erforschte, auf welche Weise der Körper die Nahrung in Energie umwandelt, und der Energiewert der Nahrung wurde in Kalorien, den „Wärme-Einheiten" ausgedrückt. Auch zwei andere Begriffe, die uns heute sehr geläufig sind, wurden damals geprägt. Der deutsche Biochemiker Justus von Liebig (1803—73) analysierte die Proteine und die Kohlenhydrate. Proteine sind organische Zusammensetzungen, die Kohlenstoff, Oxygen, Hydrogen und Nitrogen enthalten. Proteine enthalten zum Beispiel Fleisch, Eier, Milch, Käse und einige Gemüsesorten. Kohlenstoff, Hydrogen und Oxygen finden sich in Kohlehydraten, doch in anderen Proportionen als innerhalb der Proteine. Kohlenhydrate sind vor allem in Zucker und in der Speisestärke enthalten. Butter, Öl und fetthaltiges Fleisch liefern das Fett, das auch einen wichtigen Teil unserer Nahrung ausmacht.

Im 19. Jahrhundert erkannten die Wissenschaftler allmählich die Bedeutung von bestimmten anorganischen und mineralischen Substanzen wie Eisen, Kalzium und Kalium. Doch die Kenntnisse der Wissenschaftler hatten noch große Lücken, über lange Zeit war Skorbut eine tödliche Gefahr für Seeleute. Kapitän Cook war einer der ersten, die erkannten, daß Skorbut durch einen Mangel in der Ernährung hervorgerufen wird. Die englische Admiralität verordnete schließlich auf allen ihren Schiffen den Saft von Zitrusfrüchten für die Besatzungen. Man hatte nämlich erkannt, wie wichtig die Vitamine für die Ernährung sind, obwohl noch in den Dreißigerjahren unseres Jahrhunderts mehr als die Hälfte der Bevölkerung Englands Vitaminmangel aufwies. Heutzutage wissen wir, welche Vitamine für uns wichtig sind, und warum sie das sind.

Seit dem 19. Jahrhundert das Holz als Brennmaterial von der Kohle abgelöst wurde, hat sich auch das Aussehen unserer Küchen verändert. Man konnte nun die Herde kleiner gestalten, bis sie schließlich die Größe eines modernen Küchenherdes hatten. Der Mann, der den Prototyp des geschlossenen Küchenherdes konstruierte, war Graf Rumford (1753 bis 1814). Dieser Staatsmann und Wissenschaftler gilt als der Begründer der Haushaltslehre. Sein Ofen war der Vorläufer unserer modernen Küchenherde und wurde um die Jahrhundertwende des 18. Jahrhunderts verwendet. Rumford ließ den ersten wissenschaftlich konstruierten Küchenherd im Jahre 1789 in einem Münchner Haus ausstellen. Robert Southey, der englische Schriftsteller und Historiker, sah diesen Herd und beschrieb ihn folgendermaßen: „Das obere Ende der Feuerstelle ist mit einer Eisenplatte abgedeckt, so daß die Flamme und der Rauch anstatt nach oben zu steigen, durch Seitengitter entweichen muß. Die Hitze wird nun in den vorderen Teil des Herdes gelenkt, in dem sich ebenso kochen läßt wie über

Die Küche des 14. Jahrhunderts
Im ersten Bild könnt ihr sehen, wie ein Ferkel und zwei Hühner auf einem Spieß gebraten werden. Dafür benötigte man zwei Personen: Eine, die das Feuer in Gang hielt, und eine, die den Spieß mit der Hand drehte.
Das zweite Bild zeigt große Kessel mit kochender Flüssigkeit und einen Koch, der mit einer Kelle prüft, ob die Suppe dick genug ist.
Auf den nächsten beiden Bildern sieht man zwei Köche bei der Zubereitung von Fleisch. Der eine hackt das Fleisch, während der andere mit einem Stößel Fleisch und Kräuter in einem Mörser zerstößt. Diese Illustration stammt aus dem Psalter von Luttrell (ca. 1340). In solch großem Ausmaß wurde für gewöhnlich nur in den großen Häusern des Adels gekocht.
Für die Ärmeren blieb die Schwierigkeit bestehen, die Nahrungsmittel frisch zu halten. Daher bedienten sie sich in zunehmendem Maße der „Mietküchen" — Häuser, in denen man fertige Mahlzeiten kaufen konnte, und wo die Leute mitgebrachtes Fleisch nach ihren Wünschen zubereiten lassen konnten.

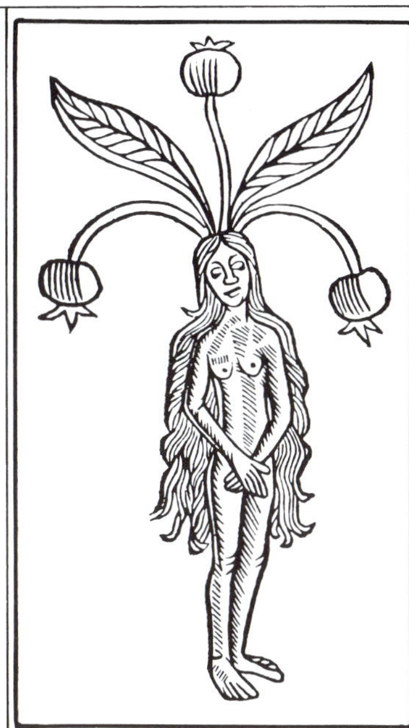

Magische Kräfte
Man glaubte von den Wurzeln der Alraune, die dem menschlichen Körper ein wenig ähneln, sie könnten die Fruchtbarkeit der Menschen steigern. In unserer Darstellung sieht man eine „männliche" und eine „weibliche" Alraune aus dem 15. Jahrhundert.

offenem Feuer. Die Hitze wird nun über Ofen und Boiler weitergeleitet, und der Rauch kann erst dann in den Kamin entweichen, wenn die Hitze nicht länger benötigt wird. Die gleiche Wärme speist auch einen Ofen, auf dem sich zusätzlich Wasserbehälter erhitzen lassen. Die Hitze setzt schließlich innerhalb des Kamins ein Rad in Bewegung, das seinerseits einen Bratspieß drehen kann. Die Bequemlichkeit und Sauberkeit dieser Küche mußte ich einfach bewundern."
Gegen Ende des letzten Jahrhunderts wurden diese Kohlenherde von Gas- und Elektroherden abgelöst. Im „Wissenschaftlichen Museum von London" steht ein früher Gaskocher (ca. 1850), der ganz aus Holz gearbeitet ist. Das goldene Zeitalter der Gasöfen kam in den Achziger Jahren des vorigen Jahrhunderts, als alle Arten von Herden, Öfen und Boilern die Kataloge der Händler zierten. Erst seit dem Jahre 1930, als elektrische Kocher, Grills und Bratröhren aufkamen, wurde das Kochen mit Elektrizität populär.

Der Kalorimeter von Lavoisier und La Place
Im Kalorimeter wurde die Heizenergie von Lebensmitteln gemessen. Der Ausschnitt auf der rechten Seite zeigt den Drahtkorb, in dem die zu messende Substanz lag. Darum herum gab es Platz für Eisstückchen, und im äußeren Hohlraum konnte zerstampftes Eis eingefüllt werden. Auch den Deckel konnte man mit Eis füllen. Diese Illustration stammt aus dem Jahre 1802.

Kochen mit Gas
Einer der ersten Gasherde, der Eureka-Gasherd, wurde im Jahre 1890 in Birmingham von der Firma John Wright hergestellt. Dieser Herd hatte an der Seite auch einen Wassererhitzer. Der Vorgänger dieses Herdes war der Küchenherd des Grafen Rumford, der im Jahre 1789 erstmalig aufgestellt wurde.

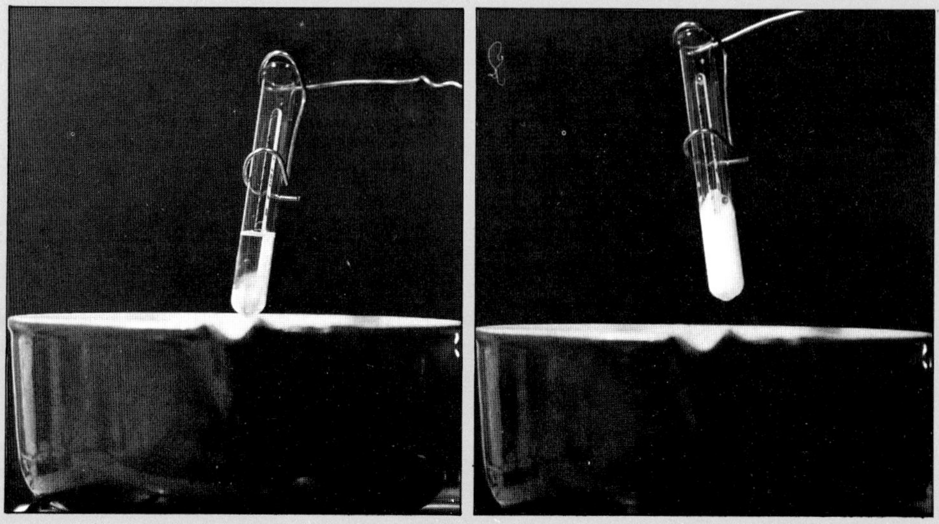

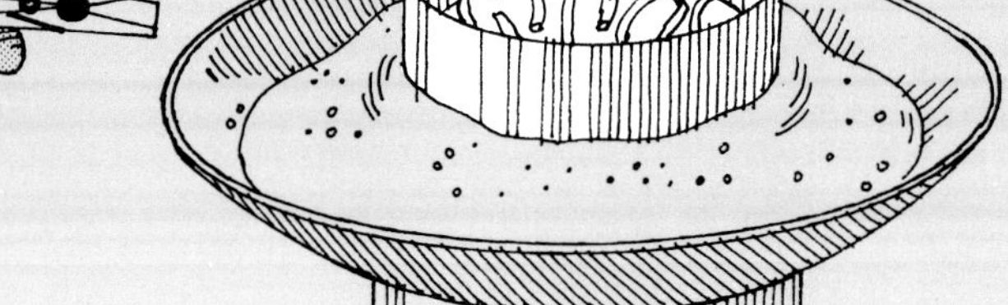

Wie man Eier richtig kocht
Mattieu Williams glaubte, daß wir die Eier ihres Nährwertes berauben, wenn wir sie kochen. Ihr könnt dieses Experiment machen und beweisen, daß er recht hatte.
Gebt in ein Teströhrchen ein wenig rohes Eiweiß und steckt ein Thermometer hinein. Haltet das Teströhrchen in einen Kochtopf mit heißem Wasser. Williams fand heraus, daß bei 56 Grad Celsius sich in dem Eiweiß weiße Fäden zeigen. Bei 71 Grad Celsius wird das Eiweiß vollkommen weiß und so gut wie undurchsichtig. Doch war es immer noch zart und gut bekömmlich. Als Williams eine andere Eiweiß-Probe vier Minuten lang auf 100 Grad erhitzte — so wie man normalerweise ein Ei kocht — wurde das Eiweiß trockener und härter. Deshalb empfahl Williams eine neue Methode, Eier richtig zu kochen.
Kocht ein Ei vier Minuten lang in sprudelndem Wasser, nehmt es heraus und legt dafür ein anderes Ei hinein, doch solltet ihr diesmal den Kochtopf vom Herd nehmen und das Ei 10 Minuten in dem heißen Wasser lassen. Das Eiweiß des ersten Eies ist fest, während das Ei, welches langsam in heißem Wasser erhitzt wurde, ein weicheres Eiweiß aufweist, was die meisten Leute auch lieber mögen.

Der Luftdruck
Der Siedepunkt von Wasser ist vom Luftdruck auf seiner Oberfläche abhängig, wie das folgende Experiment zeigt.
Nehmt euch eine hitzebeständige Wasserkanne, die einen engen Hals haben sollte, und legt euch einen Korken und einen großen Eiswürfel zurecht. Nun kocht ihr in der Kanne etwa 10 mm Kaffee und zwar solange, bis der Wasserdampf jegliche Luft daraus vertrieben hat. Verschließt die Kanne in dem Augenblick, in dem der heiße Dampf entweicht. Sobald das Kochen des Kaffees in der Kanne aufgehört hat, stellt ihr die Kanne auf den Kopf und legt den Eiswürfel auf den Boden des Gefäßes. Nun beginnt der Kaffee wieder zu kochen, und zwar solange, bis er fast kalt ist. Dies liegt daran, daß das Eis den Druck vermindert hat und den Dampf kondensierte. Auf diese Weise entstand in dem Topf teilweise ein Vakuum. Dadurch wurde der Siedepunkt herabgesetzt, da dieser vom Luftdruck abhängig ist.

Der Siedepunkt
Wenn man beim Erhitzen von Wasser die Hitze verstärkt, wird das Wasser dadurch nicht schneller kochen. Dies läßt sich ganz einfach nachweisen. Biegt die Kanten eines 10x7,5 cm großen Pappkartons nach oben und gießt Wasser hinein. Haltet nun eine Flamme darunter und ihr werdet sehen, daß das Wasser bald zu kochen anfängt, ohne daß die Pappe dabei verbrennt. Das liegt daran, daß das Wasser nicht über seinen Siedepunkt von 100 Grad Celsius erhitzt werden kann. Höhere Temperaturen werden dazu verwendet, das Wasser in Dampf umzuwandeln. Das Wasser bringt den Pappkarton durch seine kühlende Wirkung auf seine eigene Temperatur. Dadurch erreicht die Pappe niemals ihre Verbrennungstemperatur, und die Flamme kann ihr nichts anhaben. Es ist wichtig, daß man nur eben soviel Hitze einwirken läßt, wie das Wasser benötigt, um seinen Siedepunkt zu erreichen. Jede größere Hitze ist eine Verschwendung von Geld und Heizmaterial.

Essen enthält Wasser
Die Nahrungsmittel, die wir zu uns nehmen, enthalten große Mengen von Wasser, was sich durch den folgenden Versuch mit der Zwiebel leicht zeigen läßt. Ihr braucht dazu den Spirituskocher, einen dreibeinigen Ständer, einen alten Metallteller, einen Zinndeckel und ein wenig Sand. Nun schneidet ihr eine große Zwiebel in dünne Streifen. Wiegt sie ab und notiert euch ihr Gewicht. Nun stellt ihr den Teller, mit Sand gefüllt, auf das dreibeinige Gestell über den Brenner, legt die Zwiebel auf einen Zinndeckel und den Deckel in den Sand auf den Teller. Ihr erhitzt die Zwiebel, bis sie ganz ausgetrocknet erscheint, und dreht dabei die Zwiebelstreifen so, daß sie nicht anbrennen. Dabei könnt ihr sehen, wie der Wasserdampf in die Luft entweicht.
Jetzt löscht ihr den Brenner, und wenn die Zwiebelstückchen abgekühlt sind, seht ihr sie euch genau an. Sie sind viel kleiner geworden, denn durch die Hitze wurde das Wasser aus ihnen vertrieben. Die Zwiebelstückchen sind „dehydriert", und wenn ihr sie erneut abwiegt, werdet ihr feststellen, daß sie viel leichter geworden sind. Dies Experiment könnt ihr mit anderen Nahrungsmitteln wiederholen, vor allem mit Kopfsalat, der über 95% Wasser enthält.
Da dehydrierte Gemüse weniger Raum einnehmen, stellen viele Fabriken Trockengemüse und Trockenobst her. Diese sind in der Küche leicht aufzubewahren und können zu einem späteren Zeitpunkt gekocht werden. Man kann dehydrierte Zwiebel, Pepperoni und Mischgemüse kaufen. Auch frische Kräuter werden getrocknet, damit man sie im Winter verwenden kann. Manche Leute trocknen auch Apfelringe und Pilze.

Die Verbrennungsenergie
Es gibt verschiedene Möglichkeiten, Hitze zu messen. Die Verbrennungsenergie von Nahrungsmitteln mißt man in Kalorien. Die Menge der Kalorien in den verschiedenen Nahrungsmitteln wird von Wissenschaftlern dadurch gemessen, daß sie jeweils ein Stück davon in einen Kalorimeter geben, in dessen innerer Kammer man Lebensmittel verbrennen kann. Diese Kammer wird von einer bestimmten Menge Wasser umgeben. Wenn die Lebensmittel in der inneren Kammer verbrannt werden, wird deren Kalorienwert dadurch gemessen, daß man die Temperatur des Wassers mißt, welches die Kammer umgibt. Bald hatte man herausgefunden, daß bestimmte Nahrungsmittel — besonders Kohlehydrate wie Kartoffeln, Torten und Süßigkeiten — eine Menge Verbrennungsenergie erzeugen, wenn sie gegessen werden. Andere Lebensmittel, wie Gemüse und Obst, enthalten nur wenig Kalorien. Sie halten unsern Körper gesund, ohne dabei große Mengen von Verbrennungsenergie zu erzeugen.

Wieviele Kalorien?
Die Kalorienmenge, die der Mensch braucht, hängt von seinem Alter, seinem Geschlecht, seiner Größe und seiner täglichen Körperbewegung ab. Kinder brauchen relativ mehr Kalorien, um ihr Wachstum zu sichern, als Erwachsene, die unter der Woche an einem Schreibtisch arbeiten, Leute, die körperliche Arbeit vollbringen, mehr, als Leute, die bei der Arbeit stillsitzen. Junge Leute brauchen viel mehr Kalorien, als ältere Leute.

Kalorientabelle

Fruchtsäfte (pro Glas)		
Grapefruit, frisch	56	*234*
Orange, frisch	88	*368*
Tomate, in der Dose	56	*234*
Getränke (pro Tasse oder Glas)		
Kaffee oder Tee, pur	0	*0*
Orange, gepreßt	40	*167*
Tonicwasser	50	*209*
Milchprodukte pro 100 gr		
Milch, frisch	66	*276*
Milch, entrahmt	35	*146*
Butter	226	*945*
Käse, fett	424	*1772*
Käse, fettarm	116	*485*
Ei, mittelgroß	110	*460*
Brot, Gebäck		
Brot, weiß, eine Scheibe	69	*288*
Brot, Vollkorn 1 Scheibe	65	*272*
Cornflakes, 1 Portion	100	*418*
Krapfen, 100 gr	200	*836*
Käsenudeln 100 gr	200	*836*
Reis, gekocht	120	*502*
Obst, mittlere Größe, 1 Stück		
Apfel	40	*168*
Banane	75	*313*
Orange	50	*209*
Pfirsich	50	*209*
Birne	45	*188*
Gemüse (pro 100 Gramm)		
Rote Rüben, gekocht	44	*184*
Broccoli, gekocht	14	*58*
Karotten, gekocht	21	*88*
Maiskolben aus der Dose	77	*322*
Erbsen, frisch, gekocht	49	*205*
Kartoffeln, als Brei	120	*171*
Gemüse		
Kartoffeln gebraten	550	*2299*
Spinat	26	*108*
Tomaten, roh	14	*58*
Fleisch, Fisch und Geflügel (pro 100 Gramm)		
Rindfleisch, Lende, gegrillt	297	*1241*
Lammkotelett, gegrillt	418	*1747*
Schweinekotelett, gegrillt	333	*1391*
Schinken, gekocht	302	*1262*
Speck, gebraten	607	*2537*
Kalbskotelett, gebraten	219	*915*
Huhn, gebraten	185	*773*
Thunfisch	217	*907*
Lachs, aus der Dose	170	*710*
Frühstücksfleisch, aus der Dose	335	*1140*
Schweinswürstchen, gebraten	450	*1881*
Desserts (pro Person)		
Mandelpudding	150	*627*
Obstsalat	100	*418*
Stachelbeerkuchen	300	*1254*
Bisquit-Roulade	450	*1881*
Streuselkuchen	150	*627*
Sirup-Torte	400	*1672*
Fruchtjoghurt	150	*627*
Kakao, mit Milch, 150 gr	660	*2758*
Verschiedenes pro Eßlöffel		
Mayonnaise	110	*460*
French Dressing	132	*552*
Vielfruchtmarmelade	74	*309*
Biere und Obstweine		
Bier, bitter	180	*752*
Bier, Ale	90	*376*
Bier, Stout	100	*418*
Obstwein, trocken	200	*836*
Obstwein, süß	240	*1003*
Weine (pro Glas)		
Champagner	105	*439*
Beaujolais	95	*397*
Sauternes	130	*543*
Liköre (pro Glas)		
Portwein	130	*543*
Cherry, trocken	100	*418*
Cherry, süß	115	*480*
Schnäpse		
Whisky, einfach	58	*360*
Gin, einfach	55	*230*
Gin tonic	67	*280*
Rum, einfach	75	*313*
Wodka	63	*263*
Wodka-tonic	75	*313*
Cognac	75	*313*

Joule in kursiv

Die Kalorien-Tabelle
Mit Hilfe dieser Liste könnt ihr ungefähr prüfen, wie viele Kalorien in euren täglichen Mahlzeiten enthalten sind. Vergeßt aber nicht die kleinen Extras — die Milch oder den Zucker in eurem Tee oder das Stück Schokolade dann und wann und ähnliches mehr. Wenn ihr euch mehr Kalorien einverleibt, als euer Körper tatsächlich benötigt, kann es gut sein, daß ihr Übergewicht bekommt. Wir können euch hier natürlich keine genauen Eßvorschriften geben, aber es gibt ein paar Lebensmittel, bei denen es bestimmt nicht schädlich ist, wenn deren Genuß eingeschränkt wird. Dazu gehören: Brot, Kartoffeln, Butter, Sahne, Hartkäse, Eier und Süßigkeiten. Eßt viel frisches Obst und Gemüse!

Die täglichen Durchschnittsmengen
In der Abbildung unten sind einige Tagesdurchschnittswerte aufgeführt. Ein Mann, der sich viel bewegt, braucht bis zu 3 600, eine Frau bis zu 2 700 Kalorien. Mit zunehmendem Alter sinken diese Werte. Im Wachstumsalter benötigen Jungen täglich mehr Kalorien als Mädchen.

1700—2600 Kalorien
Kind zwischen 5—15 Jahre

3200 Kalorien
Mann 25 Jahre

2300 Kalorien
Frau 25 Jahre

2500 Kalorien
Mann 70 Jahre
2200 Kalorien
Frau 70 Jahre

Der Stärke-Test

Wir wissen, daß unsere Nahrung aus Fetten, Proteinen und Kohlehydraten besteht. Da diese Elemente einen großen Bestandteil an Kalorien haben, müssen sie bei der Zusammenstellung von Mahlzeiten möglichst vermieden werden. Ihr könnt den nachstehenden Test machen, um zu sehen, welche Nahrungsmittel Stärke enthalten.

Legt euch etwa ein Dutzend verschiedene Nahrungsmittel bereit — vielleicht eine Zwiebel, eine Karotte, gekochten Reis, einen Apfel, rohes Fleisch, Fischstäbchen, Zucker und Mehl. Ihr werdet auch eine Untertasse, eine Pipette, Jodtinktur, Stärkemehl, ein Glasgefäß und einen alten Löffel brauchen. Macht nun zunächst eine Jodlösung, indem ihr 5 Tropfen Jod in ein Glasgefäß gebt und es mit etwa 5 cm Wasser aufgießt und mit einem Löffel verrührt. Damit ihr wißt, worauf ihr achten müßt, wenn ihr den Stärketest macht, gebt etwas Stärkemehl in eine Untertasse, fügt ein paar Tropfen Jodlösung dazu, und das Stärkemehl wird blau-schwarz werden — das ist die gewünschte Stärke-Reaktion. Wenn in dieser Lösung keine Stärke zu finden wäre, würde sie ihre ursprüngliche rötlich-braune Farbe beibehalten.

Untersucht nun alle Nahrungsmittel auf ihren Stärkegehalt, vergeßt aber nicht, zwischen den einzelnen Versuchen den Unterteller zu reinigen. Es ist am besten, wenn man die Versuchsstücke zerschneidet und für kurze Zeit in Wasser aufweichen läßt. Dann erst gibt man ein paar Tropfen der Jodlösung hinzu. Macht euch Notizen, welche Nahrungsmittel Stärke enthalten. Ihr werdet dabei herausfinden, daß alle Arten von Getreidemehl wie Roggen, Weizen, Mais und Gerste einen hohen Stärkegehalt haben (beim Mais beträgt er 92 %). Stärke findet man auch in Wurzeln und Knollengewächsen und in Schoten und Hülsenfrüchten, den eßbaren Samen aus der Familie der Bohnen- und Erbsengewächse. Bei Obst wird man feststellen, daß, abgesehen von Bananen, kaum Stärke darin enthalten ist.

Hefe

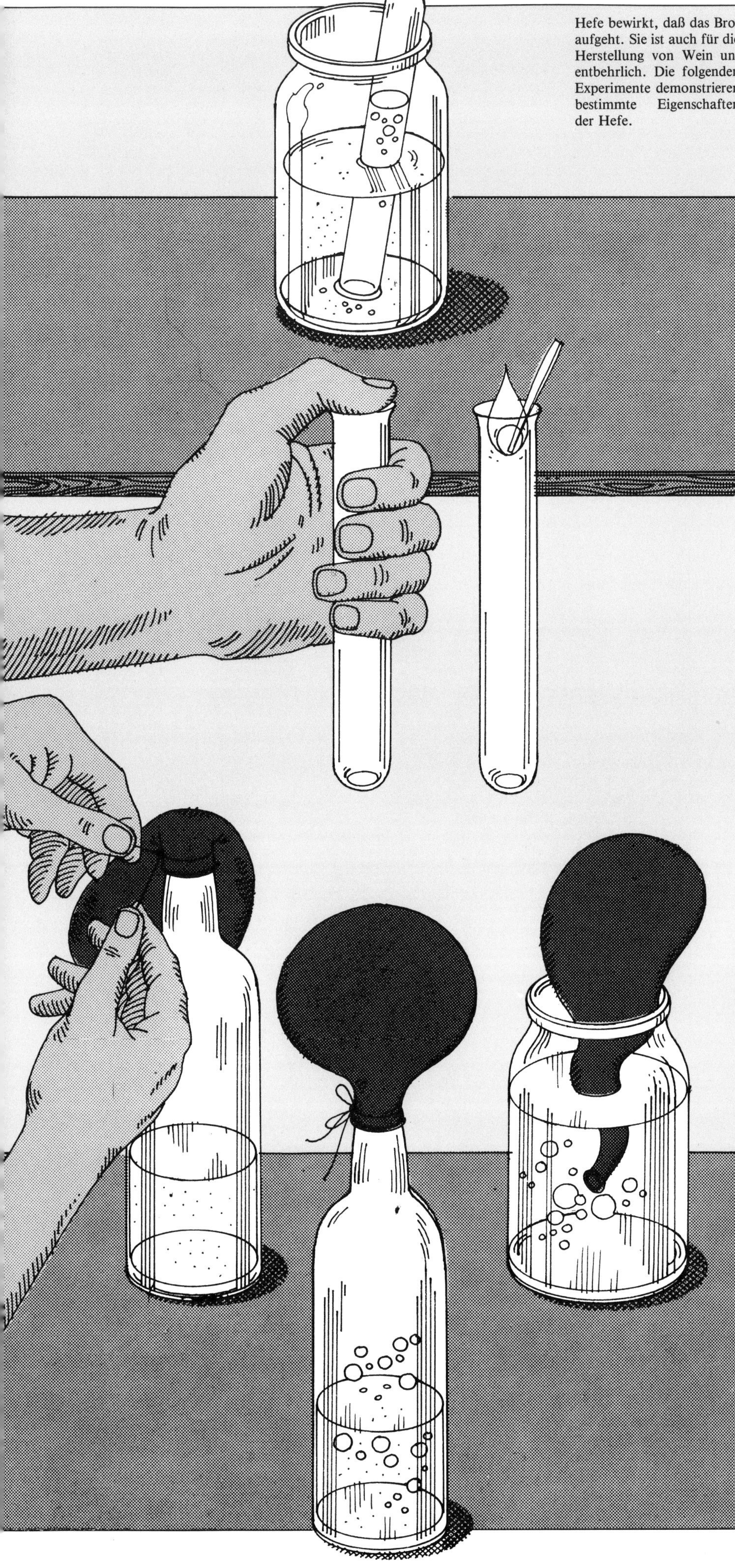

Hefe bewirkt, daß das Brot aufgeht. Sie ist auch für die Herstellung von Wein unentbehrlich. Die folgenden Experimente demonstrieren bestimmte Eigenschaften der Hefe.

Hefe als Katalysator
Für diese Versuche braucht ihr Wasserstoffsuperoxyd, zwei Glasgefäße, Hefepulver, ein Teströhrchen, ein Holzstöckchen, eine Kerze, etwas Schnur, eine 1-Literflasche, Zucker, einen Ballon, einen alten Löffel, Kalkwasser.
Füllt ein Glasgefäß zur Hälfte mit Wasser, nehmt ein Bröckchen Hefe und tut es in die Teströhre und fügt solange Wasserstoffsuperoxyd hinzu, bis das Röhrchen voll ist. Verschließt das Röhrchen mit dem Daumen und stellt es kopfüber in das Glasgefäß. Sofort werden darin Gasbläschen gebildet, die sich am oberen Ende des Röhrchens sammeln und die Flüssigkeit nach unten drücken. Sobald sich das Röhrchen mit Gas gefüllt hat, verschließt ihr es wieder mit dem Daumen und nehmt es heraus. Laßt ihr nun einen glühenden Holzsplitter in das Röhrchen fallen, wird dieser sofort hell aufglühen und damit den Beweis erbringen, daß es sich bei dem Gas um Oxygen handelt. Die Hefe wirkt hier als Katalysator und beschleunigt den Umwandlungsprozeß, wenn sich das Wasserstoffsuperoxyd in Oxygen verwandelt.

Zucker und Hefe
Hefe reagiert auch mit Zucker. Für diesen Versuch füllt ihr ein Glasgefäß zur Hälfte mit Wasser und macht euch eine Zuckerlösung, indem ihr vier Eßlöffel Zucker in Wasser auflöst. Diese Lösung füllt ihr in die Flasche. In einem Glasgefäß löst ihr nun einen Teelöffel mit Hefe in etwas Wasser. Dieses Gemisch schüttet ihr nun ebenfalls in die Flasche. Blast nun einen Ballon mehrere Male hintereinander auf, damit er geschmeidig wird. Den leeren Ballon bindet ihr mit einer Schnur fest über den Flaschenhals. Die Flasche stellt ihr an einen warmen Ort, und innerhalb einer Stunde werdet ihr sehen, daß sich darin Blasen bilden und daß die Flasche einen eigenartigen Geruch verströmt. Schließlich wird der Ballon von dem Gas aufgeblasen werden, das entsteht, wenn die Hefe mit der Lösung reagiert. Testet das Gas, indem ihr den Ballon vorsichtig entfernt, ohne das Gas dabei ausströmen zu lassen. Nun gebt ihr etwas Kalkwasser in ein Glasgefäß und haltet die Öffnung des Ballons unter die Oberfläche der Flüssigkeit. Je mehr man von dem Gas ausströmen läßt, desto mehr wird das Kalkwasser eine milchige Farbe annehmen. Dies ist übrigens der Standardtest für Kohlendioxyd. Das kommt daher, daß die Hefe aus lauter winzigen Pilzen besteht. Die Hefe lebt, und wenn sie Luft, Wasser, Wärme und Nahrung bekommt, dann wächst sie und nimmt an Umfang zu. Die Hefepilze brauchen den Zucker als Nahrung. Deshalb findet man in Bier- oder Weinrezepten immer wieder Zucker aufgeführt. Beim Wachsen erzeugen die Hefepilze Chemikalien, die Enzyme heißen. Diese teilen die Zuckerketten in Alkohol und Kohlendioxyd auf. In der unteren Abbildung sieht man, wie sich Blasen bilden, wenn Hefe bei der Fermentierung von Wein auf den Traubensaft einwirkt.

Kohlendioxyd in der Küche
Kohlendioxyd braucht man für die Herstellung von Getränken. Es ist das Prickelnde in der Limonade. Wenn ihr euch Limonade selbst machen wollt, braucht ihr dazu Zitronensäure, Kristallzucker, doppelkohlensaures Natron und ein flaches Glas mit einem Schraubverschluß. Mischt 3 Eßlöffel Zitronensäure, 7 Eßlöffel Kristallzucker und 1,5 Löffel doppelkohlensaures Natron in dem Gefäß zusammen. Verrührt die Pulver gut miteinander. Jetzt habt ihr ein Brausepulver, das ihr lange in dem verschraubbaren Gefäß aufheben könnt. Wenn ihr dieses Pulver mit Wasser mischt, dann bekommt ihr eine frische Limonade. Das liegt daran, daß sich die Zitronensäure und das kohlensaure Natron sich zu Kohlendioxyd verbinden, wenn sie mit Wasser in Berührung kommen.
Backpulver wird meist aus kohlensaurem Natron und Säurepulvern wie Zitronensäure hergestellt. Löst einen Teelöffel Backpulver mit etwa 3 Teelöffeln Wasser, dann werdet ihr bald viele kleine Bläschen in der Flüssigkeit sehen können. Die Bläschen sind neu entstandenes Kohlendioxyd. Auch zum Backen von Biskuits ist Kohlendioxyd wichtig.

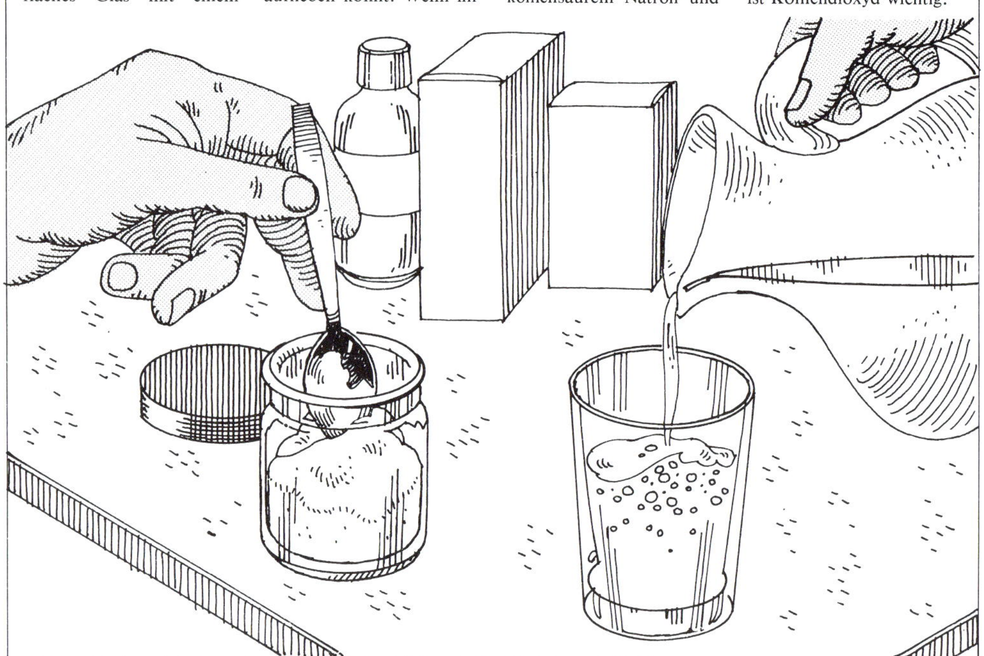

Zucker besteht aus Kohlenstoff und Wasser
Man kann einiges über Zucker in Erfahrung bringen, wenn man ihn zum Kochen verwendet. Versucht euch selbst Karamel herzustellen, doch bittet zuvor eure Eltern, euch dabei zu helfen. Ihr gießt eine halbe Tasse Zucker in eine Bratpfanne. Über mittlerer Hitze verrührt ihr den Zucker so lange, bis er schmilzt und zum Kochen kommt. Sobald der Zucker dunkelbraun wird, nehmt ihr ihn vom Feuer und laßt ihn abkühlen. Was ihr nun habt, ist reiner Karamel, denn Karamel ist Zucker, der stark erhitzt, aber nicht gebrannt wurde. Der Zucker verliert sein Oxygen bei etwa 200 Grad Celsius in Form von Wasser. Zucker besteht aus Hydrogen, Oxygen und Kohlenstoff und verwandelt sich deshalb in Karamel, was der Kohlenstoff des Zuckers ist. Gebt von dem Karamel ein wenig in eine alte Pfanne, die nicht mehr gebraucht wird und erhitzt es stärker. Ein Teil des Kohlenstoffes verbindet sich mit Gasen und bildet Kohlendioxyd und das streng riechende Akrolein. Was dann noch in der Pfanne zurückbleibt, ist nichts als schwarzer, schwer zu entfernender Kohlenstoff.

Zauberzucker
Schwefelsäure hat eine so starke Affinität zu Wasser, daß sie das Wasser aus anderen Substanzen herauslösen kann. Mit ihrer Hilfe läßt sich ein eindrucksvolles Experiment durchführen, das auch die Grundzusammensetzung von Zucker demonstriert, nämlich schwarzen Kohlenstoff, Hydrogen und Oxygen, und zwar in der gleichen Zusammensetzung, wie diese sich in Wasser zeigen. Macht dieses Experiment und überhaupt jedes Experiment, bei dem konzentrierte Säure verwendet wird, nur in der Anwesenheit eines Erwachsenen!
Füllt ein kleines Glas zur Hälfte mit Zucker und rührt unter Verwendung eines Glasstäbchens ausreichend Schwefelsäure darunter, um den Zucker anzufeuchten. Nun paßt gut auf: Der Zucker wird schnell dunkel und fängt an zu kochen, und aus dem Glas steigt eine schwarze Säule aus Kohlenstoff auf und zwar in große Höhen, wobei sie von Dampfwolken begleitet wird.

Küchengeräte
Ihr werdet schon festgestellt haben, daß manche Nahrungsmittel Aluminiumkochtöpfe schwarz werden lassen, andere aber nicht. Diese Verfärbung kann von einem Austausch der Metallteilchen herrühren, der beim Kochen von Hafergrütze oder anderen eisenhaltigen Nahrungsmitteln stattfindet. Da Aluminium chemisch aktiver ist als Eisen, hat sich ein Teil des Kochtopfes gelöst, während das Eisen aus dem Hafer sich in dem Topf festgesetzt hat. Die meisten Köche schrubben diese Rückstände nach dem Kochen wieder fort.
Aber es gibt auch einen wissenschaftlicheren Weg, diese Rückstände zu entfernen: Man kocht eisenhaltige Lebensmittel wie zum Beispiel Tomaten in dem Kochtopf, und der Eisenrückstand wird automatisch verschwinden.
Aluminium kann auch davon geschwärzt werden, daß man darin Nahrungsmittel kocht, die Alkali oder Backsoda enthalten, weil sich dadurch eine unreine Form von Aluminium-Oxyd in dem Kochtopf niederschlägt. Auch dieser Rückstand läßt sich auf wissenschaftliche Weise entfernen, indem man säurehaltige Lebensmittel in dem Topf kocht.

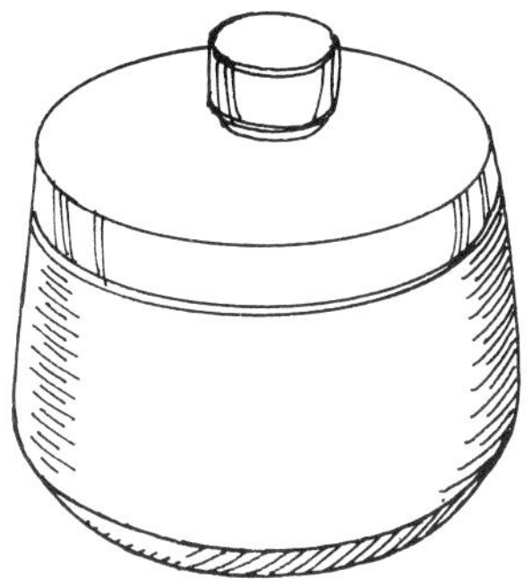

Die Nutzung des Vakuums
Eisbehälter und Kühltaschen arbeiten nach dem gleichen Prinzip wie die Thermosflasche. In einem Hohlraum ist eine Luftschicht eingeschlossen, die sich wie ein Hitze-Isolator auswirkt.

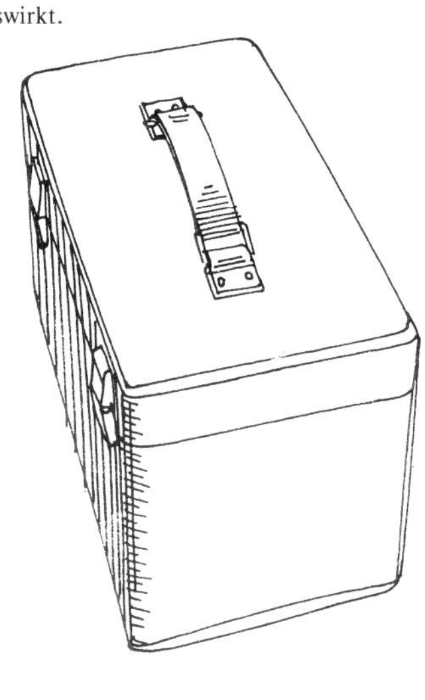

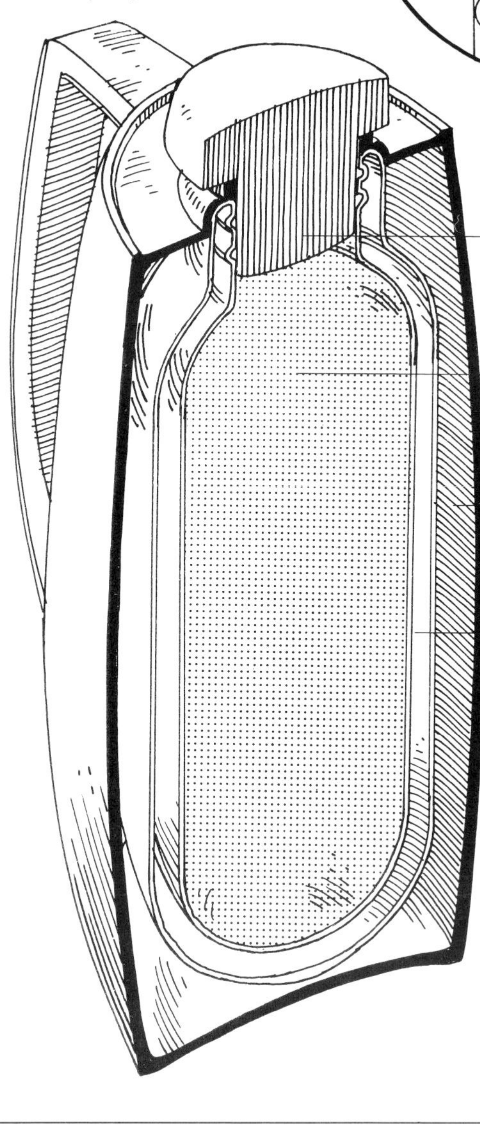

Wie eine Thermosflasche funktioniert
Hitze kann nicht weitergeleitet werden, wenn es keine Moleküle gibt, die vibrieren oder heftig gegeneinander gestoßen werden. Ein Vakuum ist ein Raum, der sehr wenig Moleküle enthält. Aus diesem Grunde wird Hitze in einem Vakuum nicht weitergeleitet. Eine Thermosflasche ist deshalb so konstruiert, daß eine innere Kammer von einem Vakuum umgeben ist. Diese Kammer ist mit Silber beschichtet, da Silber die Hitze reflektiert. Getränke innerhalb der Kammer werden deshalb kälter oder heißer bleiben, als es der Fall wäre, wenn sie von Luft umgeben wären. Mit diesem Prinzip kann an ganz heißen Tagen erreicht werden, daß Eis gefroren bleibt, ebenso wie in kaltem Wetter Getränke warm gehalten werden können.

9

Das Licht

Früher erlangten die Menschen ihr Wissen über das Licht vor allem durch die Beobachtung der Sonne. Sie war zuverlässig, sie ging jeden Morgen auf und jeden Abend unter und teilte auf diese Weise den Tag in zwei Teile. Der Sonnenstand am Himmel veränderte sich mit den verschiedenen Jahreszeiten. Von diesen Beobachtungen ging man aus, um herauszufinden, welcher Zusammenhang zwischen der Sonnenbewegung und der Jahreszeit bestand.
Man nahm Messungen vor, indem man einen geraden Stock in die Erde trieb und die Schattenlänge berechnete, die die Sonne in den verschiedenen Jahreszeiten hervorrief. Dieser Stock war die früheste Form der Sonnenuhr. Diese primitive Art von Sonnenuhr nennt man Gnomon. Unsere Vorfahren fanden heraus, daß der Schatten des Stockes des Mittags kürzer war, und daß die Länge des Mittags-Schattens wiederum von den Jahreszeiten abhing. In der heißesten Zeit des Jahres stand die Sonne höher und warf deshalb auch kürzere Schatten.
Mit einem Gnomon ließ sich sogar die Erde vermessen. Eratosthenes, ein Schüler des griechischen Mathematikers Archimedes, fand schon um 200 v.Chr. einen Weg dazu. In Alexandria maß er mit einem Gnomon den Sonnenwinkel ab, und zwar zu einem Zeitpunkt, an dem die Sonne in einem Ort namens Syene genau senkrecht stand. Dann errechnete er die Breitengrade der beiden Städte. Schließlich bezahlte er einen Mann, den Weg von Alexandria nach Syene abzuschreiten, um so die Entfernung festzustellen. Mit diesen Angaben konnte er den Umfang der Erde errechnen: 38 624 km, was schon sehr nahe an die Tatsachen (39 912 km) herankam. René Descartes (1596—1650) entdeckte die Gesetze der Lichtbrechung (vgl. S. 133).
Sir Isaac Newton (1642—1727) fand heraus, daß weißes Licht in Wirklichkeit aus sieben Spektralfarben besteht. Für sein berühmt gewordenes Experiment (vgl. S. 144) plazierte Newton ein rechteckiges Glasprisma in einen Sonnenstrahl, der durch ein kleines Loch in einer Sonnenblende fiel. Er fand heraus, daß sich das weiße Licht in verschiedenfarbige Strahlen aufspaltete.
Goethe (1749—1832) fand Newtons Versuche zwar auch bemerkenswert, aber akzeptierte sie nicht. Er schrieb: „Die Vorstellung, weißes Licht sei aus vielen Lichtstrahlen von verschiedener Farbe zusammengesetzt, ist wirklich recht bemerkenswert, aber ich halte sie für baren Unsinn, den nur Kinder im Kinderwagen glauben können."
Im Laufe des 19. Jahrhunderts führten viele Wissenschaftler erfolgreich Experimente durch, mit denen die Lichtgeschwindigkeit genauer gemessen wurde. Die meisten Experimente funktionierten so, daß man einen Lichtstrahl durch die Zähne eines sich drehenden Zahnrades hindurch sandte (in unserer Abbildung sieht man das Gerät des französischen Physikers Armand Fizeau (1819—1896).
Die Rotationsgeschwindigkeit des Zahnrades war bekannt, und das Experiment wurde so aufgebaut, daß man Licht zwischen den ersten beiden Zähnen hindurchsandte. Dieses Licht wurde von einem Spiegel reflektiert, der die Lichtstrahlen durch die nächsten beiden Zähne des Zahnrades zurücksandte. Die Achse des Rades hatte sich im dazwischenliegenden Zeitraum genau um die Entfernung zweier Zähne gedreht. Einige Wissenschaftler maßen die Lichtgeschwindigkeit zunächst in Nord-Südrichtung und dann in Ost-Westrichtung. Sie waren verblüfft, herauszufinden, daß das Ergebnis das gleiche war, denn sie glaubten, daß die Geschwindigkeit der Erddrehung die Ost-West-Geschwindigkeit des Lichtes beeinflussen würde. Andere Wissenschaftler wiederum maßen, welche Geschwindigkeit das Licht im Wasser, in Glas, oder in einem Vakuum hat, und erweiterten so Schritt für Schritt unser Wissen vom Licht.
So ist zum Beispiel die Tatsache, daß Licht sich in Glas langsamer voranbewegt, die Ursache dafür, daß es in einer Glaslinse gebrochen wird. Seit vor über 300 Jahren zum ersten Mal Linsen und anderes optisches Gerät in Gebrauch kamen, eröffneten sich den Wissenschaftlern eine Un-

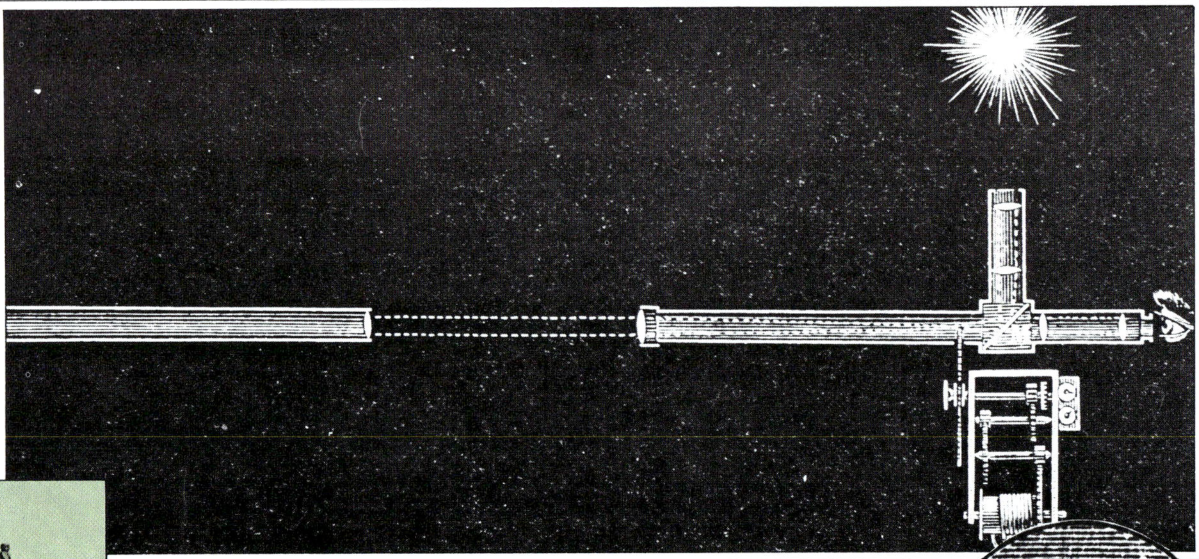

Lichtgeschwindigkeit
In Fizeaus Apparat gelangt von oben Licht in die Röhre, das mit Hilfe von Spiegeln hin- und hergeschickt wird. Die Zeit, die das Licht dafür benötigt, wird durch ein System von rotierenden Zahnrädern gemessen.

Der Sonnenschatten wird gemessen
Eingeborene auf Borneo verwenden einen Stock, der Gnomon genannt wird, um in der Mittagszeit den Schatten zu messen. Mit den auf diese Weise gewonnenen Kenntnissen konnten sie sich eine Art Jahreszeit-Uhr machen. Das Photo wurde im Jahre 1910 aufgenommen.

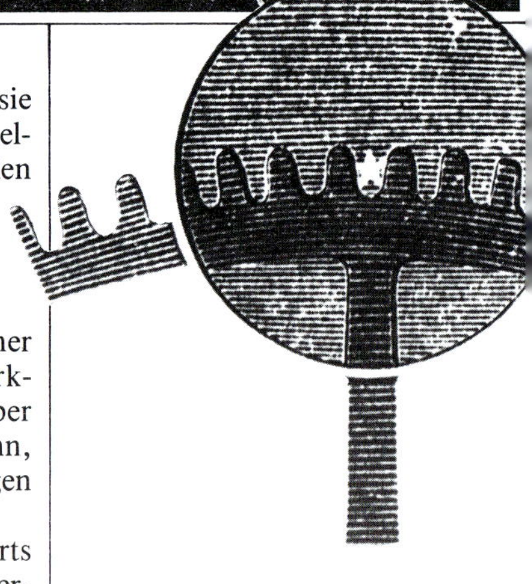

Fizeaus Zahnräder
Die Geschwindigkeit des zurückgeworfenen Lichtstrahls wird danach bemessen, wie weit sich das Rad von Zahn zu Zahn voranbewegt hat.

zahl neuer Möglichkeiten. Zur Durchführung ihrer Experimente verwendeten die Wissenschaftler klare, genauestens geschliffene Glasplättchen und fanden auf diese Weise auch eine Möglichkeit, Menschen, die schlecht sehen, zu helfen: mit Brillen.
Im 17. Jahrhundert stellten vermutlich holländische Glasschneider erstmalig Linsen zusammen, die für Teleskope und Mikroskope verwendbar waren. Dadurch erweiterten sie unsern Blick nicht nur bis weit hinaus ins Weltall, sondern schufen auch die Möglichkeit, die winzigsten Lebewesen auf unserer Erde zu beobachten, wie etwa die, die sich in einem Wassertropfen befinden.
Bei der Entwicklung von Linsen machten zwei Männer die wichtigste Pionierarbeit: Der englische Wissenschaftler Robert Hooke (1635—1703) und der Holländer Anton van Leeuwenhoek (1632—1723). Hooke verwendete Mikroskope, um Lebewesen zu studieren. Er war der erste Wissenschaftler, der sich des Wortes ,,Zelle'' bediente, um die kleinsten Bestandteile von Pflanzen und anderen Lebewesen zu beschreiben. Auf dieser Buchseite wird ein Beispiel für die schönen Zeichnungen gezeigt, die Hooke in seinem Buch ,,Mikrographia'' im Jahre 1665 veröffentlichte.
Van Leeuwenhoek stellte sehr kleine Linsen her und baute ein winziges einlinsiges Mikroskop. Obwohl das ganze Mikroskop nicht größer war als 5 cm in der Länge und 2,5 cm in der Breite, ließ sich damit bis zu 400mal vergrößern, und es ließen sich klarere Bilder erzeugen als mit den zuvor verwendeten doppellinsigen Mikroskopen.
Die Photographie — ein weiteres bedeutendes Ergebnis unseres Wissens vom Licht — wurde durch das Werk von Louis Daguerre (1787—1851) und anderen Pionieren möglich. Sie bedienten sich der ,,Camera obscura'', einer Schachtel mit einer Linse an der Vorderseite, die eigentlich eine Zeichenmaschine war und von Künstlern dazu verwendet wurde, mit richtiger Perspektive zu zeichnen. Das Licht fiel vom Objekt durch die Linse auf einen Glasspiegel, der das Licht dann auf eine gläserne Platte reflektierte. Der Künstler konnte nun das Bild auf der Glasplatte ganz leicht kopieren.
Die Erfindung bestand nun darin, daß man den Spiegel durch lichtempfindliches Material ersetzte und auf diese Weise ein dauerhaftes Bild erhielt. Ihren großen Durchbruch erlebte die Photographie, als Daguerre im Jahre 1839 eine Methode erfand, mit der man Bilder auf silberbeschichteten Kupferplatten festhalten konnte. Diese Kupferplatten nannte man Daguerreotype. Heutzutage sind wir in der Lage, durch Mikroskope und Fernrohre zu photographieren. Die einzelnen Zweige der Optik finden sich wieder zusammen.

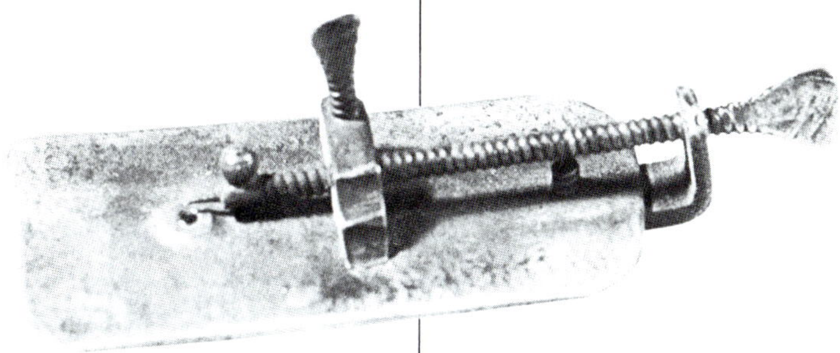

Leeuwnhoeks winziges Mikroskop
Obwohl es nur 2,5x5 cm groß war, konnte dieses einlinsige Mikroskop, das vor 300 Jahren gebaut wurde, bis zu 400-fache Vergrößerungen machen. Van Leeuwnhoek beobachtete damit Bakterien, und zwar jahrelang früher, ehe die Medizin deren Bedeutung erkannte.

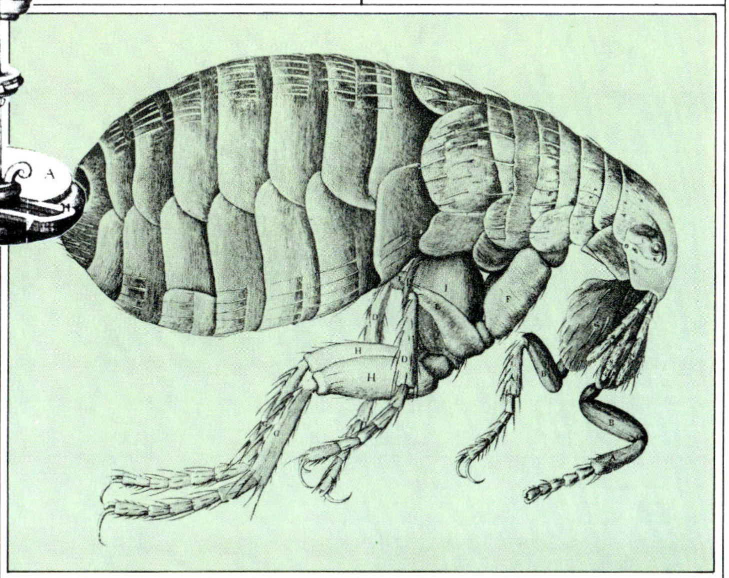

Hookes Mikroskop
Die Zeichnung zeigt eines von Robert Hookes Mikroskopen und einen ,,Sammler'', mit dessen Hilfe Lichtstrahlen konzentriert wurden. Unten rechts sieht man die Zeichnung eines Flohs. Dies ist eine der äußerst genauen Zeichnungen, die Hooke in seiner ,Mikrographia' im Jahre 1665 veröffentlichte.

Das Lichtzeichnen
Man sagte den ersten Photographen nach, sie würden beim ,,Portrait-Zeichnen mit Licht'' die Chemie und die Optik miteinander vermischen. Diese Illustration stammt aus dem Buch von T. Eckardt ,,Physics in Pictures'' aus dem Jahre 1882.

Die Lichtbewegung

Tagsüber ist die Sonne unsere Lichtquelle. Gäbe es das Sonnenlicht nicht, würden wir in fast vollkommener und extremer Kälte leben. Wir wären auch sehr bald zum Sterben verurteilt, denn ohne Licht würden die meisten Pflanzen und andere Dinge, von denen wir uns ernähren, dahinsterben.
Nach Sonnenuntergang gibt es nur noch wenig natürliches Licht. Einiges davon kommt von den Sternen, und auch der Mond bietet uns in gewissen Abständen Licht. Der Mond erzeugt das Licht nicht selbst, sondern wirkt wie ein riesiger Spiegel, der das Sonnenlicht reflektiert. Ansonsten müssen wir des Nachts unser eigenes Kunstlicht herstellen. Das geschieht in der Regel mit Hilfe der Elektrizität. Wir verwenden viele verschiedene Arten von elektrischem Licht von unterschiedlicher Helligkeit. Es gibt weißes und farbiges Licht.
Doch alle Lichtquellen haben eines gemeinsam: Das Licht wandert in geraden Linien, es bewegt sich auf sein Objekt zu und von dort zum menschlichen Auge. In der Abbildung auf der rechten Seite fällt das Licht der Lampe auf das Buch und von dort aus zurück zu den Augen des Jungen. Dadurch kann der Junge sehen, was in dem Buch geschrieben steht.

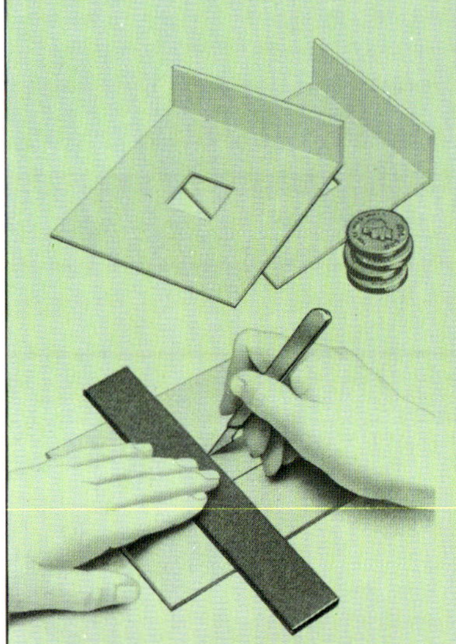

Der Geradlinigkeits-Test
Um zu beweisen, daß sich Licht in geraden Linien ausbreitet, nimmt man drei Stück Karton von etwa 15 cm². In diese schneidet man ein etwa 2,5 cm langes, rechteckiges Loch. Am Ende des Kartons knickt man einen etwa 2,5 cm breiten Streifen ab. Man stellt die drei Stück Karton in einer Linie hintereinander auf und beschwert den abgeknickten Rand, damit sie nicht umfallen können. Stellt man nun hinter den letzten Karton eine brennende Kerze, so wird sie durch die drei Löcher in den Kartons sichtbar sein. Nun verschiebt man einen der Kartons um 2,5 cm zur Seite. Das Kerzenlicht ist jetzt nicht mehr sichtbar.

Wellenbewegungen
Licht besteht aus Wellen. Das ermöglicht es jedem einzelnen Lichtstrahl, ein wenig nach außen hin abzuweichen, und zwar in unterschiedlich verlaufenden geraden Linien. Wenn ihr einen Stein in einen Tümpel werft, könnt ihr sehen, daß sich die Wellen kreisförmig ausbreiten. Doch das Wasser, das von den Wellen gestört wird, fließt nicht mit den Wellen mit, stattdessen bewegt es sich im rechten Winkel auf und ab oder in versetzten Linien.

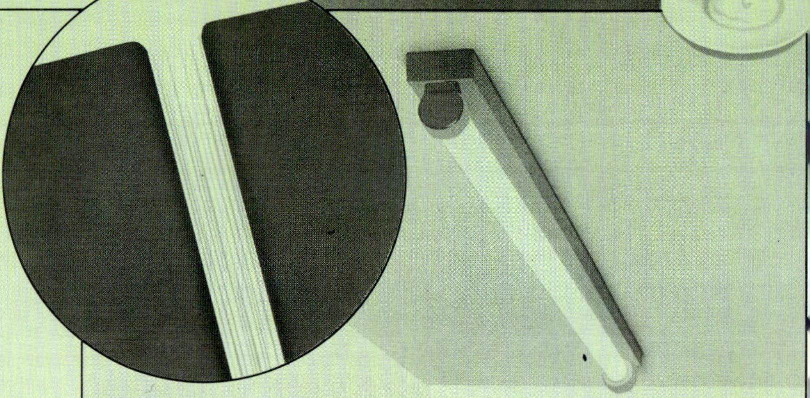

Die Lichtlinien
Sind die Lichtwellen erst einmal aufgebrochen, sind sie als Streifen von hellen und dunklen Linien erkennbar.

Das Aufbrechen von Lichtwellen
Da die Wellenlänge des sichtbaren Lichtes etwa ein zweitausendstel eines Millimeters ausmacht, ist ihr Abstand voneinander zu klein, als daß wir ihn bemerken könnten. Wenn man aber durch einen sehr engen Schlitz zwischen zwei Büchern eine Neonröhre betrachtet, indem man diesen Schlitz vor eines seiner Augen hält, dann wird dieser Lichtschlitz zu einer Reihe von dunklen und hellen Lichtstreifen. Das geschieht deswegen, weil der Schlitz schmal genug ist, die Lichtwellen abzulenken. Wenn die Lichtstrahlen ins Auge gelangen, dann sind einige von ihnen zusammengeballt und bilden helle Linien, während andere ganz wegfallen und so die dunklen Linien erzeugen.

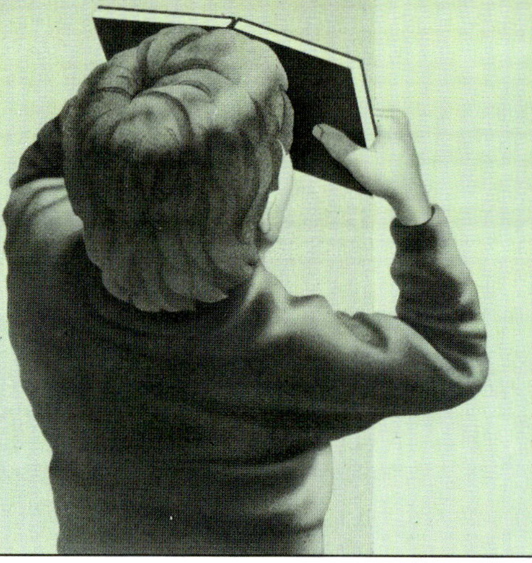

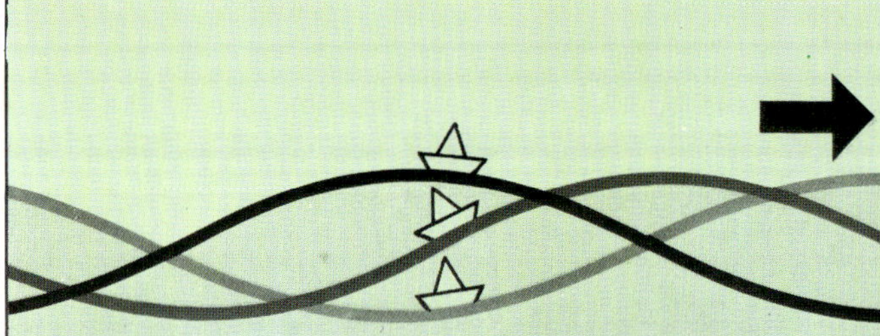

Versetzte Wellenlinien
Lichtstrahlen folgen einer ähnlichen Bahn wie die Wasserwellen. Auch sie bewegen sich in versetzten Wellen auf und ab.

Die Lichtbrechung

Die Lichtbrechung ist die Richtungsänderung von Lichtstrahlen, wenn sie von einem Medium in ein anderes geraten. Der Grund dafür ist der, daß sich die Lichtgeschwindigkeit in den verschiedenen optischen Medien verändert.

Die Lichtgeschwindigkeit ist im Weltall oder in einem luftleeren Raum am größten. Sie beträgt 299 792 km pro Sekunde. Wenn wir ein Objekt betrachten, das so weit entfernt ist wie die Sonne, dann braucht das Licht für seine Reise bis zu unseren Augen etwa 8 Minuten.

Viele Sterne sind aber noch weiter weg, und die Astronomen messen ihre Entfernung in Lichtjahren. Ein Lichtjahr, der Weg, den das Licht im Laufe eines Jahres zurücklegt, beträgt 9,461 Billionen Kilometer.

Im Wasser, im Glas oder anderen durchsichtigen Substanzen ist Licht wesentlich langsamer. Die Lichtgeschwindigkeit im Wasser beträgt zum Beispiel nur 224 708 km pro Sekunde. Wasser verlangsamt die Lichtstrahlen in der gleichen Weise, wie es den Schritt des Menschen verlangsamt, der in Wasser watet. An der Verlangsamung der Lichtgeschwindigkeit liegt es, daß die Lichtstrahlen abgelenkt oder ,,gebrochen" werden, sobald sie ins Wasser gelangen. Sie durchdringen das neue Medium mit einem größeren Winkel.

In ähnlicher Weise werden Lichtstrahlen gebrochen, die von einem Objekt unter Wasser ausgehen und auf das menschliche Auge treffen. Die Brechung findet statt, sobald die Lichtstrahlen durch die Wasseroberfläche gelangen. Das läßt Schwimmbecken und klare Flüsse flacher erscheinen, als sie tatsächlich sind. Primitive Völker, die mit Pfeil und Bogen auf Fische schießen, haben sehr bald herausgefunden, daß man höher zielen muß, wenn man die Beute trotz der Brechung des Wassers treffen will.

Sichtbare Lichtbrechung
Man füllt ein Glas zu etwa zwei Dritteln mit Wasser. Hält man einen Strohhalm in das Glas, dann kann man sehen, daß die Lichtstrahlen ihn leicht verbogen erscheinen lassen. Nun füllt man ein Glas zur Hälfte mit konzentrierter Salzlösung, auf die man langsam mit Hilfe eines Löffels klares Leitungswasser schüttet.

Hält man nun einen Strohhalm an die eine Seite des Glases, dann hat man den Eindruck, als sei er in drei Teile zerbrochen. Da die Salzlösung dichter ist als das Leitungswasser, hat sie auch einen anderen Brechungswinkel, und die Lichtstrahlen werden zweimal abgeknickt.

Lichtbrechung in der Dunkelheit
Nehmt euch eine leere Flasche und füllt sie mit Wasser und ein paar Tropfen Milch. Verschließt die Flasche und legt sie auf ein Blatt Papier. Nun schneidet ihr in ein Stück Pappe einen Schlitz und haltet den Karton so vor eine Taschenlampe, daß ein dünner Lichtstrahl durch den Schlitz fällt. Wenn ihr das Zimmer nun verdunkelt, könnt ihr sehen, daß der Lichtstrahl abgeknickt wird, wenn er auf das Wasser trifft.

Unsichtbare Gase werden sichtbar
Die Lichtbrechung kann man sich zunutze machen, um Gase sichtbar zu machen, die normalerweise unsichtbar sind, wie zum Beispiel Kohlendioxyd. Stellt euch Gas her, indem ihr doppelkohlensaures Natron und Essig in ein Gefäß schüttet. Wenn dieses Gemisch anfängt zu schäumen, dreht das Gefäß vor einem hellen Hintergrund, am besten im Sonnenlicht um. Ihr werdet sehen, daß das Kohlendioxyd in hellen und dunklen Wolken aus dem Gefäß emporsteigt. Diese Wolken bilden sich, weil Luft und Kohlendioxyd unterschiedliche optische Dichten haben und die Lichtstrahlen der Sonne in verschiedene Richtungen abgelenkt werden.

Linsen

Die wichtigste Anwendung des Prinzips der Lichtbrechung findet man heutzutage in den Glaslinsen, die in fast allen optischen Geräten verwendet werden, egal ob es sich dabei um Ferngläser, Mikroskope, Brillen und Vergrößerungsgläser oder um komplizierte Kameras und Teleskope handelt.
Obwohl Linsen in vielen verschiedenen Kombinationen gebraucht werden, gibt es nur zwei Grundtypen: Die konkave und die konvexe Linse. Die konkave Linse verkleinert das Bild genau wie ein konvexer Spiegel.
Konvexe Linsen sind weit häufiger in Gebrauch. Sie sind in der Mitte dicker als am Rand, das heißt, daß sie eine vergrößernde Wirkung haben. Sie verhalten sich wie ein konkaver Spiegel und geben einen kleinen Gegenstand in größerer Form wieder. Denkt daran, daß man *niemals* die Sonne durch eine Linse betrachten soll!

Die Entfernung von einer Linse bis zu dem Punkt, an dem sich die Lichtstrahlen eines entfernten Objektes bündeln, nennt man die Brennweite.

Die Brennweite
Bringt auf einem Lineal mit Hilfe von Klebstoff senkrecht eine Linse an. Haltet die Linse gegen das Fenster und haltet ein Stück weißes Papier auf das Lineal. Bewegt das Papier solange hin und her, bis sich das Fenster scharf darauf abzeichnet. Meßt nun die Entfernung zwischen der Linse und dem Papier, und ihr kennt die Brennweite der Linse.

Macht euch eine konvexe Linse
Füllt ein Glasgefäß mit Wasser und einigen Tropfen Milch. Laßt in einem dunklen Raum den Schein einer Taschenlampe durch zwei Schlitze eines Pappkartons darauf scheinen. Sobald die beiden Lichtstrahlen auf das Glas treffen, wird das Glas zu einer Linse und läßt die Strahlen zusammenlaufen.

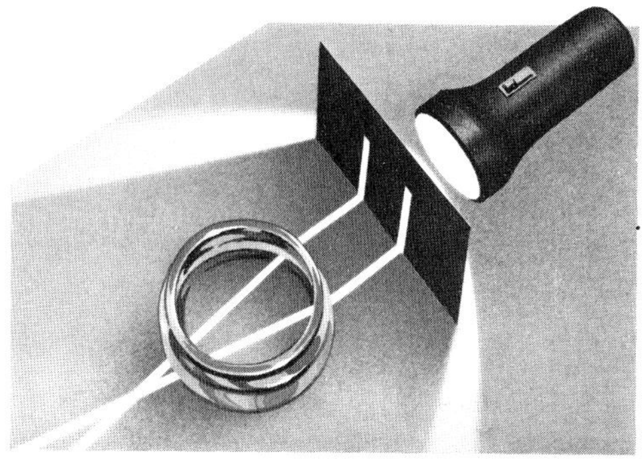

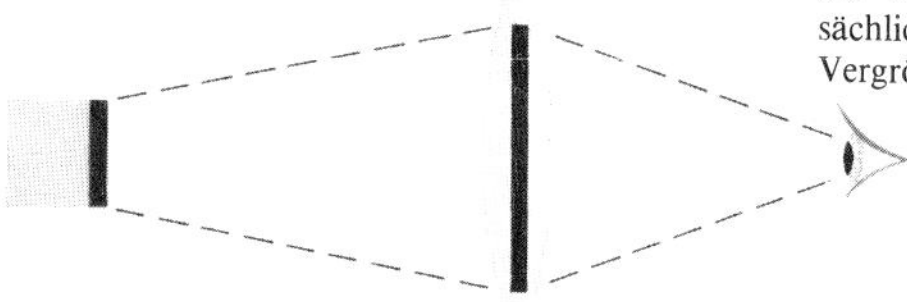

Konvexe Linsen
Eine konvexe Linse läßt einen nahen Gegenstand größer erscheinen, als er tatsächlich ist. So arbeiten Vergrößerungsgläser.

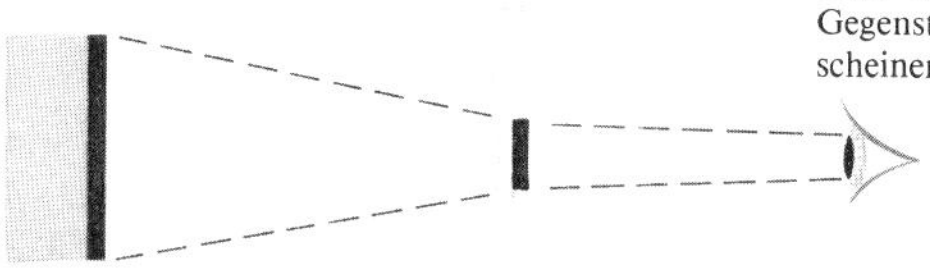

Konkave Linsen
Eine konkave Linse läßt Gegenstände kleiner erscheinen.

Einfacher Projektor
Bedeckt eine Taschenlampe mit einem durchscheinenden Papiertaschentuch und klebt darauf ein Stück Film. Richtet in einem dunklen Raum die Taschenlampe auf eine Linse. Der Film, dessen Bild auf dem Kopf stehen soll, wirft auf eine Wand ein aufrechtes Bild.

Ein Brennglas
Eine konvexe Linse kann die Sonnenstrahlen so sammeln, daß sie einen sehr hellen, heißen Brennpunkt erzeugen. An einem sonnigen Tag kann man auf diese Weise Papier zum Brennen bringen oder ein Lagerfeuer entzünden. Deshalb werden konvexe Linsen manchmal auch „Brenngläser" genannt.

Baut euch ein Mikroskop
Nehmt dazu zwei konvexe Linsen. Eine Linse, die nahe an einen Gegenstand gehalten wird, vergrößert diesen. Das vergrößerte Bild wird von einer zweiten Linse noch einmal vergrößert. Eine ideale untere Linse soll dick sein und eine Brennweite von 5—7,5 cm haben. Diese Linse befestigt ihr an einem Ende eines Lineals. Die dünnere Linse mit einer Brennweite von etwa 10 bis 12 cm befestigt ihr 20 cm davon entfernt. Durch die dünnere Linse schaut man hindurch.

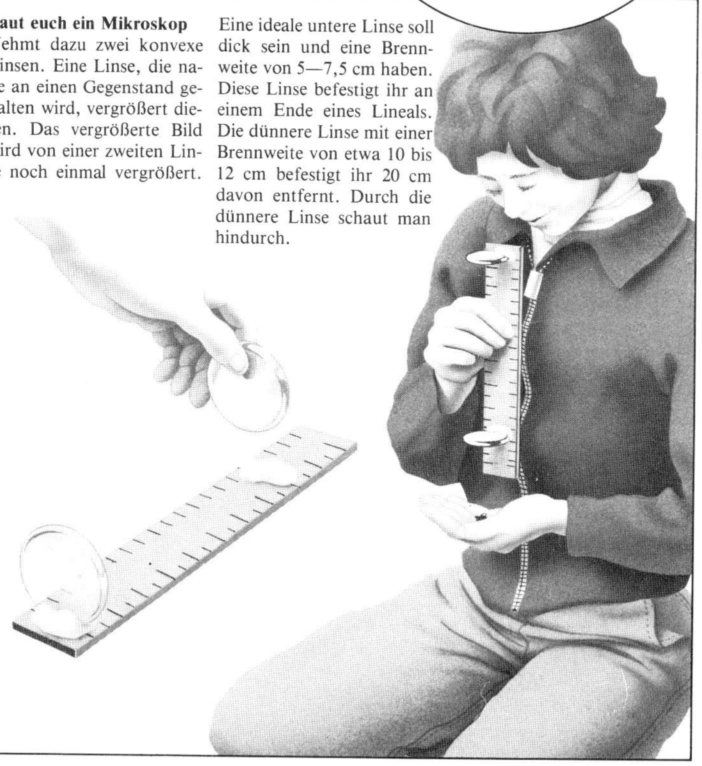

Ein Tropfen-Mikroskop
Macht in einen Metallstreifen auf halber Höhe ein kleines Loch. Nun biegt ihr den Streifen so, daß er in einer Höhe von 10 mm an einem umgedrehten Glas befestigt werden kann. Unter das Glas legt ihr einen kleinen Spiegel in eine Schräglage. Ein Wassertropfen, den man in das Loch des Metallstreifens tröpfelt, vergrößert wie eine konvexe Linse. Läßt man ein kleines Insekt über den Glasboden laufen, so wird es von dem Wassertropfen bis zu 50 mal vergrößert.

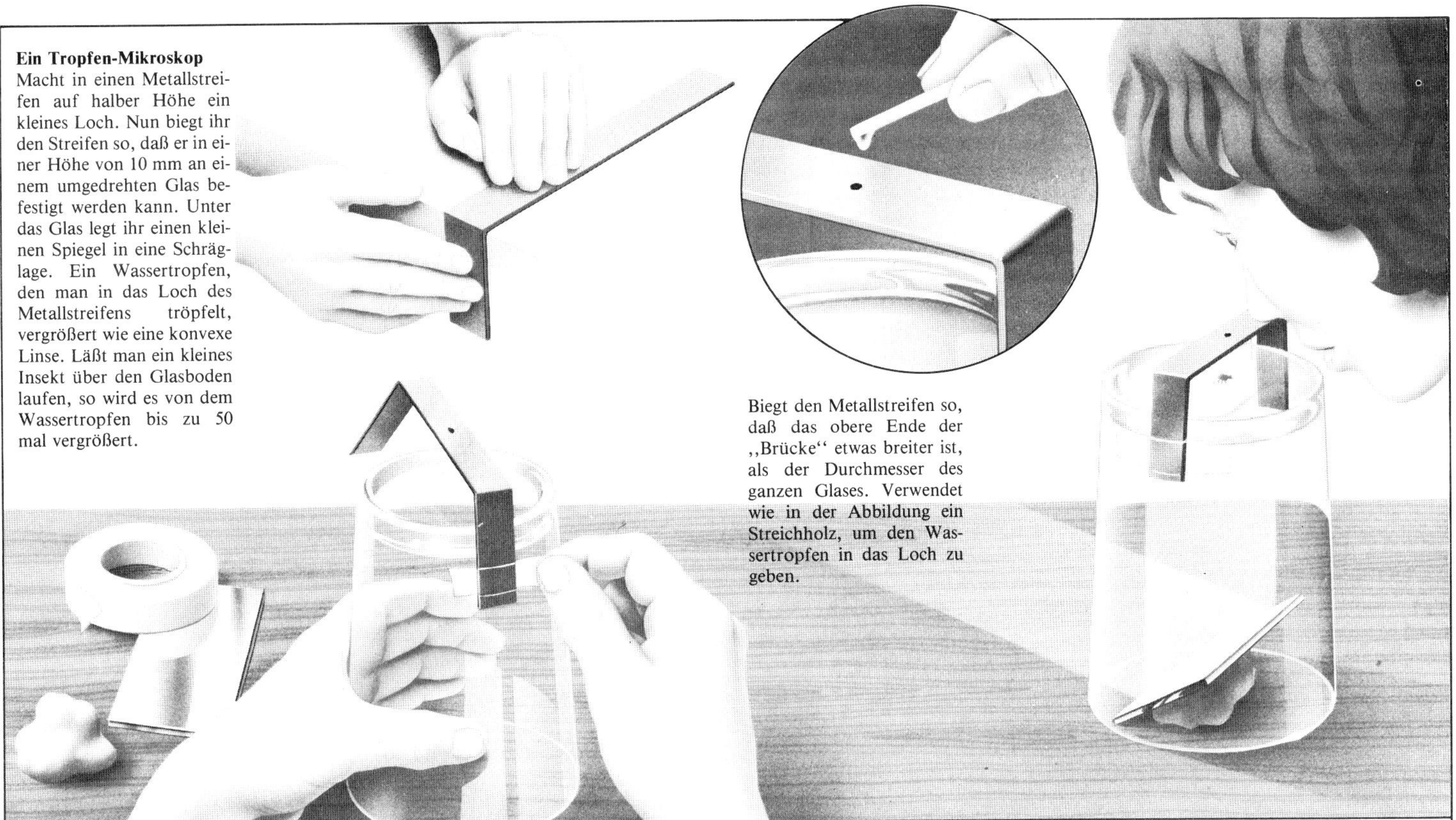

Biegt den Metallstreifen so, daß das obere Ende der „Brücke" etwas breiter ist, als der Durchmesser des ganzen Glases. Verwendet wie in der Abbildung ein Streichholz, um den Wassertropfen in das Loch zu geben.

Die Reflexion

Die Tatsache, daß wir Gegenstände sehen können, verdanken wir der Reflexion des Lichtes. Geht in ein dunkles Zimmer und versucht, dieses Buch zu lesen. Das ist natürlich unmöglich, denn das Buch hat keine eigene Lichtquelle. Wenn ihr das elektrische Licht anschaltet, reflektiert das Licht von der Glühbirne auf dem Buch und kommt von dort zu euren Augen. Da Bücher hell sind, reflektieren sie das Licht sehr gut. Dunkle Gegenstände dagegen reflektieren nur sehr wenig Licht. Schaltet in einem dunklen Raum eine Taschenlampe ein und richtet ihren Strahl auf ein Stück weißes Papier. Haltet euere Hand in 30 cm Abstand über das Papier und ihr werdet feststellen, daß sehr viel Licht auf eure Hand reflektiert wird. Wiederholt das gleiche mit einem schwarzen Papier!
Der Spiegel war das erste optische Instrument, das sich der Mensch zunutze machte. Früher benutzte man als Spiegel poliertes Metall. Dies waren keine sehr guten Reflektoren, denn das Metall ließ sich nicht glatt genug herstellen. Die heutigen Spiegel haben eine viel feinere Oberfläche und können ein fast perfektes Bild wiedergeben.

Verschiedene Reflexionsstärken
Durch das folgende Experiment kann die unterschiedliche Reflexionsfähigkeit verschiedener Oberflächen getestet werden. Man nimmt einen ebenen Spiegel und legt ihn in einem dunklen Zimmer auf einen Tisch. Läßt man nun den Strahl einer Taschenlampe darauffallen, so wird das vom Spiegel reflektierte Licht fast ebenso hell sein wie der Strahl der Taschenlampe. Nun legt man ein glattes Stück Folie auf den Tisch. Die Folie wird, wenn sie flach genug ist, etwa die Hälfte der Helligkeit reflektieren, die der Spiegel reflektiert. Nun nimmt man ein weiteres Stück Folie, zerknüllt es und breitet es anschließend wieder aus. Hält man nun den Strahl der Taschenlampe darauf, so reflektiert das Licht in alle möglichen Richtungen, denn rauhe Oberflächen reflektieren Licht nicht so gut und gleichmäßig wie glatte Oberflächen.

Konkave und konvexe Spiegel
Während ein flacher Spiegel ein Bild widergibt, das genau die gleiche Größe hat, wie das darin gespiegelte Objekt, verändern gekrümmte Spiegel die Größe des Objektes. Ein konkaver Spiegel nimmt das Licht eines kleinen Gegenstandes auf und reflektiert es zu einem größeren Bild. Diese Art von Spiegel benützt man beim Rasieren.
Ein konvexer Spiegel ist nach außen hin gekrümmt. Manchmal sieht man solche Spiegel in Zimmerecken hängen, und man kann darin den ganzen Raum sehen. Ein Innenspiegel im Auto ist auch ein Beispiel eines konvexen Spiegels: Er nimmt die Lichtstrahlen eines großen Straßenabschnittes auf und schickt eine kleinere Reflexion des Bildes zu den Augen des Fahrers.

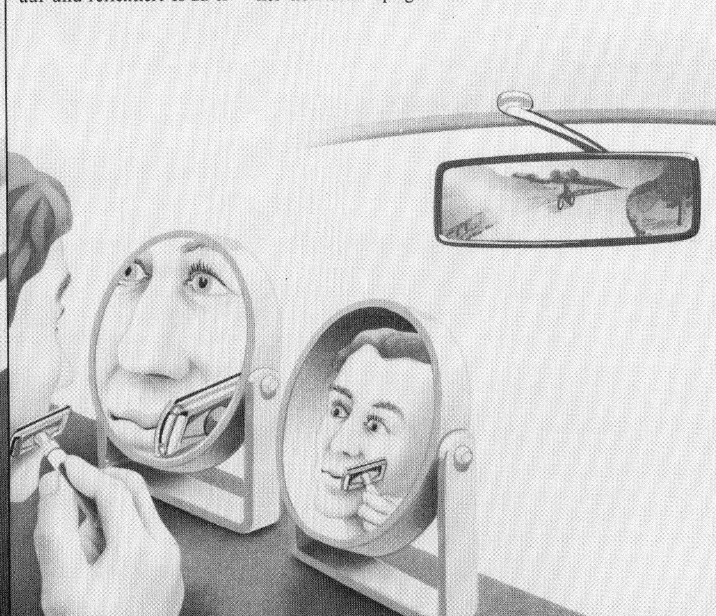

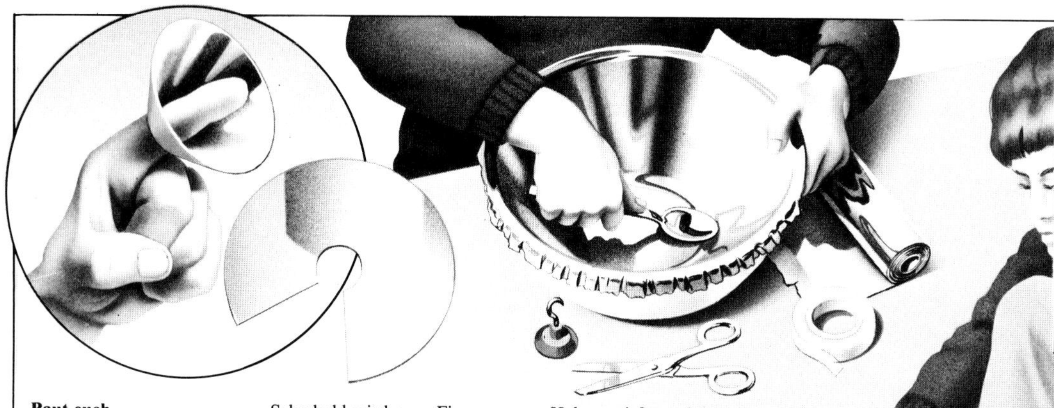

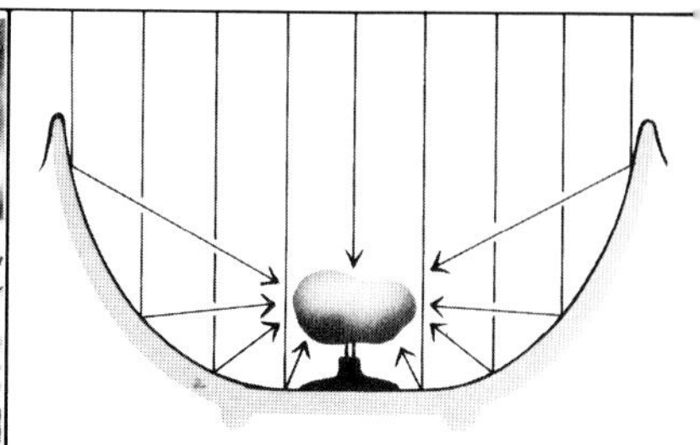

Die Sonnenstrahlen werden von der Folie auf die Kartoffel reflektiert

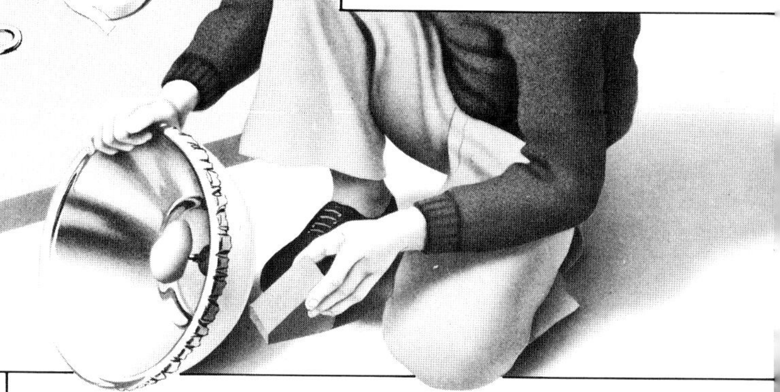

Baut euch ein eigenes Kraftwerk
Die Sonnenstrahlen können mit einer Schüssel eingefangen und so reflektiert werden, daß man darin Essen kochen kann. Testet das System, indem ihr einen Trichter aus glattem Silberpapier oder aus Silberfolie macht und diesen auf euren Finger steckt. Haltet den Trichter in Richtung Sonne. Sehr bald wird euer Finger heiß werden, denn die Sonnenstrahlen werden von dem Trichter reflektiert und auf euren Finger geworfen. Nun nehmt ihr eine große Küchenschüssel und legt diese mit glatter Aluminium-Folie aus. Glättet sie zusätzlich mit einem Löffel. Nun könnt ihr eine rohe, ungeschälte Kartoffel, die ihr auf einen Stöpsel mit einem Haken spießt, auf den Boden der Schüssel stellen. Haltet die Schüssel in Richtung Sonne, und die Kartoffel wird langsam gebacken. Der Stöpsel soll verhindern, daß die Kartoffel herauskullert.

Fangt das Spiegelbild ein
In diesem Versuch mit der Spiegelung könnt ihr die genaue Position eines Spiegelbildes lokalisieren.
Stellt einen Gegenstand vor eine ebene Glasscheibe, die als Spiegel dienen soll. Nun schaut in das Glas und findet heraus, wo das Spiegelbild des Gegenstandes sich hinter der Glasplatte zeigt. Stülpt ein Glasgefäß über das Spiegelbild, so daß man den Eindruck gewinnt, als sei das Spiegelbild innerhalb des Glasgefäßes (vgl. Zeichnung).
Jetzt, wo ihr das Spiegelbild „eingefangen“ habt, könnt ihr dessen genaue Position in der Linie, die senkrecht zur Glasplatte verläuft, abmessen. Wo auch immer ihr den Gegenstand hingestellt habt, ihr werdet sehen, daß das Spiegelbild den gleichen Abstand zur Glasplatte hat wie das Original.
Ihr könnt euch auch vor einen hohen Spiegel stellen und hineinsehen. Ihr werdet feststellen, daß die gleiche Anzahl von Teppichmustern zwischen dem Spiegelbild eurer Füße und dem unteren Ende des Spiegels zu sehen ist, wie zwischen euren richtigen Füßen und dem Spiegel.

Wie andere dich sehen
Wenn du in einen Spiegel schaust, dann zeigt dich die Reflexion seitenverkehrt. Um dich selbst so sehen zu können, wie andere dich sehen, stelle zwei gewöhnliche Spiegel in rechtem Winkel zu einander auf.
Kein Teil des Spiegelbildes, das die beiden Spiegel zeigen, wird so widergegeben, wie ein einziger Spiegel das machen würde. Das Spiegelbild der linken Gesichtshälfte wird vom linken Spiegel eingefangen und auf den rechten reflektiert, von dem es zum Auge zurückgeworfen wird. Das gleiche geschieht mit der rechten Gesichtshälfte.

Der Blick ins Unendliche
Halte einen kleinen Spiegel so vor dein Gesicht, daß du über seine Oberkante hinweg in einen größeren Spiegel blicken kannst. Du wirst eine unendliche Reihe von Spiegeln sehen. Je weiter die Spiegelbilder entfernt sind, umso unklarer werden ihre Umrisse.

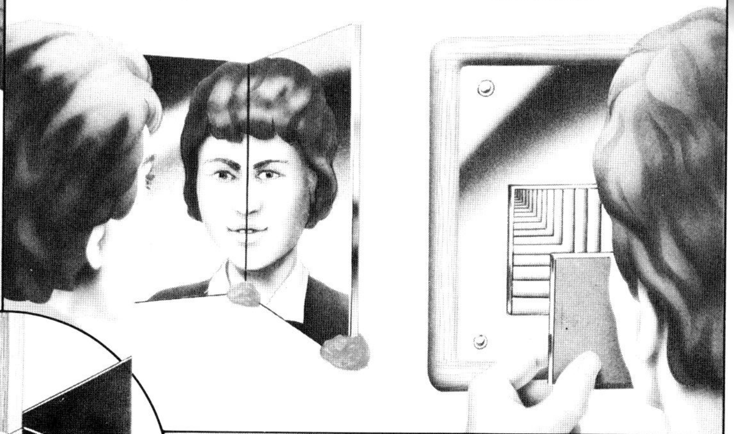

Baut euch eine Lichtmühle
Lichtmühlen funktionieren durch den Kontrast von hellen, reflektierenden Oberflächen und dunklen, lichtschluckenden Oberflächen. Schneidet vier gleiche Teile einer Folie in 2,5x3,5 cm Größe. Klebt sie an ein Streichholz, so daß die glänzenden Seiten immer in die gleiche Richtung zeigen. Die matten Seiten der Folie verdunkelt ihr zusätzlich mit dem Rauch einer Kerzenflamme. Hängt die Lichtmühle in ein Glasgefäß, indem ihr sie mit Klebstoff an einen Faden hängt. Sobald man das Glasgefäß in die Sonne gestellt hat, beginnt die Mühle sich zu drehen. Das kommt daher, daß die dunklen Seiten der Folie die Sonnenstrahlen aufnehmen und wesentlich heißer werden, als die hellen Seiten, die das Licht reflektieren.

Wie man die Folie befestigt
Wir suchen ein Streichholz mit ganz gleichmäßigen Seiten. Ein Ende des Streichholzes wird mit Klebstoff eingestrichen und Blätter der Folie auf jeweils einer Seite des Streichholzes angeklebt. Die hellen Seiten der Folie müssen alle in die gleiche Richtung zeigen.

Das selbstgemachte Periskop

Ihr könnt euch ein eigenes Periskop basteln, indem ihr aus einem 30x20 cm großen Stück eines steifen Kartons eine Röhre faltet. Außerdem benötigt ihr zwei kleine Taschenspiegel. Zeichnet mit einem Bleistift drei Linien auf den Karton, so daß vier gleichbreite Streifen entstehen. Nun knickt ihr den Karton entlang dieser Linie. Schneidet wie in der Zeichnung auf zwei Seiten des Kartons viereckige Löcher heraus. Schneidet an den Enden der beiden anderen Streifen Schlitze mit einem Winkel von 45 Grad hinein. Diese sollen die Spiegel festhalten. Die abgeknickten Streifen werden nun mit einem Klebeband so aneinandergefügt, daß eine Röhre entsteht. Nun schiebt ihr die kleinen Spiegel durch die Schlitze. Euer Periskop ist fertig.

Wie das Periskop funktioniert

Das Periskop arbeitet so, daß das Licht des Objektes auf den oberen Spiegel fällt, von dort zum unteren Spiegel reflektiert wird, der es an euer Auge weiterleitet.

Wir basteln ein Kaleidoskop

Auch ein Kaleidoskop funktioniert durch das Prinzip der Reflexion. Das Kaleidoskop wurde im 19. Jahrhundert von Sir David Brewster erfunden. Um ein Kaleidoskop zu machen, schneidet man ein etwa 23 x 15 cm großes Stück Pappe aus, das in vier gleiche Streifen aufgeteilt wird. Auf die Pappe klebt man eine glänzende Folie und zwar mit der glänzenden Seite nach oben. Einen der Streifen deckt man mit einem Streifen schwarzen Papiers ab. Nun knickt man den Karton zu einer dreieckigen Röhre, wobei die Folie nach innen zeigen soll. Die Enden der Röhre verklebt man mit hellen, durchsichtigen Plastikfolien. Über eine der beiden Plastikfolien klebt ihr weißes Papier und gebt kleine bunte Plastiksplitter oder bunte Perlen zwischen die beiden Begrenzungen. Achtet darauf, daß sich diese Teilchen ungehindert bewegen können.

Haltet euer Kaleidoskop nun gegen eine Lichtquelle und seht hinein. Ihr werdet die unterschiedlichsten Muster sehen, verursacht durch die Reflexion in den Folienspiegeln.

Schatten

Wenn Licht auf einen dunklen Gegenstand fällt, bildet sich ein Schatten. Das Licht wird von dem Gegenstand, den es nicht durchdringen kann, gestoppt, und es bildet sich ein Schatten, der von der Lichtquelle weg fällt. Es gibt durchsichtige oder undurchsichtige Gegenstände. Klares Wasser, Glas und viele Plastiksorten sind durchsichtig. Meerwasser und buntes Glas sind Beispiele für lichtdurchlässige Stoffe, die sehr wenig eigenes Licht reflektieren. Doch die meisten Stoffe stellen für das Licht ein unüberwindliches Hindernis dar und sind deshalb vollkommen undurchsichtig.

Drei verschiedene Schatten
Mißt und beobachtet man den Schatten, der von einem hohen Baum geworfen wird, dann hat man eine ungefähre Vorstellung davon, in welcher Jahreszeit man sich befindet und in welcher Tageszeit. Auf der Hälfte seiner Wanderung zwischen Sonnenaufgang und Sonnenuntergang — also um Mittag — ist der Schatten am kürzesten. Dann scheint die Sonne in sehr flachem Winkel fast senkrecht von oben. Der Schatten des Baumes bewegt sich mit der Sonne. Nachmittags, wenn die Sonne im Westen steht, zeigt der Schatten nach Osten. Vormittags ist der Schatten auf der westlichen Seite des Baumes. Je nach Jahreszeit gibt es verschiedene Schatten. An einem Wintertag steht die Sonne mittags tiefer und ruft deshalb einen längeren Schatten hervor.
Um den Schatten eines Baumes zu messen, suche dir einen großen schmalen Baum aus und umrahme dessen verschiedene Schatten mit Holzpflöckchen. Notiere dir die verschiedenen Positionen und Größen des Baumschattens zu verschiedenen Tages- und Jahreszeiten. Übertrage diese auf ein Zeichenblatt und vergleiche die Morgenkurven, die Vormittagskurven und die Abendkurven miteinander.

Das Auge

Das Auge des Menschen funktioniert auf die gleiche Weise wie eine Kamera. Beide machen sich das naturwissenschaftliche Prinzip zunutze, daß Licht sich in geraden Linien ausbreitet und daß Lichtstrahlen gebrochen werden. Beide können Farben voneinander unterscheiden, können sich auf Nah- oder Fernsicht einstellen, und sie können sich des Lichtes bedienen, um zu sehen, was in der Welt vorsichgeht. Die Größe des ,,Kamera-Verschlusses" — also die Pupille des Auges — wird von der Iris bestimmt, die dem Auge auch seine jeweilige Farbe gibt. Die Iris reguliert die Größe des Loches, durch das die Lichtstrahlen hereindringen und zwar je nach den äußeren Lichtverhältnissen. Hinter dem Loch haben sowohl die Kamera als auch das menschliche Auge eine Linse, die dazu dient, die Lichtstrahlen auf dem Film oder der Retina an der hinteren Innenseite des Auges zu konzentrieren.
Unsere Retina enthält ebenso wie eine Photo-Platte chemische Substanzen, die durch Licht mit unterschiedlichen Wellenlängen verändert werden. Da sich das

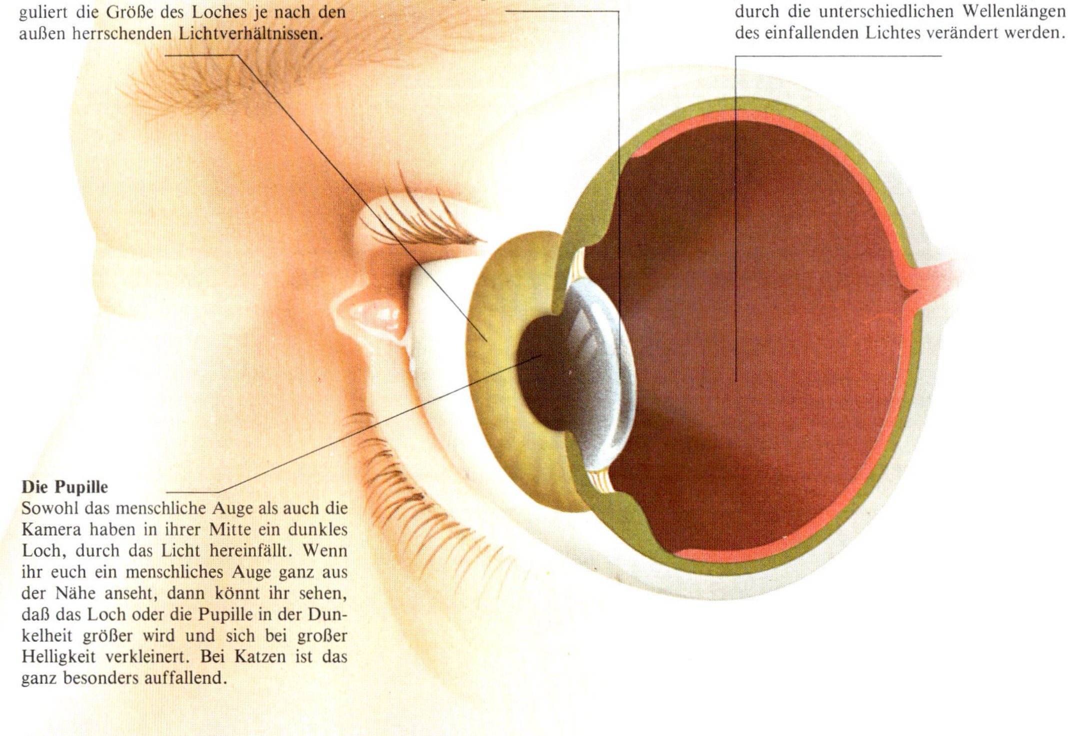

Die Iris
Die Iris bestimmt die Menge des Lichtes, das durch das zentrale Loch in das Auge oder in die Kamera hineinfällt. Die Iris reguliert die Größe des Loches je nach den außen herrschenden Lichtverhältnissen.

Die Linse
Gleich hinter der Pupille oder hinter dem Kameraverschluß befindet sich eine Linse. Diese Linse bricht die Lichtstrahlen so, daß sie auf der Retina an der hinteren Innenseite des Auges gebündelt werden.

Der Aufnahmebereich
Die Kamera und das menschliche Auge haben beide einen ,,Aufnahmebereich". Die Retina enthält, ähnlich wie eine photographische Platte, chemische Substanzen, die durch die unterschiedlichen Wellenlängen des einfallenden Lichtes verändert werden.

Die Pupille
Sowohl das menschliche Auge als auch die Kamera haben in ihrer Mitte ein dunkles Loch, durch das Licht hereinfällt. Wenn ihr euch ein menschliches Auge ganz aus der Nähe anseht, dann könnt ihr sehen, daß das Loch oder die Pupille in der Dunkelheit größer wird und sich bei großer Helligkeit verkleinert. Bei Katzen ist das ganz besonders auffallend.

Mondfinsternis
Eine Mondfinsternis dauert gewöhnlich einige Minuten und findet dann statt, wenn der Mond, die Erde und die Sonne auf einer gemeinsamen Linie liegen und der Mond vollkommen vom Schattenkegel der Erde bedeckt wird. Sonnenfinsternisse treten auf, wenn der Mond zwischen Erde und Sonne hindurchwandert, und die Erde in seinen Schatten gerät.
Mondfinsternisse treten häufiger auf, Sonnenfinsternisse dagegen sind selten. Die nächste Sonnenfinsternis wird am 11. August 1999 stattfinden.

Begrenzung und Farbe von Schatten
Es gibt viele verschiedene Arten von Schatten. Im allgemeinen läßt sich sagen, daß eine große Lichtquelle Schatten mit verschwommenen Kanten hervorruft. Ist die Lichtquelle aber klein und sehr hell, dann haben die Schatten scharfe, klare Kanten. Macht mit eurer Hand zwischen einer Lampe und einer weißen Wand Tierfiguren. Die Schatten werden größer, wenn eure Hand näher an der Lichtquelle ist. Das Milchglas der Glühbirne auf der linken Seite der Abbildung ruft einen grauen, verschwommenen Schatten hervor, wohingegen die durchsichtige Glühbirne mit ihrer winzigen Lichtquelle einen schwarzen, scharfen Schatten hervorruft.
Die meisten Schatten sind schwarz oder grau, da die meisten Lichtquellen eine neutrale Farbe haben. Ist die Lichtquelle aber farbig, wirkt sich das auch auf den Schatten aus. Das läßt sich nachweisen, indem man verschiedene farbige Filter über eine Lichtquelle spannt. Blaue und rote Schatten vermischen sich zu violett.

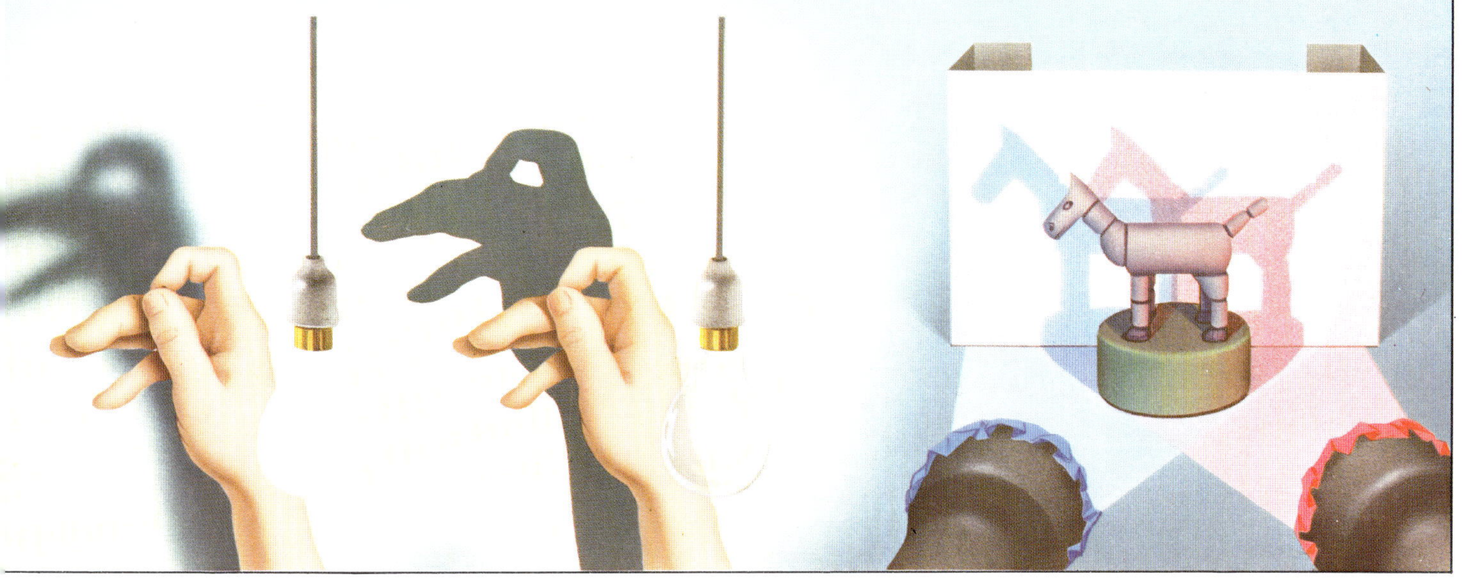

und der Photoapparat

Licht in geraden Linien ausbreitet, gelangen die Lichtstrahlen, die der obere Teil des Objektes aussendet, durch die Kameraöffnung oder durch die Pupille des Auges auf den unteren Teil des Filmes oder die Retina. Aus diesem Grunde steht das Bild auf dem Kopf und ist seitenverkehrt. Um das Bild wieder richtig herum sehen zu können, muß der Film oder das Negativ auf ein Photo-Papier übertragen werden. Beim Auge übernimmt das Gehirn diese ,,Richtigstellung''.
Die Linse funktioniert durch die Brechung des Lichtes. Wenn das Licht aus einem dichten Stoff in einen weniger dichten Stoff fällt, wird es gebrochen. Die Kamera-Linse wirkt wie ein Vergrößerungsglas. Durch die Lichtbrechung werden die Strahlen abgelenkt und auf einen bestimmten Punkt gelenkt. Auf Seite 134 haben wir den hellen Lichtfleck gesehen, den das Glas auf das Papier geworfen hat. Die Linse in einem Photo-Apparat oder im menschlichen Auge arbeitet ganz ähnlich.

Die Lochkamera

Die einfachste Kamera ist die Lochkamera, die im folgenden beschrieben wird. Ihr könnt euch zu Hause selbst eine basteln und damit richtige, wenn auch ziemlich primitive Photos herstellen. Die Photos werden zwar etwas verschwommen sein, doch die Gegenstände darauf werden durchaus erkennbar sein.

An einem Ende einer lichtundurchlässigen Schachtel bringt man ein Stück Film an, das genau gegenüber der Nadelstich-großen Öffnung liegen soll. Der Unterschied zwischen dieser Kamera und einer „richtigen" Kamera hat vor allen Dingen mit dem Nadelloch selbst zu tun. Das Nadelloch eignet sich nicht besonders gut dazu, die einfallenden Lichtstrahlen zu bündeln. Das liegt daran, daß die Lichtstrahlen beim Passieren des Nadelloches in Form von kleinen elliptischen Lichtflecken auf den Film auftreffen. Diese Ellipsen überlagern sich und rufen so die Verschwommenheit des Bildes hervor.

Bessere Kameras vermeiden dieses Problem durch eine Linse, die die Lichtstrahlen wie eine Serie von Punkten auf dem Film bündelt und konzentriert. Dadurch wird das Bild wesentlich schärfer. Bei unserem Experiment läßt sich das Verschwimmen dadurch reduzieren, daß man das Nadelloch möglichst klein macht. Mit andern Worten: Haltet die Nadel beim Einstechen des Loches so ruhig wie möglich. Versucht, ein möglichst kleines, symmetrisches Loch zu erzeugen.

Die Lochkamera hat noch einen anderen Nachteil, nämlich ihre geringe Fähigkeit, Licht zu übertragen. Die Nadelloch-Linse kann nur eine relativ kleine Menge von Licht hereinlassen und muß andererseits lange geöffnet bleiben, wenn auf dem Film ein einigermaßen dichtes Bild entstehen soll. Ihr werdet wahrscheinlich einige Versuche machen müssen, bevor ihr die beste Belichtungszeit herausgefunden habt. In Abschnitt 4 der unteren Beschreibung schlagen wir 15 Minuten als erste Versuchszeit vor. Dies soll nur eine grobe Richtlinie sein, denn es ist möglich, daß ihr mehr oder weniger Belichtungszeit braucht, je nachdem wie das Wetter oder das Naturlicht eures Heimatortes beschaffen ist.

Wenn du geduldig genug bist, kannst du dir mit einer Lochkamera schließlich eine ganze Galerie von Photos herstellen. Bist du erst einmal mit dem Prinzip des Vorgangs vertraut, kannst du auch versuchen, Weitwinkel-Bilder herzustellen, indem du zwei oder mehrere Öffnungen machst und mehrere Filmstreifen nebeneinander befestigst.

1. Nehmt eine rechtwinklige Pappschachtel und legt die Innenseite mit schwarzem Papier aus. In eine der Stirnseiten schneidet ihr ein viereckiges Loch, das wiederum mit dunklem Papier abgedeckt wird. In die Mitte dieses Papierstreifens macht ihr mit einer feinen Nadel ein hauchdünnes Loch. Dies ist die Öffnung, durch die das Licht eintreten und auf dem Film ein Bild erzeugen kann.

1

2

2. Macht mit Hilfe eines Leukoplast-Streifens oder eines Pflasters einen lichtundurchlässigen Verschluß. Das Pflaster in der Mitte sollte genau auf dem Nadelloch liegen. Verschließt die Öffnung mit dem Pflaster.

3. Kauft euch einen Film für einen Photoapparat. Bringt an der Rückseite des Kartons genau gegenüber dem Nadelloch ein Stück von diesem Film an. Die matte Seite des Films sollte nach außen zeigen. Legt den Deckel auf die Schachtel und verschließt sie so mit einem Klebeband, daß kein Licht hereindringen kann.

4. Jetzt ist die Kamera fertig. Legt die Schachtel auf einen Tisch mit dem Verschluß gegen ein Fenster gerichtet. Nun könnt ihr wieder Licht in den bisher verdunkelten Raum lassen. Öffnet den Verschluß und laßt ihn etwa 15 Minuten lang offen. Wenn die Belichtungszeit um ist, verschließt ihr die Kamera wieder.

3

4

Dieses Bild wurde mit einer einfachen Lochkamera gemacht

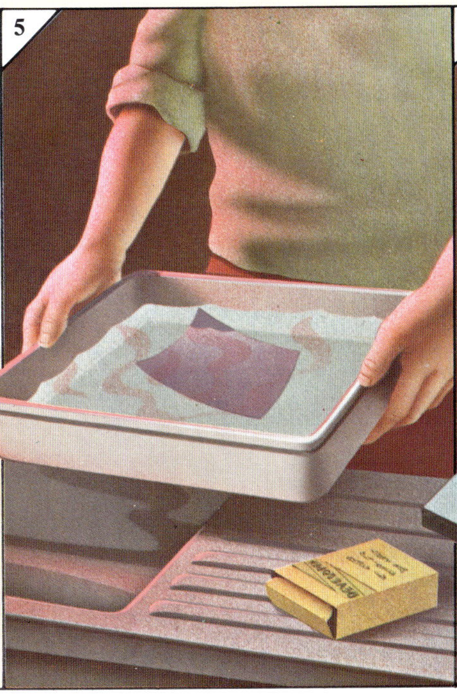

5. Die Schachtel bringt ihr nun wieder in ein verdunkeltes Zimmer, entfernt den Film und legt ihn in einen Teller mit Photo-Entwickler: Schwenkt den Teller leicht, um sicher zu gehen, daß der Film überall von der Flüssigkeit bedeckt wird. Nach etwa drei Minuten sollte bei einer Zimmertemperatur von 20 Grad ein Negativbild erscheinen. Nehmt den Film jetzt heraus und laßt Wasser darüber laufen, um den Entwicklungsvorgang zu stoppen.

6. Legt das Negativ mit der belichteten Seite auf ein Photo-Papier. Laßt nun den Strahl einer 100-Watt-Birne etwa 30—90 Sekunden bei normaler Zimmertemperatur darauf scheinen. Wenn ihr mit dem Bild auf eurem Film zufrieden seid, legt es in eine Schüssel mit Fixier-Lösung.

Laufende Bilder

Die modernen Kino-Filme arbeiten mit einer optischen Illusion. Der Film ist in Wirklichkeit eine Serie von Einzelbildern, deren ein jedes eine Szene festhält, die im Bruchteil einer Sekunde auf die vorangegangene folgt. Läßt man den Film nun mit der richtigen Geschwindigkeit ablaufen, so erhält der Zuschauer den Eindruck einer natürlichen Bewegung.

Laufende Bilder wurden erstmalig von Eadweard Muybridge im 19. Jahrhundert hergestellt. Er stellte 12 Photo-Apparate auf, die er mit Schnellverschlüssen ausstattete und schoß damit 12 stehende Photos. Das Objekt (in unserem Beispiel ein Pferd) lief an den Kameras vorbei und löste dabei durch quergespannte Schnüre der Reihe nach die Kameras aus.

Bilder, die sich zu bewegen scheinen, lassen sich ganz leicht herstellen. Nimm ein Notizbuch und zeichne einen Clown hinein, der seine Arme nach hinten hält. Durchlöchere mit eine Nadel an bestimmten Stellen des Clown die nachfolgenden Seiten, denn es ist ganz wichtig, daß der Clown immer an der gleichen Stelle und immer von gleicher Größe ist. Nun zeichnest du den gleichen Clown auf die darauf folgende Seite, nur veränderst du diesmal die Position seiner Arme und zeichnest sie etwas höher oder etwas tiefer ein. Auf der nächsten Seite zeichnest du den Clown wieder und veränderst die Stellung seiner Arme um ein weiteres Stückchen. Das machst du auf allen Seiten des Notizbuches. Läßt man nun die Seiten des Büchleins schnell abrollen, dann wird es aussehen, als ob die Arme des Clowns sich bewegen würden.

Das ist natürlich eine optische Täuschung. Das Bild eines jeden, leicht veränderten Clowns bildet sich auf der Retina des Auges ab und bleibt dort für den Bruchteil einer Sekunde. Wenn nun die

Muybridges Pferde
Eadweard Muybridge machte seine revolutionären laufenden Bilder von Pferden, indem er 12 hochempfindliche Kameras in gerader Linie aufstellte. Wenn das Pferd vorbeilief, berührte es eine Schnur, die den Verschluß der jeweiligen Kamera auslöste. Die Photographien am oberen Rande der Abbildung zeigen, welchen Effekt Muybridge damit erreichte. Seine Arbeit wurde erstmals 1878 gezeigt.

Der muntere Clown
Zeichnet auf die erste Seite eines Notizbüchleins einen Clown. Mit einer Nadel stecht ihr an mehreren Stellen in den Umriß des Clowns. Nun zeichnet ihr auf der dritten Seite mit leicht veränderter Haltung den Clown noch einmal, und zwar so, als würde er gerade damit beginnen, die Arme zu heben. Die Nadelstiche werden euch dabei helfen, den Clown in der gleichen Größe und Form zu zeichnen wie auf der ersten Seite. So fahrt ihr durch das ganze Büchlein hindurch fort und ändert jedesmal die Haltung der Arme des Clowns um ein kleines Stückchen. Laßt ihr dann die Seiten des Büchleins schnell abrollen, so wird es aussehen, als ob der Clown seine Arme bewegt.

Ein Clown-Film
Bastelt euch aus Modellier-Masse einen Clown. Photographiert ihn und verändert anschließend seine Armhaltung ein wenig. Nun photographiert ihr ihn wieder und so weiter . . . Wenn ihr den Film nun projiziert, wird sich der Clown bewegen, als sei er lebendig. Achtet darauf, daß eure Kamera immer am gleichen Fleck bleibt und auch die Füße des Clown an der gleichen Stelle vor eurer Kulisse bleiben.

Seiten des Notizbüchleins schnell abgerollt werden, überlagern sich diese Bilder und man hat den Eindruck, als würde sich der Clown bewegen. Bei Zeichentrickfilmen verwendet man manchmal bis zu 25 verschiedene Bilder pro Sekunde, um so zu erreichen, daß die Bewegung möglichst glatt und natürlich abläuft. Auch du kannst mit einer festen Kamera einen Trickfilm herstellen.
Das Viktorianische Praxinoskop, das im Jahre 1877 patentiert wurde, war ein Gerät, mit dem man eine Folge von Photographien von Menschen und Tieren wie laufende Bilder sehen konnte. Reynauds ,,Wunder''-Zylinder machte sich das von Muybridge erfundene System zunutze. Obwohl das Praxinoskop auf Anhieb wie ein kompliziertes Gerät aussah, war es eigentlich sehr einfach und bestand aus einer Trommel, deren Innenwände mit einer Reihe von Photographien beklebt waren. Wenn man die Trommel schnell drehte, konnte der Zuschauer, der durch einen Schlitz hineinsah (vgl. Abbildung unten) die Gestalten darin in Bewegung sehen. Dieses Prinzip kannst du dir auch bei dem unten gezeigten Versuch zunutze machen.

Baut euch ein Praxinoskop
Zeichnet eine Folge von Clown-Bildern und klebt sie nacheinander auf die Außenseite einer runden Backform. Nehmt einen Stab, auf den ihr einen Haftstöpsel gesteckt habt, und klebt ihn damit auf der Innenseite der Backform als Achse fest. Macht in ein Stück Pappe ein Nadelloch und haltet es dicht vor euer Auge. Nun laßt ihr die Backform in einer größeren Wasserschüssel rotieren. Die Clownfiguren laufen nun wie ein einziger Clown.

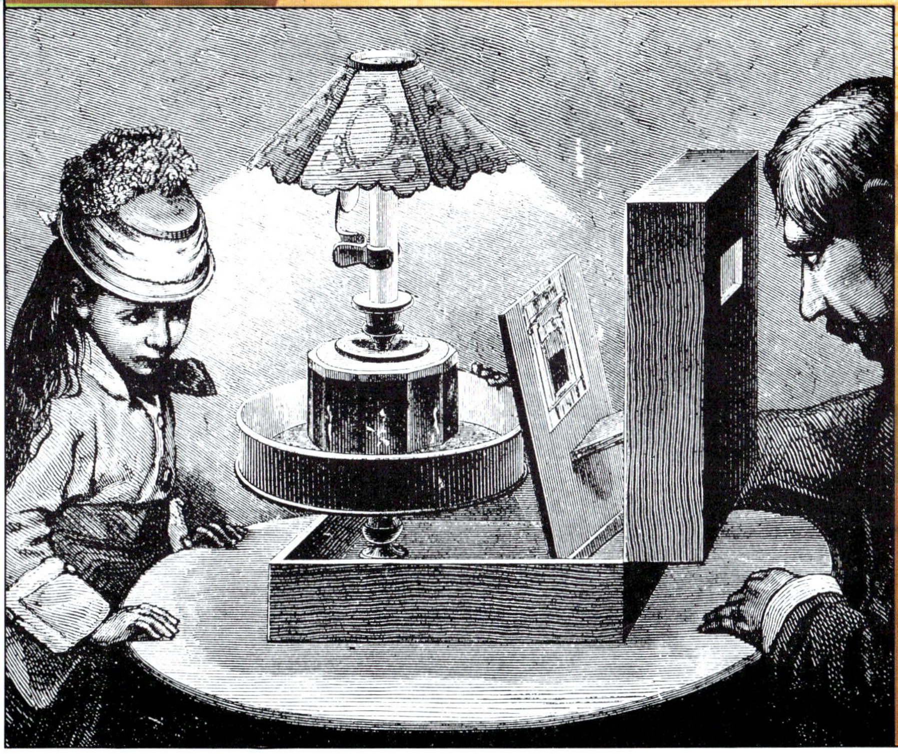

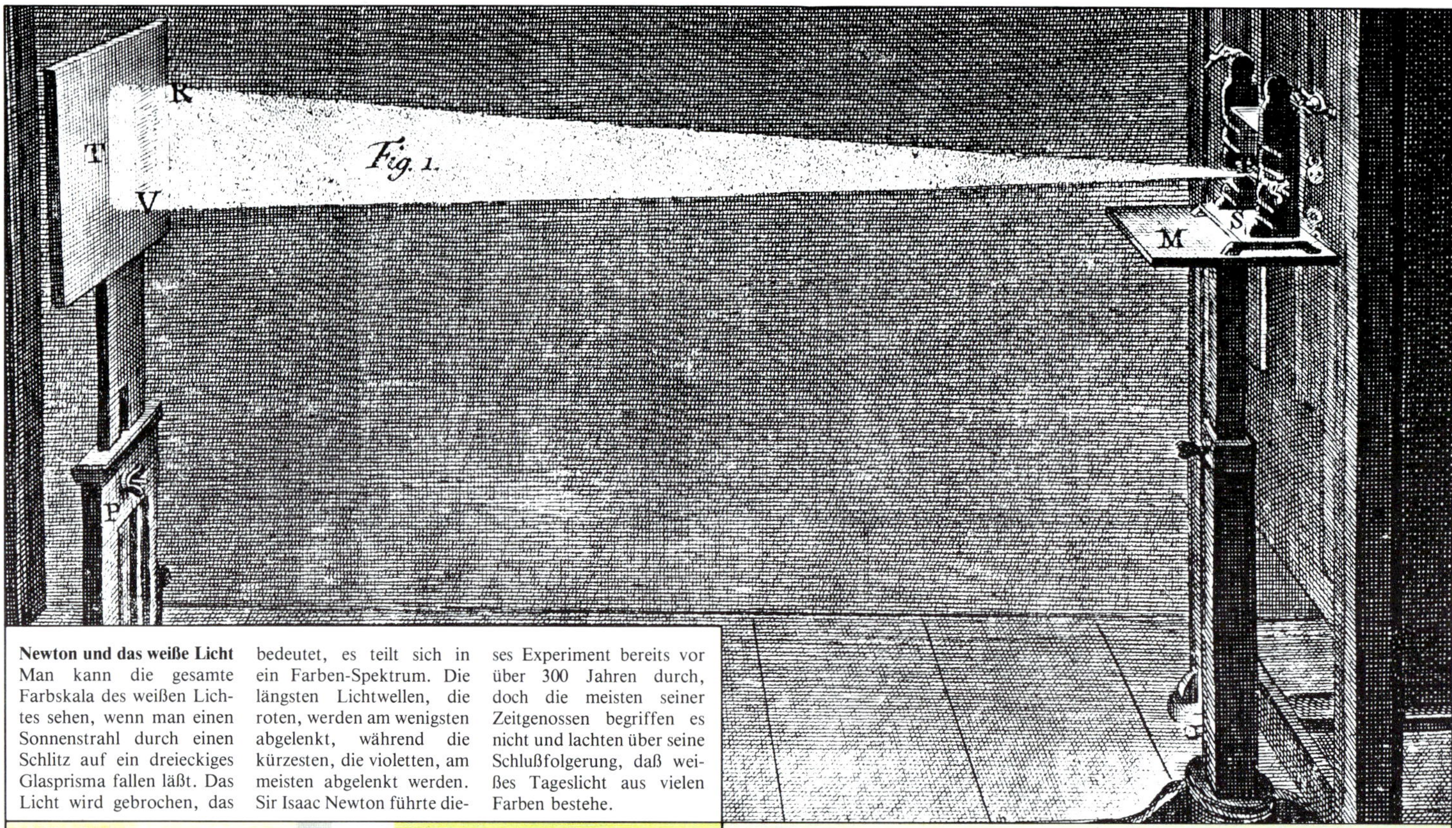

Newton und das weiße Licht
Man kann die gesamte Farbskala des weißen Lichtes sehen, wenn man einen Sonnenstrahl durch einen Schlitz auf ein dreieckiges Glasprisma fallen läßt. Das Licht wird gebrochen, das bedeutet, es teilt sich in ein Farben-Spektrum. Die längsten Lichtwellen, die roten, werden am wenigsten abgelenkt, während die kürzesten, die violetten, am meisten abgelenkt werden. Sir Isaac Newton führte dieses Experiment bereits vor über 300 Jahren durch, doch die meisten seiner Zeitgenossen begriffen es nicht und lachten über seine Schlußfolgerung, daß weißes Tageslicht aus vielen Farben bestehe.

Das Spektrum wird sichtbar
Eine einfachere Methode, das Spektrum sichtbar zu machen, als die von Newton, wollen wir hier demonstrieren. Ihr stellt ein Glas Wasser in der Nähe eines Fensters auf ein Stück weißes Papier. An dem Glas befestigt ihr auf einer Seite einen Pappkarton, in den ihr einen 1 cm breiten Streifen geschnitten habt. Das Sonnenlicht, das durch den Schlitz fällt, durchquert das Wasser und läßt auf dem Papier ein Spektrum sichtbar werden. Das Ganze funktioniert nur, wenn die Sonnenstrahlen in flachem Winkel einfallen, also morgens oder abends.

Die Flamme und die Feder
Wenn man mit einem Auge durch eine Vogelfeder auf eine Kerzenflamme schaut, die etwa 1 Meter entfernt ist, so sieht die Flamme aus, als würde sie vervielfältigt. Ebenso läßt sich das Farbenspektrum des Lichtes erkennen, da das Licht durch die schmalen Schlitze in der Feder gebrochen und zerteilt wird. Da man durch so viele Schlitze gleichzeitig sieht, erscheint die Flamme vervielfältigt.

Aus bunt wird weiß
Teile eine runde Pappe (ca. 15 cm Durchmesser) in sieben Abschnitte. Färbe sie rot, orange, gelb, grün, blau, dunkelblau und violett. Man sticht ein Loch in den Mittelpunkt und setzt den Karton auf einen Stift. Dreht den Stift (und den Karton) — auf einmal verschwinden die Farben. Der Karton erscheint weiß, weil die Augen dem schnellen Wechsel der Farben nicht folgen können.

Die Farbe

Eine der wichtigsten Eigenschaften des Lichtes ist die Farbe. Farbe existiert deshalb, weil die Wellen der meisten Lichtquellen nicht alle die gleiche Länge haben. Einige dieser Wellen sind räumlich so angeordnet, daß sie 0,5 Millionstel eines Zentimeters voneinander entfernt sind. Diese Lichtwellen sind für das bloße Auge unsichtbar und werden Ultraviolett-Strahlen genannt. Sie sind der Teil des Sonnenlichtes, der unsere Haut bräunt. Viele Wissenschaftler sagen, daß zu viel Ultraviolett-Strahlen die Haut altern und runzelig werden läßt.

Auch Infrarot-Strahlen sind unsichtbar, sind jedoch wesentlich gröber, denn sie haben eine Wellenlänge von 0,2 mm. Infrarot-Strahlen sind heiß und für viele Zwecke verwendbar. Mit ihrer Hilfe kann man mit Spezialkameras auch ohne Tageslicht in der Dunkelheit oder in dichtem Nebel photographieren. Eine friedliche Nutzung der Infrarot-Strahlen zeigt die untere Abbildung, die die Stadt Washington darstellt. Infrarot-Filme sind deswegen so wertvoll, weil sie Unterschiede festhalten können, die man mit den Wellenlängen des sichtbaren Lichtes niemals erkennen könnte. Mit ihrer Hilfe kann man zum Beispiel Vegetationsunterschiede und Baumkrankheiten erkennen.

Zwischen den Strahlen des Infrarot-Lichtes und denen des Ultraviolett-Lichtes befinden sich all diejenigen Wellenlängen, die das sichtbare Licht hervorrufen. Das Licht der Infrarot-Strahlen geht von Dunkelrot bis Hellrot. Dann geht das Licht ins Orange über, wird dann gelb, grün, türkis, blau, indigo und violett. Das Violett verblaßt nach und nach und läßt nur noch Ultraviolett zurück.

Gealterte Haut
Diese griechische Bauersfrau hat ein stark gerunzeltes Gesicht: ihre Haut war ein Leben lang den ultravioletten Strahlen der Sonne ausgesetzt. Diese Strahlen bewirken nicht nur die Runzeln und das Altern der Haut, sondern können auch Krebs hervorrufen.

Infrarot-Aufnahmen
Diese Ansicht von Washington DC, die von einem NASA-Flugzeug aufgenommen wurde, zeigt Aspekte, die man mit der üblichen Farbaufnahme nicht herausarbeiten könnte. Die roten Flächen zeigen dicht besiedelte Gegenden, rosa erscheint die Vegetation.

Regenbogen

Alle Farben des Spektrums sind im Regenbogen zu sehen. Manchmal sieht man zwei Regenbogen hintereinander, der zweite ist blasser, die Reihenfolge der Farben umgekehrt

Die Farben des Regenbogens
Die Farbenfolge in einem Regenbogen ist rot, orange, gelb, grün, blau, indigo und violett.

Sonnenlicht auf Regentropfen
Das Licht eines Regenbogens b steht aus Sonnenlicht, das c durch verändert wird, daß durch Millionen von Regentro fen hindurchscheint. Jeder Rege tropfen verhält sich wie ein Prisr und zerlegt das Sonnenlicht in c Farben des Spektrums.

Die Prismen von Seifenblasen
Eine Seifenblase kann wie ein ei faches Prisma wirken. Die Fa ben, die in ihr sichtbar werde variieren je nach der Stärke d Oberfläche.

Warum man Grün sieht
Wenn die farbige Oberfläche auf Seite 144 ungenau gemalt worden wäre, und zwar mit zu viel Grün darin, dann würde diese Farbe die anderen dominieren und die andern Farben würden einem blassen Grün weichen. Ein grüner Gegenstand sendet mehr Wellenlängen aus dem grünen Teil des Spektrums aus als andere Frequenzen. Wie bei dem Apfel in unserer Abbildung ist es vor allem das grüne Licht, das die Augen des Beobachters erreicht, und deshalb erscheint der ganze Gegenstand grün.

Weißes Papier wird grün
Laßt den Strahl einer Taschenlampe auf ein grünes Buch fallen und bittet jemanden, ein Stück weißes Papier so vor sich hinzuhalten, daß das Licht des Buches darauf reflektiert wird. Das weiße Papier wird eine grüne Färbung annehmen. Das Papier erscheint nicht länger weiß, weil zwar alle Farben des Spektrums im Licht der Taschenlampe vorhanden waren, doch das Buch nur die grünen Bestandteile reflektiert hat. Die anderen Farben wurden alle von der grünen Farbe des Buches aufgesogen.

Macht euch einen Regenbogen
Nehmt einen Gartenschlauch und stellt euch an einem späten Nachmittag mit dem Rücken zur Sonne auf einen Hocker. Sprüht einen dünnen Strahl aus dem Schlauch und ihr werdet sehen, daß ein kreisförmiger Regenbogen entsteht. Nur der Schatten, den euer Körper wirft, unterbricht diesen Kreis ein wenig.

Ab- und Zunehmen des Farbspektrums
Nehmt eine Taschenlampe und haltet ein Stück bunte Plastikfolie davor. Laßt den Strahl der Taschenlampe in einem verdunkelten Raum auf einen Gegenstand, der eine helle Farbe hat, fallen. Stellt fest, welche Farbe erscheint. Der Gegenstand wird einige der Wellenlängen des Lichtstrahles verschlucken und wird in der Farbe erscheinen, deren Wellenlängen noch übrig sind. Diesen Vorgang nennt man Farbenschwund.
Etwas ganz anderes geschieht, wenn Lichter mit verschiedenen Farben vermischt werden.
Die wichtigsten Grundfarben des Lichtes sind Rot, Grün und Blau. Sie können so vermischt werden, daß sie neue ergeben. Das rote Licht läßt den Clown ganz links rot erscheinen, doch wenn dieses Rot mit Grün gemischt wird, erscheint der Clown gelb. Blaues und rotes Licht vermischen sich zu Violett. Grün und Blau ergeben Stahlblau. Und wenn all diese Grundfarben zusammengemischt werden, ergeben sie wieder weißes Licht.

Licht und Hitze

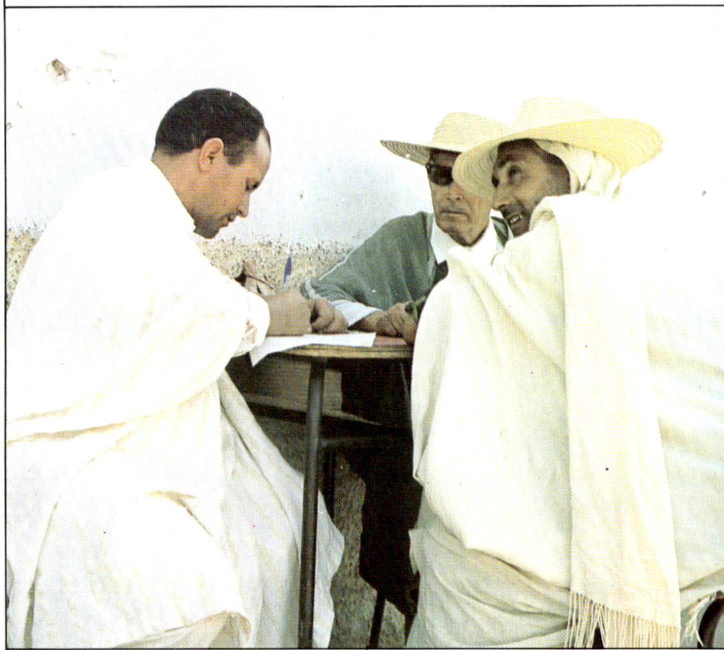

Weiße Gegenstände reflektieren alle sieben Farben des Spektrums, aus dem sich die weiße Farbe zusammensetzt. Zum Schutz gegen das heiße Sonnenlicht tragen die Bewohner heißer Länder weiße Kleidung und wohnen in weißen Häusern. Da die weiße Farbe einen Teil der Strahlung wieder zurück in die Atmosphäre sendet, bleiben die menschlichen Körper relativ kühl. Die Abbildung oben zeigt einen tunesischen Straßenschreiber bei der Arbeit. Die weißen Gewänder und die weißen Wände sind für das heiße Klima dieses Landes das einzig Richtige.
Schwarze Gewänder andererseits nehmen Hitze auf und helfen dem Menschen in kaltem Klima sich warm zu halten. Aus diesem Grunde sind auch die Sonnenzellen, mit denen man die Sonnenstrahlen auffängt, um Gebäude zu heizen, immer schwarz. Die rechte obere Abbildung zeigt einen typischen Solar-Kollektor. Die Aufnahme-Platten sind aus Kupfer und wurden mit matt schwarz übermalt.

Die Farbe des Himmels
Warum ist der Himmel normalerweise blaßblau? Das liegt daran, daß unsere Augen mehr Licht von dieser blauen Wellenlänge als von jeder anderen aufnehmen. Dies Licht stammt von der Sonne, doch wird es auf seinem langen Weg durch die Atmosphäre in viele Teile zerlegt, da es mit den Staubpartikelchen in der Atmosphäre zusammenstößt.
Je höher man mit einem Flugzeug hinauf in die Atmosphäre fliegt, desto dunkler scheint das Blau des Himmels zu sein, und für Astronauten im Weltraum sieht der Himmel vollkommen schwarz aus. Dies liegt daran, daß es jenseits der Erdatmosphäre keinen Staub gibt, der die Strahlen der Sonne zu zerlegen vermag.
Warum sieht die untergehende Sonne rot aus? Der Grund hierfür ist, daß die Abendsonne in so einem flachen Winkel zu unserer Position auf der Erde steht, daß sie tausende Kilometer von Atmosphäre und Staub mehr durchdringen muß, als wenn sie senkrecht über uns stünde. Die blauen und violetten Bestandteile des Sonnenlichtes werden also noch mehr zerstreut, und die roten Bestandteile des Sonnenlichtes bleiben am Abendhimmel zurück.
Wenn die Sonne aber hoch steht, werden weit weniger Lichtstrahlen durch Staubteilchen zerstreut, und die Sonne wirft ein gelblich-weißes Licht zur Erde.

Licht und Leben
Wir haben schon am Anfang dieses Kapitels erklärt, wie wichtig das Sonnenlicht für das Leben und das Wachstum auf der Erde ist. Tiere ernähren sich von Pflanzen, und die Pflanzen selbst brauchen Licht zum Leben. Das ist mit dem Experiment auf der nächsten Seite nachzuweisen.
Pflanzen benötigen Licht, um die sogenannte Photosynthese

Warum Schwarz Hitze schluckt
Man kann mit einem einfachen Experiment nachweisen, daß schwarze Farbe mehr Hitze aufnimmt als weiße Farbe oder glänzende Oberflächen. Man nimmt eine leere Blechdose und verräuchert die Hälfte davon innen und außen mit einer Kerzenflamme. Nun läßt man eine 100-Watt-Birne möglichst genau in die Mitte der Blechdose hängen. Anschließend legt man beide Hände um die Blechdose, und man wird feststellen, daß die geschwärzte Hälfte viel heißer ist. Der Grund dafür ist der, daß die schwarze Hälfte mehr Hitze aufgenommen hat, als die glänzende.

Ohne Licht gibt es kein Wachstum
Nehmt zwei Blumentöpfe mit gleichen Pflanzen und gleichmäßig geformten Blättern für diesen Versuch. Bedeckt ein Blatt der einen Pflanze beidseitig mit einem schwarzen Papier und ein Blatt der anderen Pflanze mit einer durchsichtigen Plastikfolie. Nach einer Woche könnt ihr diese Abdeckungen entfernen und ihr werdet feststellen, daß das Blatt, das mit schwarzem Papier zugedeckt war, ungesund und blaß wirkt, während das andere ganz normal aussieht. Das zweite Blatt diente uns nur zur Kontrolle, denn es sollte beweisen, daß es nur der Mangel an Licht war, der das ungesunde Blatt beeinflußte und nicht die Tatsache, daß es abgedeckt war.

durchführen zu können (vgl. S. 22). Sie holen sich aus der Atmosphäre Wasserdampf und Kohlendioxyd und verwandeln diese in Zucker und Oxygen. Das Licht wird von den grünen Blättern der Pflanze aufgenommen und liefert die Energie, mit deren Hilfe der Zucker erzeugt wird, den die Pflanze zum Wachsen benötigt.
Auch Lebewesen, die im Dunkeln hausen, sind indirekt vom Licht abhängig. Termiten zum Beispiel meiden das Tageslicht und ernähren sich davon, daß sie innerhalb der Bäume das Holz auffressen. Ohne Licht jedoch könnten keine Bäume wachsen, und die Termiten müßten sich andere Nahrungsquellen suchen.
Es gibt auch einige Lebewesen, die in der Dunkelheit leuchten können. Die bekanntesten sind wohl die europäischen und amerikanischen Käfer und Käferlarven, die wir Leuchtkäfer und Glühwürmchen nennen. In der Abbildung ganz rechts sieht man ein Glühwürmchen. Diese Tierchen erzeugen Licht, indem sie auf der Oberfläche ihrer Körper organische Stubstanzen zum Oxydieren bringen. Der entstehende Leuchtstoff heißt Luziferin.
Es gibt auch einige Steine, die Licht hervorbringen, was man Phosphorezenz nennt. In der Abbildung auf der rechten Seite ist ein Stück Calziumfluorid zu sehen. Obwohl es leuchtet, ist dieses Licht nicht — wie das meiste sonstige Licht — heiß. Dieses Licht ähnelt den Leuchtfarben. Solche Leuchtfarben enthalten Phosphorelemente, die elektromagnetische Energie, welche auf sie einwirkt, speichern können und diese Energie zum Leuchten verwenden.

10

Der Schall

Durch das Hören nehmen wir an unserer Umwelt teil. Wenn man einmal bedenkt, wieviele Geräusche man im Laufe eines Tages hört, vom Prasseln des Regens bis zum Dröhnen eines Düsenjägers, dann wird man feststellen, daß man diese Geräusche in zwei Kategorien einteilen kann. Da sind einmal die Geräusche, die man mag und die man gewöhnlich ‚Töne' nennt, und dann gibt es die Geräusche, die man nicht mag, die nennt man dann ‚Lärm'.

Ob man spricht oder zuhört, immer bedient man sich des Schalls. Und jeder Schall, egal wodurch er hervorgerufen wird, entsteht auf die gleiche Weise — nämlich durch Bewegung. Wenn man spricht, dann bewegen sich die Stimmbänder. Man kann die Stimmbänder fühlen, wenn man seine Finger leicht in der Gegend des Adamsapfels an den Hals drückt.

Man kann den Schall vernehmen, weil die Luft ihn von einem Ort zum andern transportiert. Robert Boyle, einer der größten Wissenschaftler seiner Zeit, ein Freund und Rivale des berühmten Isaac Newton, hat das bereits im 17. Jahrhundert bewiesen. Wie viele Wissenschaftler in jener Zeit war Boyle ein reicher Adliger, der seine wissenschaftlichen Experimente als Hobby betrieb.

Eine Luftpumpe war die Voraussetzung für viele wichtige Experimente, mit denen sich die Eigenschaften der Luft beweisen lassen (vgl. S. 178/179). Für sein Schall-Experiment hängte Boyle eine Glocke in eine Glaskugel und pumpte anschließend aus dieser die Luft heraus. Er stellte nun fest, daß der Klang der Glocke immer leiser und leiser wurde, je mehr Luft aus der Kugel entfernt wurde. Am Ende hörte man die Glocke überhaupt nicht mehr. Nun ließ er langsam wieder Luft in die Kugel fließen, und der Klang der Glocke kam nach und nach zurück. Durch dieses einfache Experiment war Boyle etwas gelungen, was vielen Wissenschaftlern zuvor mißlungen war, nämlich nachzuweisen, daß der Schall von der Luft getragen wird und daß es ohne Luft keinen Schall gibt. Auch Astronauten im Weltraum können nichts hören, da sie sich im luftleeren Raum befinden.

Der Schall bewegt sich wellenförmig durch die Luft, und wie alle Wellen braucht er seine Zeit, um seinen Weg zurückzulegen. Wirft man einen Stein in einen Teich, so erreichen die Wellen nicht sofort den Rand des Gewässers. Die Geschwindigkeit von Wellen ist natürlich bei Meeresbrechern eine andere als bei kleinen Kräuselwellen. Kleine Wellen bewegen sich immerhin mit einer Geschwindigkeit von 298,050 km pro Sekunde. Schallwellen sind langsamer und bewegen sich mit einer Geschwindigkeit von etwa 343 m pro Sekunde.

Den Geschwindigkeitsunterschied zwischen Lichtwellen und Schallwellen kann man leicht selbst testen. Wenn man ein Tennis-Spiel aus kurzer Entfernung beobachtet, wird man sehen, daß die Spieler den Ball etwa eine halbe Sekunde früher treffen, als man den Aufschlag des Schlägers auf den Ball hören kann. Das liegt daran, daß die Schallwellen ihre Zeit brauchen, bis sie ans Ohr gelangen, während die Lichtwellen so schnell sind, daß man die Vorgänge im gleichen Augenblick sieht, in dem sie stattfinden.

Diese Kenntnis kann man sich zunutze machen, um ein Gewitter zu lokalisieren. Wie schon auf Seite 12 gezeigt, ist ein Blitz ein riesiger elektrischer Funke in der Luft. Dieser Funke erhitzt schlagartig die ihn umgebende Luft, die sich dann ausbreitet und deshalb eine mächtige Schallwelle auslöst, die wir als Donner hören. Während die Lichtwellen das Auge sofort erreichen, benötigen die Schallwellen 5 Sekunden für 1,6 km. Auf diese Weise kann man herausfinden, wie weit das Gewitter noch entfernt ist, indem man die Sekunden zählt, die zwischen dem ersten Blitz und dem darauffolgenden Donner liegen und die Anzahl der Sekunden durch 5 teilt. Eine Verzögerung von 10 Sekunden zum Beispiel bedeutet, daß das Gewitter nur 3 km entfernt ist.

Diese Methode kannte man schon im 16. Jahrhundert. Eine Gruppe von italienischen Wissenschaftlern bediente sich des Donners einer Kanone, um die Geschwindigkeit des Schalls exakt zu messen. Sie ließen in einer bestimmten Entfernung eine Kanone abfeuern und maßen dann die Zeit, die zwischen dem Erscheinen des Pulverblitzes und der Ankunft des Knalls verging. Durch dieses einfache Experiment ermittelten sie nahezu korrekt, daß die Geschwindigkeit des Schalls etwa 335 m pro Sekunde beträgt.

Die französischen Wissenschaftler unten wurden 1822 mit Schallmessung beauftragt. Im Bild darunter mißt ein Wissenschaftler, der ein riesiges Höhrrohr hält, die Schallgeschwindigkeit bei einer Glocke, die ein Kollege in einer bestimmten Entfernung unter der Wasseroberfläche läuten läßt. Dieses Experiment fand auf dem Genfer See statt.

Schallexperimente
Ein französisches Experiment aus dem Jahre 1822, mit dessen Hilfe man die Geschwindigkeit des Schalls feststellen wollte. Eine Kanone wurde abgefeuert, und der Zeitraum zwischen dem Blitzen der Mündung und der Ankunft des Knalls notiert. Daneben ein Experiment aus dem Jahre 1826, mit dem die Schallgeschwindigkeit im Wasser gemessen wurde.

Die Glockenpumpe
Eine Rekonstruktion der Pumpe, die Boyle verwendet hat.

Lokalisieren eines Gewitters
Zählt die Sekunden, die zwischen den Blitzen und der Ankunft des Donners vergehen.

Wie das Ohr funktioniert

Das Ohr ist ein äußerst kompliziertes Organ, welches Schallwellen aufnimmt und in Botschaften verwandelt, die dann an das Gehirn weitergegeben werden. Das Ohr kann Geräusche vernehmen, die hundertmal leiser sind als ein Flüstern, und kann ohne Schaden zu nehmen Geräusche aufnehmen, die hundertmal lauter sind als der Donner.
Der Mensch hat zwei Ohren, die ihm dabei helfen, die Richtung des Schalls zu lokalisieren. Das läßt sich dadurch nachweisen, daß man das Radio einschaltet, die Augen verschließt, ein Ohr verstopft und sich dann ein paar Mal im Kreise dreht. Man wird dann merken, wie schwierig es ist, festzustellen, aus welcher Richtung der Schall des Radios kommt.
Die Ohrmuschel hat die Aufgabe, die Schallwellen in der Luft zu sammeln. Der wichtigste Teil des Ohres liegt innerhalb des Schädels. Er beginnt mit dem Trommelfell, einem Stück Haut, das über das innere Ende des Ohrkanals gespannt ist. In diesem Kanal befinden sich Wachs und kleine Haare, in denen sich der Staub fängt, der das innere Ohr verletzen könnte. Schallwellen, die von der Ohrmuschel eingefangen wurden, treffen auf das Trommelfell und bringen dieses zum Vibrieren.
Das Trommelfell ist mit drei kleinen Knochen verbunden, die Hammerkopf, Amboß und Steigbügel heißen. Sie transportieren den Schall ins Innerohr. Diese Knöchelchen sind so miteinander verbunden, daß sie in der Lage sind, die Kraft der Schallwellen um ein vielfaches zu verstärken. Die Eustachische Tube, auch Ohrtrompete genannt, die diesen Teil des Ohres mit der Kehle verbindet, hat die Aufgabe, den Luftdruck auf beiden Seiten des Trommelfelles auszugleichen. Dieses Gleichgewicht kann durch plötzliche Druckveränderung gestört werden, wie wohl jeder schon einmal erlebt hat, der getaucht hat. Auch wenn ein Flugzeug zur Landung ansetzt und schnell an Höhe verliert, macht sich dieser Effekt bemerkbar, denn dann wird die Eustachische Tube blockiert. Um sie wieder freizubekommen, sollte man heftig schlucken oder den Kiefer bewegen.
Der wichtigste Teil des Inner-

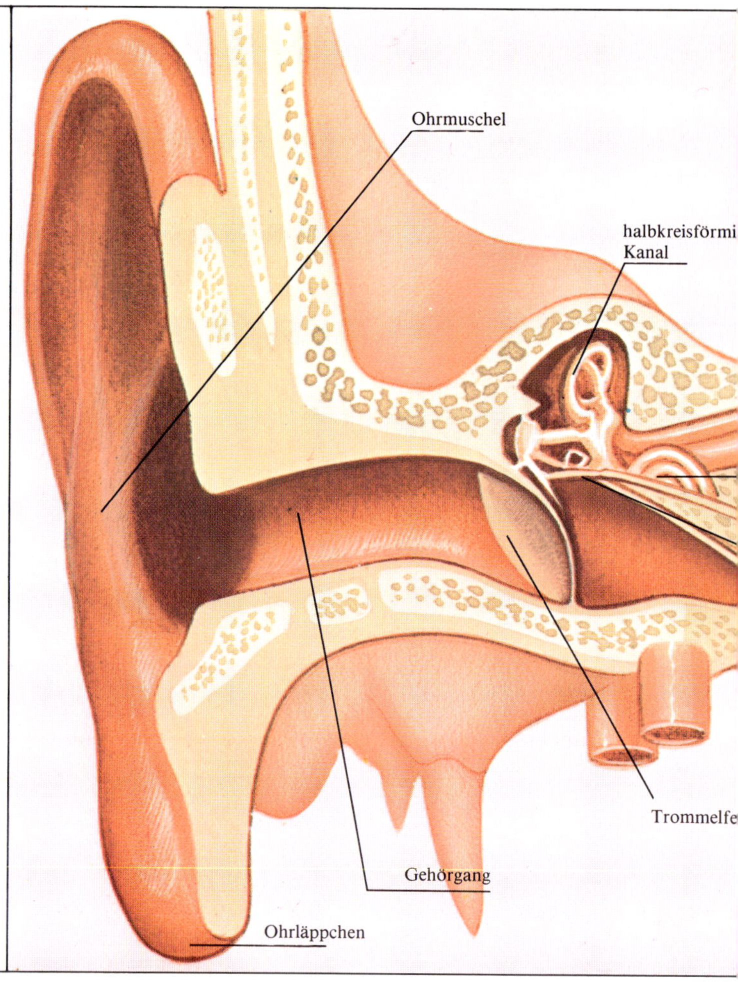

Die Entstehung des Schalls

Jeder Ton, den wir hören, ist das Ergebnis einer Vibration — einer Vor- und Rückwärtsbewegung, die man oft fühlen und sehen kann. Um zu sehen, wie ein Ton entsteht, breitet man ein großes Stück durchsichtigen Plastiks über einer leeren Schüssel aus. Jetzt spannt man die Plastikfolie mit einem Gummiband fest über das Gefäß. Auf die so entstandene einfache Trommel träufelt man etwas Zucker. Nun schlägt man in der Nähe der Schüssel mit einem Holzlöffel kräftig auf ein Backblech und man wird sehen, daß der Zucker auf der „Trommel" zu springen beginnt.
Das liegt daran, daß man, wenn man mit dem Löffel auf das Backblech schlägt, Vibrationen hervorruft. Die Luft trägt diese Vibrationen an unser Ohr, und wir hören den Lärm. Wie wir schon gehört haben, heißen diese Turbulenzen Schallwellen, und sie verhalten sich ganz ähnlich wie Wasserwellen.
Wirft man einen Stein in einen Tümpel, so wird man kleine Wellen sehen, die von der Stelle ausgehen, an der der Stein ins Wasser gefallen ist. Diese Wellen breiten sich kreisförmig aus.
Diese Wellen zeigen gewissermaßen in Zeitlupe, was passiert, wenn unser Ohr ein plötzliches Geräusch vernimmt. Ein Knall stört die Luft, und die Luftwellen breiten sich in alle Richtungen aus. Diese Schallwellen geben einen Teil der Luftbewegung an das Trommelfell weiter, und deshalb hören wir den Knall.
Es gibt nicht nur plötzliche Geräusche, sondern auch Dauergeräusche. Taucht man einen Stock in regelmäßigen Abständen in eine Wasseroberfläche, so wird bald die ganze Wasseroberfläche von Wellen bedeckt sein, deren Ausgangspunkt die Stelle ist, an der der Stock die Wasseroberfläche berührt. In ähnlicher Weise bewegt sich ein Dauergeräusch auf Schallwellen durch die Luft. Beide Arten von Wellen entstehen dadurch, daß sich etwas vor- und zurückbewegt oder vibriert. Die Zahl der Vibrationen pro Sekunde nennt man die Frequenz der Vibration.
Um das Wesen der Schallwellen besser verstehen zu können, muß man wissen, daß jedes Material aus winzigen Partikelchen besteht, die millionenfach zu klein sind, um mit dem bloßen Auge

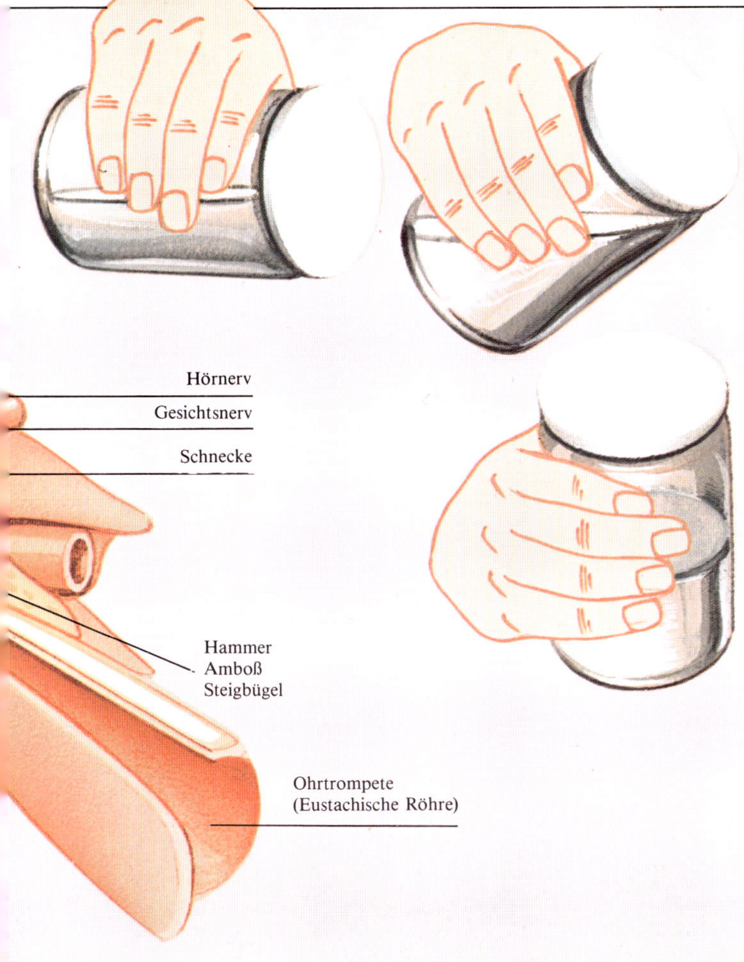

Ohres besteht aus der sogenannten Schnecke. Diese Schnecke ist mit einer Flüssigkeit gefüllt und hat viele kleine Nervenzellen, die die Schallvibrationen empfangen. Wenn das Trommelfell vibriert, laufen diese Vibrationen über den Hammer, den Amboß und den Steigbügel. Der Steigbügel ragt in die Schnecke, wodurch die Vibrationen sich auf die Flüssigkeit in der Schnecke übertragen, die ihrerseits die Nervenzellen überschwemmt. Die Nervenzellen übermitteln dem Gehirn dann die Botschaft, und zwar durch den Gehörnerv.

Die Flüssigkeit im Innerohr spielt eine große Rolle für die Balance des menschlichen Körpers (vgl. S. 59). Egal wie man sich bewegt, die Flüssigkeit bleibt immer waagerecht, wie jede Flüssigkeit. Man kann das Verhalten dieser Flüssigkeit nachvollziehen, wenn man ein Glasgefäß zur Hälfte mit gefärbtem Wasser füllt. Hält man das Glas nun in verschiedenen Positionen, so wird das Wasser darin doch immer eine waagerechte Oberfläche haben — wie die Flüssigkeit in der Ohrschnecke. Verändert man die Position des Wasserbehälters, so wird das Wasser darin zunächst einmal beunruhigt, bevor es wieder zum Stillstand kommt. In ähnlicher Weise bewegt sich die Flüssigkeit in der Schnecke, wenn man den Körper bewegt.

Das Verhalten dieser Flüssigkeit ist auch eine Erklärung für das Schwindelgefühl. Wenn man sich immer wieder im Kreise dreht, wird auch die Flüssigkeit im Innerohr stark herumgewirbelt. Bleibt man plötzlich stehen, saust die Flüssigkeit jedoch noch eine Weile weiter im Kreis herum. Die wirbelnde Flüssigkeit schickt an das Gehirn die Botschaft, die besagt, daß sich der Körper noch immer im Kreise dreht. Diese Botschaft verwirrt das Gehirn und verursacht das Schwindelgefühl.

sichtbar zu sein. Diese Teilchen nennt man Moleküle. Sie stehen niemals still, sondern bewegen sich andauernd, wobei sie aneinander anstoßen. Eine Schallwelle entsteht, wenn die Luftmoleküle eine Extra-Bewegung machen, die von Vibrationen hervorgerufen wird. Um das zu veranschaulichen, sollte man das folgende Experiment mit einem Lineal machen. Man nimmt ein schweres Buch, um das Ende auf einem Tisch festzuhalten und läßt den größten Teil des Lineals über den Tisch herausragen. Nun hält man das Buch mit einer Hand fest und drückt das freie Ende des Lineals mit der anderen Hand nach unten und läßt los. Während das Lineal vibriert, gibt es ein leises Surren von sich. Wenn das Lineal nach oben schnellt, drückt es auf die Luftmoleküle und preßt diese enger zusammen. Diesen Vorgang nennt man Kompression. Diese Luftmoleküle drükken wiederum auf andere Luftmoleküle und auf diese Weise setzt sich die Kompression durch die Luft fort.

Inzwischen ist das Ende des Lineals wieder nach unten gesaust. Das geschieht so schnell, daß die Moleküle der Luft keine Zeit haben, den frei gewordenen Raum sofort zu füllen. Deshalb hat dieser Abschnitt der Luft weniger Moleküle als die übrige. Ein Luftabschnitt, in dem die Moleküle ausgedünnt wurden, nennt man eine Expansion. Die Expansion bewegt sich hinter der Kompression durch die Luft und gibt den Luftmolekülen eine Form wie in der Darstellung unten links. Die Kompression ist wie ein Wellenberg, und die Expansion ist wie ein Wellental. Eine Schallwelle zeichnet man normalerweise als gewellte Kurve mit Bergen und Tälern. Diese Kurve stellt sehr vereinfacht eine Schallwelle dar.

Die Schallgeschwindigkeit
Als Grundregel läßt sich sagen, daß die meisten Flüssigkeiten und Gegenstände den Schall schneller übermitteln, als die Luft es kann. Das könnt ihr selbst ausprobieren. Legt euer Ohr an einen langen Eisenzaun und bittet einen Freund, mit einem harten Gegenstand auf den Zaun zu schlagen. Das Geräusch des Aufschlages werdet ihr durch den Zaun schneller hören, als durch die Luft. Deshalb kann man auch das stampfende Geräusch eines Zuges auf den Schienen früher hören, wenn man das Ohr darauf legt, als wenn man nur durch die Luft horcht. Die Stahlschienen transportieren den Schall vierzehnmal schneller als die Luft. Aus dem gleichen Grunde ist der Schall im Boden schneller als in der Luft. Die amerikanischen Indianer konnten den Lärm einer herannahenden Büffelherde früher hören, wenn sie ihr Ohr an den Boden hielten. Mit einem Schnur-Telephon läßt sich zeigen, daß auch feste Gegenstände den Schall transportieren. Nehmt zwei leere Dosen und verbindet sie durch eine lange Schnur, sprecht mit einem Freund, der am anderen Ende eures Telephondrahtes steht, indem ihr in die Dose hineinsprecht. Wenn euer Freund seine Dose ans Ohr hält, so kann er die Vibrationen eurer Stimme hören. Die Schnur leitet die Vibrationen der Sprache viel schneller, und die Stimmen, die man mit Hilfe des Schnurtelephones hört, erscheinen lauter, als wenn man nur durch die Luft sprechen würde.

Die Tonhöhe

Die Tonhöhe, die die Höhe oder Tiefe eines Tones bezeichnet, wird von der Frequenz der Vibrationen bestimmt oder der Anzahl der Vibrationen pro Sekunden der Schallwellen, die das Ohr erreichen. Je mehr Vibrationen pro Sekunden es gibt, desto höher ist der Ton. Bei niedrigerer Frequenz ist die Tonhöhe entsprechend geringer.
Diese Klangmuster lassen sich als Wellenlängen sichtbar machen. Die untere Zeichnung auf der gegenüberliegenden Seite zeigt deutlich, wie man zwei verschiedene Frequenzen innerhalb der gleichen Zeitspanne vergleichen kann. Schallfrequenzen mißt man gewöhnlich in Tausenden pro Sekunde, und Tests haben gezeigt, daß das menschliche Ohr im Bereich von 2 000 bis 5 000 Wellen pro Sekunde am empfindlichsten ist. Ein großer Teil der Töne, die man hört, stammt von Dingen, die fest an einem Platz sind. Doch sobald sich etwas schnell auf einen zu, oder von einem fort bewegt, entsteht eine ganz andere Situation. Dann sind die Ohren ,,verwirrt", sind nicht in der Lage, die tatsächliche Tonhöhe des Geräusches festzustellen.
Das geschieht zum Beispiel, wenn ein Polizei- oder Krankenwagen mit heulender Sirene schnell an einem vorbeifährt. Dann kann man feststellen, daß die Tonhöhe plötzlich abnimmt, wenn das Fahrzeug auf gleicher Höhe ist. Man hört einen plötzlichen Klangwechsel, obwohl der Klang, den die Sirene hervorruft, in Wirklichkeit immer gleich bleibt. Der Klangwechsel, der hier stattgefunden hat, wird nicht von der Geschwindigkeit des Fahrzeugs oder der Frequenz des Sirenentons erzeugt, sondern von der Richtung, aus der der Ton das Ohr erreicht.
Dieser Effekt entsteht aus folgenden Gründen: Jede Schallwelle, die ausgelöst wird, ist rund. Doch da die Sirene sich ständig vorwärts bewegt, ist das Zentrum jedes Kreises auf der Straße ein Stück weiter vorangekommen als das vorherige. Das läßt die Wellen an der Vorderseite anschwellen und hinten abflachen. Solange das Fahrzeug auf einen zukommt, sind die Schallwellen zusammengeballt, sodaß eine größere Menge pro Sekunde ans Ohr gelangt, als das sonst der Fall wäre. Der Ton ist also höher, als er in Wirklichkeit ist.
Nachdem das Fahrzeug vorbeigefahren ist, hört man die gestreckten Schallwellen. Diese kommen wesentlich seltener an das Ohr, sodaß der Ton, den man hört, wesentlich niedriger ist. Diesen plötzlichen Abfall der Tonhöhe stellt man in dem Augenblick fest, in dem das Fahrzeug vorbeifährt, und je schneller es fährt, um so größer ist der Unterschied. Dieser interessante Effekt der Bewegung wurde erstmalig vor über hundert Jahren durch Christian Doppler entdeckt; nach ihm ist er als ,,Doppler-Effekt" benannt.

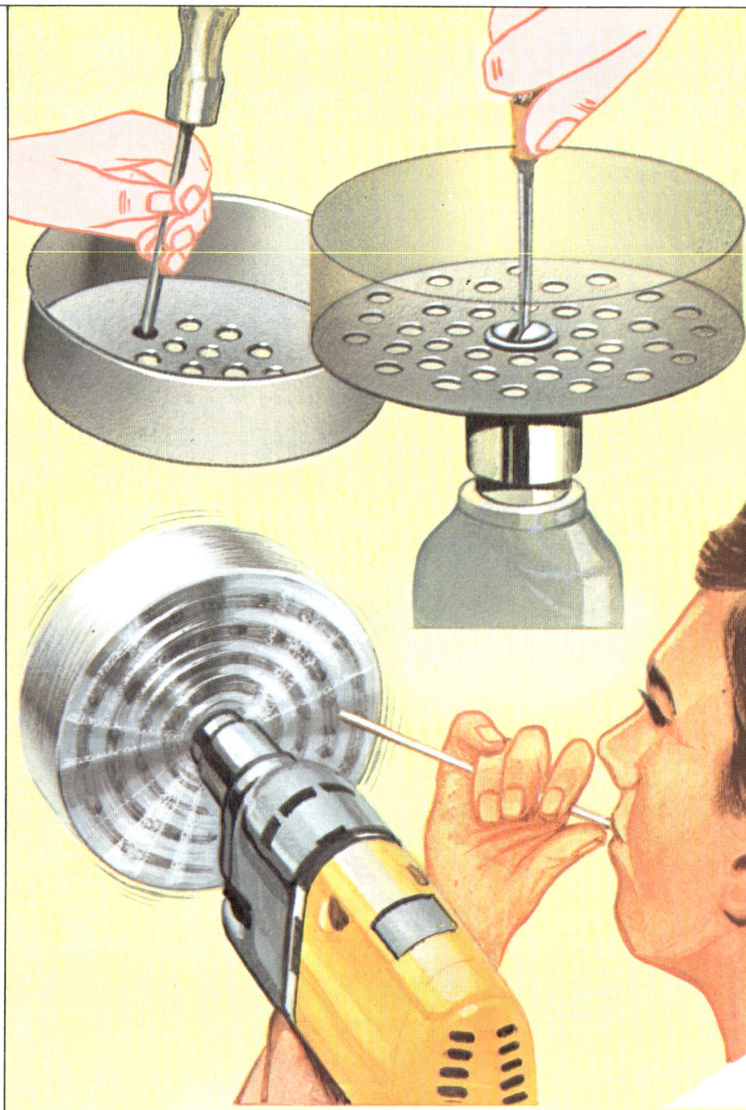

Die Frequenz
Nehmt ein altes rundes Backblech und bohrt regelmäßige Reihen von runden Löchern in dessen Boden. Schraubt das Backblech auf einen elektrischen Handbohrer. Durch einen dünnen Halm blast ihr nun Luft auf die verschiedenen Lochreihen. Ihr werdet feststellen, daß jede Reihe eine andere Tonhöhe hat. Weiter werdet ihr feststellen, daß die Tonhöhe mit zunehmender Anzahl der Löcher ansteigt. Mit zunehmender Anzahl erhöht sich nämlich auch die Frequenz.

Thomas Edison
Der amerikanische Erfinder Thomas Edison wurde bereits in seiner Jugend taub. Er erklärte selbst, auf was für erstaunliche Weise er mit seiner eigenen Erfindung, dem Phonographen, in der Lage war, zu hören: „Ich höre mit meinen Zähnen und mit dem Schädel. Normalerweise lege ich mein Ohr an den Phonographen, doch wenn es einen ganz leisen Ton gibt, den ich auf diese Weise nicht hören kann, dann beiße ich in das Holz, und schon höre ich den Ton laut und deutlich.“

Tonhöhe und Tonfrequenz
Die Tonhöhe hat mit der Schallgeschwindigkeit nichts zu tun. Das zeigt sich deutlich, wenn man sich ein Konzert anhört. Man wird zum Beispiel den Klang einer Flöte nicht früher vernehmen als den Klang einer Baßtrommel, welche zur gleichen Zeit angeschlagen wird. Man könnte glauben, daß die höhere Frequenz mit mehr Schallwellen pro Sekunde auch bedeuten würde, daß der Schall schneller wäre. In Wirklichkeit aber ist es so, als ob ein großer Mann und ein kleines Kind neben einander hergingen. Wenn die beiden sich mit gleicher Geschwindigkeit vorwärts bewegen, dann muß das Kind weit mehr Schritte machen, als der Erwachsene. Im gleichen Zeitraum hat das Kind also eine höhere Schrittfrequenz. Mit den Schallwellen verhält es sich ebenso. Je höher die Frequenz, desto kürzer ist die Wellenlänge.

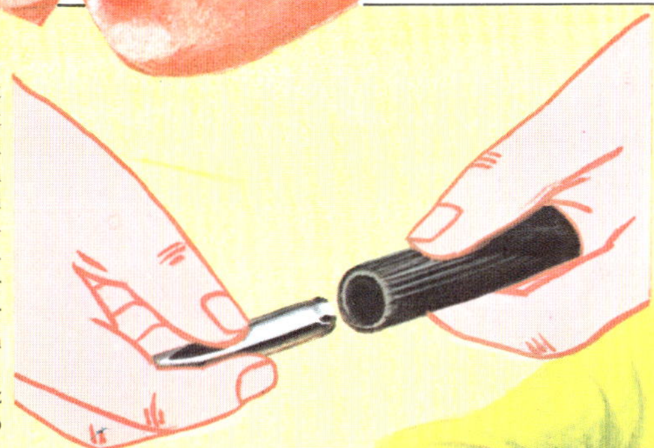

Der Doppler-Effekt
Demonstriert den Doppler-Effekt doch einmal selbst! Nehmt einen etwa 1,5 m langen Gummischlauch und steckt in ein Ende ein Spielzeug-Pfeifchen. Versucht zunächst, ob ihr durch das Pfeifchen in den Schlauch blasen könnt. Laßt das freie Ende des Schlauches im Kreise wirbeln, während ihr in das Pfeifchen blast. Je näher der Schlauch eurem Ohr kommt, desto mehr wird die Tonhöhe zunehmen. Je weiter weg der Schlauch ist, desto mehr wird sie abnehmen.

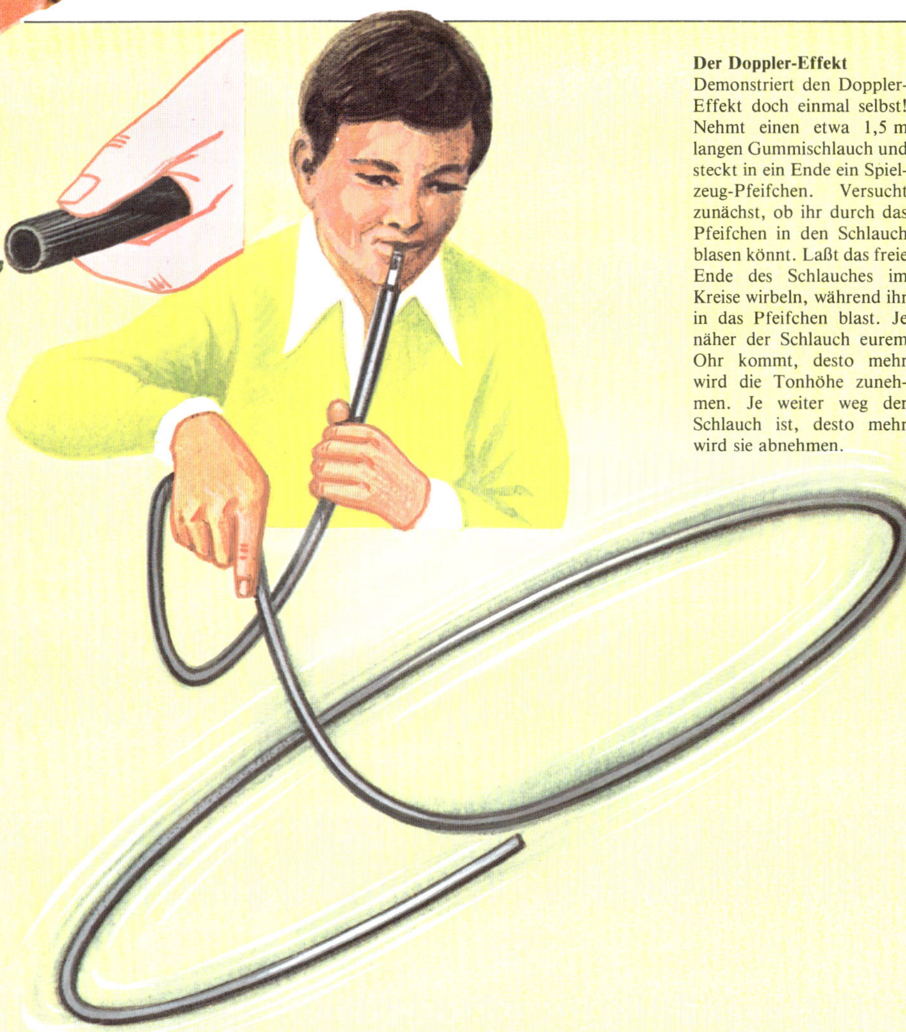

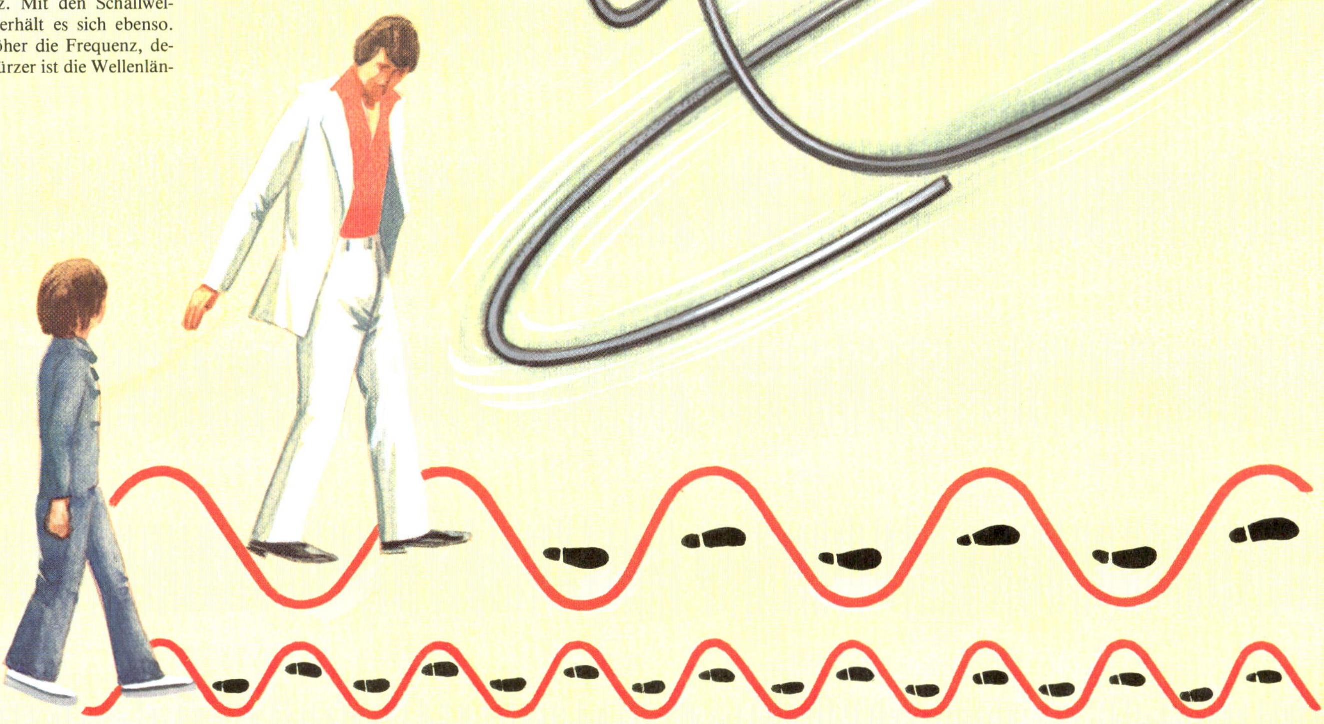

Die Lautstärke

Eine weitere typische Eigenschaft des Schalls ist die Lautstärke, das heißt der Druck, den ein Ton auf das Ohr ausübt.
Je näher man an der Quelle eines Geräusches ist, um so lauter ist das Geräusch. Doch man kann jedes Geräusch nach Lautstärke messen, die Intensität der Schallwellen wird in ,,Dezibel" gemessen. Unsere Tafel auf nebenstehender Abbildung zeigt Messungen von verschiedenen Geräuschen.
Der kleinste Unterschied der Klangintensität, den das menschliche Ohr feststellen kann, ist ein Dezibel. Von dem Punkt an, wo ein Ton gerade noch gehört werden kann, der auch die Hörschwelle genannt wird, bis zu dem Niveau, auf dem ein Flüstern gehört wird, mißt man bereits 15 Dezibel. Eine normale Unterhaltung hat etwa 50 Dezibel, der Straßenverkehr 70 und Töne, die für unsere Ohren schmerzhaft sind, bewegen sich oberhalb von 120 Dezibel.

Das Echo
Sicher habt ihr schon einmal die amüsante Erfahrung gemacht, daß eure eigene Stimme von einem Berg, einer Klippe oder einer Mauer reflektiert wurde. Das geschieht deshalb, weil die Luftturbulenz, die von der Stimme hervorgerufen wurde, bis zu dem Berg oder der Mauer fortgepflanzt wird, von dem sie schließlich zurückgeworfen wird, um als Luftturbulenz wieder ans Ohr zu gelangen.
Ebenso wie Lichtstrahlen in einem Spiegel reflektiert werden, werden Schallwellen auf glatten Oberflächen reflektiert. Je glatter die reflektierende Oberfläche ist, desto weniger Schallwellen werden abgelenkt, und desto deutlicher ist das Echo.
In geschlossenen Räumen reflektieren die nahen Wände den Schall so schnell, daß sich die Schallwellen mit den Originalwellen vermischen. Um ein Echo hören zu können, muß man sich in einer gewissen Entfernung zu der reflektierenden Oberfläche befinden. Das menschliche Ohr kann zwei Töne nur dann getrennt voneinander vernehmen, wenn diese mindestens einen zeitlichen Abstand von einer Zehntelsekunde haben.
Das bedeutet, daß man nur dann ein Echo von einem Berg hören kann, wenn der Berg so weit weg ist, daß der Schall mindestens eine Zehntelsekunde benötigt, um ihn zu erreichen und wieder zurückzukommen. Da der Schall in einer Zehntelsekunde 32 m zurücklegt, sollte man mindestens 17 m von der reflektierenden Oberfläche entfernt sein, wenn man ein schönes Echo hören will.
Man kann das Echo dazu benutzen, um den Abstand zwischen einem selbst und einer großen, reflektierenden Oberfläche zu bestimmen. Schiffe betätigen ihr Signalhorn, wenn sie durch dichten Nebel fahren und damit gerechnet werden muß, das Eisberge oder Felsklippen auf ihrem Weg liegen. Das Echo des Signalhorns zeigt dem Kapitän des Schiffes an, ob der Sicherheitsabstand zu dem Hindernis groß genug ist.
Auch die Tiefe des Meeres kann man mit Hilfe eines Echos bestimmen. Von einem Schiff aus werden mit einem Oszillator kurze Schallwellen ausgesandt, die vom Meeresboden zurückgeworfen werden. Die Zeit, die diese Wellen benötigen, um wieder zurückzukehren, wird von einem Instrument — dem Fathometer — registriert: auf diese Weise weiß man, wie tief das Meer an der betreffenden Stelle ist. Wenn man eine ganze Reihe solcher Daten gesammelt hat, lassen sich Karten des Meeresbodens anfertigen.

Das mehrfache Echo
Unter gewissen Umständen gibt es — vor allem in gebirgiger Landschaft — so viele reflektie-

Geräuschquelle	Dezibel
Startgeräusch einer Weltraumrakete	140—190
Düsenflugzeug beim Abheben	110—140
Donner	90—110
Eisenbahn	65— 90
laute Unterhaltung	50— 65
leise Unterhaltung	20— 50
Laubrascheln	0— 10

Reflektierter Schall
Besorgt euch zwei sehr lange, steife Röhren aus Pappe, einen Wecker, ein glattes Stück Karton von 30 cm². Legt die Pappröhren in schrägem Winkel auf einen Tisch und achtet darauf, daß die Enden etwa 5 cm voneinander entfernt sind. Haltet den Pappkarton etwa 5 cm von den offenen Enden der Röhren entfernt davor. Nun stellt ihr den Wecker vor das eine freie Ende und bittet einen Freund, an der Öffnung der zweiten Röhre zu horchen. Das Ticken des Weckers wird nun zu hören sein, obwohl die beiden Röhren nicht miteinander verbunden sind. Der Schall wandert durch die eine Röhre, prallt von dem Karton ab und wird in die andere Röhre reflektiert. Jetzt könnt ihr versuchen, den Karton mit Wellpappe abzudecken und herauszufinden, ob dies die Qualität des Schalls beeinträchtigt.

Das Sonar
Die Hochseemarine auf der ganzen Welt bedient sich des reflektierenden Schalls in einem Instrument, das Sonar genannt wird, was eine Abkürzung für Sound, Navigation and Ranging ist. Dieses Gerät zeigt an, ob sich Schiffe nähern und hat eine besondere Bedeutung für U-Boote, die lange Zeit unter Wasser bleiben müssen, um sich vor feindlichen Schiffen zu verbergen. Mit dem Sonar schickt man Hochfrequenz-Schallwellen aus, die an festen Gegenständen reflektiert werden. Die Schallwellen kommen wieder zu ihrem Ausgangspunkt zurück, wo sie vom Sonar aufgefangen werden. Da die Schallgeschwindigkeit im Wasser bekannt ist, muß der Mann am Sonar nur die Zeit messen, die die Schallwellen gebraucht haben, um vom eigenen Schiff bis zum Ziel und von dort wieder zurückzugelangen: Nun weiß man genau, wie groß die Entfernung zum Ziel ist. Das Sonar-Echo macht ein Geräusch — eine Art Pfeifen — und derjenige, der das Gerät bedient, ist darauf geschult, die verschiedenen Geräusche im Wasser zu unterscheiden, zum Beispiel zwischen einem Wal und einem Unterseeboot. Die Schwäche des Sonar besteht darin, daß seine Aussendungen genau wie Funk- und Radarwellen leicht zu orten sind, so daß es passieren kann, daß der Jäger zum Gejagten wird.

rende Oberflächen, daß mehrere Echos nacheinander zurückkommen und dabei ständig schwächer werden. Die Schallwellen springen zwischen benachbarten oder fast parallelen Oberflächen hin und her.
Es gibt einen alten Witz über einen Trapper, der in einer Holzhütte lebte, und zwar an einer Stelle, die für ihr Echo berühmt war. Er brauchte am Morgen keinen Wecker, denn bevor er nachts ins Bett ging, rief er aus dem Fenster: „Es ist Zeit zum Aufstehen!" — und 8 Stunden später kehrte das Echo zurück und weckte ihn auf. Man könnte versuchen, auszurechnen, wie weit die reflektierenden Berge hätten entfernt sein müssen, wenn diese schöne Geschichte wahr sein sollte.
Es gibt einige Stelle auf der Erde, die für ihr mehrfaches Echo berühmt sind. In der Mammat-Höhle in Kentucky USA, die 91 m unter der Erdoberfläche liegt, gibt es ein ganz erstaunliches Echo, und in der Nähe von Mailand gibt es ein altes italienisches Schloß, in dem man ein 40-faches Echo hören kann. Wenn der Fremdenführer im Baptisterium von Pisa kurz nacheinander ein paar schnelle Töne singt, dann verbinden sich die Echos miteinander und können noch Sekunden danach gehört werden. Gewölbte Wände in der St.-Pauls-Kathedrale in London und im Kapitol von Washington reflektieren überhaupt alle Geräusche. Deswegen nennt man sie „Flüstergalerien".

Geräusche in geschlossenen Räumen
Ein Mensch, der im Freien mit normaler Lautstärke spricht, ist nur über eine kurze Entfernung zu hören. Das liegt daran, daß die Schallwellen immer schwächer werden, je weiter sie sich von ihrem Ausgangspunkt entfernen. Bei einer Entfernung von 6 m zum Beispiel, sind sie nur noch ein Viertel so stark wie bei einer Entfernung von drei Metern, und nach 12 m macht ihre Stärke nur noch 6,25 Prozent aus.
Doch wenn hinter der sprechenden Person eine Wand ist, verstärkt diese den Schall erheblich, denn von dieser Wand werden Schallwellen, die sonst verloren wären, zurückgeworfen, sie verstärken den Originalton. Innerhalb der vier Wände und zwischen Boden und Decke eines Raumes sind die Worte eines Sprechers leichter zu verstehen als im Freien, wenn der Raum akustisch richtig geplant wurde. Das ist aber nicht so leicht, wie es den Anschein hat.
Seit es Kirchen, Hallen und Theater gibt, hatte man Probleme mit Schallöchern — „tote" Stellen, an denen kaum etwas zu hören war, und andere Stellen, an denen der Schall ungewöhnlich laut war.
Erst in unserem Jahrhundert begann man etwas mehr vom Verhalten der Schallwellen zu verstehen. Die Akustik bezeichnet die Wissenschaft von den Schallwellen, besonders der Schallwellen in geschlossenen Räumen. Beim Entwurf und der Konstruktion von Gebäuden, besonders von Hörsälen oder Gesangsstudios, gibt es zwei hauptsächliche Probleme: den Nachhall und die Überlagerung.
Der Nachhall ist die wiederholte Reflektion von Schallwellen, die in einem geschlossenen Raum von glatten Oberflächen zurückgeworfen werden. Wenn ihr in eurem eigenen Zimmer sitzt und Musik hört, dann reflektiert der Klang auf den verschiedensten Gegenständen, die sich im Zimmer befinden.
Doch die rauhen Oberflächen in dem Raum absorbieren genug von diesem Klang. Das bedeutet, daß nicht jeder neue Ton mit den langsam absterbenden Nachklängen des vorangegangenen Tones in Wettstreit treten muß, wie das etwa in einem leeren Zimmer mit Metallwänden der Fall wäre.
Überlagerung ist ein Effekt, der aus der Verbindung von Schallwellen hervorgeht, die sich entweder verstärken, gegenseitig aufheben oder sonst auf irgendeine Weise überlagern. Ton-Ingenieure wissen, daß das menschliche Ohr etwa ein Zehntel einer Sekunde benötigt, um festzustellen, daß es sich bei zwei Tönen wirklich um zwei handelt und nicht um einen.
Große Räume, wie etwa Hörsäle, haben manchmal einzelne Echos, die von einer weiter entfernten Wand zu dem Zeitpunkt ans Ohr gelangen, zu dem das Echo von der Person, die auf der Bühne steht, ebenfalls ankommt, und stiften so für das menschliche Ohr Verwirrung. Solche unerwünschten Reflektionen oder Echos lassen sich mit Schalldämpfung vermindern.
Poröse Materialien wie Filz, Teppiche oder spezielle Glasfiberziegel sind für diesen Zweck besonders gut geeignet.
Man kann heute exakt berechnen, welche Art und Menge von schallschluckendem Material benötigt wird, um in einem bestimmten Raum den Hall so abzuschwächen oder zu verstärken, wie das gewünscht wird.
Es gibt viele Musiker, die nicht gerne in einem Raum spielen, in dem die Töne zu schnell absterben, denn sie glauben, daß es den Klang ihres Instrumentes dämpft. Doch Leute, die viele Reden halten müssen, ziehen solche Räume vor, denn das Publikum hat große Schwierigkeiten, einer Rede zu folgen, sobald eine Silbe in die vorangegangene übergeht.
Wenn Säle sowohl für Musikveranstaltungen, als auch für Reden benutzt werden, muß man sich bei der Gestaltung der Akustik in der Mitte treffen.
Die berühmte Royal-Albert-Hall in London wurde lange bevor man etwas von der Akustik verstand errichtet. Trotzdem galt sie früher für Konzerte als ideal. Im Laufe der Zeit jedoch beschwerten sich immer mehr Zuhörer über die Klang-Qualität, und mit Tests ließ sich nachweisen, daß der Hall immer länger brauchte, bis er am Ende verschwand.
Schließlich entdeckte man den Grund dafür: Die Damenmode hatte sich gewandelt, und das Publikum trug nicht mehr jene langen wallenden Gewänder, die zuvor dazu beigetragen hatten, den Hall zu absorbieren.
Um eine gute Akustik zu erhalten, muß der Saal auch in einer bestimmten Form errichtet werden. Die Architekten haben gelernt, daß man gewölbte Oberflächen an jenen Stellen vermeiden sollte, von denen der Schall ins Publikum reflektiert werden könnte.
Stell euch vor, ihr würdet auf einer Bühne stehen und ins Publikum hinabsehen und könntet dabei die Schallwellen beobachten. Das erste kleine Bild auf dieser Seite zeigt, was man sehen würde, wenn der Sprecher den ersten Laut von sich gegeben hat. Die

Schallwellen haben sich nach allen Richtungen hin ausgebreitet, jedoch noch nicht die letzten Sitzreihen erreicht. Das zweite Bild zeigt ein etwas späteres Stadium: Einige der ursprünglichen Schallwellen wurden bereits an den Wänden reflektiert und sind zurückgekehrt. Bevor sie ganz verschwinden, reflektieren sie noch viele Male. In der Zwischenzeit kommen von der Bühne bereits neue Töne, sodaß der Raum von einem komplizierten Kreuz-und-Quer von Schallwellen erfüllt wird. Um die Klangqualität eines Saales zu bestimmen, bauen sich die Wissenschaftler kleine Wassertanks, welche die gleiche Form haben wie das geplante Objekt. Dann prüfen sie im voraus, wie die Klangwellen sich später verhalten werden, indem sie an der Stelle, an der später die Bühne stehen soll, Tropfen in das Wasser fallen lassen und die Wellenbewegung beobachten. So einen ,,Theatertank" kann man sich auch zu Hause bauen, indem man den Wellentest so ausführt, wie in unserer Abbildung zu sehen ist.

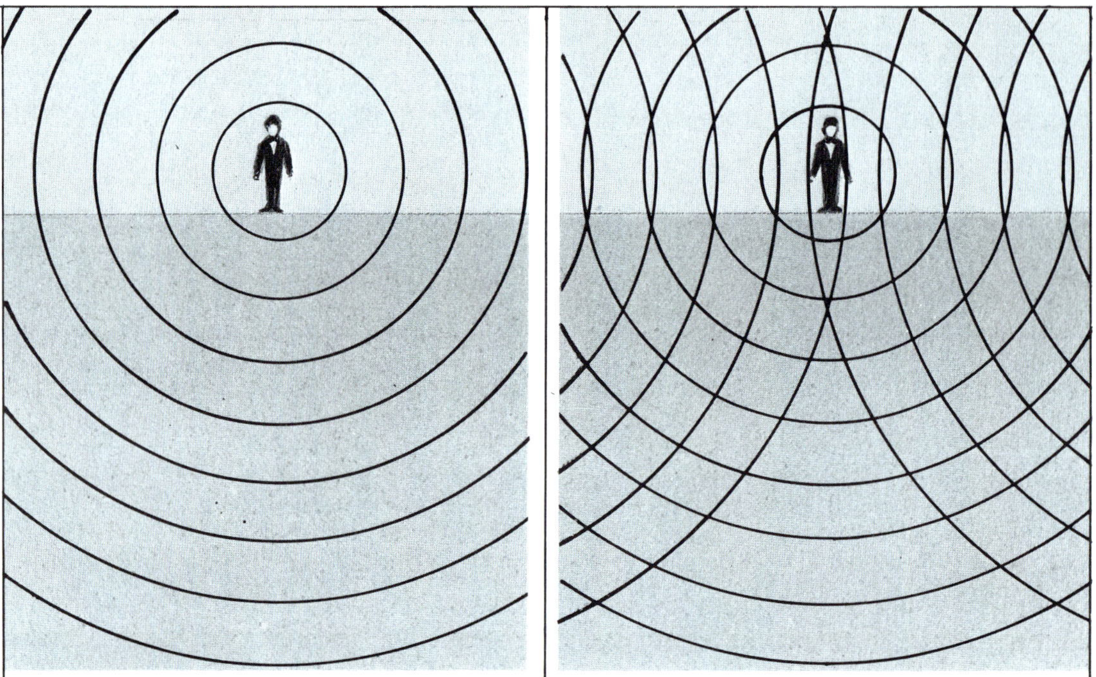

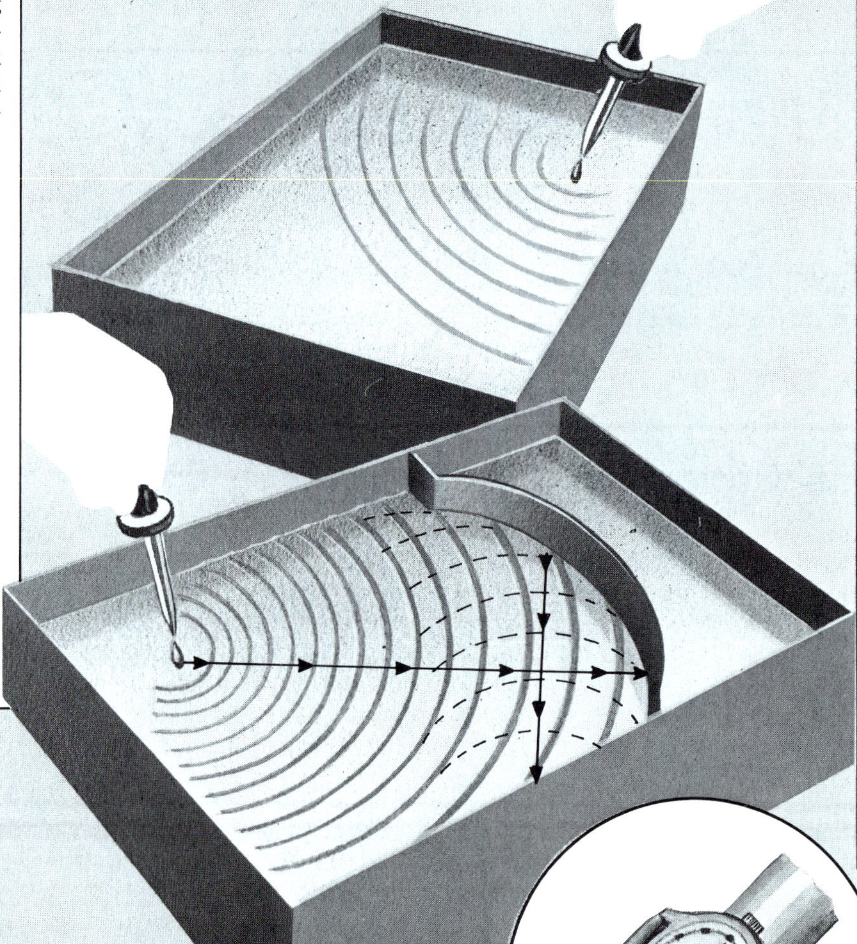

Experimente mit der Wasserkräuselung
Nehmt ein rechteckiges Backblech, laßt ein paar Tropfen Wasser hineinfallen und beobachtet, wie sich die Wasseroberfläche wieder und wieder kräuselt. Ihr könnt euch auch ein Stück Metallband so zurechtbiegen, daß die Wasserfläche etwa dem Grundriß eines Theaters ähnelt. Beobachtet jetzt, wie sich das auf die Wasserkräuselung auswirkt. Dieses Experiment soll die ,,heißen" Stellen zeigen, an denen sich die Schallwellen nach der Reflexion bündeln. Diese Bündelungen werden für gewöhnlich von gewölbten Flächen in Wand und Decke hervorgerufen. Anstatt sich weiterhin auszubreiten, bündeln sich die Schallwellen, die in einer Wölbung reflektiert wurden. Das läßt sich zeigen, indem man zwei offene Regenschirme etwa 6 m voneinander aufstellt. Die Stöcke der beiden Regenschirme sollten in einer Linie liegen. Befestigt nun in der Mitte des einen Schirmes eine Armbanduhr und haltet euer Ohr im anderen Schirm an die gleiche Stelle. Das Ticken der Armbanduhr wird deutlich zu hören sein, denn es wird vom ersten Schirm reflektiert.

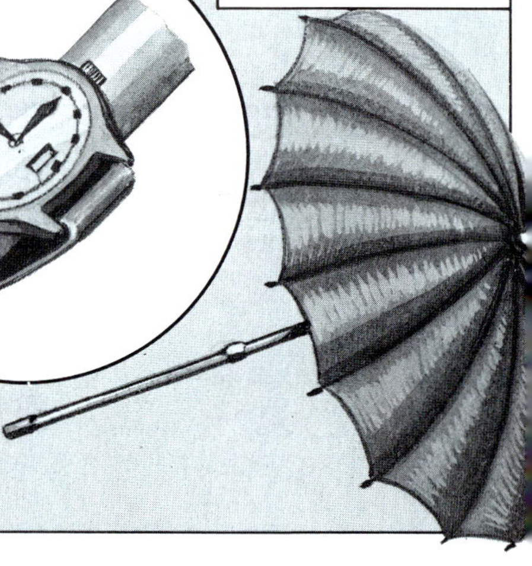

Resonanz

Ein Gegenstand zeigt Resonanz, wenn er von einem anderen Klangkörper zur Vibration gebracht wird und dieser andere Klangkörper entweder genau die gleiche oder doch fast die gleiche Vibrations-Frequenz aufweist wie der erste.
Eine Möglichkeit zu verstehen, was Resonanz ist, ist die, sich vorzustellen, man würde jemanden, der auf einer Schaukel sitzt, anstoßen. Jedesmal wenn sich die Schaukel von einem fortbewegt, gibt man ihr einen Stoß. Wenn sich die Schaukel im Verlauf einer Sekunde einmal vor und zurück bewegt, könnte man sagen, daß die Frequenz der freien Vibration einen Umlauf pro Sekunde beträgt. Gleichzeitig gibt man der Schaukel pro Sekunde genau einen Stoß. Gäbe man der Schaukel mehrere oder weniger Stöße, könnte es genau so gut passieren, daß die Schaukel zum Stillstand kommt. Die Stöße entsprechen also der Frequenz der Schaukel-Vibration. Das heißt, die Stöße befinden sich mit der Vibration der Schaukel in Resonanz.

Die „befreundeten" Milchflaschen und andere Experimente
Nehmt zwei Milchflaschen von der gleichen Größe und von gleicher Form, um das Prinzip der Resonanz zu demonstrieren. Bittet einen Freund, sich eine der Flaschen ans Ohr zu halten. Stellt euch einen Meter davon entfernt auf und blast kräftig über den Hals der anderen Flasche, bis ein Ton entsteht. Die Luftsäule in der Flasche eures Freundes wird ähnliche Vibrationen entwickeln, so daß er aus seiner Flasche einen leisen Ton vernehmen wird, den die Resonanz hervorgerufen hat. Eine weitere Möglichkeit, das Prinzip der Resonanz zu beweisen, ist die, ein schweres Buch an zwei langen Schnüren aufzuhängen und dagegen zu blasen. Sobald euer Blasen mit der natürlichen Vibrationszeit des Buches übereinstimmt, kann es zum Schwingen gebracht werden.
Haltet schließlich eine Meeresmuschel an euer Ohr und hört euch den „Klang des Meeres" an. Auch diese Erscheinung wird von Resonanz hervorgerufen. In einer großen Muschel wird das Meer mit tiefer Baßstimme brüllen, in einer kleinen aber wird der Ton heller sein. Das liegt daran, daß die Luft innerhalb eines geschlossenen Raumes von einer gewissen bescheidenen Größe in einer bestimmten Tonhöhe leichter vibriert, als in einer anderen. Je größer der Raum ist, desto niedriger ist die Tonhöhe und umgekehrt. Die Luft, die euch umgibt, ist voll von einem Gemisch von Tönen der unterschiedlichsten Höhe. Wenn ihr die Muschel an euer Ohr haltet, dann hört ihr die Verstärkung desjenigen Tones, der der natürlichen Tonhöhe der Muschel entspricht. Das Opernhaus von Sydney (Bild oben) wurde den härtesten akustischen Tests ausgesetzt.

Der Klang der Musik

Jedes Gerät, das mehrere verschiedene Töne hervorbringen kann, kann man Musikinstrument nennen. Das erste Musikinstrument war wahrscheinlich ein hohler Baumstamm, der mit einem Stock geschlagen wurde. Danach folgten Tierhörner, die man ausgehöhlt und mit Grashalmen ausgestattet hatte. Dann kam jemand auf die Idee, dünne Streifen von Tierhaut zwischen zwei Pflöcke über ein Brett zu spannen. Diese Hautstreifen gaben einen schönen Klang von sich, wenn man an ihnen zupfte. Einige der frühesten Instrumente sind auf der Abbildung auf dieser Buchseite zu sehen. Die meisten sind Schlaginstrumente.

Das Prinzip der Saiteninstrumente macht folgender Versuch deutlich: Legt ein gewöhnliches Gummiband um ein Buch herum und schiebt zwei Bleistifte an beiden Enden des Buches darunter. Wenn man dieses ausgestreckte Gummiband in der Mitte anzupft, so hat es eine ganz bestimmte Tonhöhe. Nun drückt man mit dem Finger auf die Mitte des Gummis und zupft rechts und links davon an dem Band. Der Ton ist nun wesentlich höher. Das liegt daran, daß die Länge des vibrierenden Gummibandes sich verändert hat. Je kürzer das vibrierende Gummiband, desto höher ist der Ton.

Drückt jetzt das Gummiband genau in der Mitte herunter und zupft an jeder Hälfte. Vergleicht man nun diesen Ton mit dem Ton des ganzen Gummibandes, so wird man erkennen, daß der Ton genau eine Oktave höher ist. Eine Schnur, die die halbe Länge hat, hat die doppelte Vibration. Wenn ein Ton eine Oktave höher ist als ein anderer, so hat er die doppelte Frequenz.

Saitenmusik

Musikinstrumente, die mit vibrierenden Saiten Töne hervorbringen, nennt man Saiten-Instrumente. Obwohl die Ägypter schon vor 5 000 Jahren eine Art Harfe kannten, ist die Wissenschaft von den Saiteninstrumenten erst etwa 300 Jahre alt. Galilei fand als erster heraus, daß die Vibration einer Saite von der Länge der Saite abhängt. Auch wie fest man eine Saite spannt, ist für die Vibration von Bedeutung.

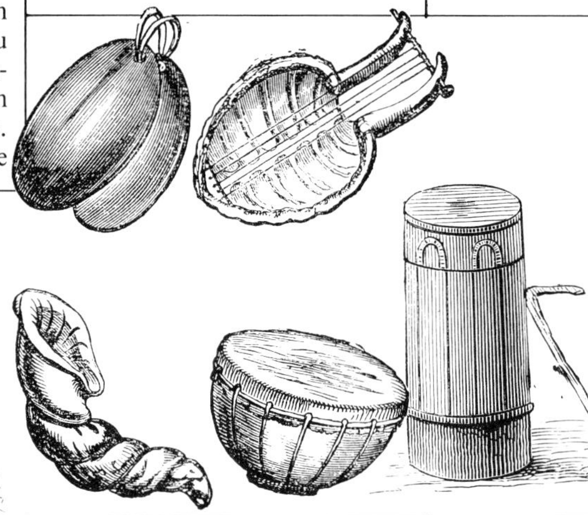

Einfache Musikinstrumente
Die Marimba, eine Art afrikanisches Xylophon. Frühe Beispiele von Schlaginstrumenten:
Kastagnetten und Trommeln.
Ein Saiteninstrument:
Die Lyra.
Ein Blasinstrument:
Die Muschel-Trompete.
Eine afrikanische Trommel des Ashanti-Stammes.
Eine afrikanische Muschel-Trompete wird als Kriegssignal geblasen.

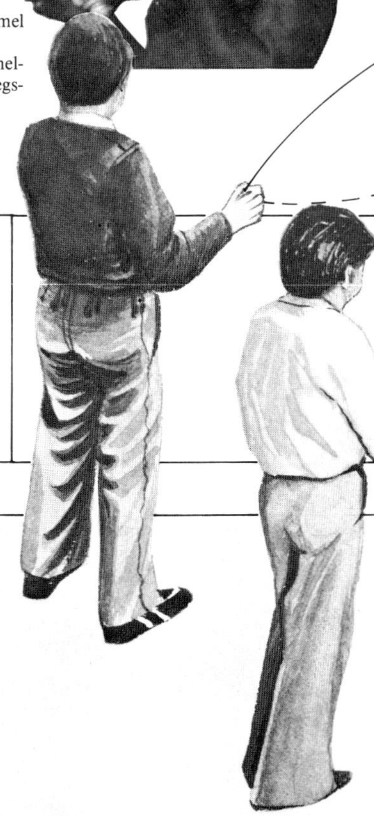

Blasmusik

Wenn man über den Hals einer leeren Flasche bläst, so läßt sich ein Ton mit einer bestimmten Höhe hervorrufen. Die Flasche wirkt wie ein einfaches Blasinstrument. Eine Trompete, eine Flöte und eine Orgelpfeife funktionieren auf die gleiche Weise. Ein Blasinstrument ist eine lange Röhre, die ein offenes Ende hat, sodaß sich Luft hineinblasen läßt. Das andere Ende kann, wie bei der Flöte, offen sein, oder es kann wie bei einigen Arten von Orgeln auch geschlossen sein.

Stellt euch einmal vor, was in einer geschlossenen Pfeife vorsichgeht. Wenn man Luft über die Öffnung bläst, wird die Luft in die Röhre mit der Geschwindigkeit eines Tones zusammengedrückt. Da die Seitenwände verhindern, daß die Luft sich ausbreitet, wird die Luft kaum abgeschwächt und wird schließlich am Ende der Röhre reflektiert. Der Luftstrom verhält sich nun genau wie die Wellen des Seiles aus dem vorangegangenen Experiment.

Wenn die Luft das offene Ende der Pfeife erreicht, kann sie sich frei ausdehnen, und diese Ausdehnung wandert wieder die Röhre hinauf und wieder zurück zur Öffnung. Wenn die Ausdehnung noch stark genug ist, dann saugt sie von außen Luft in die Pfeife und sorgt für eine Kompression. Auf diese Weise laufen innerhalb der Röhre ständig gedehnte und zusammengepreßte Luft auf und ab und zwingen den Luftstrom, der von euren Lippen kommt, zum Vibrieren. Dadurch werden Schallwellen von einer bestimmten Frequenz produziert. Bei Blasinstrumenten bestimmt die Länge der Pfeife die Höhe der Töne. Wenn die Pfeife kurz ist, folgen Ausdehnungen und Zusammenpressungen schnell aufeinander und erzeugen so eine schnelle Vibration und einen hohen Ton. Eine längere Pfeife bringt einen tieferen Ton hervor.

Blasinstrumente
Der Bläser einer Flöte oder Klarinette ruft dadurch verschiedene Töne hervor, daß er kleine Löcher an der Längsseite des Instrumentes abdeckt oder freigibt. Dadurch verlängert oder verkürzt er die vibrierende Luftsäule in der Röhre. Das läßt sich leicht zeigen, indem man etwa 10 Glasflaschen, die alle die gleiche Größe haben, mit unterschiedlichen Mengen von Wasser füllt, wie in obiger Abbildung zu sehen ist. Jetzt bläst man über die Flaschenöffnungen hinweg und erzeugt so unterschiedliche Töne. Diejenigen Flaschen, die wenig Wasser enthalten, erzeugen tiefe Töne, und diejenigen, die mehr Wasser enthalten, erzeugen die hohen Töne.

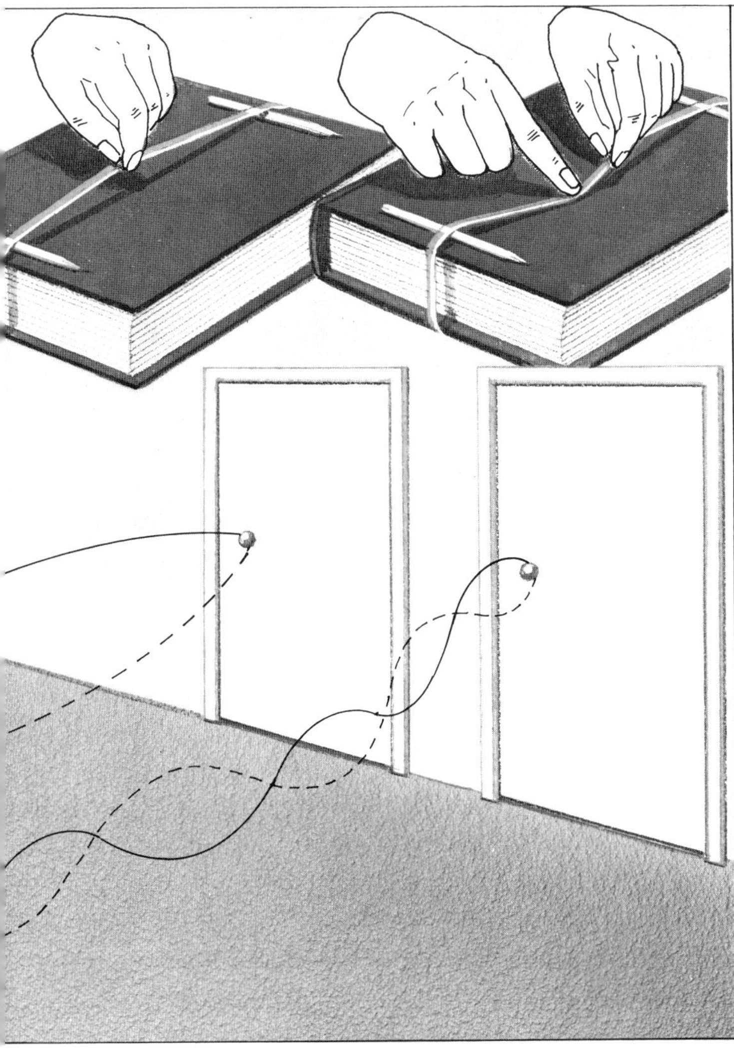

Das Gewicht und die Materialstärke der Saite spielen für die Frequenz ebenfalls eine Rolle. Die Klaviersaite, die tiefe Töne hervorbringen soll, ist von oben bis unten mit einem weichen Draht umwickelt, der sie schwerer machen soll. Ansonsten wäre die einzige Möglichkeit, einen ähnlich tiefen Ton hervorzurufen, die Verwendung von längeren Saiten. Das Klavier müßte dann aber erheblich größer sein.
Ein Geigenspieler holt aus den Saiten seines Instrumentes dadurch verschiedene Töne hervor, daß er die Saite verändert, indem er die Saite an verschiedenen Stellen niederdrückt. Nur der Teil der Saite, der vom Bogen gestrichen wird, kommt zur Vibration. Beobachtet doch mal einen Geigenspieler, und ihr werdet feststellen, daß er die oberen Töne dadurch hervorruft, daß er die Saite nahe am Körper des Intrumentes herunterdrückt. Auf diese Weise verkürzt er den vibrierenden Teil der Saite.
Eine Saite kann man auch in zwei oder drei gleichen Teilen zum Vibrieren bringen, ohne sie irgendwo auf ihrer Länge zu verkürzen. Dies könnt ihr mit einem eigenen Experiment nachweisen. Nehmt ein Stück Gummischlauch oder eine starke Wäscheleine von etwa 6 m Länge und bindet sie an einen Türknopf. Haltet das andere Ende in der Hand, spannt die Schnur ziemlich fest und bewegt eure Hand langsam auf und ab. Zunächst werden kleine Wellen an dem Seil hinauf- und hinablaufen. Nach einer Weile aber werdet ihr feststellen, daß das Seil oder der Schlauch sich im Ganzen auf und ab bewegen.
Wäre dieses Seil eine Violinen-Saite, so würde sie nun die niedrigste Note hervorbringen, die überhaupt möglich ist, die man den Grundton nennt. Bewegt nun eure Hand schneller auf und ab, aber achtet darauf, daß sich das Seil nicht seitwärts bewegt.
Mit etwas Übung wird es euch gelingen, das Seil in drei oder sogar vier Abschnitten vibrieren zu lassen. Diese Abschnitte nennt man die Obertöne. Wenn sich eine Violinsaite in zwei Sektionen geteilt hat, ist ihre Frequenz doppelt so groß und sie erzeugt einen Ton, der eine Oktave höher ist als der Grundton. Drei Abschnitte bedeuten die dreifache Grundton-Frequenz, und so fort.

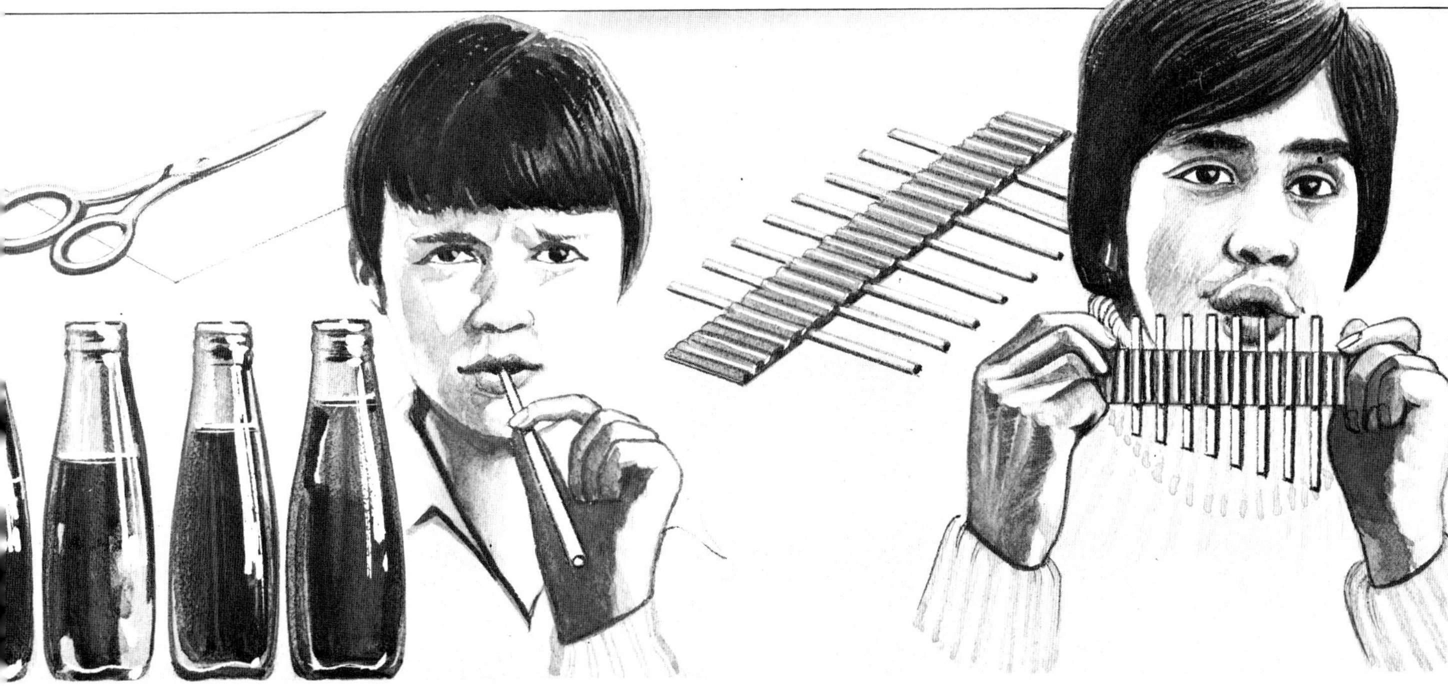

Eine summende Flöte
Hier zeigen wir euch, wie man sich eine summende Flöte baut. Man nimmt ein viereckiges Stück Papier und schneidet davon eine Ecke ab. In die gegenüberliegende Ecke macht man zwei Kerben. Nun rollt man das Papier von der einen unberührten Ecke zur anderen, bis das Papier-Röllchen ein wenig dicker als ein Strohhalm ist. Die abgeschnittene Ecke steckt man nun in die Öffnung und bläst durch das Röhrchen. Die Papierecke vibriert und gibt einen tiefen, summenden Ton ab.

Die Panflöte
Nehmt euch einen Streifen Wellpappe und schiebt 8 Strohhalme durch jede zweite der Öffnungen, wie ihr in der Abbildung sehen könnt. Blast über die Strohhalme. Man kann die Flöte stimmen, indem man die Strohhalme nacheinander um ein kleines Stückchen verkürzt. Wenn die Strohhalme immer mit der gleichen Abstufung verkürzt wurden, kann man auf diese Weise eine vollständige Oktave blasen.

11

Das Wasser

Unsere Erde wird zu 70 % von Wasser bedeckt, und man könnte sich durchaus fragen, warum wir den Planeten, auf dem wir leben, nicht den Planeten „Wasser" nennen, da doch die Wasserfläche größer ist als die daraus hervorragende Erde . . .
Erst im späten 18. Jahrhundert gelangte man zu gesicherten Erkenntnissen über die Natur des Wassers. Frühe Wissenschaftler waren vom Gewicht und der Stärke des Wassers so beeindruckt, daß sie glaubten, es bestehe aus einer einzigen unteilbaren Substanz. Erst Henry Cavendish gelang es, die einzelnen Ele-

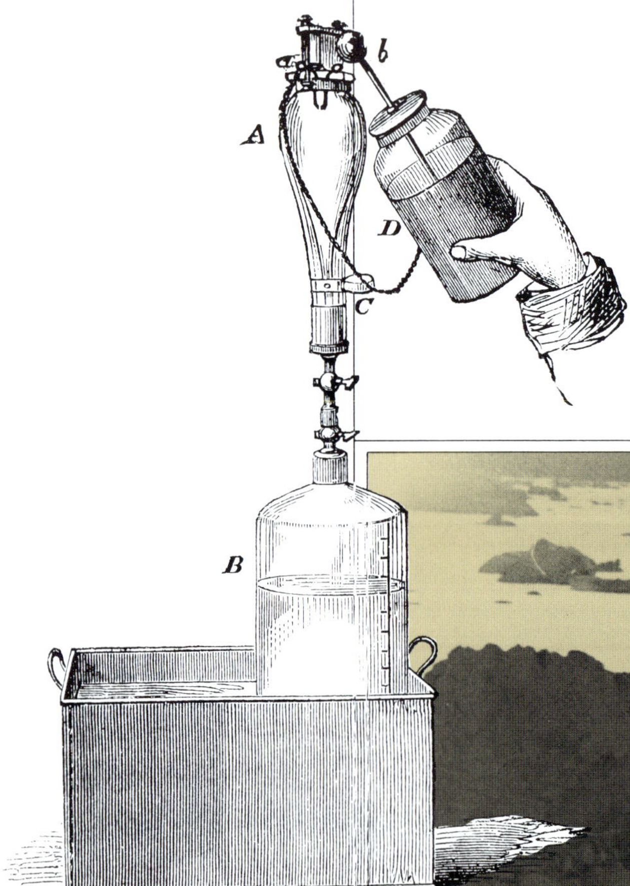

mente im Wasser zu trennen, indem er Hydrogen („brennbare Luft") zusammen mit Oxygen in einem geschlossenen Gefäß erhitzte. Diese Verbindung ergab eine Menge Wasser, die genau das gleiche Gewicht hatte wie die beiden verwendeten Gase. Der französische Wissenschaftler Lavoisier führte diese Experimente weiter und stellte dabei fest, daß Wasser aus einem einzigen Oxygen-Atom und zwei Hydrogen-Atomen besteht.
Während Wasser einerseits ganz einfach aus der Verbindung von Oxygen- und Hydrogen-Atomen herzustellen ist, ist es andererseits äußerst widerstandsfähig und schwer in seine Elemente zu zerlegen, wenn es erst einmal gebildet ist. Sogar wenn man es bis zu 3 000 Grad Celsius erhitzt (was der doppelte Schmelzpunkt von Stahl ist) werden sich nur etwa 25% der Wassermoleküle wieder aufspalten. Wasser hat eine Reihe von erstaunlichen Eigenschaften, die sich aus der Zusammensetzung des Wassermoleküls ergeben. Auf viele andere chemische Moleküle hat Wasser einen sehr hohen Lösungseffekt, was es zu einem besonders wertvollen Mitarbeiter in den Laboratorien der Forscher machte.
Wasser ist auch deshalb ein ungewöhnlicher Stoff, weil es in gefrorenem Zustand eine geringere Dichte aufweist. Man sollte eigentlich annehmen, daß Eis dichter ist als flüssiges Wasser, doch tatsächlich ist es genau umgekehrt. Eisberge schwimmen auf oder nahe der Oberfläche des Wassers und nicht etwa auf dem Grund des Ozeans. Und das ist gut so. Wenn die Lufttemperatur unter den Gefrierpunkt sinkt, legt sich auf die Oberfläche des Wassers eine Eisschicht, und diese Eisschicht schützt die tieferen Wasserschichten. Auch das im Meerwasser gelöste Salz trägt dazu bei, daß Wasser dichter zu halten und es bei Temperaturen unter 0 Grad Celsius flüssig zu erhalten.
Die im Vergleich zur Luft weitaus größere Dichte des Wassers macht es auch verständlich, warum die Menschen so lange gebraucht haben, um Möglichkeiten zu entdecken, einen längeren Zeitraum unter Wasser zu verbringen. Auf der Erde übt die Atmosphäre auf unsere Körper einen Druck aus, der von den Wissenschaftlern mit 1 Bar gemessen wird. Unter Wasser nimmt der Druck schnell zu und zwar auf jeden Teil des Körpers: Die Wangen, die Lungen und die Därme sind davon in besonderem Maße betroffen. Bereits in einer Tiefe von 1 Meter können sich unsere Lungen kaum weit genug ausdehnen, um durch ein Atemgerät genügend Luft aufzunehmen. In dieser Tiefe ist der Druck bereits um 0,1 Bar gestiegen, und in 300 m Tiefe hat er bereits 30 Bar erreicht.
Ein erstes Tauchgerät war Halleys Glocke, die er 1690 erfand. Dieser Glocke wurde mit Hilfe

Cavendishs Experimente
Dieser Eudiometer (linke Seite) wurde von Henri Cavendish (1731—1810) bei seinen Versuchen verwendet, die Elemente des Wassers zu trennen.

Eisberge
Diese großen Eisberge (unten) sind ein deutlicher Beweis, daß Eis weniger Dichte hat als Wasser; andernfalls würde der Eisberg sinken, anstatt an oder nahe der Oberfläche zu bleiben.

Halleys Taucherglocke
(rechts)
Im Jahre 1690 erfand Sir Edmund Halley ein Taucherglocken-System, mit dessen Hilfe sich drei Menschen unter Wasser aufhalten konnten. Zwei blieben in der Glocke, während ein dritter außerhalb der Glocke arbeiten konnte. Der Mann außerhalb der Glocke bekam seine Atemluft durch einen Schlauch, der mit der Glocke verbunden war. Fässer versorgten die Glocke mit frischer Luft. Der Boden der Glocke war offen, die Luft in der Glocke hielt dem Druck des Wassers stand.

von mit Luft gefüllten Fässern die nötige Atemluft zugeführt. Einige Jahre später erfand der englische Zimmermann John Lethbridge eine ,,Tauchmaschine'', die ein Vorläufer des heutigen Taucheranzugs war, den Joseph Peress in den frühen 20-iger Jahren unseres Jahrhunderts entwickelte. Das Tauchgerät von Lethbridge war ein mit Eisen verstärkter Holzzylinder, der Platz für einen Mann bot. Vorne hatte er ein gläsernes Fenster. Die Maschine wurde horizontal ins Wasser versenkt, wobei die Arme des Tauchers an der Unterseite des Gerätes durch zwei Löcher herausragten. Die Arme waren von ledernen Gamaschen umhüllt. Lethbridge wagte sich noch nicht an die Aufgabe heran, einen Taucheranzug mit einzelnen Gliedern zu konstruieren, und zwar wahrscheinlich deshalb, weil die Probleme des Wasserdruckes in höheren Tiefen zu jener Zeit zu schwierig zu lösen waren.
Peress entschied sich für Kugelgelenke zur Verbindung der einzelnen Glieder des Taucheranzugs. Die Kugelgelenke bewegten sich in einer Art Flüssigkeitskissen. Diese Flüssigkeit konnte dem Wasserdruck wirksam Widerstand leisten, der sonst das Bewegen der Gelenke unmöglich gemacht hätte. Dieser Taucheranzug wurde nach Peress' Chefmechaniker Jim Jarratt ,,Jim'' genannt und wird heutzutage, in weiterentwickelter Form, auf der ganzen Welt von Tauchern getragen, die an der Unterwassererforschung z.B. bei Öl- und Gasvorkommen arbeiten.
Der Taucher benötigt, um in die gewünschte Tiefe hinabsinken zu können, Gewichte, die ihn dort hinunterziehen. Tauchmaschinen wie Unterseeboote oder Taucherkugeln arbeiten mit dem Prinzip, daß sie Wasser aufnehmen, um ihr Eigengewicht zu erhöhen und sinken zu können. Um sie wieder auftauchen zu lassen, werden ihre Tanks bis zu dem Punkt leergepumpt, an dem die Auftriebskraft größer ist als die Schwerkraft.

Ein früher Taucheranzug
Diese Zeichnung aus dem 19. Jahrhundert zeigt den Cabirol-Taucheranzug mit seinem schweren Helm, dem Bleigewicht, dem Luftschlauch und der Signalleine.

Die Wasseroberfläche

Die Oberfläche des Wassers oder anderer Flüssigkeiten verhält sich ganz anders als das Innere. Die Moleküle an der Oberfläche werden nicht von allen Seiten von anderen Molekülen umgeben und angezogen, da sie nur von einer Seite von Molekülen umgeben sind. Deshalb ist die Verbindung zwischen den Molekülen der Oberflächenschicht wesentlich fester und verleiht ihnen die Eigenschaften einer dünnen Haut. Blasen, die innerhalb einer Flüssigkeit nach oben steigen, können eben wegen dieser ,,Haut" oft nicht an die Luft entweichen. Die Oberflächenspannung, wie man diese Erscheinung nennt, ist erstaunlich stark. Sie kann zum Beispiel das Gewicht von Insekten aushalten. Einige Insekten sind dafür bekannt, daß sie leichtfüßig auf der Oberfläche von Teichen laufen können (vgl. die Wasserspinne in der Abbildung rechts). Die Larven bestimmter Insekten zum Beispiel hängen mit einem hauchdünnen Haken, der innen hohl ist, an der Oberfläche des Wassers und haben auf diese Weise Luftzufuhr.

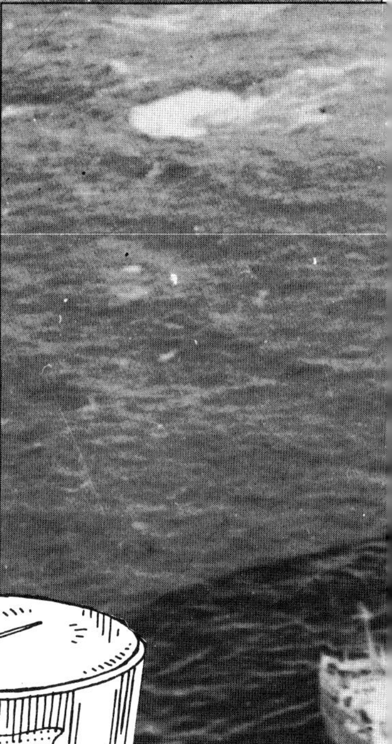

Die Kraft der Oberflächenspannung

Es gibt viele Methoden, um die Kraft der Oberflächenspannung, der ,Haut', des Wassers zu demonstrieren. Zunächst füllt man ein Glas fast bis obenhin voll Wasser und paßt auf, daß an den Seiten kein Wasser herunterrinnt. Dann stellt man das Glas in eine Untertasse und füllt den Rest des Glases mit einer Pipette, bis der Wasserstand höher als der Glasrand ist. Die Oberflächenspannung wird es dem Wasser gestatten, ungefähr 3 mm über den Rand des Glases herauszuragen, wenn man das Glas ganz still hält. Einen weiteren Beweis für die Oberflächenspannung kann man mit einer schwimmenden Nadel erbringen. Man legt ein Stück von einem Papiertaschentuch auf die Wasseroberfläche und legt eine Nadel darauf. Innerhalb von wenigen Minuten wird das Wasser die Luft in dem Papier verdrängt haben. Das Papier wird herabsinken, die Nadel aber bleibt auf der Oberfläche schwimmen. Auch mit Blasen kann man die Kraft eines dünnen Flüssigkeitsfilms demonstrieren. Aus Seife oder Waschmitteln lassen sich ganz einfach Blasen herstellen. Läßt man Seifenblasen zerplatzen, so stellt man mit Erstaunen fest, wie gering die Flüssigkeitsmenge ist, die das hauchdünne Gebilde geformt hatte. Auch Regentropfen bekommen in der Luft eine fast kugelförmige Gestalt. Das Meer wird gewöhnlich von Wellen und Kräuseln bedeckt, doch die Oberflächenspannung neigt dazu, sie wie eine dünne Haut abzuflachen und ihre Freiheit einzuschränken. Bei Rettungsaktionen auf Hoher See wird manchmal Öl auf die Wasseroberfläche geschüttet, um diesen Effekt zu verstärken und die Wellen zu beruhigen (vgl. Photo oben).

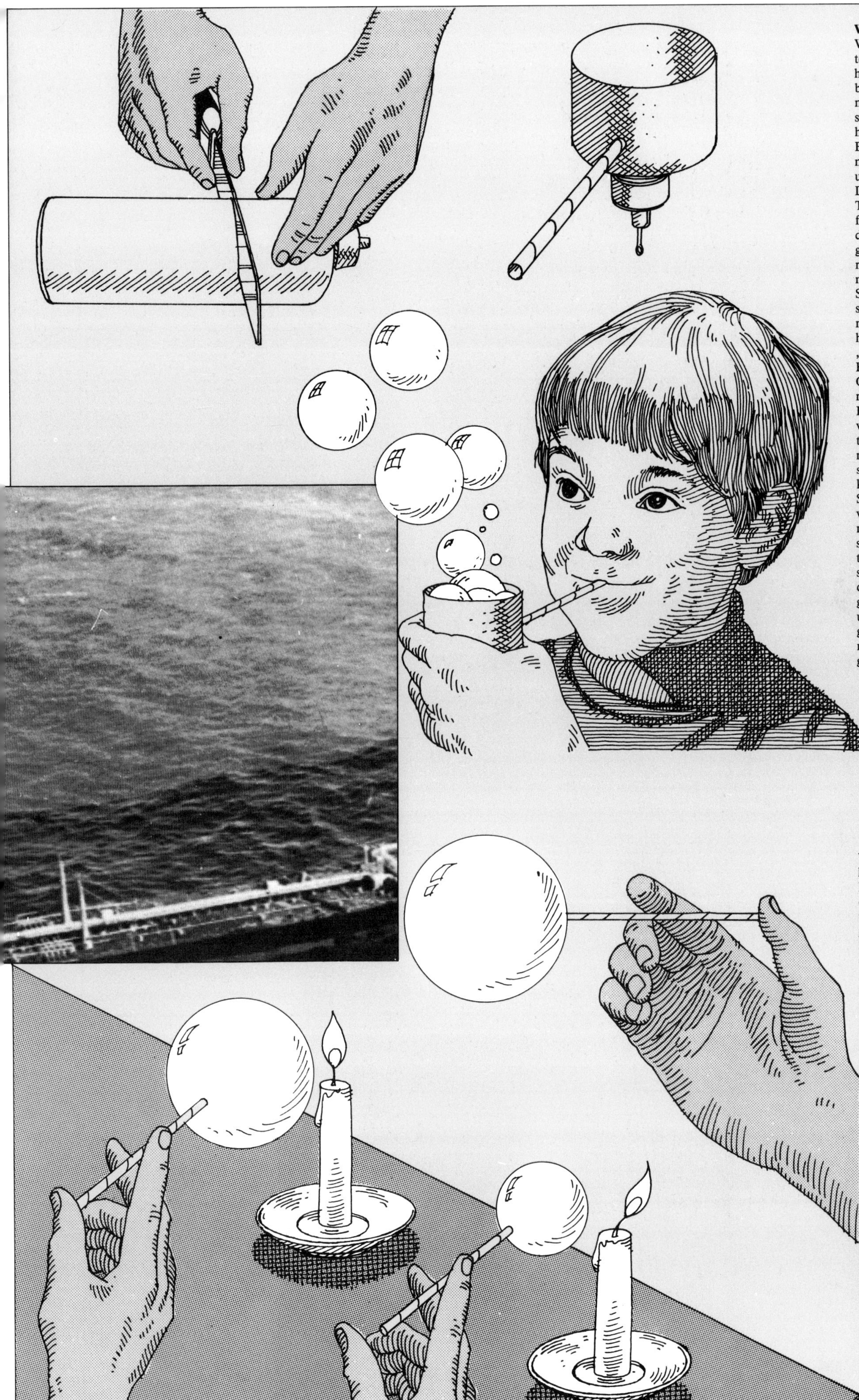

Wie man Blasen herstellt

Wenn aus einer Waschmittelflasche der ganze Inhalt herausgepreßt wurde, verbleibt darin immer noch genug, um mit dem Rückstand des Waschmittels hunderte oder tausende von Blasen zu machen. Man nimmt die ‚leere' Flasche und schneidet das obere Drittel ab. In den unteren Teil schüttet man 10 Teelöffel Wasser, das man mit dem Waschmittelrückstand gut vermischt. In den oberen Teil der Flasche bohrt man ein Loch, steckt einen Strohhalm hinein und verschließt die Flaschenöffnung mit einem Streichholz. Jetzt hat man eine ‚Blasenpfeife', mit der man Blasen herstellen und die Oberflächenspannung demonstrieren kann. In diese Pfeife tut man ein wenig von der zusammengemischten Flüssigkeit. Damit kann man sehr große Blasen herstellen, denn die Flüssigkeitspartikelchen in den Seifenblasen werden sowohl von außen als auch von innen durch die Oberflächenspannung zusammengehalten. Sie halten so fest zusammen, daß sie die Luft, die durch die Pfeife hineingeblasen wird, einschließen und die Gestalt mit der geringsten Oberfläche — nämlich die Form einer Kugel — annehmen.

Was eine Seifenblase leisten kann

Man macht mit der Pfeife eine besonders große Blase und hindert sie am Wegfliegen, in dem man einen Strohhalm daranhält, auf dessen anderes Ende man seinen Finger legt. Jetzt hält man sie in die Nähe der Kerzenflamme und nimmt den Finger wieder fort. Sofort ist zu sehen, daß die Kerzenflamme sich von der Seifenblase fortneigt, und daß die Seifenblase kleiner und kleiner wird, bis sie schließlich ganz verschwindet. Das liegt daran, daß die Seifenblase ihre Luft ausstößt und damit die Flamme ablenkt. Obwohl der Film der Seifenblase in der Regel dünner ist als ein Tausendstel Millimeter, ist er stark genug, die Luft in der Seifenblase fest zusammenzupressen. Sobald man das Ende des Strohhalmes freigibt, ziehen sich die Partikelchen der Flüssigkeit wegen der Oberflächenspannung wieder zusammen, um Tröpfchen zu bilden. Deshalb kann die Luft wieder aus der Blase entweichen.

Wasser kann noch „nasser“ sein

Einfaches Wasser kann sich bemerkenswert „trocken“ verhalten. Wenn man zum Beispiel versucht, Federn in ein Gefäß mit gefärbtem Wasser zu tauchen, dann rollt die Farbe von der Feder einfach wieder herunter. Oder wenn man versucht, Stoffe, Metalle oder Glas mit Wasserlösungen zu reinigen, dann weigert sich das Wasser oftmals, den Schmutz aufzulösen.

Der Grund hierfür ist die Oberflächenspannung des Wassers.

Wenn ein Gegenstand, der mit Wasser in Berührung kommt, ausreichend Anziehungskraft für das Wasser hat, um die Oberflächenspannung zu brechen, dann wird die Oberfläche des Gegenstandes naß werden. Ist der Gegenstand aber ölig oder sonstwie wasserabstoßend, so wird das Wasser einfach daran abrollen.

Jahrhundertelang haben Wissenschaftler versucht, das Wasser „wässriger“ zu machen, indem sie die Oberflächenspannung des Wassers zu verringern suchten. Eine der ersten Materialien, die man dafür benutzte, war die ganz gewöhnliche Seife. Später entdeckte man synthetische Stoffe.

Ein Versuch demonstriert das: Man tröpfelt ein wenig pulverisierten Schwefel auf die Oberfläche eines Glases voll Wasser (vgl. Abbildung). Der Schwefel ist schwerer als Wasser, doch die Oberflächenspannung des Wassers verhindert sein Herabsinken. Gewöhnliches Wasser weigert sich, ihn zu „nässen“. Wenn man jetzt ein paar Tropfen eines Waschmittels dazugibt, wird die Oberflächenspannung vermindert, und die Schwefelpartikel sinken wie Schneeflocken auf den Boden des Glases.

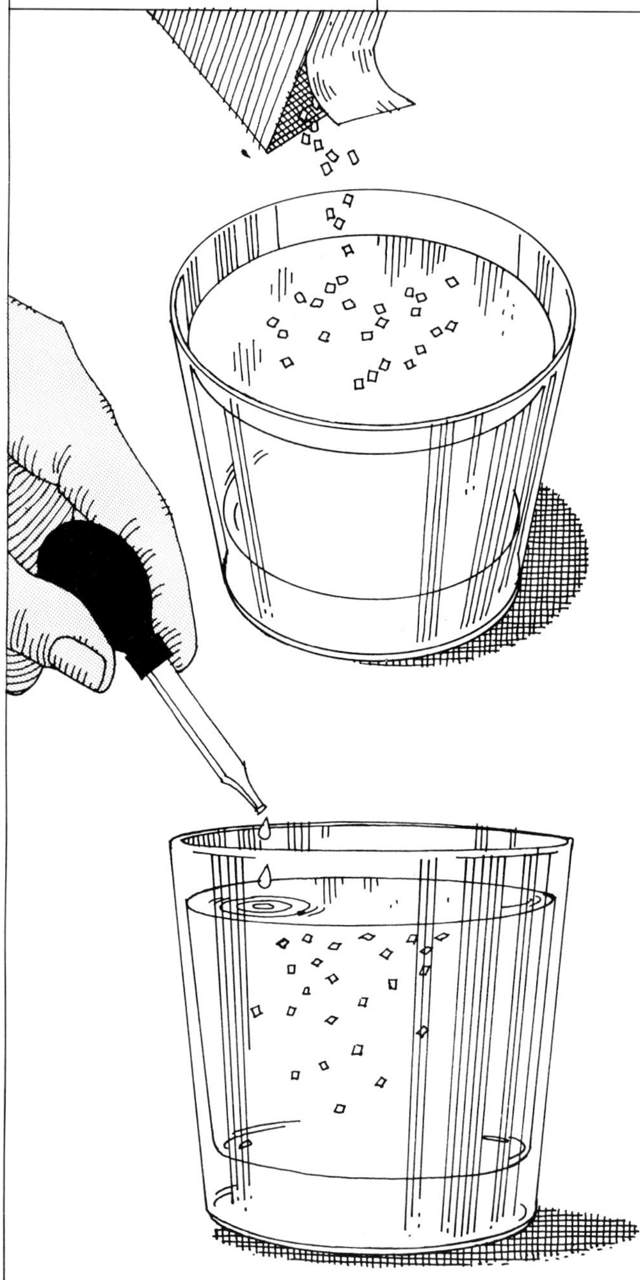

Wie sich Seife und Zucker im Wasser verhalten

Seife und Zucker verhalten sich im Wasser sehr unterschiedlich. Man bricht ein Holzstückchen in viele kleine Teile und läßt diese in einem mit Wasser gefüllten Teller schwimmen. Legt man jetzt ein Stück Würfelzucker in das Wasser, so bewegen sich die Holzstückchen auf den Zucker zu. Zucker ist natürlich nicht magnetisch, doch er saugt Wasser in sich auf und erzeugt so einen Sog, der die Holzstücke anzieht. Jetzt nimmt man den Zucker heraus und wiederholt das Ganze mit einem Stückchen Seife. Ein Teil der Seife wird sich auflösen und dadurch die Oberflächenspannung kreisförmig verringern. Dadurch werden die Holzsplitter schnell von der Seife davongeschoben.

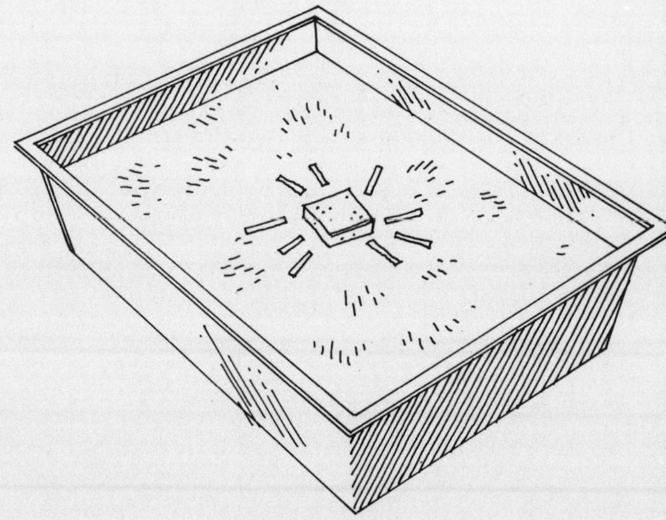

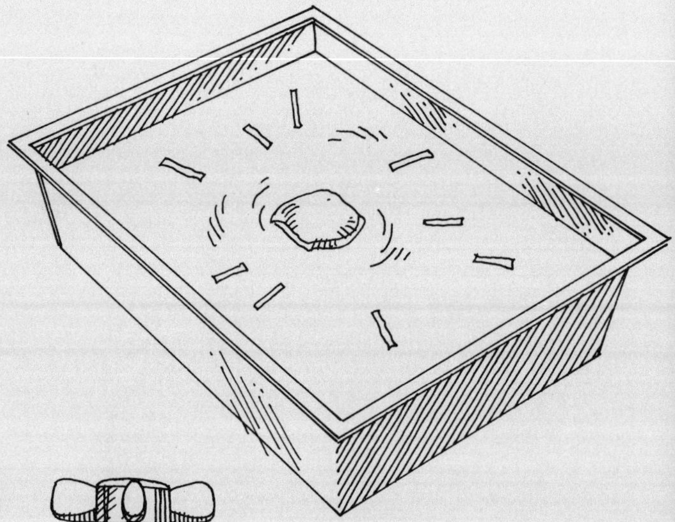

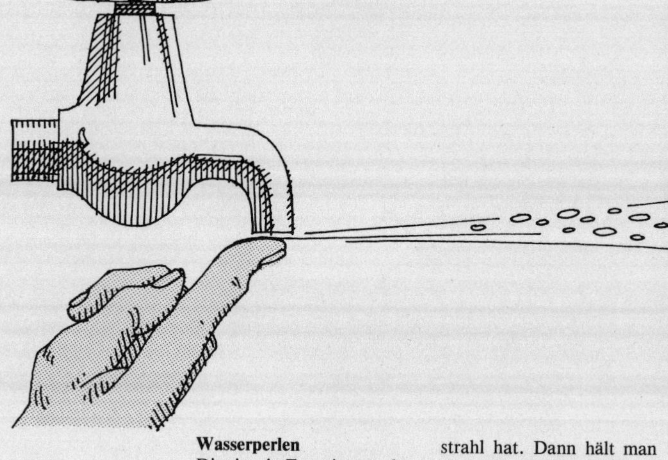

Wasserperlen

Dies ist ein Experiment, das die Oberflächenspannung des Wassers demonstrieren soll, indem ein dünner Wasserstrahl erzeugt wird, der wie eine Perlenkette aussieht. Man dreht einen Wasserhahn auf, bis man einen ganz dünnen Wasserstrahl hat. Dann hält man einen Finger etwa 5 cm vom Hahn entfernt. Den Finger bringt man nun so nahe an den Wasserhahn heran, daß das Wasser am Herauskommen gehindert wird und sich in kleine Tröpfchen verteilt, die wie winzige Wasserperlen aussehen.

Der Seiltrick
Wenn man sich das vorher erwähnte Prinzip zunutze macht, kann man einen Seiltrick vorführen. Man knotet ein Stück Schnur im Kreis und läßt es auf der Wasseroberfläche schwimmen. Jetzt beschmiert man das Ende eines Streichholzes mit Seife oder einem Spülmittel und hält das Streichholz in die Mitte der ungleichmäßig auf dem Wasser liegenden Schlinge. Sofort wird die Schlinge eine Kreisform annehmen, denn die Seife durchdringt die Wasserpartikelchen, die von der Oberflächenspannung wie von einer Haut zusammengehalten wurden. Durch die Seife bricht dieser Zusammenhalt auf, und die Flüssigkeitspartikelchen schieben gegen die Schnur und zwar mit gleicher Kraft an allen Stellen der Schnur. Die Schnur strafft sich und wird in eine Kreisform gezwungen.

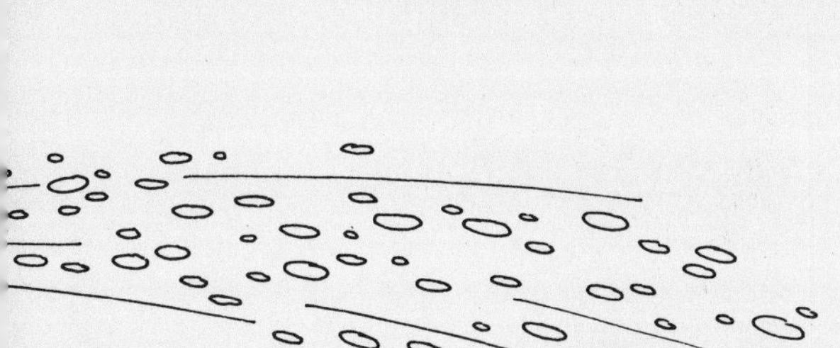

Ein wasserdichtes Sieb
Die Oberflächenspannung ermöglicht es, ein wasserdichtes Sieb herzustellen. Man füllt eine Glasflasche mit Wasser und befestigt mit einem Gummiband ein Stück Drahtgaze. Mit einer Hand hält man nun die Flasche zu und dreht sie dann um. Wenn man jetzt die Hand schnell wegnimmt, kommt kein Wasser durch das Drahtgeflecht geflossen. Der Grund dafür ist darin zu suchen, daß die Oberflächenspannung eine ‚Haut' bildet, sobald das Wasser mit Luft in Berührung kommt. Dies geschieht bei jeder einzelnen Öffnung des Drahtnetzes auf so wirkungsvolle Weise, daß das Wasser nicht herausfließen kann. Und das ist auch der Grund dafür, warum der Regen nicht durch die feinen Poren eines Zeltdaches dringen kann.

Ein Kampferboot
Mit diesem Boot kann man die Oberflächenspannung sehr schön demonstrieren. Man braucht dazu ein kleines Stückchen Kampfer, einen Becherdeckel aus Aluminium, ein Streichholz und als Segel ein Farbpapier. Man reinigt den Deckel gründlich, glättet die Folie und schneidet sie in Form eines Bootes. Das Heck soll eine V-Form haben, denn darin wird ein kleines Stück Kampfer gesteckt. Mit Klebstoff befestigt man Mast und Segel. Man setzt das Boot in eine kleine Schale mit Wasser: es wird sich wie von Zauberhand getrieben bewegen. Der Kampfer löst sich langsam auf und erzeugt eine Lösung, die eine geringere Oberflächenspannung hat als das übrige Wasser. Der Sog des Wassers vor dem Boot ist stärker als der Sog der Kampferlösung am hinteren Ende des Bootes, so daß sich das Boot vorwärts bewegt.

Unermüdliche Tänzer
Nach dem gleichen Prinzip funktioniert folgender Versuch. Man steckt vier Nadeln in eine flache Korkscheibe und zwar so, daß sie eine Kreuzform bilden. Ans Ende jeder Nadel steckt man wiederum ein kleines Stückchen Kork, in dem man zuvor ein winziges Stückchen Kampfer befestigt hat (vgl. Abbildung). Die ausgeschnittenen Figuren der Tänzer steckt man nun in die Korkscheibe und legt das Ganze in eine Schüssel mit Wasser. Die Tänzer werden sich etwa drei Tage lang im Kreis bewegen. Wer den Grund nicht kennt, wird sich über dieses Perpetuum mobile ganz schön wundern.

Der Wasserauftrieb

Archimedes wurde wegen seiner Entdeckung berühmt, daß ein Gegenstand, der in eine Flüssigkeit getaucht wird, so viel von seinem Gewicht einbüßt, wie das Wasser wiegt, das er verdrängt.
Diese Entdeckung war die Folge einer ganz anderen Aufgabe, die der Herrscher von Sizilien dem Archimedes gestellt hatte. Dieser König hegte nämlich den Verdacht, daß in das Gold seiner neuen Krone etwas Silber gemischt worden war. Archimedes sollte nun beweisen, daß der Goldschmied ein Betrüger war, sollte aber die Krone dabei nicht beschädigen.
Der rettende Einfall kam Archimedes, während er gerade ein Bad nahm. Er sah, daß sich der Wasserstand in seiner Badewanne erhöhte, sobald sein Körper in das Wasser eintauchte. Auch hatte er den Eindruck, daß sein Körper unter Wasser an Gewicht verlor. Diese Entdeckung konnte die Lösung seines Problems sein. Es wird erzählt, daß Archimedes vor Freude aus der Badewanne sprang und nackt durch die Straßen von Syrakus lief, wobei er „Heureka!" rief: „Ich hab's gefunden!"
Er hatte tatsächlich eine Methode entdeckt, mit deren Hilfe man die Dichte von Materialien bestimmen konnte, indem man den Gewichtsunterschied mißt, der entsteht, wenn man sie ins Wasser legt. Archimedes konnte nun die Dichte der Krone mit der Dichte reinen Goldes vergleichen.
Jeder Gegenstand, der in eine Flüssigkeit gelegt wird, verliert an Gewicht. Wenn man in einem Fluß oder in einem See schwimmt und einen Stein vom Grund des Gewässers aufliest, ist man erstaunt, wie leicht er sich anfühlt. Der gleiche Stein wird außerhalb des Wassers um einiges schwerer sein. Das läßt sich auch ganz leicht mit einer Federwaage nachweisen.

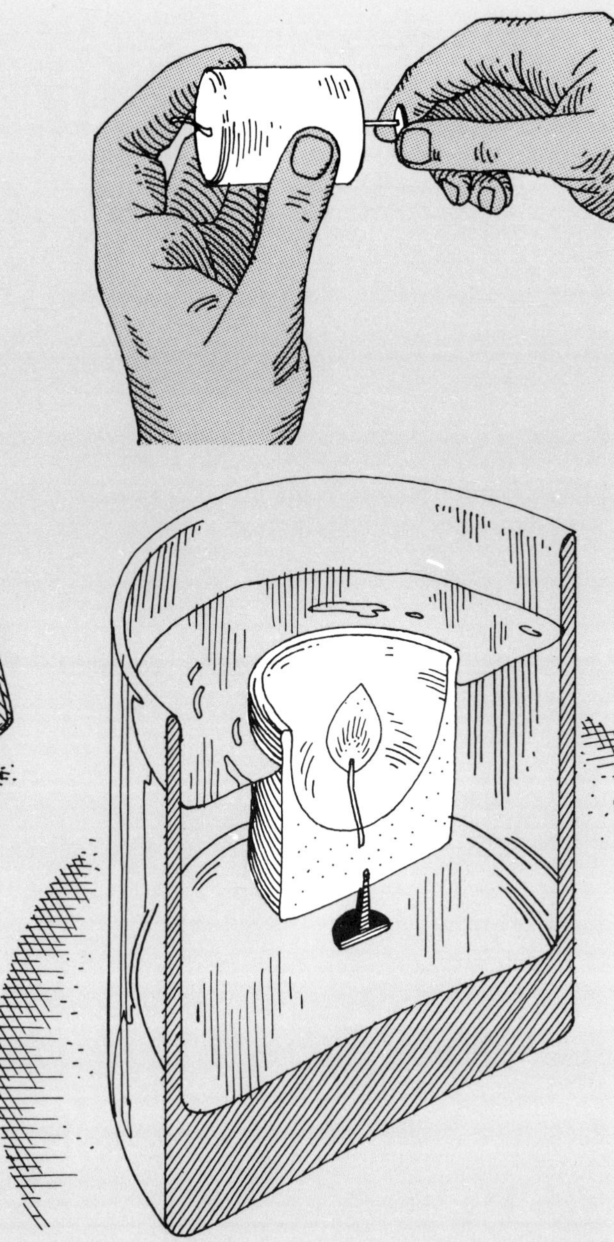

Der Gewichtsverlust im Wasser
Der Gewichtsverlust in einer Flüssigkeit ist klar zu erkennen, wenn ein Gegenstand schwimmt. Man füllt ein großes Glasgefäß bis zum Rande mit Wasser und wiegt das Ganze. Nun legt man ein Stück Holz auf die Wasseroberfläche, wodurch etwas von dem Wasser herausrinnen wird. Wenn man das Glasgefäß erneut wiegt, wird man feststellen, daß das Gewicht noch das Gleiche ist, obwohl man doch ein Stück Holz hinzugefügt hat. Das Wasser, welches aus dem Gefäß herausfloß, hat genau das gleiche Gewicht, wie das Holzstück. Mit diesem einfachen Experiment läßt sich die These des Archimedes bestätigen, daß ein Körper in einer Flüssigkeit ebenso viel an Gewicht verliert, wie das Gewicht der Flüssigkeit, welches er verdrängt. Diesen Gewichtsverlust nennt man den ‚Auftrieb'.

Eine Wasserkerze
Den Satz des Archimedes kann man sich zunutze machen, um sich eine geschützte, lang-brennende Kerze zu bauen, die man des abends mit in den Garten nehmen kann. Um die Kerze mit ihrem Docht nur ganz wenig über die Wasseroberfläche hinauszuragen zu lassen, beschwert man sie, indem man in ihr unteres Ende einen Nagel steckt. Man sollte mehrere Nägel ausprobieren, bis man den gewünschten Effekt erzielt. Wenn man nun die Kerze anzündet, wird sie nicht ausgehen, sobald sie die Wasseroberfläche erreicht hat, sondern wird auch unterhalb der Wasseroberfläche weiterbrennen. Das Wasser kühlt die Kerze, so daß ihre äußere Schicht den Schmelzpunkt nicht erreicht und sich die Flamme einen tiefen Tunnel in das Wachs gräbt, wobei eine dünne Wand aus Wachs stehen bleibt, welche das Wasser daran hindert, einzudringen.

Tanzende Mottenkugeln
In ein großes Glas mit Wasser gibt man etwas Essig und doppelkohlensaures Natron (auch einfach Natron genannt). Man färbt einige Mottenkugeln, damit sie besser zu sehen sind, und wirft sie dann in das Wasser. Sogleich werden die Mottenkugeln anfangen, auf und ab zu tanzen. Da sie schwerer sind als Wasser, müßten sie eigentlich sinken. Doch die chemische Reaktion zwischen dem Natron und dem Essig erzeugt Kohlendioxyd, welches sich in Bläschen um die Mottenkugeln herum ansammelt und so deren Auftrieb verstärkt. Doch an der Oberfläche entweichen die Bläschen in die Luft, die Kugeln werden wieder schwerer, sinken auf den Boden des Gefäßes, wo dann der ganze Prozeß wieder von vorne beginnt.

Das gelbe Unterseeboot
Aus einer frischen Zitronenschale schneidet man die Form eines Bootes heraus und verziert diese mit einem Kugelschreiber. Dieses Boot legt man in einen großen zylindrischen Krug voll Wasser. Das Gefäß verschließt man mit einem elastischen Plastikdeckel oder einem alten Stück Gummi. Jedes Mal wenn man auf den Deckel drückt, wird das Boot herabsinken, sobald der Druck von außen nachläßt, taucht das Boot wieder auf. In der porösen Zitronenschale sind winzige Löcher, die das Boot schwimmen lassen. Doch der Druck auf den Deckel wird durch das Wasser übertragen, so daß die Bläschen in der Zitronenschale zusammengedrückt werden, der Auftrieb der Schale sich vermindert und so das Boot zum Sinken bringt. Vor mehr als dreihundert Jahren führte der französische Philosoph René Descartes eine wissenschaftlichere Version dieses Versuches durch, die er den „Cartesischen Taucher“ oder „Flaschenkobold“ nannte.
So einen Flaschenkobold kann man sich auch selbst herstellen, indem man ein kleines Fläschchen aufrecht in einem Wassergefäß schwimmen läßt. In dem Fläschchen sollte gerade so viel Wasser sein, daß sein Rand über die Wasseroberfläche hervorragt. Jetzt legt man seine Handfläche auf das Glasgefäß und drückt fest nach unten. Das Fläschchen wird versinken und wieder auftauchen, sobald man die Hand fortnimmt. Das kommt daher, daß die Luft leicht zusammengepreßt werden kann, das Wasser aber nicht. Der Wasserdruck des großen Gefäßes quetscht die

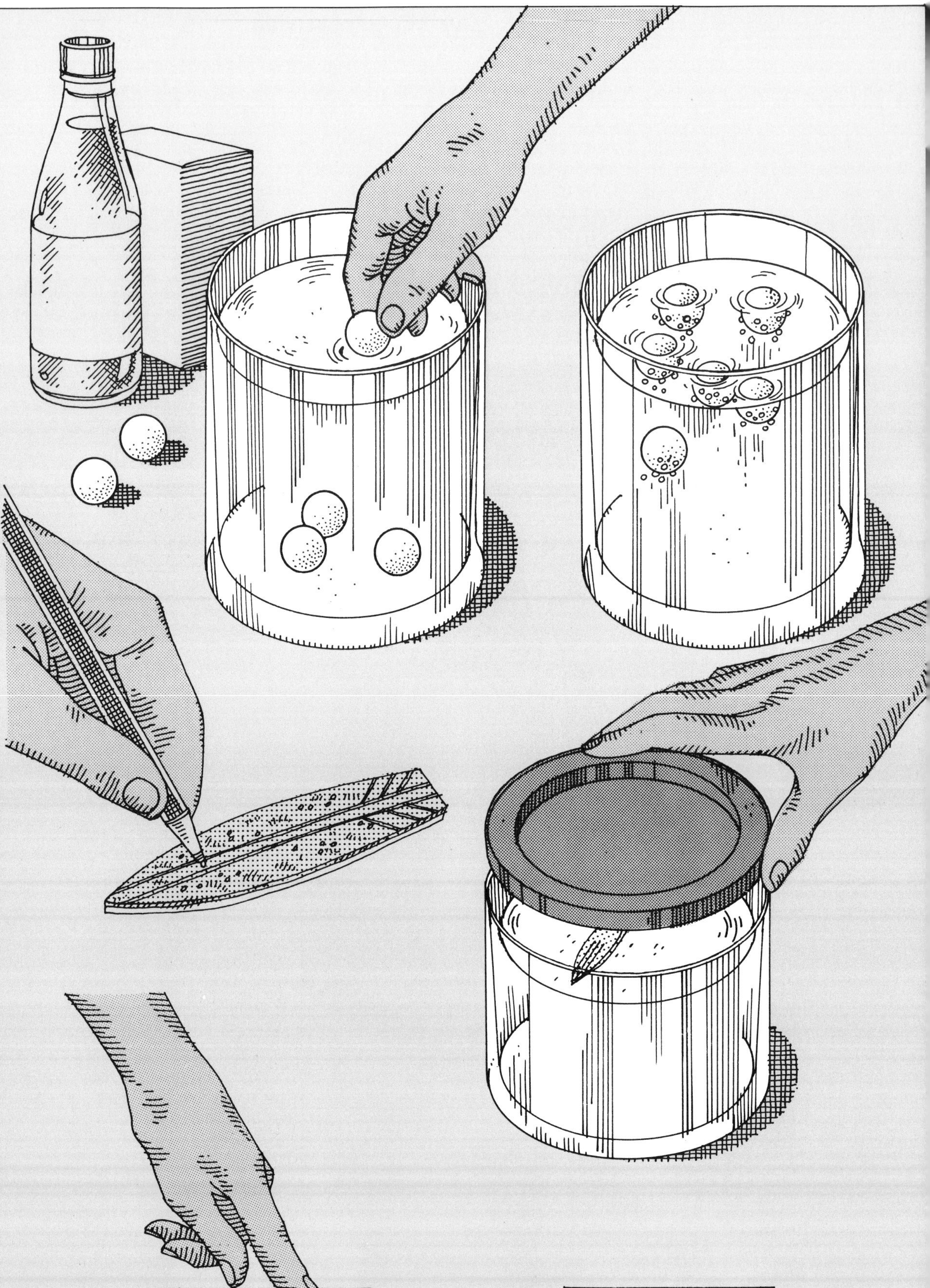

Luft aus dem tauchenden Fläschchen und läßt zusätzlich Wasser hinein. Das Fläschchen verliert an Auftrieb und sinkt.
Auch U-Boote tauchen, indem sie Wasser fluten und tauchen auf, indem sie es wieder hinauspumpen.

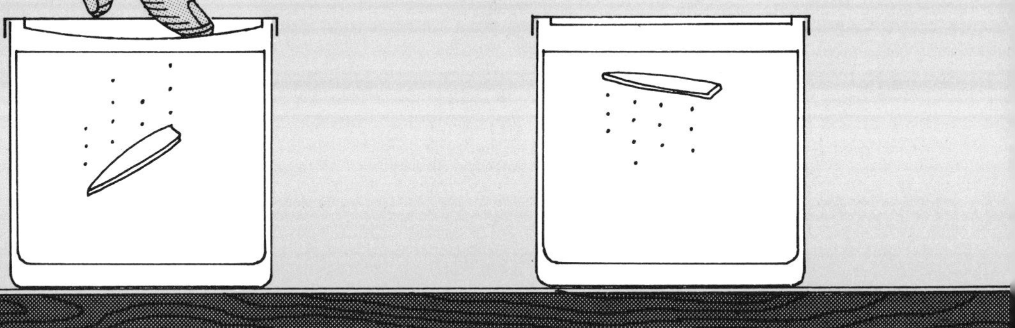

Heißes Wasser steigt nach oben

Der Auftrieb ist auch der Grund dafür, daß wir in einem hochgelegenen Badezimmer heißes Wasser haben können, obwohl der Boiler einen Stock tiefer angebracht ist. Die Tatsache, daß heißes Wasser so leicht nach oben steigt, ist für Heizungsinstallateure, die Zentralheizungen einbauen sollen, eine große Hilfe. Der dargestellte Versuch soll zeigen, wie leicht heißes Wasser nach oben steigt. Man füllt eine kleine Flasche mit heißem Wasser, das man zuvor mit Tinte gefärbt hat. Man versenkt das Fläschchen vorsichtig in einem größeren Glasgefäß, das mit kaltem Wasser gefüllt wurde. Aus dem kleinen Fläschchen wird sofort eine farbige Wolke herausströmen, die sich zur Oberfläche des kalten Wassers hin bewegt. Das Ganze sieht aus wie ein kleiner Vulkan-Ausbruch.

Der Grund dafür ist der, daß heißes Wasser einen größeren Raum einnimmt, als kaltes, denn der Platz zwischen den Wasserpartikelchen wird mit zunehmender Erhitzung größer. Deshalb ist heißes Wasser leichter und erhält Auftrieb. Nach einer Weile wird sich das warme und das kalte wieder vollkommen vermischt haben und die Tinte wird das Wasser überall gleichmäßig färben.

Man kann sogar gefärbtes heißes Wasser von einer Flasche in eine andere Flasche hinaufsteigen lassen. Man nimmt zwei gleichgroße Flaschen, die eine große Öffnung haben. Eine davon füllt man mit kaltem Wasser und verschließt sie mit einem Stück Karton. Die andere Flasche füllt man mit heißem Wasser, das man mit Tinte eingefärbt hat. Beide Flaschen sollten randvoll sein. Nun hält man den Karton mit einer Hand fest und stülpt die Flasche mit kaltem Wasser vorsichtig genau auf den Hals der anderen Flasche. Nun zieht man den Karton rasch und vorsichtig zwischen den beiden Flaschen heraus. Es läßt sich beobachten, daß das heiße Wasser in die obere Flasche hinaufsteigt, während das kalte Wasser sich in der unteren Flasche sammelt.

Die Dichte

Man vergleicht die Dichte von Flüssigkeiten gewöhnlich mit der Dichte von Wasser und verwendet dafür den Begriff: „Spezifisches Gewicht“. Das Instrument, das man dafür verwendet, nennt man Hydrometer. Der einfachste Hydrometer ist ein gerades Stöckchen, das an einem Ende mit einem Gewicht beschwert ist, so daß das Stöckchen aufrecht schwimmt. Je größer die Dichte der Flüssigkeit, desto höher schaut das Stöckchen über die Oberfläche hinaus. An dem Stöckchen ist eine Skala eingezeichnet, die es ermöglicht, die verschiedenen Flüssigkeiten miteinander zu vergleichen.

Die Wasserdichte ist für jedes Schiff von großer Bedeutung. Um sicherzustellen, daß Frachtschiffe von ihrer Ladung nicht zu tief ins Wasser gedrückt werden, haben sie an der Seite ebenfalls eine Skala, die sogenannte Lademarke, an der die zulässige Höchstbelastung abgelesen werden kann.

Weil aber Salzwasser dichter ist als Süßwasser, und kaltes Wasser dichter als warmes Wasser, wird die Belastbarkeit eines Schiffes davon abhängen, ob es sich im indischen Ozean, im Nordatlantik, auf Hoher See oder auf einem Fluß befindet. Entsprechend gibt es unterschiedliche Lademarken an den Schiffen (vgl. Abbildung).

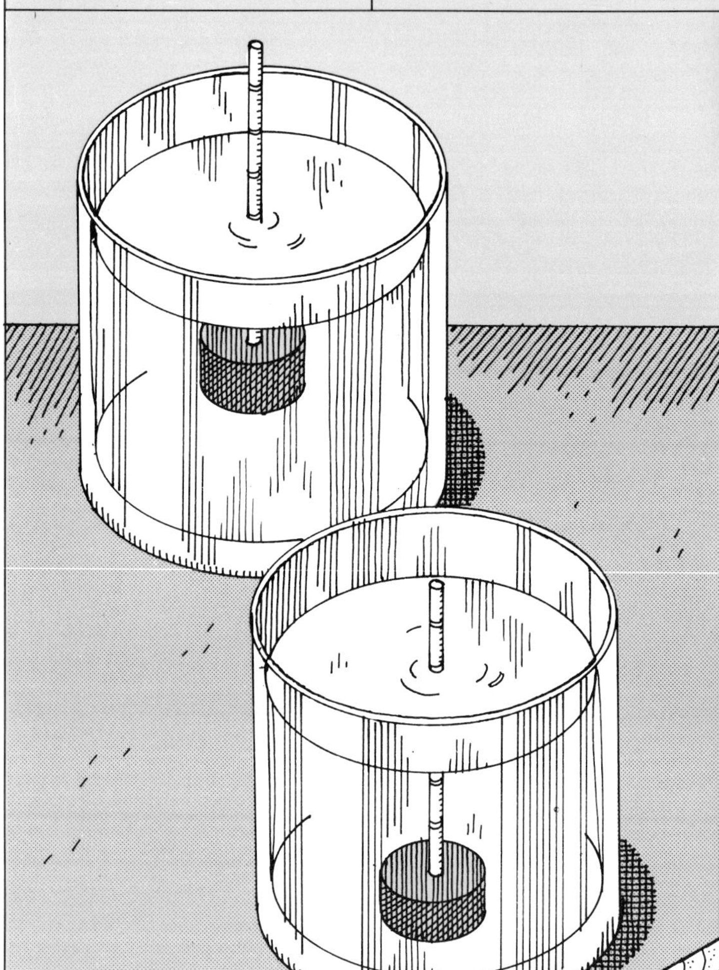

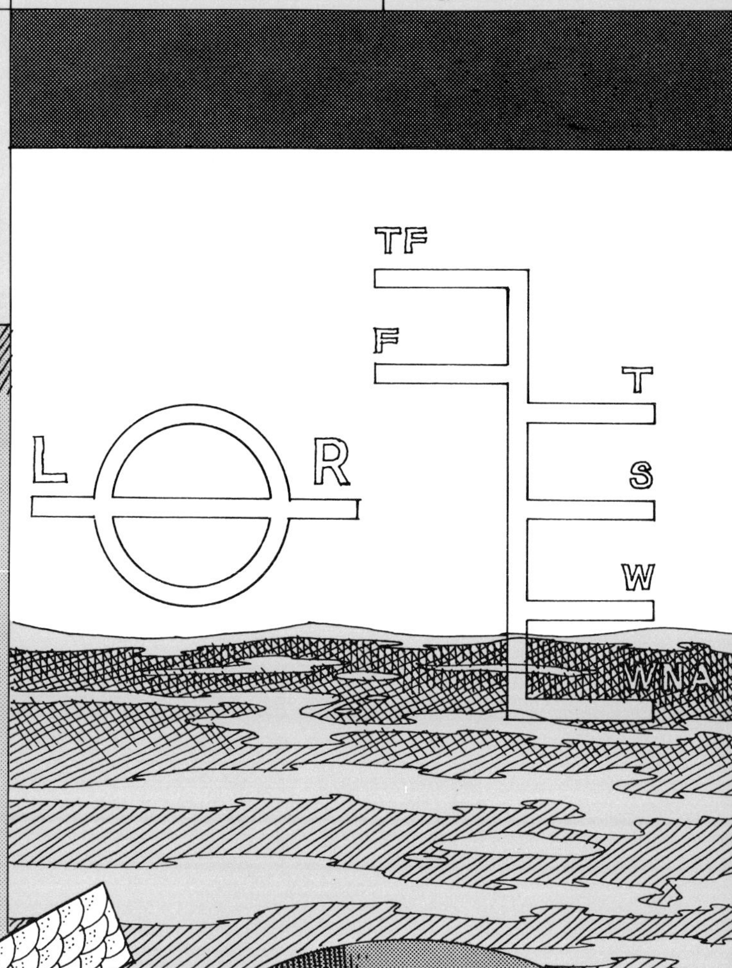

Der Salzwasserfisch

Erzählt euren Freunden, daß euer Fisch, obwohl er nur aus Pappe ist, kein Süßwasser verträgt. Bastelt euch einen Fisch aus Weichholz, der etwa 15 cm lang sein soll und verziert ihn mit Augen und Schuppen. Jetzt füllt ihr eine Schüssel mit Süßwasser aus dem Wasserhahn und eine andere mit stark gesalzenem Wasser. Wenn ihr jetzt den Fisch ins Salzwasser bringt, wird er munter vor sich hinschwimmen. Im Süßwasser aber wird er sich sofort auf den Rücken legen, als würde er sterben. Der Grund dafür ist der, daß Salzwasser eine höhere Dichte hat als Leitungswasser und der Fisch deshalb leichter darauf schwimmt. Das ist auch der Grund dafür, warum einem das Schwimmen im Meer leichter fällt als in einem Schwimmbad.

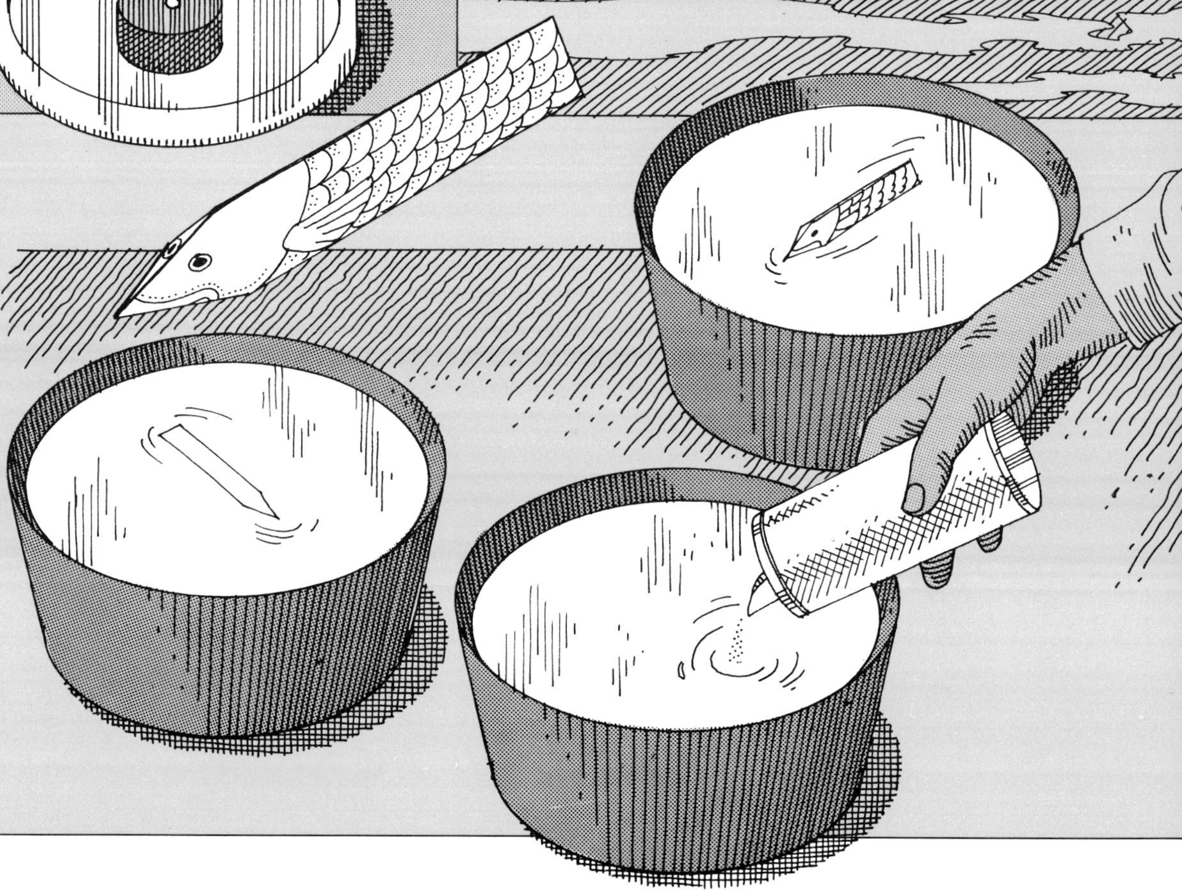

Schwimmende und sinkende Eier

Man nimmt drei Glasgefäße, von denen zwei gleich groß sein sollen, das dritte aber etwa doppelt so groß. In eines der kleinen Gefäße füllt man Leitungswasser und in das andere kleine Gefäß füllt man die gleiche Menge einer starken Salzlösung. Läßt man ein Ei ins Leitungswasser fallen, so geht es unter. Nun legt man das Ei in die Salzlösung; wegen der höheren Dichte wird das Ei dort schwimmen. Schüttet man nun den Inhalt der beiden kleinen Gefäße in das große Gefäß, so kann man eine Flüssigkeit herstellen, die genau die gleiche Dichte hat, wie das Ei. Es ist nun ein Gleichgewicht entstanden, und das Ei wird auf halber Höhe des Gefäßes schwimmen. Fügt man nun Leitungswasser hinzu, so wird das Ei sinken, nimmt man aber Salzwasser, ist es genau umgekehrt. Auf diese Weise kann man das Ei wie ein wildgewordenes Unterseeboot aufwärts und abwärts tanzen lassen.

Schwimmende Flüssigkeiten

Man kann ein Glas mit 5 verschiedenen Flüssigkeiten füllen und kann diese Flüssigkeiten voneinander getrennt halten, wenn sie eine unterschiedliche Dichte haben. Man nimmt dazu ein konisches Glas und macht sich vier Papiertüten, deren spitze Enden man abschneidet. Als erstes gießt man starken süßen Kaffee in das Glas, dann füllt man eine der Papiertüten mit Wasser und läßt das Wasser langsam auf der Innenseite des Glases herabtropfen. Auf die gleiche Weise gießt man nun eine Schicht Wein, eine Schicht Öl und schließlich eine Schicht Spiritus in das Glas.

Die Funktion der Kapillare

Hält man ein dünnes Glasröhrchen mit dem offenen Ende unter die Wasseroberfläche, so wird man feststellen, daß das Wasser in dem Röhrchen zu klettern beginnt, bis es am geschlossenen Ende des Röhrchens ankommt. Je dünner das Röhrchen ist, desto höher wird das Wasser klettern. Diese Fähigkeit des Wassers, in dünnen Röhren zu klettern, nennt man die Kapillarwirkung.

Dafür kann man im täglichen Leben viele Beispiele finden. Wasser klettert die feinen Fäden eines Handtuches empor, wenn man ein Ende ins Wasser hält; Fließpapier saugt die Tinte auf, geschmolzenes Wachs steigt in den Kerzendocht hinauf.

Dank dieser Kapillarwirkung ist das Wasser in der Lage, vom Grundwasser aus aufwärts zu klettern und die Wurzeln der Pflanzen mit Feuchtigkeit und Nahrung zu versorgen, die diese benötigen. Die Zwischenräume zwischen den Erdpartikeln wirken dabei wie kleine Kapillar-Röhrchen. Die Kapillarwirkung ist auch die Kraft, die innerhalb der Pflanzen den Saft zu den Blättern transportiert.

Wir machen Chromatogramme

Bei Chromatogrammen kann man die verschiedenen Farben in-

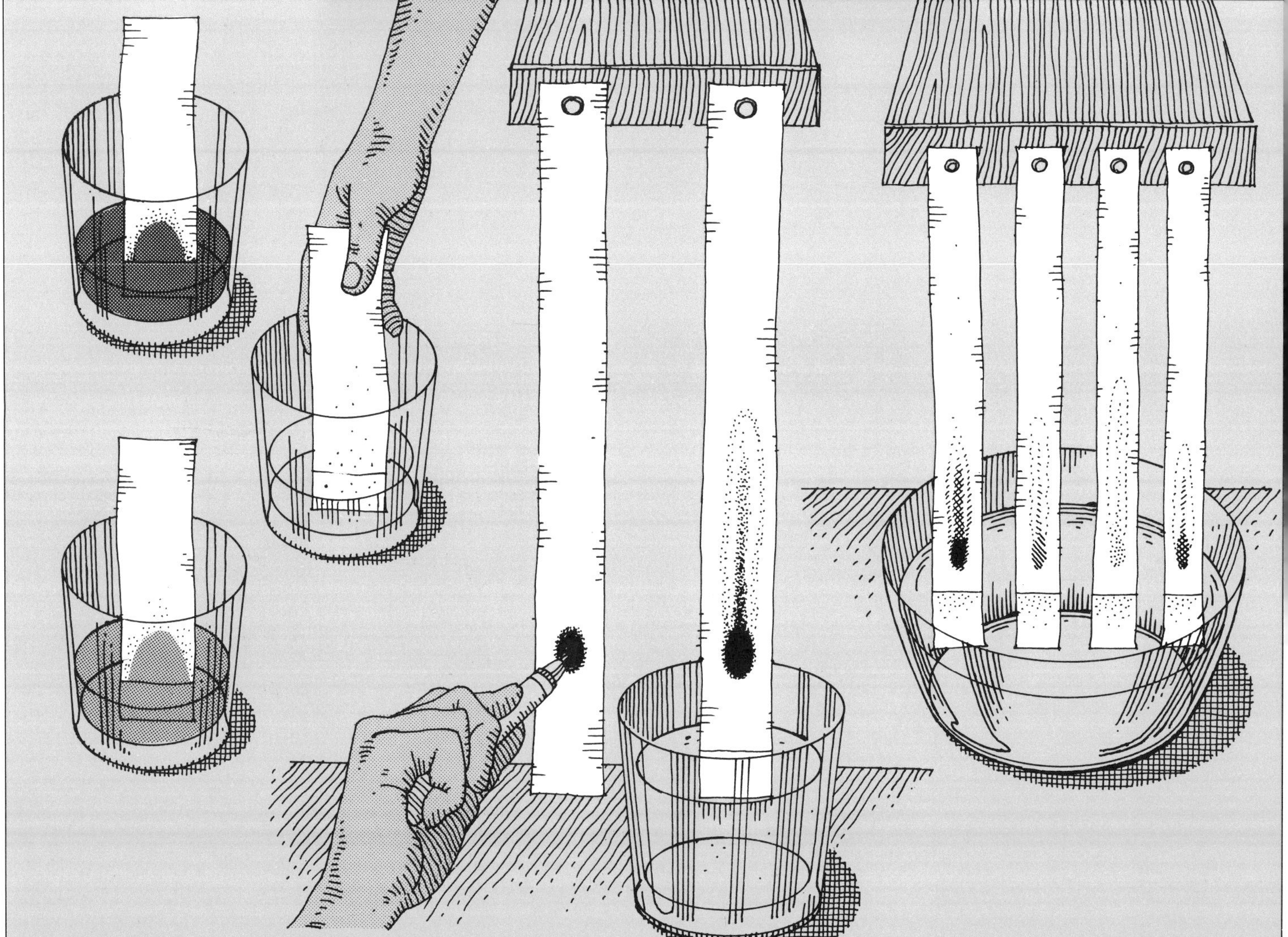

Die Kapillarwirkung in der Chemie

Die Chemiker machen sich die Kapillarwirkung zunutze, um ein Gemisch aus unterschiedlichen Stoffen zu trennen. Zum Beispiel im Löschpapier finden sich sehr viele kleine Öffnungen, durch die Flüssigkeit hinaufklettern kann. Werden gewisse Substanzen im Wasser gelöst, dann klettern sie langsamer als andere in dem Löschpapier empor. Auf diese Weise können gemischte Flüssigkeiten zerteilt werden, weil die schneller steigenden Stoffe die anderen zurücklassen. Mit verschiedenen Tinten und Streifen von Löschpapier lassen sich viele Experimente durchführen, denn Tinte ist ein Gemisch aus vielen Pigmenten, die sich unterschiedlich schnell voranbewegen.

Man nimmt zunächst drei kleine Gläser und füllt sie etwa 2,5 cm hoch mit Wasser. Nun tropft man ein paar Tropfen roter Tinte in das eine Glas, ein paar Tropfen blauer Tinte in das zweite Glas, und in dem dritten Glas läßt man das Leitungswasser ungefärbt. Nun hält man in jedes der Gläser einen Streifen Löschpapier, der etwa 15 cm lang ist und vier cm breit. Man kann beobachten, mit welch unterschiedlicher Geschwindigkeit die verschiedenen Flüssigkeiten in dem Papier hinaufklettern. Man nimmt einen 25 cm langen Streifen Löschpapier und macht mit einem Filzstift am unteren Ende des Streifens einen schwarzen Tintenfleck.

Diesen Streifen läßt man in eine Wasserschale hängen und zwar so, daß das untere Ende des Streifens ins Wasser taucht, der Tintenfleck aber noch nicht im Wasser ist. Das Wasser wird sich nun das Löschpapier hinaufbewegen, und der Tintenfleck wird auch bald erreicht sein. Sobald dies geschieht, teilt sich der Tintenfleck in verschiedene Farben, die dann mit unterschiedlicher Geschwindigkeit nach oben klettern. Die grünen und die gelben Farben zum Beispiel klettern schneller als das Blau. Auf diese Weise hat man die Pigmente der schwarzen Tinte voneinander getrennt, in dem man sich die Kapillarwirkung zunutze gemacht hat.

Nun nimmt man das Papier aus dem Wasser und läßt es trocknen, bevor das Wasser das obere Ende erreicht hat. Wenn man eine größere Schale verwendet, kann man das gleiche mit verschiedenen Tinten ausprobieren und die verschiedenen Farben ein Wettrennen gegeneinander austragen lassen.

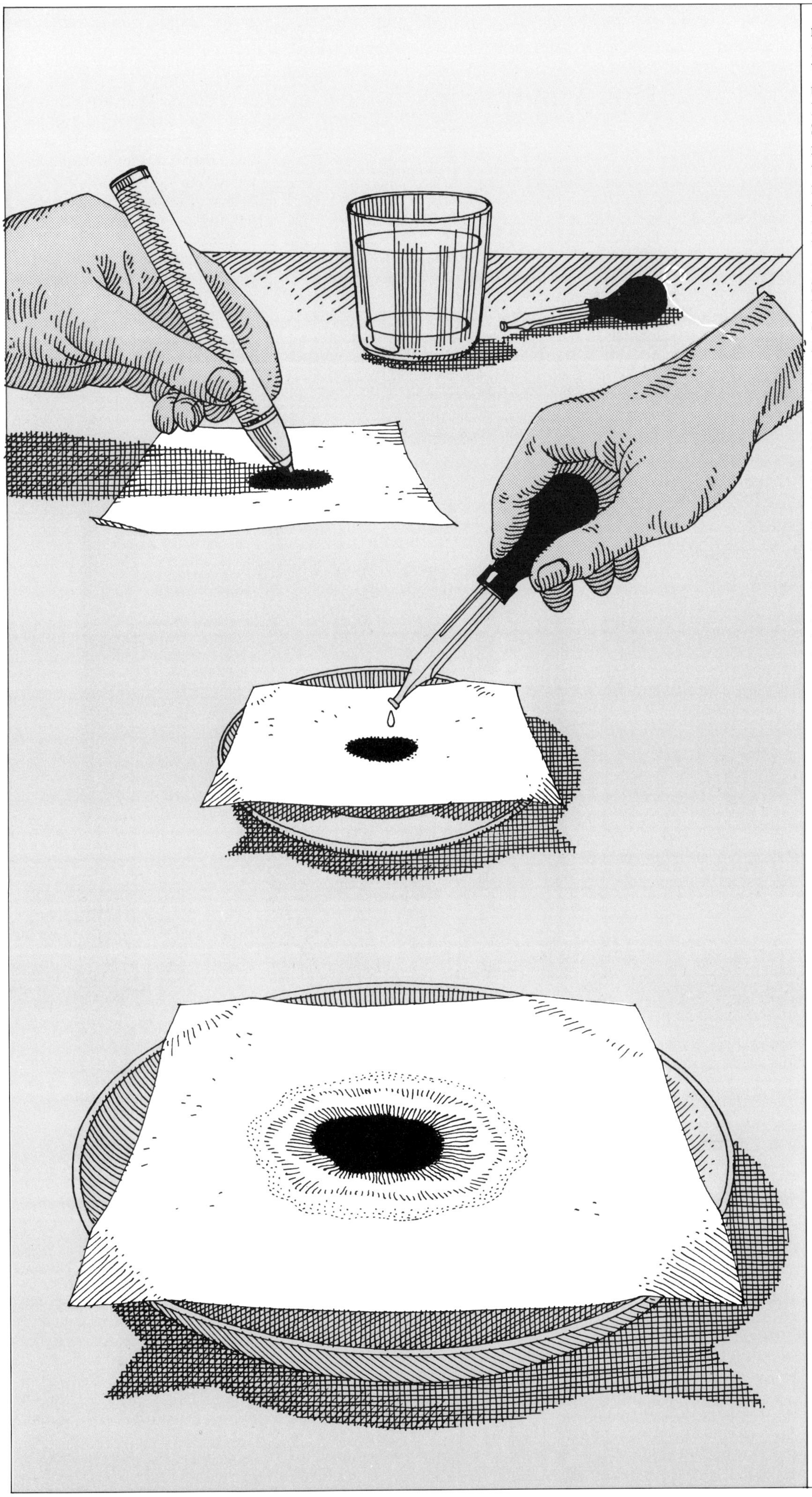

nerhalb von Tinten oder anderen farbigen Flüssigkeiten, die in Wasser löslich sind, voneinander trennen. Man schneidet ein Stück Löschpapier in etwa 10 cm breite Streifen. Mit einem Filzstift macht man in die Mitte des Blattes einen Farbfleck. Jetzt legt man das Löschpapier auf eine alte Untertasse. Man taucht eine Pipette in eine Tasse mit Wasser. Wenn man keine Pipette zur Verfügung hat, kann man auch einen Strohhalm nehmen, auf dessen Ende man den Finger hält, um darin einige Wassertropfen festzuhalten.

Jetzt läßt man ganz vorsichtig einen Tropfen Wasser auf den Tintenfleck fallen. Man wartet ein paar Sekunden, bis das Wasser Zeit hatte, sich auszubreiten, und fügt dann einen weiteren Tropfen hinzu. Das macht man eine ganze Weile und achtet dabei darauf, daß die Tropfen jedesmal auf die gleiche Stelle fallen. Man sollte jedesmal unbedingt warten, bis das Wasser aufgehört hat, sich auszubreiten, bevor man einen weiteren Tropfen hinzugibt. Während sich das Wasser ausbreitet, nimmt es die Tinte mit sich. Man wird feststellen, daß sich die verschiedenen Farbbestandteile mit unterschiedlicher Geschwindigkeit ausbreiten, sodaß sie voneinander getrennt werden, wobei die schnelleren Pigmente sich weiter ausbreiten und die langsameren zurückbleiben.

Ebenso wird man feststellen, daß die Grundfarben — Rot, Gelb und Blau — sich nicht verändern. Doch während das Rot und das Gelb sich ausbreiten, breitet sich das Blau nicht aus: der direkte Umkreis des blauen Fleckens bleibt farblos. Für diesen Versuch sind Schwarz und Braun besonders interessante Farben. Schwarz entwickelt aufeinander folgende Ringe von unterschiedlichen Farben, wobei der äußere Ring blau sein wird. Braun zeigt zunächst einen hohen Anteil an Rosa, um das sich ein grüner, äußerer Ring legt. Versucht diesen äußeren Ring in die Komponenten des Grün zu zerlegen. Diese Komponenten sind, wie zu erwarten war, das Blau und das Gelb. Für dieses Experiment sollte man nur wasserlösliche Farben verwenden.

Dieses Trennen der einzelnen Farbbestandteile voneinander nennt man Chromatographie, und die Muster, die entstehen, wenn man sich dieser Technik bedient, nennt man Chromatogramme.

12

Die Atmosphäre

Im 17. Jahrhundert führte Otto von Guericke, der Bürgermeister der deutschen Stadt Magdeburg, die ersten Versuche mit Luftdruck durch. Bei einem seiner berühmten Versuche fügte er zwei hohle bronzene Halbkugeln, die man Hemisphären nennt, fest zusammen und saugte mit Hilfe seiner Luftpumpe aus der so entstandenen Kugel die Luft heraus. Von Guericke wollte zeigen, daß es zwei Pferde-Gespannen nicht gelingen konnte, die Hemisphären auseinanderzuziehen. Die gemeinsame Kraftanstrengung von dreißig Pferden war nötig, die Halbkugeln zu trennen, und sobald wieder Luft in die Kugel einströmte, fielen die Hemisphären bei der leichtesten Berührung auseinander.

Der erste Mensch, dem es gelang, erfolgreich den Luftdruck zu messen, war der Italiener Evangelista Torricelli, ein Schüler Galileis. Schon Galilei hatte sich jahrelang gefragt, warum eine Pumpe nicht in der Lage war, Wasser höher als 10 m nach oben zu pumpen. Im Jahr 1643 sollte es seinem Schüler Torricelli gelingen, das Problem zu lösen.

Torricelli kam zu dem Schluß, es müsse das Gewicht der Atmosphäre sein, das verhinderte, daß das Wasser innerhalb der Pumpe um mehr als 10 m emporsteigen konnte. Deshalb untersuchte er, wie sich der Druck der Atmosphäre auf andere Flüssigkeiten auswirkte, denn ständig mit einem 10 m hohen Rohr zu experimentieren, war doch etwas umständlich. Er verwendete deshalb für sein berühmt gewordenes Experiment ein mit Quecksilber gefülltes Röhrchen — das Prinzip des Barometers — und schuf so das erste funktionierende Instrument zur Messung des Luftdruckes.

Wenn für euch Quecksilber erreichbar ist, könnt ihr das Experiment zu Hause nachvollziehen und euch gleichzeitig ein eigenes Quecksilberbarometer bauen.

Nehmt ein starkes Glasröhrchen von etwa 90 cm Länge, das an einem Ende geschlossen ist. Füllt das Röhrchen mit Quecksilber und verschließt es am offenen Ende mit dem Finger. Dreht das Röhrchen jetzt um und haltet es in eine Schüssel mit Quecksilber. Nehmt dabei den Finger von der Öffnung des Röhrchens.

Beobachtet das Quecksilber, und ihr werdet feststellen, daß es ein wenig herabsinkt. Auf diese Weise entsteht in dem Röhrchen ein Vakuum, das man heute noch das Torricellische Vakuum nennt.

Meßt die Quecksilber-Säule! Auf der Höhe des Meeresspiegels ist sie stets ca. 76 cm hoch. Der Luftdruck, der auf dem Quecksilber in der Schüssel liegt, läßt das Quecksilber in dem Röhrchen auf diese Höhe klettern. In einer verfeinerten Ausführung und mit einer Skala versehen, läßt sich dieses Gerät als Barometer verwenden. Es zeigt genauestens das Steigen und Fallen des Luftdrucks an.

Im Jahre 1648 nahm der französische Wissenschaftler Blaise Pascal eines von Torricellis Quecksilber-Thermometern auf den 1524 m hohen Puy-de Dôme mit hinauf. Pascal nahm an, der Luftdruck wäre in großen Höhen geringer. Je höher das Barometer hinaufgeschafft wurde, desto niedriger wurde die Quecksilber-Säule. Oben am Gipfel war die Quecksilber-Säule um 7,5 cm bis auf 68,5 cm gefallen, denn der Luftdruck, der auf dem Quecksilber lag, war tatsächlich geringer geworden.

Im 17. Jahrhundert fiel es dem englischen Chemiker Robert Boyle auf, wie elastisch die Luft sein kann. Dieses Phänomen nannte er „Luftelastizität". In einem berühmten Experiment erkannte er zum ersten Mal, daß man Luft zusammenpressen kann, wenn man Quecksilber in ein U-förmiges Rohr gießt, das an einem Ende verschlossen ist. Die Luft, die in dem verschlossenen Ende gefangen ist, läßt sich so zusammendrücken, daß sie einen kleineren Raum einnimmt.

Daraufhin entdeckte er, was man später „Boylsche Gesetz" nennen sollte. Wenn man Luft in eine Flasche einschließt, dann treffen die Luftmoleküle auf die Innenseite der Flasche mit einem Druck, der dem gewöhnlichen Luftdruck entspricht. Das Boylsche Gesetz besagt, daß sich der Luftdruck der Moleküle verdoppelt, wenn man eine bestimmte Menge von Luft in eine Flasche preßt, die nur die Hälfte ihres Volumens hat. Würde man die gleiche Luftmenge in eine Flasche pressen, die nur ein Zehntel des Volumens der ursprünglichen Flasche hat, so würde sich der Druck verzehnfachen.

Jetzt versteht man auch, warum komprimierte Luft in Spray-Dosen, Preßluftbohrern, Sandstrahlgebläsen und bei der Tiefseetaucherei so eine Bedeutung hat.

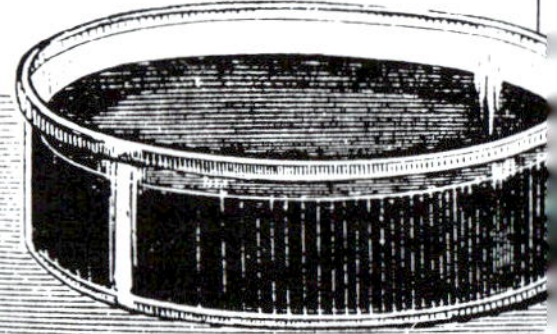

Die Kraft des Vakuums
Von Guericke demonstriert mit zwei kleinen „Magdeburger Hemisphären" und zwei Pferdegespannen die Kraft des Vakuums. Illustration aus seinem Buch „Experimenta Nova", Amsterdam 1672.

Die Flüssigkeitshöhe
Torricellis Demonstration aus dem Jahre 1643 sollte zeigen, daß die Höhe einer Flüssigkeitssäule vom Druck der Atmosphäre abhängt. Wasser kann 10 m hoch steigen, doch Quecksilber, das etwa 13,5 mal dichter ist als Wasser, kann nur 73 cm hoch steigen — wie in der zweiten Abbildung zu sehen ist.

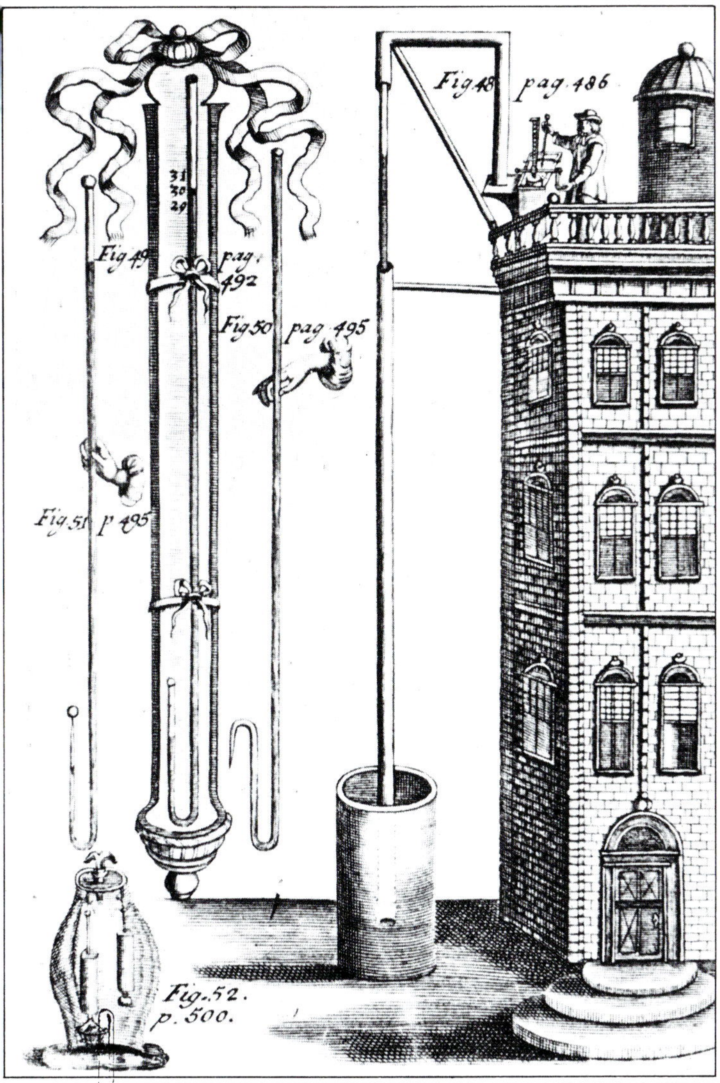

Boyle interessierte sich auch dafür, welche Rolle die Luft beim Atmen und bei Verbrennungsvorgängen spielt. Einer seiner Nachfolger, der englische Arzt John Mayow, kam dem Geheimnis dadurch näher, daß er den Verbrennungsvorgang beobachtete. Er isolierte Luft, indem er einen birnenförmigen Glaskrug umgestülpt in eine Wasserschüssel stellte. Eine Kerze, die in diesem Glaskrug brannte, ging nach kurzer Zeit aus.
Gleichzeitig stieg das Wasser in dem Krug langsam nach oben. Mayow zog daraus den Schluß, daß ein Teil der Luft offensichtlich von der brennenden Kerze aufgebraucht wurde, und daß die verbliebene Luft für die Verbrennung nutzlos war.
Doch erst gegen Ende des 18. Jahrhunderts gelang es Wissenschaftlern wie Joseph Priestley, die Luft genau zu analysieren und damit die alte Vorstellung, daß Luft ein einziges Element sei, zu beseitigen. Von nun an interessierten sich die Chemiker zunehmend für Gase.
Im Jahre 1774 erklärte Priestley, daß er in der Chemie auf Neuland gestoßen sei. Nachdem er Quecksilberoxyd erhitzt hatte, war es Priestley gelungen, Oxygen zu isolieren. Dabei hatte er herausgefunden, daß Oxygen wiederbelebende Eigenschaften besitzt. „Bis zum heutigen Tage war es nur zwei Mäusen und mir selbst vorbehalten, diesen Stoff einzuatmen“, sagte er zu Beginn seiner Versuche.
Priestleys Werk wurde von Lavoisier in dessen berühmtem Labor weitergeführt. Lavoisier führte dort einige der exaktesten Versuche durch, die in jener Zeit gemacht wurden.
Er beschäftigte sich mit der Zerteilung und Wiederzusammensetzung von Luft und fand dabei heraus, das Oxygen etwa ein Fünftel der Atmosphäre und Nitrogen etwa vier Fünftel ausmachen. Außerdem gelang es ihm zu beweisen, daß das Atmen ein Verbrennungsvorgang ist, genau wie Mayow schon vermutet hatte.

Boyles Experiment
Robert Boyle machte Experimente mit der „Elastizität der Luft“. Er fand heraus, daß, egal wie kräftig er pumpte, das Wasser nicht höher als 10 m hinaufgepumpt werden konnte.

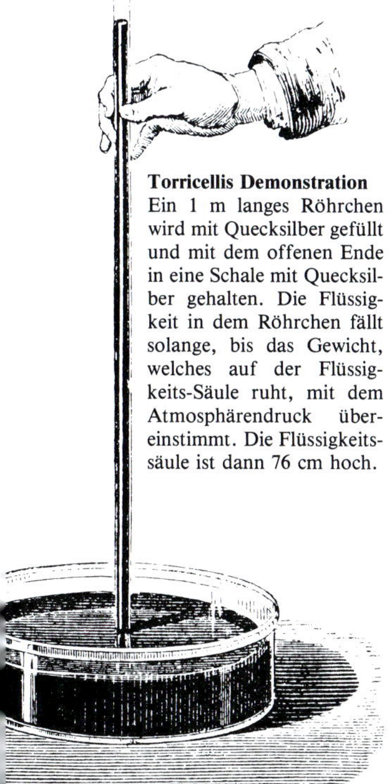

Torricellis Demonstration
Ein 1 m langes Röhrchen wird mit Quecksilber gefüllt und mit dem offenen Ende in eine Schale mit Quecksilber gehalten. Die Flüssigkeit in dem Röhrchen fällt solange, bis das Gewicht, welches auf der Flüssigkeits-Säule ruht, mit dem Atmosphärendruck übereinstimmt. Die Flüssigkeitssäule ist dann 76 cm hoch.

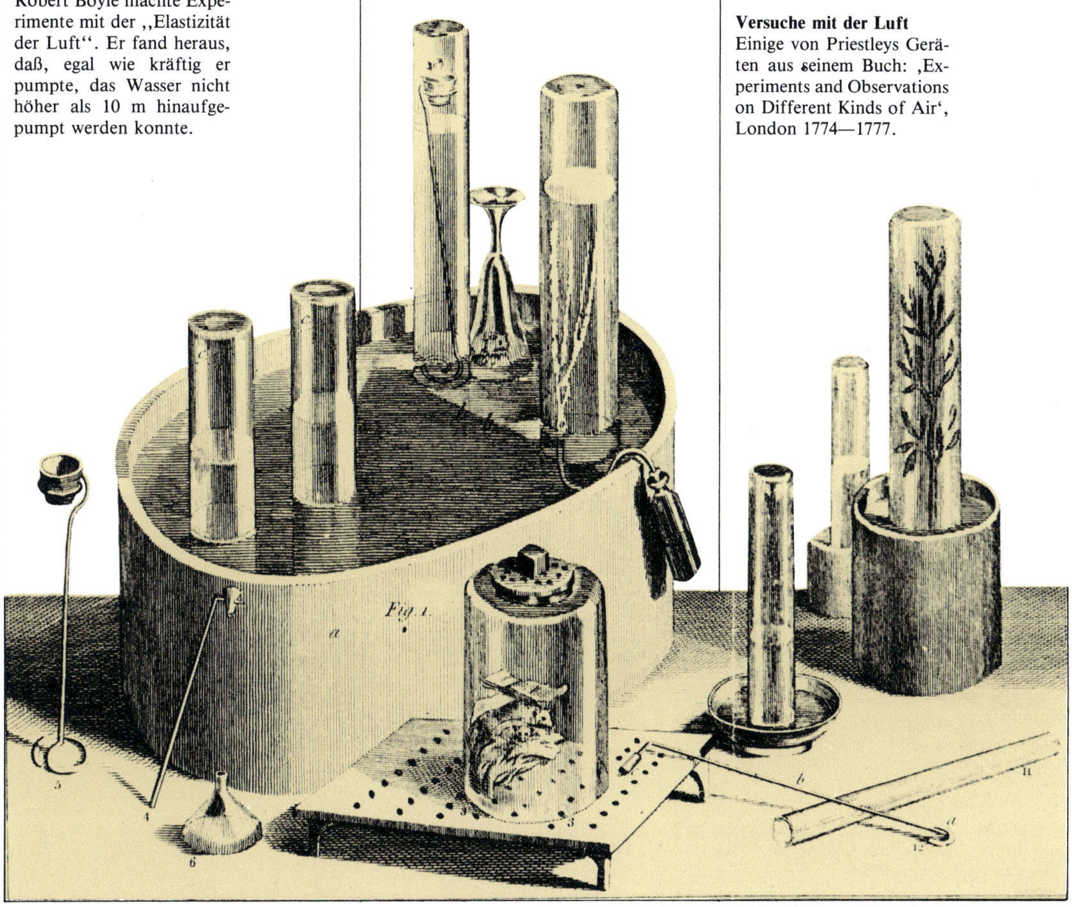

Versuche mit der Luft
Einige von Priestleys Geräten aus seinem Buch: ‚Experiments and Observations on Different Kinds of Air‘, London 1774—1777.

Luft ist etwas Reales

Auf diesen zwei Seiten werden einige einfache Versuche gezeigt, mit denen man die Existenz der Luft beweisen kann.

Luft in einer Flasche
Man steckt einen Trichter mit nicht zu breiter Öffnung in den Hals einer Flasche, die zu zwei Dritteln mit Wasser gefüllt ist. Man versiegelt den Trichter mit Modelliermasse und gießt etwas Wasser hinein. Das Wasser wird entweder überhaupt nicht in die Flasche laufen oder nur tröpfchenweise. Jetzt macht man mit einer Nadel ein Loch in die Modelliermasse, und sofort läuft das Wasser in die Flasche. Ohne das Loch verhindert die Luft in der Flasche, daß das Wasser eindringt. Das Wasser läuft nur in die Flasche, wenn die Luft durch das Nadelloch entweichen kann.

Wasser braucht Platz
Man versenkt ein Glas so in einer Wasserschüssel, daß es sich füllt. Man hält es jetzt umgekehrt mit einer Hand fest, und mit der anderen schiebt man ein zweites Glas umgekehrt ins Wasser. Das zweite Glas kippt man so unter dem ersten, daß die Luft, die darin ist, in das erste Glas hinaufsteigen kann. Diese Luft vertreibt aus dem ersten Glas das Wasser. Gleichzeitig füllt sich das zweite Glas mit Wasser. Dieser Versuch zeigt, daß das Wasser der Luft Platz machen muß. Deshalb muß man auch, wenn man aus einer geschlossenen Dose Flüssigkeit gießen will, *zwei* Löcher in die Dose machen — eines, durch das die Flüssigkeit herauskommen kann, und ein zweites für die Luft, die den Platz der Flüssigkeit einnehmen soll.

Luft ist überall

Luft kann man nicht sehen, doch sie füllt jeden freien Raum. Wenn man von einem Glas oder einer Schachtel sagt, sie sei leer, so sind sie eigentlich voll mit Luft. Luft ist ein Gemisch von Gasen, das man nicht fühlen kann, außer wenn man ein- und ausatmet oder wenn der Wind einem ins Gesicht bläst. Obwohl die Luft uns ungegenständlich erscheint, gibt es um die ganze Erde herum eine dicke Luftschicht, die auf alle Dinge einen ständigen Druck ausübt. Auf der Höhe des Meeresspiegels hat die Luft einen Druck von ungefähr 101,325 Newtons pro m^2.

Luft ist schwer
Im folgenden wollen wir beweisen, daß Luft schwer ist. Man legt eine dünne Holzplatte, die 8 cm breit ist und 60 cm lang ist, so auf einen Tisch, daß etwa 10 cm über den Rand hervorschauen. Jetzt breitet man zwei Doppelseiten einer Zeitung über den Teil des Holzes, der auf dem Tisch verblieben ist. Man glättet die Zeitung vorsichtig, bis sie eng an das Holz und den Tisch anschließt. Jetzt schlägt man mit einem Hammer auf das hervorschauende Ende der Holzplatte, und zwar kurz und kräftig. Statt daß die Zeitung in Richtung Decke geschleudert wird, bricht das Holzende ab. Die Luft, die auf das Papier herabdrückt, ist so schwer, daß das Holz bricht.

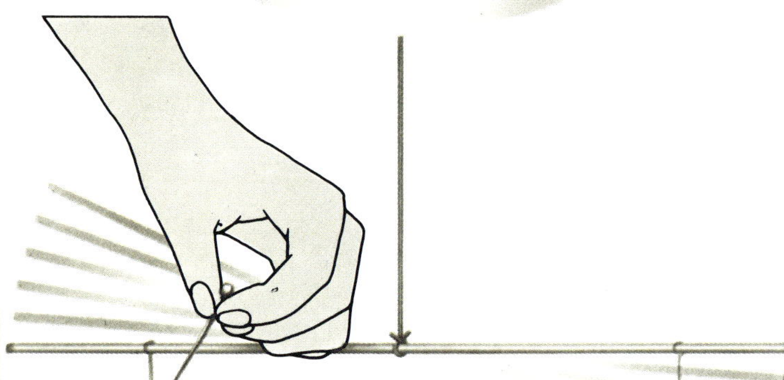

Das Gewicht der Luft
Ein weiterer Versuch, der zeigt, daß Luft schwer ist. Man hängt einen 60 cm langen Stab an eine Schnur, die in seiner Mitte festgebunden wird. Man rutscht mit der Schnur solange hin und her, bis der Stab ganz waagrecht hängt. Jetzt bläst man zwei Ballons zur gleichen Größe auf und bindet sie an beiden Enden des Stockes an. Man verrutscht die Ballons wieder, bis der Stock waagerecht hängt. Jetzt sticht man mit einer Nadel in einen der Ballons. Sobald er platzt, entweicht die Luft, und der andere Ballon wiegt mehr, denn er enthält Luft. Das Ende des Stockes, das den aufgeblasenen Ballon hält, sinkt herab. Sobald auch der zweite Ballon platzt, wird der Stock wieder waagerecht.

Hängendes Wasser
Man füllt ein Glas mit Wasser bis zum Rand und legt eine Postkarte darauf. Man hält die Karte mit einer Hand fest und kippt das Glas um. Wenn man nun seine Hand wegzieht, wird der Luftdruck die Karte am Glas festhalten.

Dosenzerquetschen
Wenn man sich eine Luftpumpe besorgen kann, läßt sich die große Druckkraft der Luft ganz einfach demonstrieren. Aus einer leeren Öldose entfernt man nach und nach die Luft und zwar solange, bis die Dose ganz oder doch fast ganz luftleer ist. Den leeren Raum in der Öldose nennt man ein Vakuum. Sobald dieses Vakuum erreicht ist, wird sich die Dose langsam nach innen verbiegen und sich zusammenquetschen, da die Außenluft auf die Dose Druck ausübt. Ein ähnliches Experiment läßt sich zu Hause auch ohne eine Luftpumpe durchführen. Man gibt etwa 13 mm Wasser in eine Öldose und kocht es einige Minuten lang. Sobald der Dampf entweicht, verschließt man die Dose mit einem Stöpsel oder einem Deckel. Wenn die Öldose abkühlt, kondensiert der Dampf darin und bildet teilweise ein Vakuum. Die Luft in der Dose, deren Druck verringert wurde, kann dem größeren Druck der Atmosphäre nicht standhalten. Schließlich wird die Dose von der Luft, die von außen auf sie drückt, zerquetscht. Wenn der menschliche Körper nicht aus druckfesten Stoffen und Flüssigkeiten, deren Zwischenräume mit Luft gefüllt sind, bestehen würde, würde er ebenso vom äußeren Luftdruck zerquetscht werden. Einige Organe jedoch, wie etwa die Lungen und die Gedärme, sind innen hohl, und unter Wasser könnten Taucher dem Druck nicht widerstehen, wenn sie nicht komprimiertes Gas atmen würden.

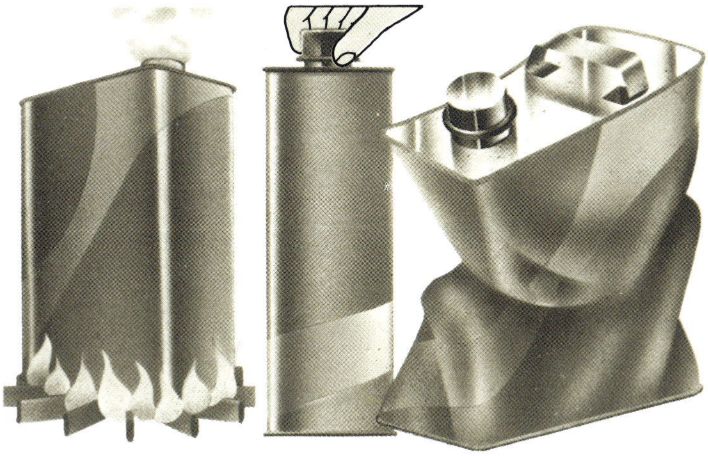

Luft kann einen Stuhl heben
Die Saugnäpfe, die man dazu verwendet, um Haken auf Kacheln anzubringen, funktionieren durch den Druck der Atmosphäre. Drückt man sie gegen eine glatte Oberfläche, so ist die Luft darunter gezwungen, zu entweichen. Nun werden sie vom atmosphärischen Druck gegen die Wand gedrückt und festgehalten. Vollkommen flache Oberflächen kann man auch mit Hilfe des Luftdruckes zusammenhalten. Um das zu zeigen, bindet man eine Schnur an einen flachen Ausgußstöpsel. Man macht die Unterseite feucht, und drückt den Stöpsel gegen die glatte Oberfläche eines Hockers oder eines kleinen Tischchens: es läßt sich mühelos an der Schnur emporheben, da der Luftdruck den Stöpsel daran festhält.

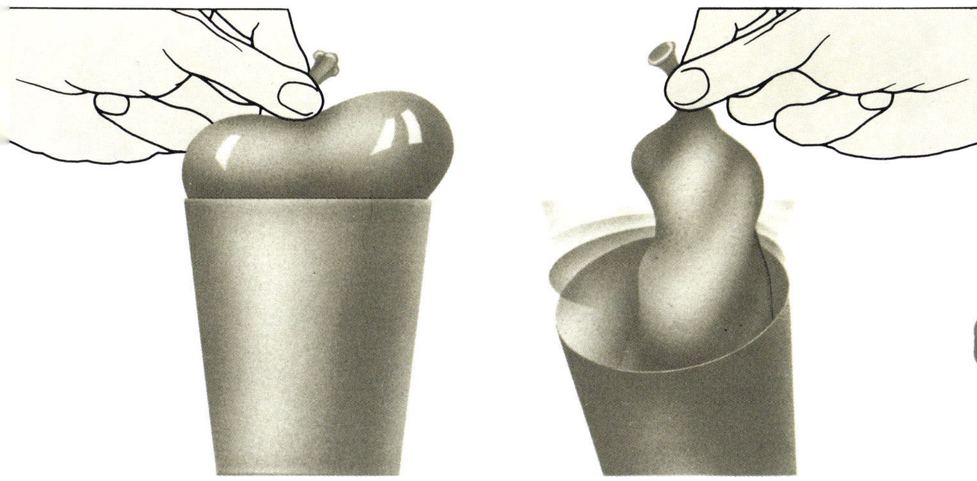

Ein Versuch mit komprimierter Luft
Man steckt einen leeren Ballon in einen Plastikbecher, bläst ihn dann auf und drückt so auf das Mundstück, daß die Luft nicht daraus entweichen kann. Wenn man jetzt den Ballon anhebt, wird man feststellen, daß der Becher daran haften bleibt. Nun läßt man nach und nach die Luft aus dem Ballon und prompt wird der Becher herunterfallen. Der Becher war an dem Ballon haften geblieben, da die Luft innerhalb des Ballons nach außen gegen die Wände des Bechers gedrückt hatte. Je mehr Luft man in den Ballon bläst, desto größer wird der Druck nach außen hin. Wenn man einen Fahrradschlauch aufpumpt, dann drückt man die Luft darin zusammen. Je mehr Luft man hineinpumpt, desto stärker drückt die Luft nach außen und desto härter wird der Reifen.

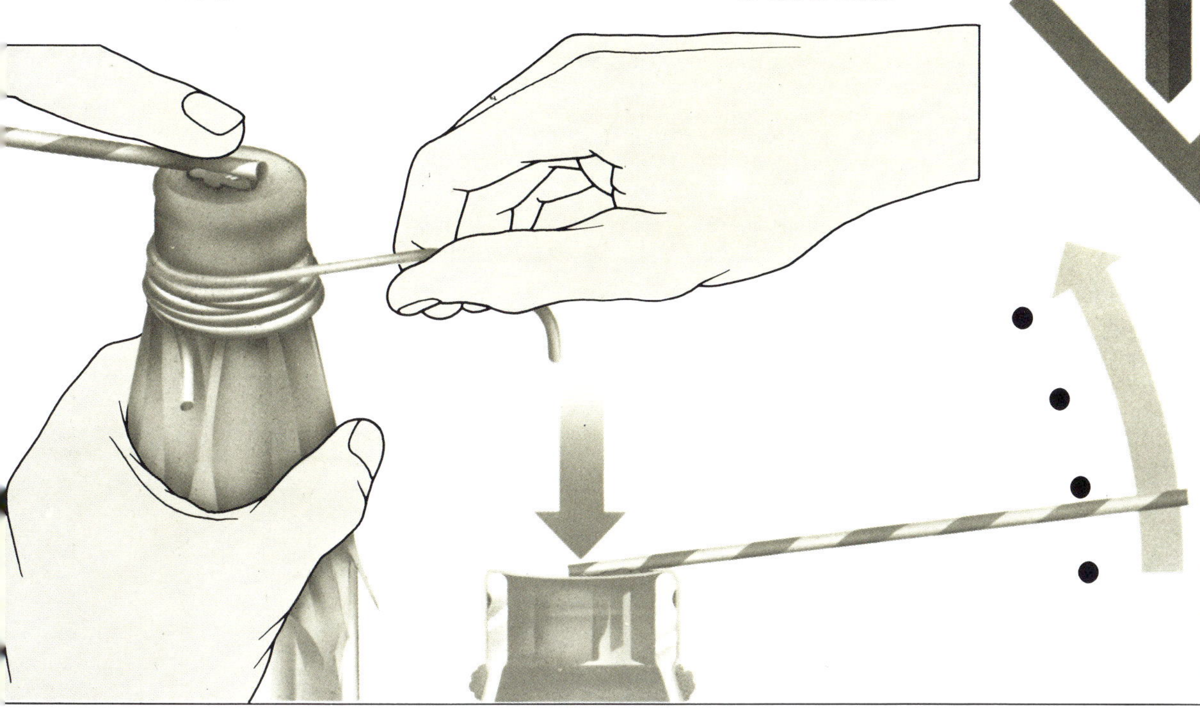

Das Flaschenbarometer
Man befestigt einen Strohhalm mit Klebstoff auf einem Stück eines Gummiballons, der über das offene Ende einer Flasche gespannt wurde. Das Strohhalm-Ende wird sich je nach Luft und Wetterlage auf und ab bewegen. Man kann sich auch eine Skala anfertigen, auf der sich die Werte genauer ablesen lassen. Bei schönem Wetter und hohem Luftdruck wird der Gummi nach innen gedrückt, und das Ende des Strohhalmes steigt in die Höhe. Mit fallendem Luftdruck sinkt auch der Strohhalm, da der Druck auf den Gummi vermindert wird. (Dieses einfache Barometer funktioniert nur, wenn es auf gleicher Temperatur gehalten wird, denn die Luft in der Flasche würde sich bei Erwärmung ausdehnen).

Die Bedeutung der Luft

Ohne Luft könnten wir kein Feuer machen. Die meisten Geräusche würden unser Ohr nicht erreichen. Keine Pflanzen könnten existieren. Ohne Luft gäbe es kein Wasser, und die Oberfläche der Erde wäre ebenso ohne Meere wie die Oberfläche des Mondes. Für Mensch und Tier wäre es unmöglich zu existieren, wenn es keine Luft zum Atmen gäbe.
Die schützende Luftschicht, die die Erde umgibt, wirkt wie das Dach eines gläsernen Gewächshauses, indem sie die extreme Hitze des Tages und die Kälte der Nacht, die Hitze des Sommers und die Kälte des Winters mildert. Dies geschieht dadurch, daß die Luft die Hitze der Sonnenstrahlen speichert, sodaß die Hitze nur langsam in den Weltraum entweicht. Der Mond, der keine Luftschicht hat, hat gewaltige Temperaturunterschiede zu erdulden. Während der großen Hitze eines Mondtages können die Temperaturen den Siedepunkt erreichen, während die Temperaturen des nachts auf —130 Grad Celsius fallen können.
Die Luft schützt die Erde auch vor einem ständigen Regen von Felsbrocken, die ohne sie ständig aus dem Weltall auf die Erde niederprasseln würde. Diese Felsbrocken sind millionenfach im ganzen Sonnensystem verstreut. Einige von ihnen haben die Größe ganzer Felsen. Diese Felsbrocken jagen mit hoher Geschwindigkeit durch das All. Sobald sie auf die Luftschicht treffen, die die Erde umgibt, werden sie rotglühend und verbrennen völlig. Manchmal aber überleben sie und landen als Meteoriten auf der Erde. Bis zum frühen 19. Jahrhundert wollte man nicht glauben, daß so ein Material vom Himmel fallen konnte. Tatsächlich aber ist zum Beispiel der ,,Heilige Stein“ in Mekka ein Meteorit. Der größte bekannte Meteorit fiel in prähistorischen Zeiten bei Hoba West in Südwest-Afrika auf die Erde und wiegt 60 Tonnen.

Die Zusammensetzung der Luft
Unser Lebensraum besteht aus der Erdoberfläche und jener gigantischen Luftschicht, die die Erde vollkommen einschließt und ,,Atmosphäre“ genannt wird. Die Atmosphäre erreicht eine Höhe von etwa 1 126 km und löst sich allmählich im Weltall auf.
Diese Luftschicht ist eine Mischung von farblosen, unsichtbaren Gasen. Zu vier Fünfteln besteht die Luft aus dem Gas Nitrogen, das besonders für das Wachstum der Pflanzen wichtig ist, während Oxygen etwa ein Fünftel der Luft ausmacht. In der Luft befindet sich auch eine geringe Menge Kohlendioxyd, das zu einem Teil aus Kohlenstoff und zu zwei Teilen aus Oxygen besteht. Kohlendioxyd ist der Stoff, den wir ausatmen; die Pflanzen verwenden ihn in ihrem Ernährungsprozess. Auch für die Erhaltung der Erdwärme ist Kohlendioxyd von Bedeutung.
Auch kleine Mengen der Edelgase Neon, Argon, Senon und Krypton finden sich in der Luft. Sie heißen deswegen Edelgase, weil sie sich nicht mit anderen Elementen verbinden.
Zwar weiß man heute noch nicht genau, wieviel von diesen Edelgasen sich in der Luft befindet, doch findet Neon bereits seine Verwendung bei Leuchtanzeigen und Argon bei elektrischen Glühbirnen.
Helium und Hydrogen findet man vor allem in großen Höhen. Da sie von allen Gasen die leichtesten sind, verwendet man sie vor allen Dingen beim Ballonflug und bei der Luftschiffahrt. Ozon ist ein sehr aktives Gas und ist eine reine Form des Oxygen. Es ist das einzige Gas in der Luft, das man riechen kann.
In der Luft findet sich auch Wasserdampf in unterschiedlichen Mengen. Es ist ein Gas, das aus Verdampfung von Flüssen und Seen entstanden ist. Wasserdampf ist genau wie Kohlendioxyd eine chemische Verbindung und setzt sich aus zwei Teilen Hydrogen und einem Teil Oxygen zusammen. Wasserdampf ist deshalb wichtig, weil er Wolken bildet, welche wiederum den Regen hervorbringen, der so wichtig für Pflanzen und das Leben auf der Erde ist. An einem heißen Sommertag kann die Luft in einem Durchschnittszimmer bis zu einem Kilo Wasserdampf enthalten, was etwa 1,5 Liter Flüssigkeit entspricht.

Luft enthält Oxygen
Um zu beweisen, daß in der Luft etwa ein Fünftel Oxygen enthalten ist, benötigt man nur ein hohes Glas, eine Wasserschüssel und eine kleine Kerze. Die Kerze steckt man auf ein Stück Korken, zündet sie an und läßt dann den Korken auf der Wasseroberfläche schwimmen. Jetzt stülpt man das Glas umgekehrt über die schwimmende Kerze. Nach kurzer Zeit wird die Kerze verlöschen, womit bewiesen ist, daß die Flamme das ganze Oxygen im Inneren des Glases aufgebraucht hat. Gleichzeitig wird das Wasser im Glas um etwa ein Viertel angestiegen sein, um den Platz des Oxygens einzunehmen. Das aufgebrauchte Oxygen bildet Kohlendioxyd, welches sich im Wasser auflöst und auf diese Weise Platz für das nachdringende Wasser schafft.

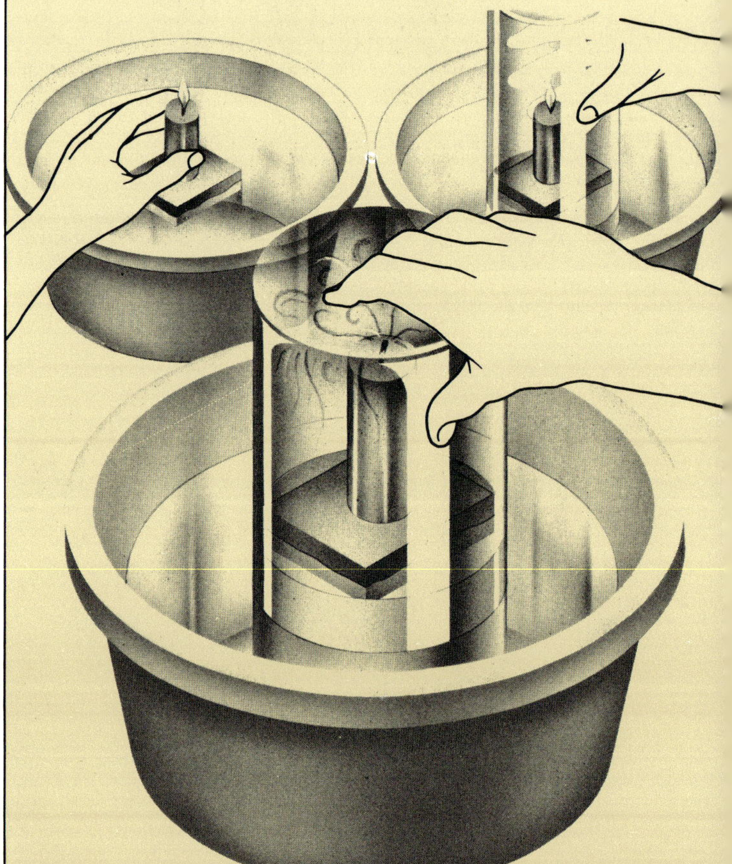

Das Rost-Experiment
Man drückt eine handvoll Stahlwolle, die man mit Essig getränkt hat, um den Rostvorgang zu beschleunigen, auf den Boden eines hohen Glases. Das Glas stellt man nun umgekehrt in einen Teller mit Wasser. Man sollte sich vergewissern, daß die Stahlwolle fest am Boden des Glases anhaftet. Das Eisen in der Stahlwolle wird nun langsam verrosten, und während das geschieht, verbraucht sich das Oxygen im Inneren des Glases. Der frei gewordene Luftraum wird vom Wasser eingenommen. Rost ist eine Zusammensetzung aus Eisen, Oxygen und Wasser. In wenigen Stunden steigt das Wasser in dem Glas um etwa ein Fünftel.

Der Eiertrick
Es gibt einen eindrucksvollen Versuch, mit dem sich zeigen läßt, daß beim Brennen Oxygen verbraucht wird. Man kocht ein kleines Ei 10 Minuten lang, läßt es abkühlen und entfernt die Schale. Das Ei setzt man auf einen Flaschenhals (die Öffnung sollte etwas kleiner sein als das Ei). Das Ei wird in dieser Stellung bleiben, denn der Luftdruck von innen wie von außen ist der gleiche. Doch nun hebt man das Ei hoch und läßt drei brennende Streichhölzer in die Flasche fallen. Man setzt das Ei zurück auf den Flaschenhals und wird feststellen, daß es sich langsam in den Flaschenhals zwängt. Die brennenden Streichhölzer brauchen das Oxygen in der Flasche auf und der Luftdruck fällt. Der größere Luftdruck von außen drückt das Ei nach unten. Das Ei wird entweder ganz in der Flasche verschwinden, oder wird so fest zusammengepreßt, daß es auseinanderbricht, wenn man versucht, es herauszuziehen.

Der Springbrunnen
In den Deckel eines Weckglases bohrt man zwei Löcher, und schiebt einen Plastikstrohhalm 5 cm tief durch eines der Löcher. Mit einem Klebestreifen verbindet man drei Strohhalme mit einander und schiebt das Ende des so entstandenen Röhrchens in das zweite Loch. Mit Klebstoff versiegelt man nun die Verbundstellen und schraubt den Deckel wieder auf das Glas. Das Glas soll zu einem Drittel voll Wasser sein. Der kurze Strohhalm wird nun in ein anderes Glas getaucht, das mit Wasser gefüllt ist. Zunächst rinnt das Wasser aus dem oberen Glas durch das lange Röhrchen und erzeugt so in diesem Glas einen geringeren Luftdurck. Die Außenluft drückt nun das Wasser aus dem unteren Glas mit einem solchen Schwung in das obere Glas, daß ein Springbrunnen entsteht.

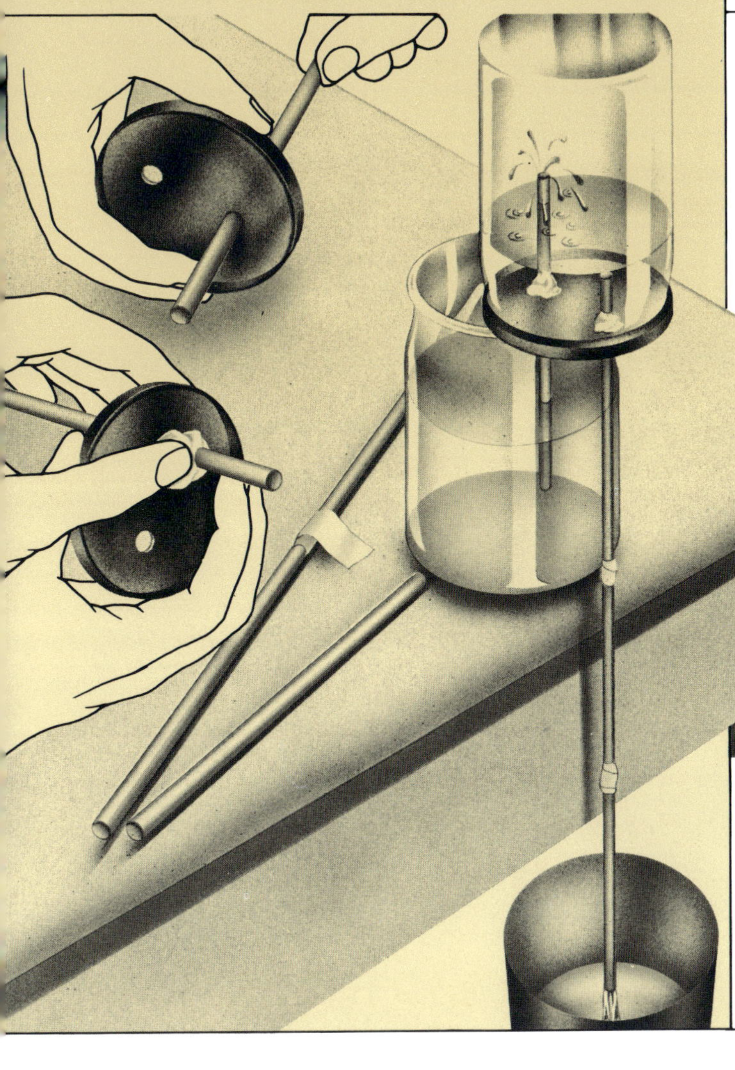

Pumpen
In der Querschnittsdarstellung auf dieser Buchseite wird das Funktionieren einer Pumpe erklärt. Zuerst hebt der Schwengel den Kolben nach oben, und das erste Ventil öffnet sich. Nun drückt die Außenluft das Wasser in den Zylinder. Wenn der Kolben wieder nach unten geht, öffnet sich das zweite Ventil, und das erste verschließt sich. Sobald der Kolben ein zweites Mal nach oben bewegt wird, fließt das Wasser durch den Speier nach außen.

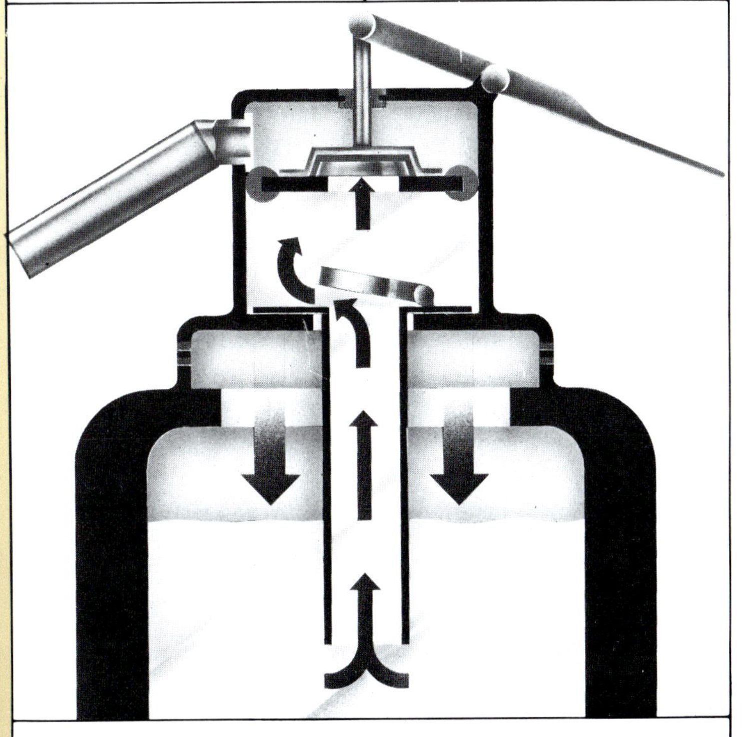

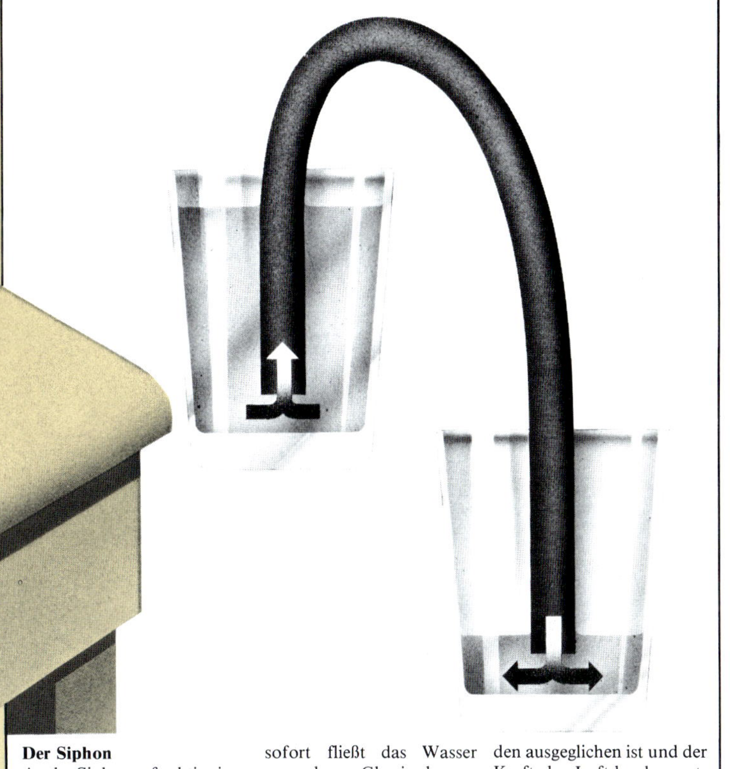

Der Siphon
Auch Siphons funktionieren durch den Luftdruck. Um das zu demonstrieren, füllt man zwei Gläser halb voll mit Wasser. Mit einem Plastik- oder Gummischlauch, welcher ebenfalls mit Wasser gefüllt ist, verbindet man die beiden Gefäße. Jetzt hält man ein Glas über das andere und sofort fließt das Wasser vom oberen Glas in das untere. Hebt man jetzt das andere Glas, so fließt das Wasser zurück, bis der Wasserstand in beiden Gläsern der gleiche ist. Wenn der Wasserstand in den beiden Gläsern die gleiche Höhe erreicht hat, bedeutet das, daß der Wasserdruck in den beiden Schlauchenden ausgeglichen ist und der Kraft des Luftdruckes entspricht. Senkt man eines der Gläser, so wird der abwärts gerichtete Druck in dem Schlauchende erhöht, da die Wassersäule verlängert ist. Der Luftdruck im oberen Glas drückt das Wasser ins untere Glas hinab.

Wenn man einen Ball dreht, dann tritt ein eigenartiges wissenschaftliches Gesetz in Kraft, das man den Bernouille-Effekt nennt. Dieses Gesetz wurde vor mehr als zweihundert Jahren von dem Schweizer Mathematiker Daniel Bernouille entdeckt. Das Gesetz besagt, daß, wenn die Geschwindigkeit eines Stoffes wie Wasser oder Luft erhöht wird, der Druck innerhalb dieses Stoffes sinkt. Es erscheint unwahrscheinlich, daß der Druck eines schnell fließenden Flusses geringer sein soll, als der Wasserdruck in einem Teich. Doch genau das ist der Fall.

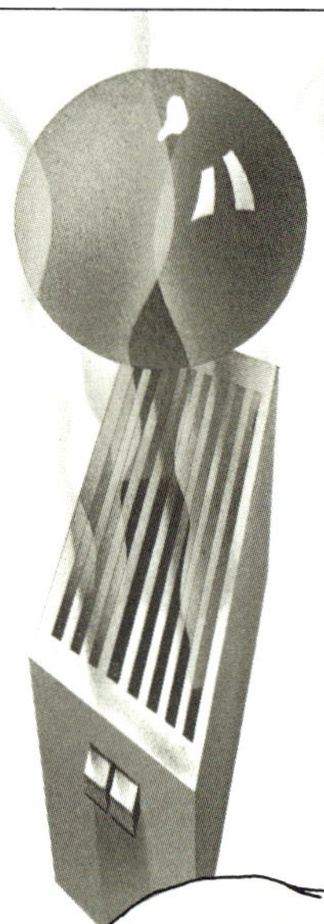

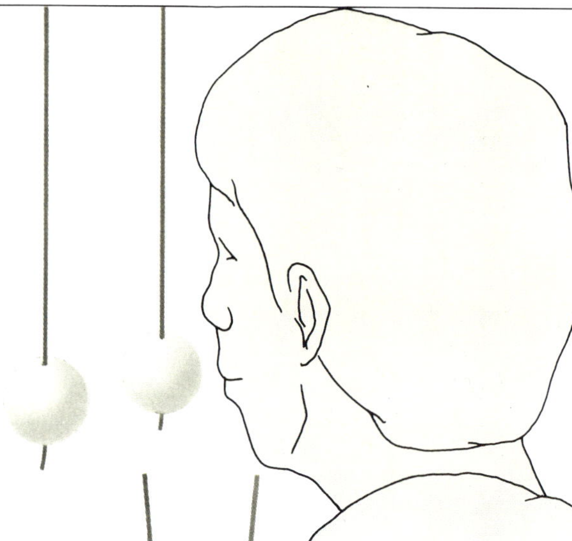

Geschwindigkeits-Steigerung
Man hält einen elektrischen Ventilator oder einen Heizkörper mit Ventilator nach oben. Dann stellt man ihn an und läßt einen aufgeblasenen Ballon in den Luftstrom fallen. Jedesmal, wenn der Ballon an der Spitze des Luftstromes anlangt, wird er von dem höheren Druck der unbewegten Luft zurückgestoßen. Der statische Druck, der Druck, den ein Partikel gegen den anderen ausübt, wird verringert, wenn die Geschwindigkeit der Luft erhöht wird. Dies Prinzip kommt auch zur Geltung, wenn wir schneller ein- und ausatmen. Man hängt zwei Äpfel oder zwei Pingpongbälle im Abstand von 5 cm an zwei Schnüre. Jetzt bläst man so fest wie man kann zwischen ihnen hindurch. Die Äpfel stoßen nun aneinander, denn der Luftdruck hat sich verringert und der Druck der übrigen Luft schiebt sie gegeneinander. Um das noch deutlicher zu demonstrieren, kann man an zwei Stricknadeln zwei Papierfähnchen befestigen und die Nadeln im Abstand von 5 cm in ein Stück Holz stecken. Man biegt das Papier der Fahnen nach innen und bläst mit einem Strohhalm dazwischen durch. Je fester man bläst, desto mehr kommen die Fähnchen zusammen.

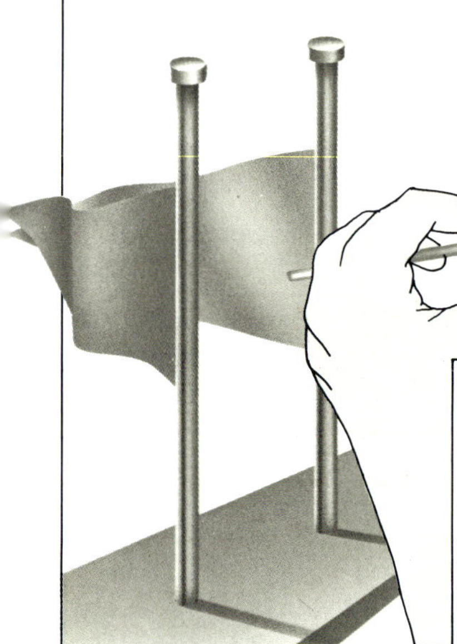

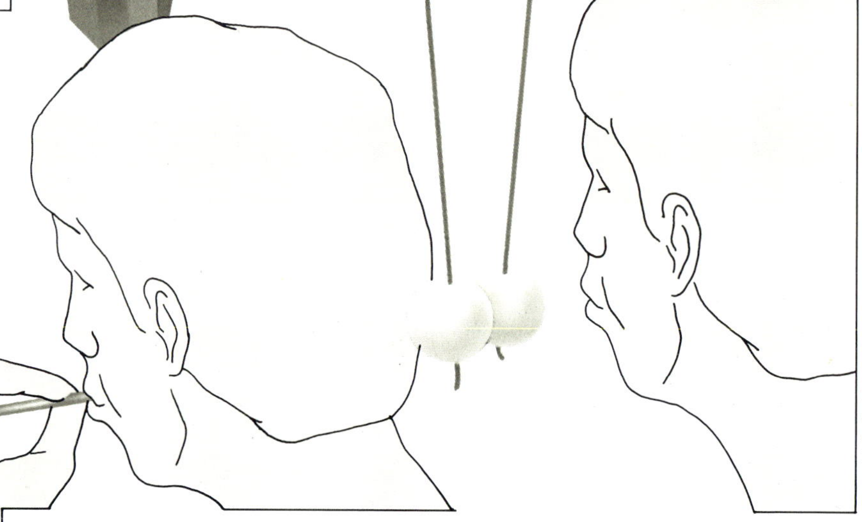

Die Garnrolle
In ein Stück Pappe steckt man eine Nadel und läßt diese nach oben schauen. Über die Nadel stülpt man ein Garnröllchen so, daß die Nadel genau über der Mitte des Loches ist. Zunächst hält man mit einem Finger die Pappe fest und bläst in das Garnröllchen hinein. Jetzt kann man den Finger fortnehmen, ohne daß die Pappe herunterfällt. Das liegt daran, daß die bewegte Luft oberhalb der Karte einen niedrigeren Druck erzeugt, als der der Luft darunter. Auf diese Weise wird die Pappe festgehalten.

Praktische Anwendungen
Der Bernouille-Effekt findet vor allem im Flugzeugbau seine praktische Anwendung, ebenso beim Aerosol-Sprühen. Beim Farbsprühen zum Beispiel wird Luft mit hoher Geschwindigkeit über das obere Ende einer Röhre gepreßt, deren unteres Ende in die Farbe eingetaucht ist. Wegen des Atmosphärendruckes, der am unteren Ende der Röhre größer ist, als der Luftdruck am oberen Ende, wird die Farbe hinauf in den Luftstrom gedrückt, von dem sie mitgerissen wird, um dann durch eine Düse verteilt zu werden.

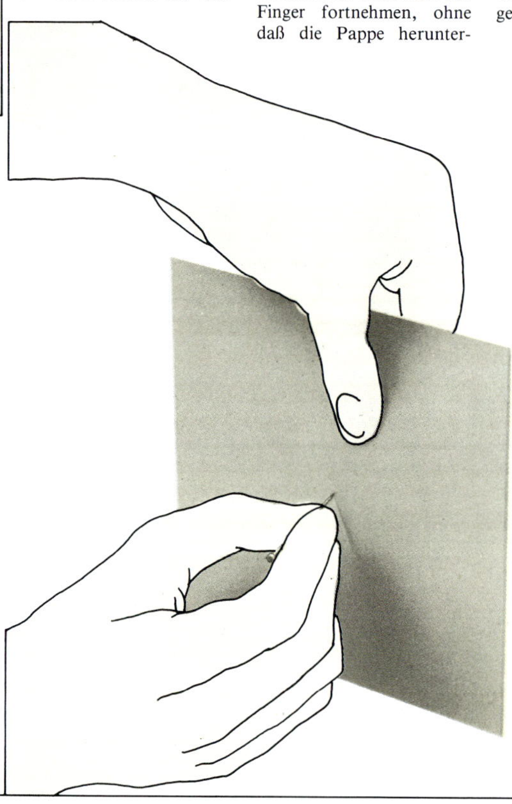

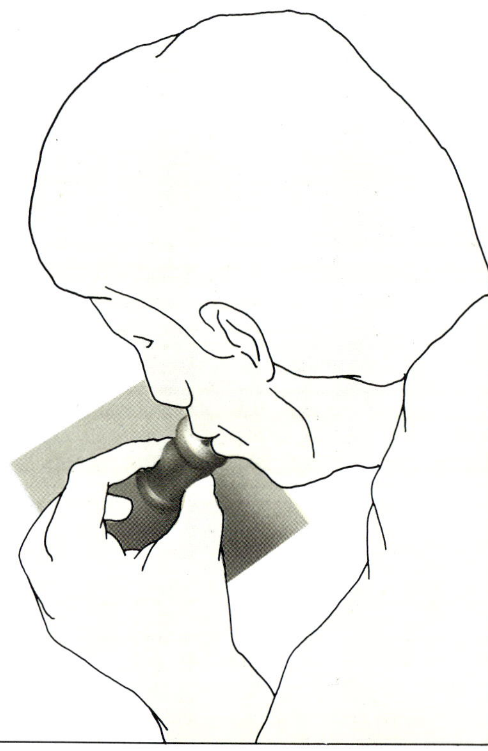

Der Luftauftrieb
Das Prinzip des Auftriebs ist das, was Flugzeuge in der Luft hält. Es ist die Luft, die *oberhalb* der Flügel mit enormer Geschwindigkeit vorbeiströmt, die einen Großteil des Auftriebes erzeugt. Dies läßt sich mit einem einfachen Experiment veranschaulichen. Ein Stück Papier wird mit einem Ende zwischen den Seiten eines aufrechtstehenden Buches eingeklemmt. Nun stellt man einen elektrischen Ventilator an, dessen Luftstrom man über das Papier lenkt. Das Papier hebt sich sofort nach oben und flattert waagerecht. Der normale Atmosphärendruck unterhalb des Papiers drückt es nach oben in den Luftstrom, der einen niedrigeren Druck hervorruft.

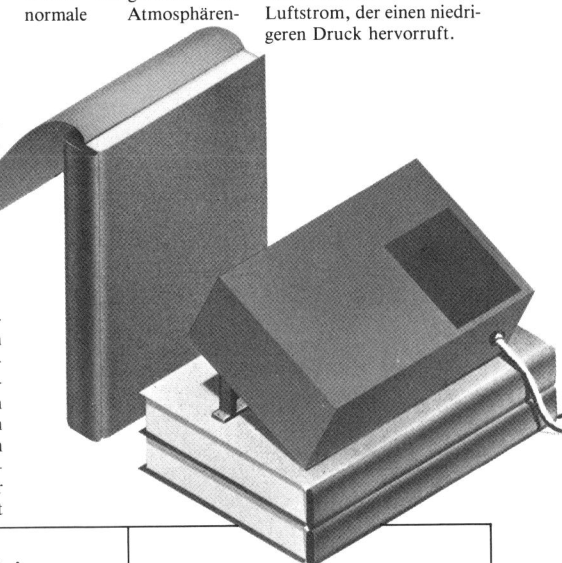

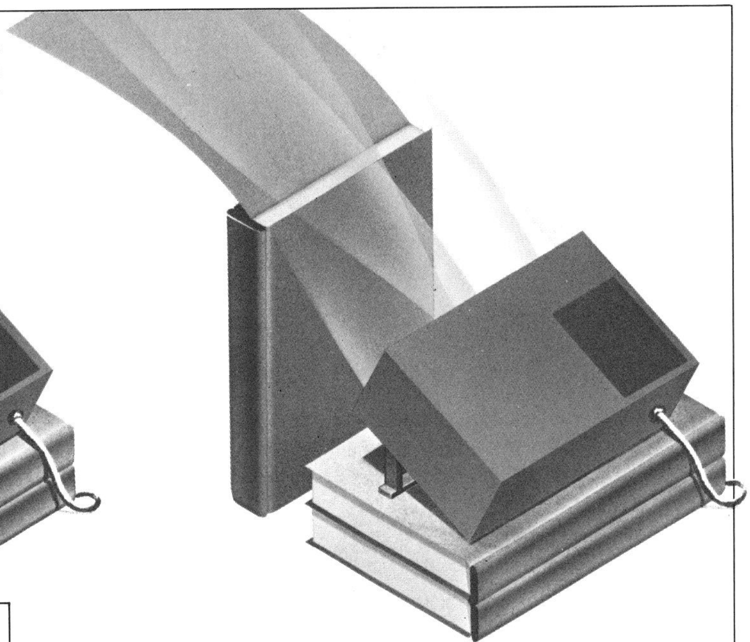

Auftrieb und Stromlinie

Wenn ein Flieger von „Auftrieb" spricht, so meint er damit, daß etwas, das schwerer als Luft ist, etwa ein Streifen Papier, ein Vogel oder ein Jumbo-Jet, sich erhebt, sobald Luft vorbeiströmt. Sicher habt ihr schon Vögel beobachtet, die mit ausgestreckten Flügeln in der Luft stillzustehen schienen. Diese Vögel machen sich den Auftrieb zunutze, der vom unterschiedlichen Luftdruck auf die Flügel hervorgerufen wird.

Sogar die Männer, die das erste Flugzeug bauten, wußten nicht genau, was es war, das sie in der Luft hielt. Zunächst nahm man an, daß der Auftrieb von dem Luftdruck hervorgerufen wird, der auf der Unterseite des Flügels durch die Vorwärtsbewegung des Flugzeuges entsteht. Oder man glaubte, daß sich oberhalb des Flügels eine geheimnisvolle Kraft entwickelte, die dadurch entstand, daß der Flügel die Luft unterhalb abtrennte.

Erst nach einer Reihe von Versuchen fand man heraus, daß die Luft nicht von der oberen Oberfläche eines Flugzeugflügels davongerissen wird, sondern sich im Gegenteil fest auf die Oberfläche des Flügels drückt. Schließlich entdeckte man, daß die nach oben gehende Krümmung der Flügeloberfläche die Luft dazu zwang, sich schneller zu bewegen als die Luft unterhalb des Flügels. Der verminderte Luftdruck auf der oberen Seite, der durch diese Geschwindigkeitserhöhung der Luft hervorgerufen wird, trägt zu 75 % zum Auftrieb des Flugzeuges bei. Der Druck-Unterschied pro 6 cm^2 macht etwa 57—85 Gramm aus. Zieht man jedoch Tausende von Quadratzentimetern zusammen, so ergibt das einen Auftrieb von Tonnen.

Auch die Stromlinie spielt bei der Konstruktion von Flugzeugen eine wesentliche Rolle, denn der Luftwiderstand kann bei hoher Geschwindigkeit außerordentlich groß sein. Diesen Luftwiderstand kann man, so fanden die Konstrukteure bald heraus, verringern, wenn das Flugzeug so geformt wurde, daß die Luft sanft daran vorbeigleiten konnte. Es stellte sich heraus, daß die ideale Form eines Flugzeuges etwa die Form eines flachköpfigen Fisches haben mußte. Die Natur hatte den Fischen schon vor einigen Billionen von Jahren diese Stromlinienform gegeben.

Der Luft-Sog
Man sucht sich ein flaches Stück Pappe und hält es vor eine Kerzenflamme. Jetzt bläst man — wie in der Abbildung zu sehen — in Richtung der Kerze. Die Flamme kommt einem nun entgegen, anstatt dem Luftstrom zu folgen, denn die Luft war nicht in der Lage, gleichmäßig um das Stück Pappe herumzufließen. Der Luftstrom, der jenseits der Pappe ankam, erzeugte Turbulenzen und teilweise auch ein Vakuum. Das ist die gleiche Turbulenz, die am Ende eines Flugzeuges den größten Teil des Soges erzeugt. Wenn man das gleiche Experiment mit einem tropfenförmig gebogenen Stück Karton versucht, so bläst der Luftstrom die Kerzenflamme gleichmäßig von einem fort.

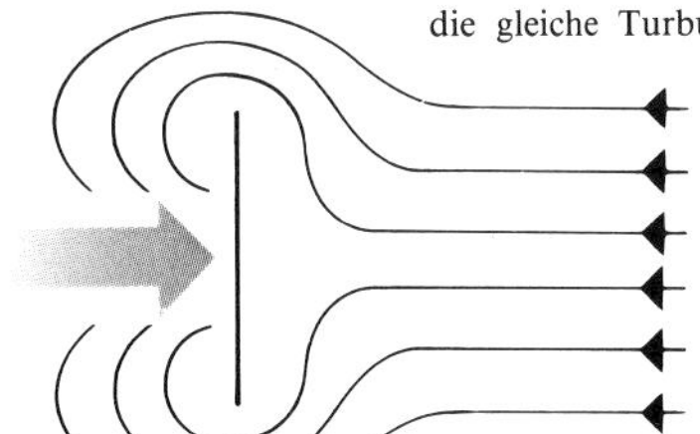

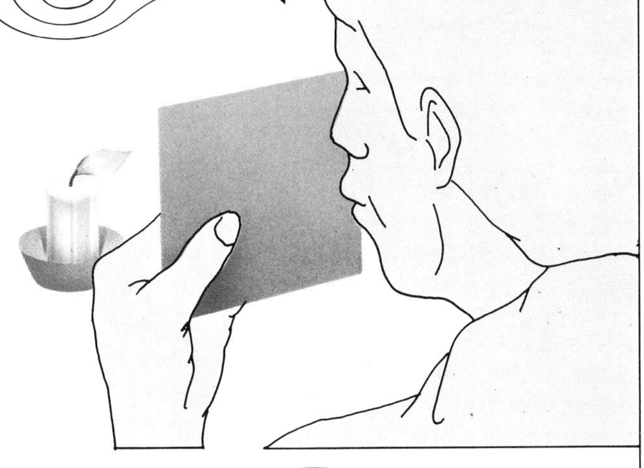

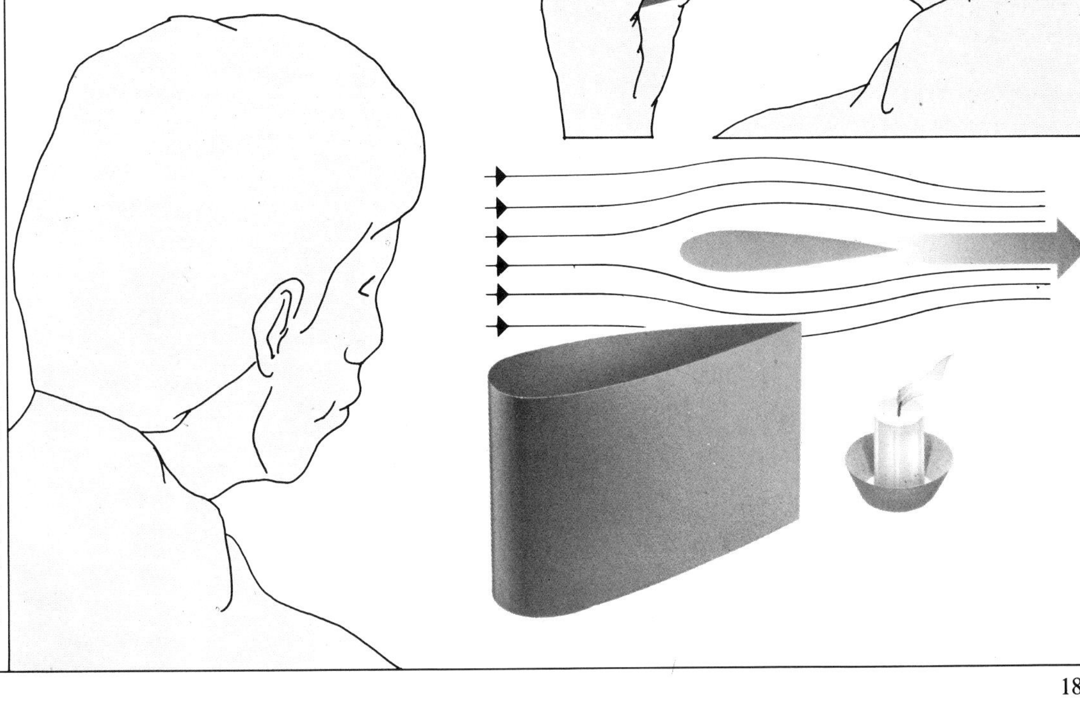

Wir haben bisher zwei der Kräfte kennengelernt, die beim Fliegen wirksam werden: Der Auftrieb und der Sog. Es gibt aber noch zwei weitere Kräfte, nämlich die Schwerkraft und der Schub. Die Schwerkraft wirkt auf das Gewicht des Flugzeuges ein und zieht es nach unten. Der Auftrieb, der von der Luft erzeugt wird, die an den Flügeln vorbeifließt, arbeitet dem entgegen und hält das Flugzeug in der Luft. Die Luft setzt dem Flugzeug, welches durch sie hindurchfliegt, einen Widerstand entgegen und erzeugt so den Sog, der dadurch überwunden werden muß, daß die Maschine genügend Schub erzeugt, um den Sog zu überwinden und das Flugzeug voranzutreiben. Wenn der Auftrieb so groß ist wie das Gewicht und der Schub so groß wie der Sog, dann entsteht ein Gleichgewicht der Kräfte, das es dem Flugzeug erlaubt, ausgewogen zu fliegen und eine konstante Geschwindigkeit beizubehalten.

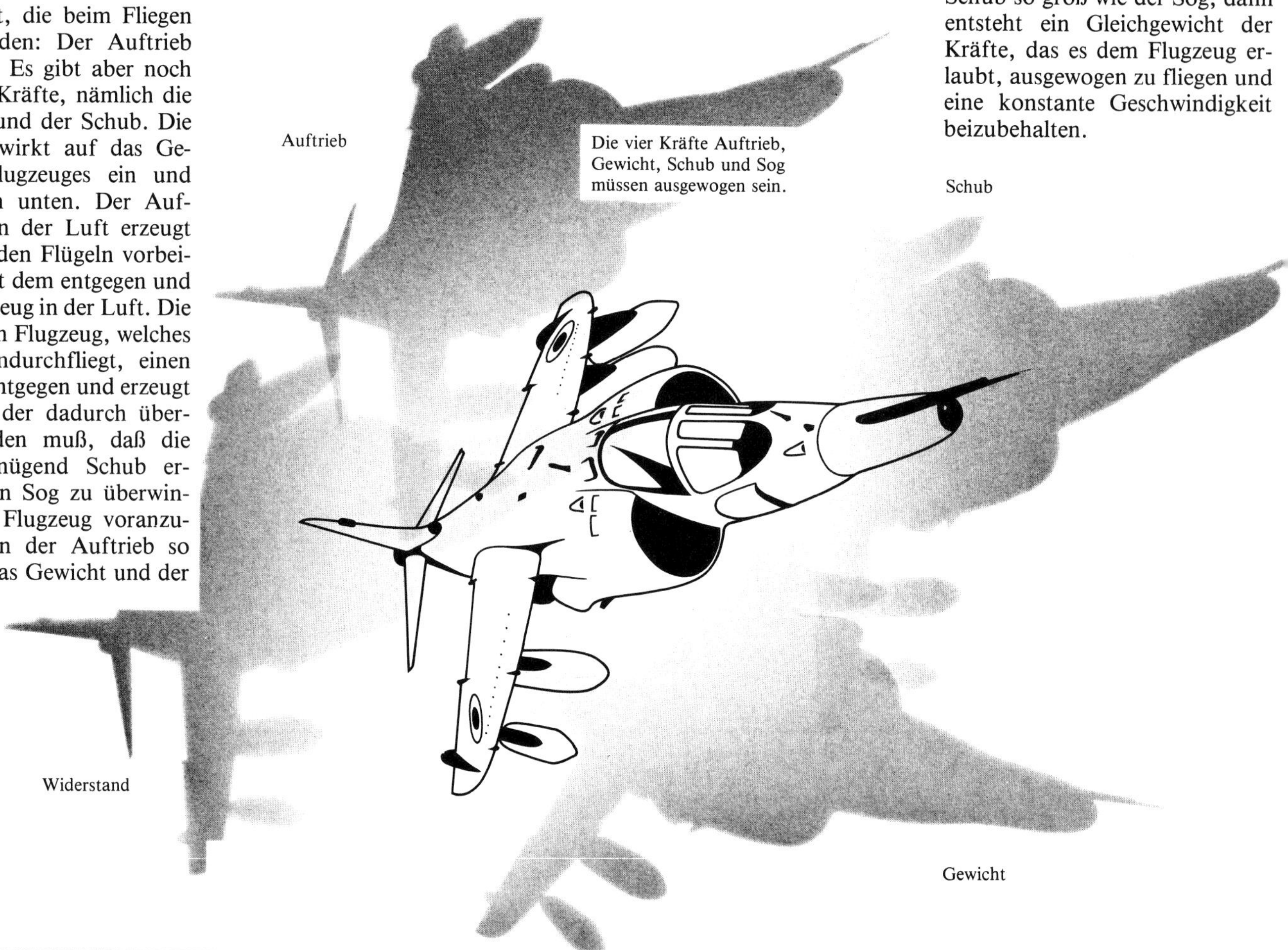

Die vier Kräfte Auftrieb, Gewicht, Schub und Sog müssen ausgewogen sein.

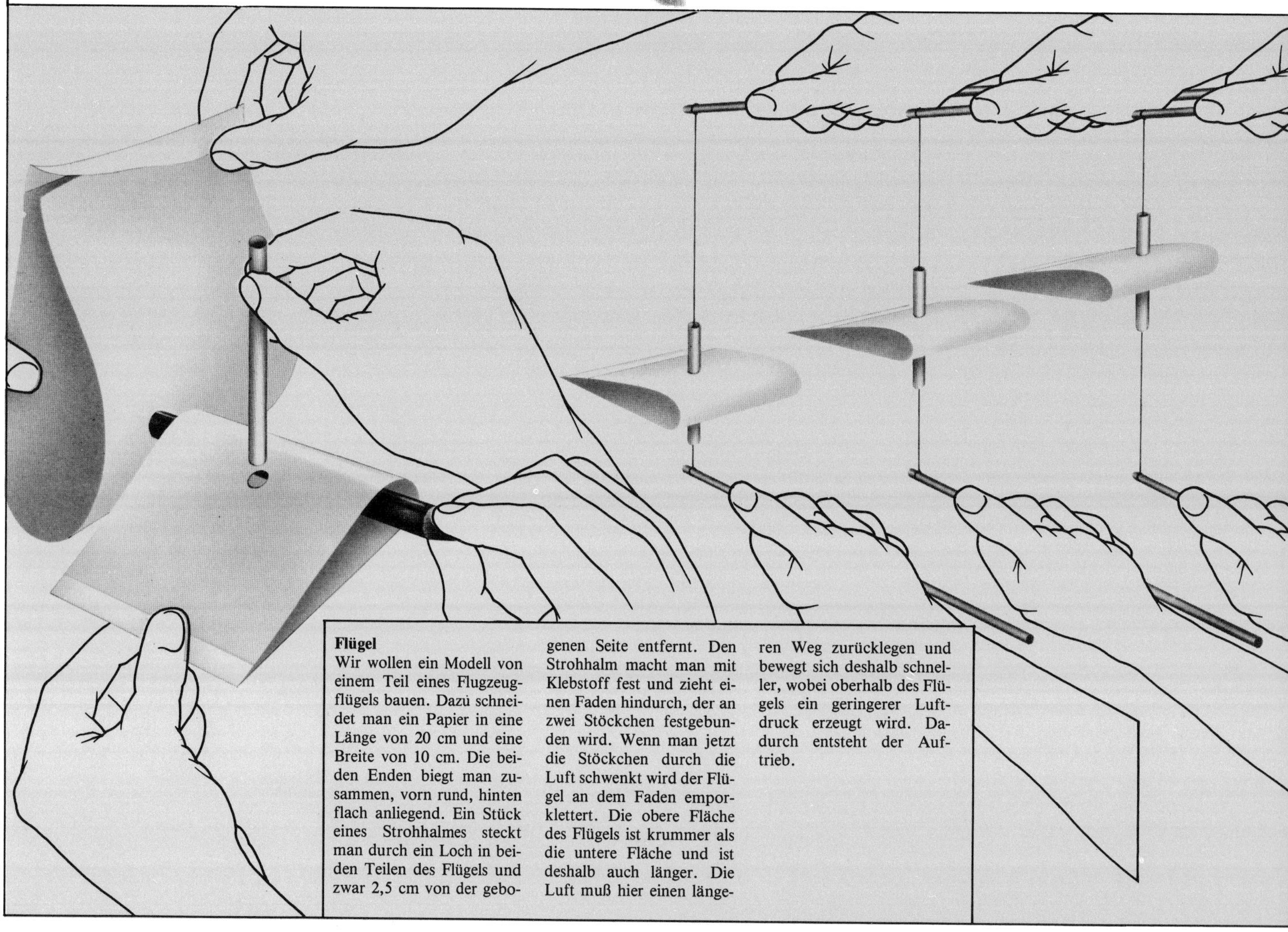

Flügel
Wir wollen ein Modell von einem Teil eines Flugzeugflügels bauen. Dazu schneidet man ein Papier in eine Länge von 20 cm und eine Breite von 10 cm. Die beiden Enden biegt man zusammen, vorn rund, hinten flach anliegend. Ein Stück eines Strohhalmes steckt man durch ein Loch in beiden Teilen des Flügels und zwar 2,5 cm von der gebogenen Seite entfernt. Den Strohhalm macht man mit Klebstoff fest und zieht einen Faden hindurch, der an zwei Stöckchen festgebunden wird. Wenn man jetzt die Stöckchen durch die Luft schwenkt wird der Flügel an dem Faden emporklettert. Die obere Fläche des Flügels ist krummer als die untere Fläche und ist deshalb auch länger. Die Luft muß hier einen längeren Weg zurücklegen und bewegt sich deshalb schneller, wobei oberhalb des Flügels ein geringerer Luftdruck erzeugt wird. Dadurch entsteht der Auftrieb.

Der Flug

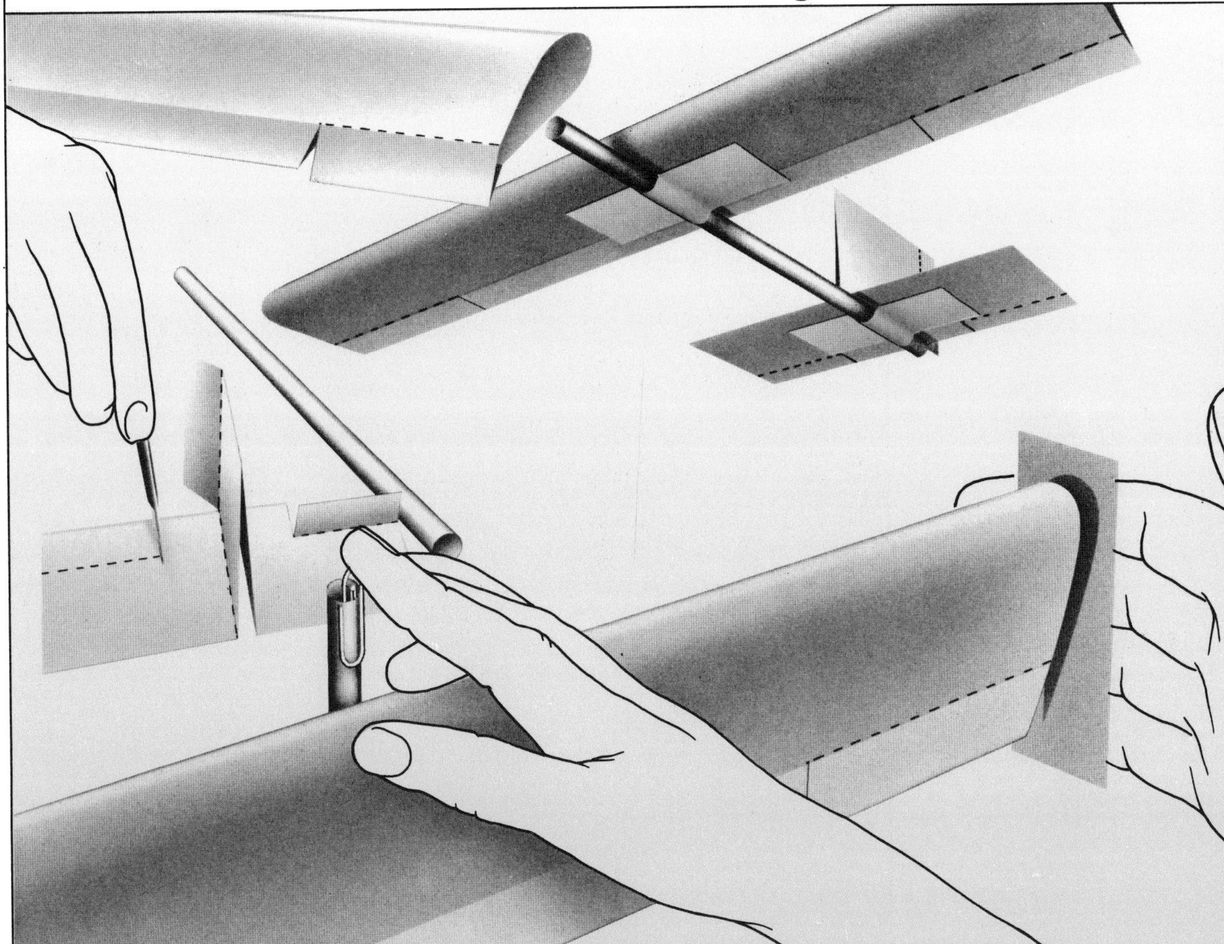

Flugzeuge
Es ist nicht schwer, sich ein einfaches Modellflugzeug zu bauen. Für die Flügel nimmt man ein 25 cm langes und 7 cm breites Blatt Papier. Das Blatt formt man wie in dem vorangegangenen Experiment. Die flachen Enden klebt man zusammen. Den Schwanz des Flugzeuges schneidet man wie in der Abbildung zu sehen ist, wobei man das Ruder 1,2 cm über die Heckflossen ragen läßt und die Schlitze für die Landeklappen und das Seitenruder einschneidet. Mit einem Klebeband befestigt man die Flügel und den Schwanz an einem Strohhalm. Am vorderen Ende des Strohhalmes steckt man vier Büroklammern an, um das Flugzeug zu beschweren. Die offenen Seiten der Flügel werden mit einem Stück Papier zugeklebt. Start frei!

Der Düsenflug
Wenn man bedenkt, daß das Prinzip des Düsenflugs schon den alten Griechen bekannt war, so dauerte es eine vergleichsweise lange Zeit, bevor der Düsenjäger erfunden wurde. Hero entwickelte in der Antike einen Hohlkörper, der dadurch angetrieben wurde, daß Dampf entwich. An diesen kugelförmigen Hohlkörper hatte er zwei Düsen angebracht. Aus diesen Düsen schoß Dampf, der auf diese Weise die Kugel zum Rotieren brachte. Die Idee, Düsenantrieb für die Luftfahrt zu nutzen, tauchte bereits im Jahre 1865 auf, obwohl die ersten Flugzeuge ausschließlich von Propellern angetrieben wurden.
Fünfundzwanzig Jahre nach dem ersten Flug der Brüder Wright begann der englische Flieger Frank Whittle mit der Arbeit an den ersten Düsenmotoren, doch das Luftfahrtministerium wies seine Pläne zurück. Mitte der dreißiger Jahre fand er einen Geldgeber, konnte eine funktionstüchtige Maschine herstellen und erhielt danach zur Weiterentwicklung einen Staatsauftrag, der zu dem Flugzeug „Gloster Meteor" führte, dem einzigen Düsenflugzeug, das die Alliierten im Zweiten Weltkrieg einsetzten.
Der Düsenflug ist eine praktische Anwendung von Newtons berühmten „Dritten Bewegungsgesetz", das besagt, daß es auf jede Wirkung eine Gegenwirkung gibt. Probiert es selber aus, indem ihr einen Ballon aufblast. Solange ihr die Öffnung des Ballons zuhaltet, ist die Luft eingeschlossen, sobald ihr aber loslaßt, zischt die Luft heraus. Diese Wirkung erzeugt eine Gegenwirkung und der Ballon schießt in entgegengesetzter Richtung zur entweichenden Luft davon.
Dieses Gesetz Newtons kann man auf vielerlei Weise bestätigen. Wenn man aus einem kleinen Boot schnell an das Ufer springt, dann stößt man sich am Boot ab, um sich nach vorne zu schleudern. Wenn ein Korken aus einer Flasche herausspringt, drücken die entweichenden Gase mit der gleichen Kraft auf die Flasche, mit der sie den Korken herausschleudern.
Aus dem gleichen Grunde hat ein Gewehr einen Rückstoß. Der Korken und die Kugel bewegen sich nur schneller voran als die Flasche oder das Gewehr, weil sie um einiges leichter sind.

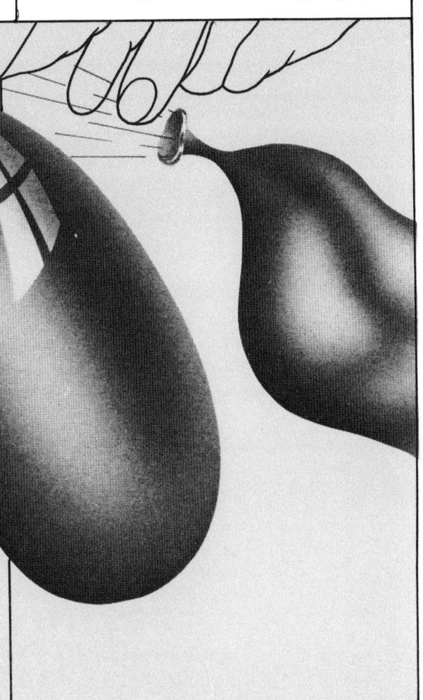

Der Rückstoß
Man gießt 28 g Essig in eine kleine Flasche und füllt Wasser nach bis die Flasche zu zwei Dritteln voll ist. Einen Teelöffel Backsoda schüttet man in ein Papiertaschentuch und dreht die Enden zusammen. Nun stellt man die Flasche auf eine Waage, wirft die Papierpatrone hinein und verkorkt die Flasche schnell. Sobald der Korken herausspringt, ist der Druck auf der Waage abzulesen.

Ein Düsenboot
Mit einem Nagel macht man in den Boden einer Blechdose in der Nähe des Randes ein kleines Loch. Aus vier Pfeifenreinigern baut man ein Gestell, auf welches man die Dose waagerecht legt. Die Dose füllt man zur Hälfte mit Wasser und hält sie über eine Kerze, die in einem Blechdöschen brennt. Das ganze legt man in eine große Wasserschüssel. Sobald das Wasser zu kochen anfängt, kommt Dampf aus der ‚Düse' der Blechdose geschossen. Der Dampf schiebt die Blechdose voran und treibt das ‚Boot' über die Wasserfläche.

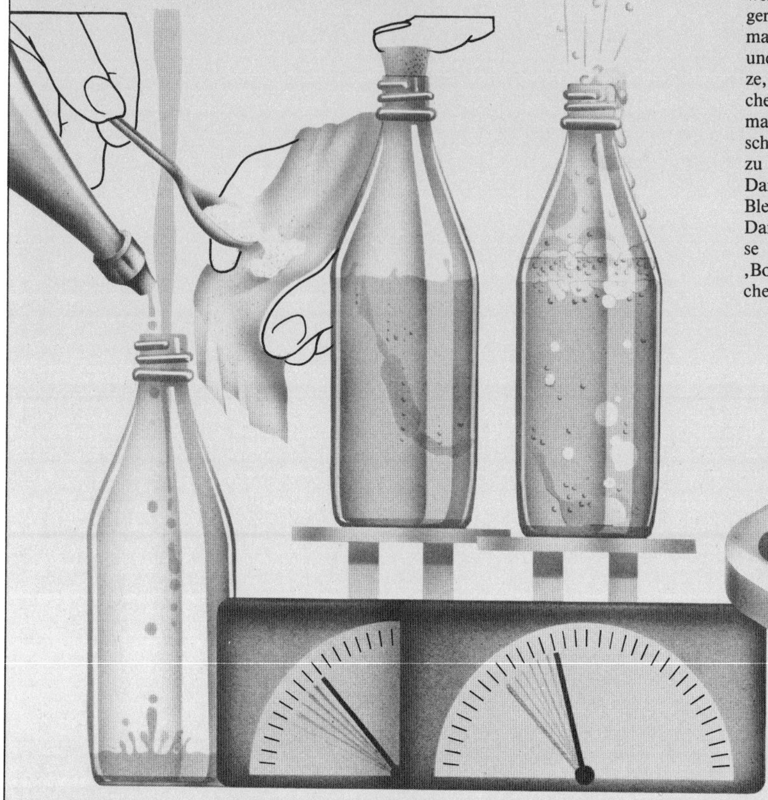

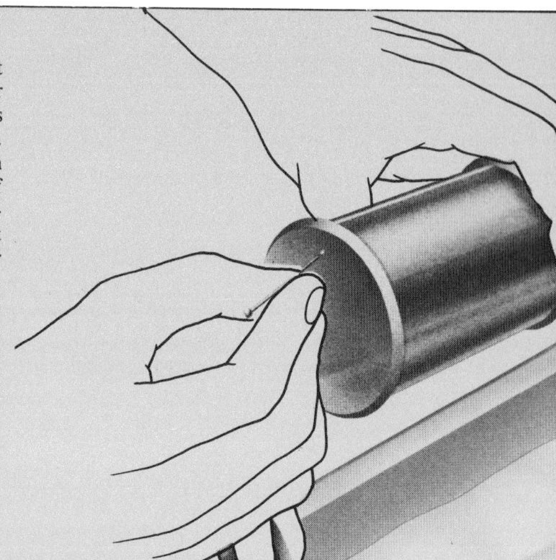

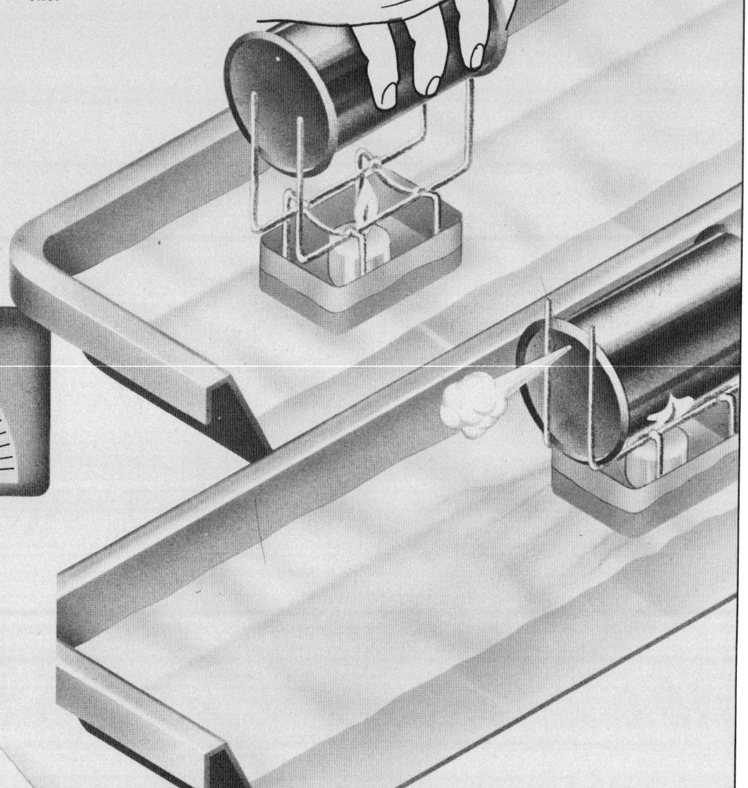

Die Kompression
Düsenflugzeuge haben Kompressoren, mit deren Hilfe sie so viel Luft wie möglich über die Verbrennungskammer pressen. Je mehr Brennstoff verbraucht wird, desto größer wird der Schub der Maschine. Um zu verbrennen, benötigt der Brennstoff Oxygen. Deshalb hängt der Schub auch von der Luftmenge ab, die angesaugt wird. Die Kraft, die komprimierte Luft hat, läßt sich anschaulich zeigen. Man entfernt von einer Plastikflasche die Düse und verklebt die Öffnung der Flasche mit Modelliermasse. Die Modelliermasse soll die Flasche luftdicht versiegeln. Jetzt nimmt man die Flasche hinaus ins Freie, legt sie auf den Boden und springt darauf. Der Druck der komprimierten Luft wird die Modelliermasse bis zu 20 m weit schleudern. Man kann auch einen Wettbewerb austragen und sehen, wer am weitesten kommt.

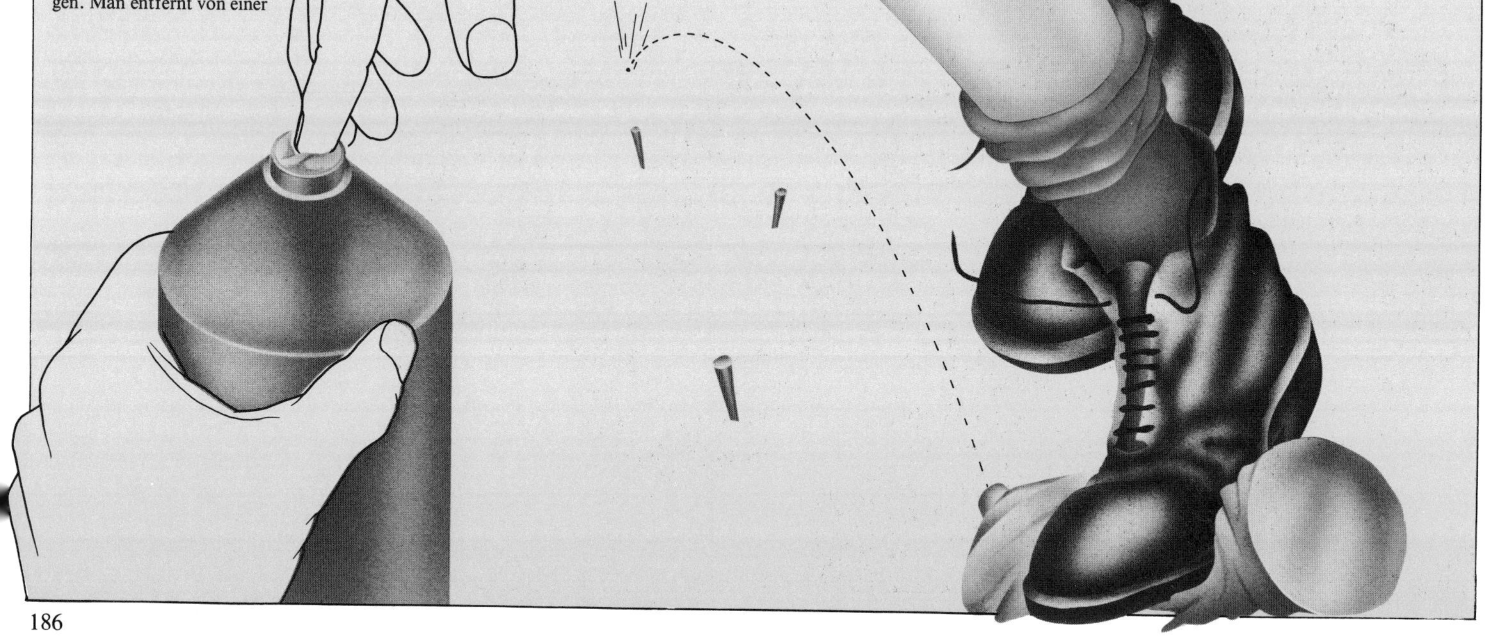

Je weiter wir uns von der Erdoberfläche entfernen, desto dünner wird die Luft, und wenn wir einmal im Weltraum sind, hört die Atmosphäre aus, und es gibt keine Luft mehr. Ein Flugzeug mit Propeller-Antrieb kann nur bis zu einer bestimmten Höhe fliegen, weil sonst die Luft zu dünn wäre, um für den Propeller Widerstand zu bieten. Auch für Düsenflugzeuge gibt es eine Höhenbegrenzung, denn diese brauchen genügend Oxygen in der Luft, um ihren Treibstoff zu verbrennen.

Deshalb mußten die Wissenschaftler nach neuen Methoden suchen, mit denen man auch in großen Höhen fliegen kann. Als Antwort erfand man die Rakete. Eine Rakete bewegt sich, genau wie ein Düsenflugzeug, dadurch voran, daß sie heiße Gase ausstößt. Doch die Rakete führt ihr eigenes Oxygen mit und braucht sich deshalb nicht auf das Oxygen zu verlassen, das sie in der Atmosphäre vorfindet. Deshalb kann eine Rakete auch außerhalb der Erdatmosphäre ausreichend Schub erzeugen, indem sie ihren eigenen Treibstoff verbrennt.

Wenn in der Anfangsphase eines Raumfluges die Rakete all ihren Treibstoff in Gas umgewandelt hat und so ihren Schub erzeugt hat, dann hat sie ihre maximale Geschwindigkeit erreicht. Diese Maximalgeschwindigkeit kann nur noch durch ein Mehrstufensystem erhöht werden. Jede dieser Stufen hat ihren eigenen Brennstoffvorrat, der dann zum Einsatz kommt, wenn die vorherige Stufe ausgebrannt ist und das verbrauchte Teil mechanisch abgetrennt wird. Jetzt ist die Masse des Raumschiffes noch geringer und die neuerliche Zündung des Treibstoffes schafft noch zusätzlichen Schub. Die Schlußgeschwindigkeit — die höchste Geschwindigkeit die im Raum erreicht wird — erzeugt die letzte Stufe, die auch die Fracht mit sich trägt.

Druckluft-Raketen

Man kann sich mit Preßluft eine eigene Rakete bauen. Man macht in den Deckel einer Plastikflasche ein Loch und steckt in dieses einen Plastikstrohhalm. Das Ganze dichtet man mit Modellier-Klebstoff ab. Dies dient als Abschußrampe. Der Unterteil der Rakete wird aus einem dickeren Strohhalm gebildet, der über den dünneren Strohhalm gesteckt werden kann. Papierstrohhalme sind oft dicker als Plastikstrohhalme. Den Strohhalm verkürzt man auf 10 cm. Wenn man will, kann man ihn auch verzieren, indem man vier Papierdreiecke so daranklebt, daß sie einen Schwanz bilden und aus Modelliermasse den Kopf der Rakete formt. Jetzt schiebt man den Plastikstrohhalm der Abschußrampe in den Strohhalm der Rakete, bis der Plastikstrohhalm in der Modelliermasse am oberen Ende der Rakete leicht stecken bleibt. Man drückt fest auf die Plastikflasche. Die Luft in der Flasche wird zusammengepreßt, und wenn der Druck groß genug ist, löst sich der Kopf der Rakete von dem Plastikstrohhalm wieder ab. Die Luft dehnt sich wieder aus und die Rakete schießt davon — und 10 m weit!

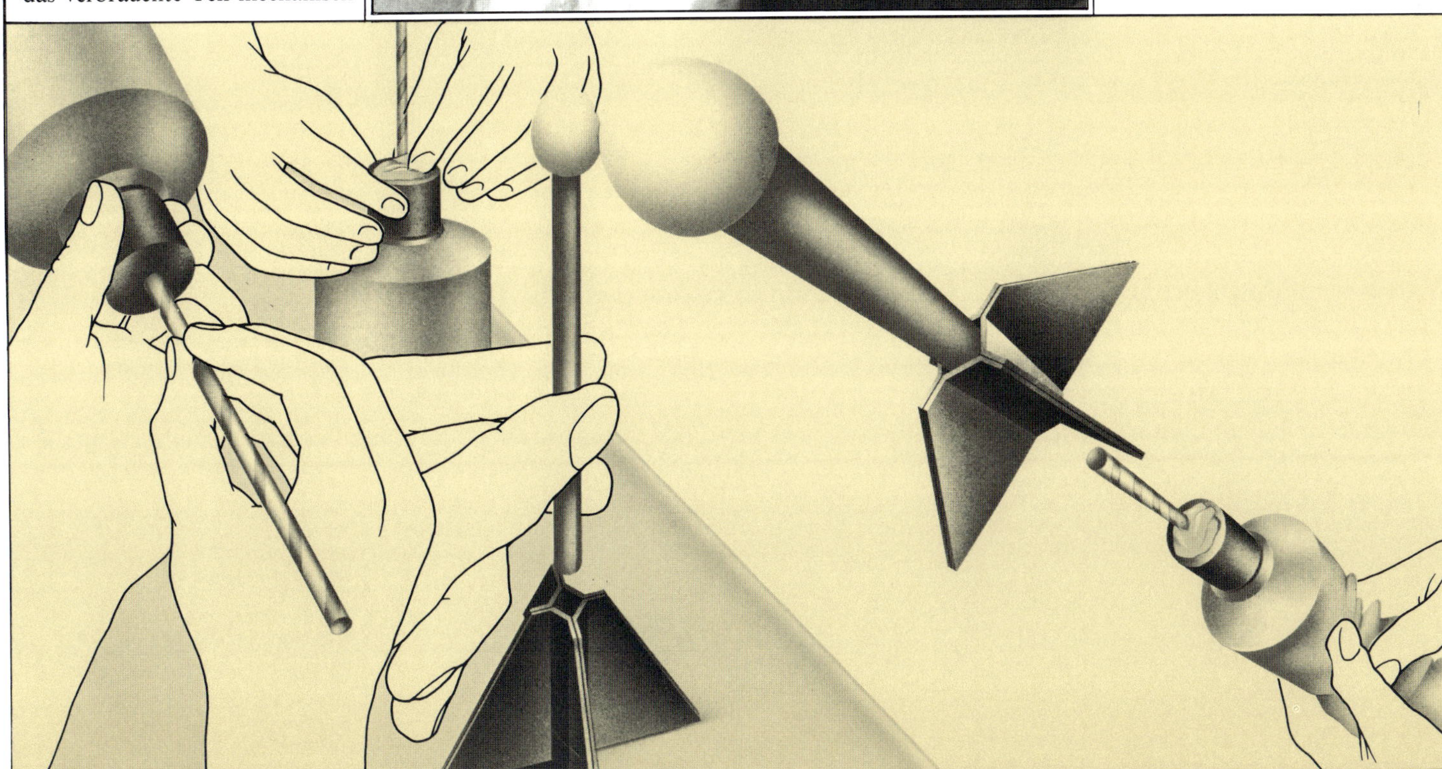

Register

Notizen

Notizen

Hinweise

Autor und Verlag danken allen Personen und Institutionen, die das Entstehen dieses Buches unterstützt haben, insbesondere Robert Watkins für die Durchsicht des Textes, Tony Evans für seine Photographien, sowie allen Graphikern, deren Bilder einen wesentlichen Teil des Werkes darstellen: Alan Austin, Frank Dickens, David Draper, Mike Lynn, David Pcknell, Tony Swift, John Thompson und Gerald Whitcomb.

Photos stellten zur Verfügung: Ann Ronan Picture, Library; Science Museum, London; Royal Astronomical Society, London; Mansell Collection; Space Frontiers; Natural History Photographic Agency; Stephanie Colasanti; Paul Brierley; Popperfoto; South London Consortium for Local Authority Building Research and Development; Photo Research International; Meteorological Office, Bracknell; Ronald Sheridan; Mary Evans Picture Library; Camera Press; Jonathan Bayer; Keystone Press Agency; P Morris; New South Wales Government House, London; Picturepont.

1
2
3
5 6
a
b
N.P
108 120 132 144

1
2
3
B
5
6
a
b
108
120
132
144
N.P.